高职高专机电类专业“十二五”规划教材

中国大学出版社图书奖优秀教材一等奖

互换性与测量技术

张远平 主 编

李胜凯 副主编

西安电子科技大学出版社

内 容 简 介

本书按照最新国家标准编写，内容包括互换性的基本知识与概念、极限与配合、几何量计量技术与应用、几何公差与检测技术、表面粗糙度的应用与检测、量规设计基础、标准件及非圆柱结合的公差与检测(包括键联结、螺纹结合、滚动轴承的配合应用及圆锥结合的公差与检测)、圆柱齿轮的公差与检测、尺寸链解算基础等。

本书可作为高等职业技术院校机械类学生的教科书，也可作为职工大学、函授大学、自学考试的培训用书，同时也可作为从事机械设计、机械加工及制造、几何量计量方面的工程技术人员的参考书。

图书在版编目(CIP)数据

互换性与测量技术/张远平主编. —西安：西安电子科技大学出版社，2012.8(2014.2 重印)

高职高专机电类专业“十二五”规划教材

ISBN 978-7-5606-2828-8

Ⅰ. ① 互… Ⅱ. ① 张… Ⅲ. ① 零部件—互换性—高等职业教育—教材 ② 零部件—测量技术—高等职业教育—教材 Ⅳ. ① TG801

中国版本图书馆 CIP 数据核字(2012)第 130476 号

策　　划　马晓娟

责任编辑　马晓娟　陈洪艳

出版发行　西安电子科技大学出版社(西安市太白南路 2 号)

电　　话　(029)88242885　88201467　　邮　　编　710071

网　　址　www.xduph.com　　电子邮箱　xdupfxb001@163.com

经　　销　新华书店

印刷单位　中铁一局印刷厂

版　　次　2012 年 8 月第 1 版　　2014 年 2 月第 2 次印刷

开　　本　787 毫米×1092 毫米　1/16　印　张　17

字　　数　400 千字

印　　数　3001～6000 册

定　　价　26.00 元

ISBN 978-7-5606-2828-8/TG・0038

XDUP　3120001-2

前　　言

“互换性与测量技术”是机械类专业的一门重要专业基础课程。通过对该课程的学习，学生将建立起几何精度的概念，从而为后续的专业课程学习及各种课程设计、毕业设计打下良好的基础；并能培养出正确、熟练阅读机械工程图的能力及几何量检测方案的设计能力。

作者从高职高专机械类学生的专业学习需要出发，结合最新颁布的国家标准，本着从新、从简的原则编写了本书。本书在用词及叙述中尽量做到通俗易懂，既考虑了课堂教学的需要，也兼顾了学生自学的便捷性；在内容编排上遵循循序渐进的规律，内容涵盖了互换性的基本知识与概念、极限与配合、几何量计量基础及技术、几何公差与检测、表面粗糙度应用与检测、量规设计、标准件(键、螺纹、滚动轴承)及圆锥结合的公差与检测、圆柱齿轮的公差与检测和尺寸链解算基础。本书是作者多年从事“公差配合与测量技术”课程教学的经验归纳与总结。

本书除可作为高职高专机械类学生的教材外，也适合作为从事机械设计、机械加工及制造、标准化、计量测试等工作的工程技术人员的参考书。

本书由西安理工大学高等技术学院张远平、李胜凯编写，张远平任主编，李胜凯任副主编。全书的编写分工为：李胜凯负责编写第 2 章、第 5 章及第 7 章的第 7.3 节；张远平负责编写其余章节并统稿。

尽管在本书的编写工作中，编者付出了大量的精力，但由于水平有限，所以难免会出现一些缺点及不足，欢迎广大读者批评指正。

编　者

2012 年 6 月于西安

目　录

第1章 绪论

1.1 互换性概述

1.1.1 互换性的概念及定义

在日常生活中，互换性给我们带来的便利随处可见。如灯管坏了，只要换上一根同规格的新灯管，通电以后就可以正常照明了；电子手表的电池没电了，只要换装一粒同规格的新电池，手表便会继续运行。在工业生产过程中，互换性对提高生产效率和保证经济性也起着重要的作用。如在繁忙的装配流水线的某一工位上，若装配同规格的螺栓需经过挑选或修锉才能完成，则会影响整个流水线的运行。现代工业生产对零(部)件的互换性提出了要求；同时，零(部)件的互换性也保证了工业生产的正常运行。

同一规格的零(部)件，不经过任何附加修配或挑选就能装配在机器上，并能达到规定的功能要求，这一特性被称为互换性。互换性包括几何性和可靠性，本书只讲述几何性互换性的保证。

互换性在制造业中的作用可以从以下几方面加以概括：

(1) 在设计方面，零(部)件具有了互换性就可以最大限度地采用标准件、通用件和标准部件，极大地简化绘图、计算等工作，最终缩短设计周期，而且有利于计算机辅助设计和产品品种的多样化。

(2) 在制造方面，互换性有利于组织专业化生产；有利于采用先进工艺和高效率的专用设备，甚至采用计算机辅助制造；有利于实现加工过程和装配过程的机械化、自动化，从而提高劳动生产率，保证产品质量，降低生产成本。

(3) 在使用和维修方面，零(部)件具有了互换性就可以及时更换已磨损或损坏了的零(部)件(如机器中的滚动轴承)，以减少机器的维修时间和费用，保证机器能连续而持久地运行，从而提高机器的使用价值。

从上面三点可看出，互换性在提高产品质量和可靠性、保证经济效益等方面均有重大意义。互换性原则已成为现代机器制造业中常遵守的原则之一。

1.1.2 零(部)件互换性的保证

机器零(部)件在加工或装配过程中均存在加工误差，包括尺寸误差、形状误差、位置误差及表面质量缺陷。这些误差均会与零(部)件的互换性要求发生冲突。但实践表明，只要将同规格零(部)件的误差控制在一定的范围内，它们就具备了互换性，该控制范围称为公差(Tolerance)。

公差包括尺寸公差、几何公差(控制零件的形状和位置误差)等，统称为几何量公差。表征几何特性的量称为几何量，包括长度、角度、几何形状、相互位置、表面粗糙度等。

对几何量误差的控制由来已久，如考古人员在对秦始皇兵马俑的发掘过程中，共发现了四万多个金属制造的三棱箭头，它们都制作得极其规整，箭头底边宽度的平均误差只有 ± 0.83 mm。且对这些青铜箭头的三个面做 20 倍的放大投影后发现，其轮廓误差不大于 0.15 mm，甚至箭头的各金属含量的配比也基本一致，这说明数以万计的箭头都是按照相同的技术标准制造的。另外，在俑坑中还发掘出了弩机，弩机的所有零件均为青铜制造，其中的几处孔、轴结合都具有互换性。这也说明了在两千多年前，我们的祖先已掌握了控制几何量误差、遵循互换性生产的技术。

有文献可查的基于互换性的生产，可追溯到美国的独立战争时期。那时的枪支都是先由工匠手工制好一个零件后，再按照已制好的零件用手工配做另一个零件，因此制造一支枪的周期很长，且同名称的枪械零件之间也不能相互替换；但是战争需要大量的枪支，所以如何能在短时期内赶制大量的枪支以满足战争的需要，就成为了一个急需解决的问题。一位名叫惠特尼(Whitney Eli)的青年人开始思考这个问题并付诸行动。他先将工匠分为不同的制作小组，每个小组按照一定的尺寸要求制作相同的零件；然后再将合格的零件进行组装，这样一支合格的枪便做好了，且同名称的零件可以相互替换。按照这种制造方法，在很短的时间内就赶制出了四万支合格的枪。在整个制造过程中，虽然惠特尼没有发明任何有形的东西，但他发明了一个新的思想，即基于互换性制造的思想。互换性制造又称为标准化制造。后来美国的福特(Ford)汽车公司发明的流水线生产汽车的方法，也遵循了互换性、并行生产的理念，此方法奠基了现代机器制造业的基础。

1.1.3 互换性的分类

互换性按照其互换程度可分为完全互换与非完全互换。

(1) 完全互换。完全互换是指零(部)件在配合前不需要进行选择，装配时也不需要修配和调整，装配后即可满足预定的使用要求的互换性。

(2) 非完全互换。当装配精度要求很高时，若采用完全互换将会要求零件的尺寸公差很小，从而导致加工困难和成本高，甚至无法加工。这时可以采用非完全互换法进行生产，即将其制造公差适当放大，以便于加工；在完工后，再对零件进行测量并按实际尺寸的大小分组；最后按组进行装配。这种仅是组内零件可以互换，组与组之间不可互换的方法，叫做分组互换法。分组互换既可保证装配精度与使用要求，又降低了生产成本。

机器装配时，允许使用补充机械加工或钳工修刮的方法来获得所需精度的方法，称为修配法。如普通车床尾架部件中的垫板，其厚度需在装配时再进行修磨，以满足头尾架顶尖等高的要求。在装配时，用调整的方法，改变零件在机器中的尺寸和位置，以满足其功能要求，称之为调整法。如机床导轨中的镶条，装配时可沿导轨移动方向调整其位置，以满足间隙要求。

分组互换法、修配法和调整法都属于不完全互换。不完全互换只限于部件或机构在制造厂内装配时使用；对于厂际协作，则往往要求完全互换。具体采用哪种方式为宜，要由产品精度、产品复杂程度、生产规模、设备条件及技术水平等一系列因素来决定。

一般的大量生产和成批生产，如汽车厂、拖拉机厂大都采用完全互换法生产；精度要求高的行业，如轴承工业，常采用分组装配，即按照不完全互换法生产；而小批和单件生产，如矿山、冶金等重型机器业，则常采用修配法或调整法生产。

需要指出的是，对于一些精度要求极高的配合，即便采用非完全互换性生产，也难以满足要求时，可采用配对(配作)的方法。此方法相当于无互换性，即若将配作生产的零件拆开与其他零件相配，则满足不了使用要求，如发动机的气阀与阀座须成对研磨才能保证精度要求。因此互换性的运用，是以保证生产效率和经济性为前提的。

1.2 标准及标准化的概念

为了保证零(部)件的互换性，需要将误差控制在公差范围内，而制定标准的目的，在于统一公差的相关量。从保证零(部)件互换性的角度出发，国家和相关行业先后颁布了许多的标准。以几何量为例，尺寸公差标准用于限定尺寸误差；几何公差标准用于限定零件的形状和位置误差。此外还有表面粗糙度标准、齿轮标准等，这些标准均是本书所介绍的内容。

标准，除了使企业的制造加工合乎规范、保证零(部)件的互换性外，还用于国际间同行业的技术交流和贸易。标准制定水平的高低，表征着制造业水平的高低。在公差标准的发展史上，德国的DIN标准占有重要地位，它在英、美初期公差制的基础上有较大的发展，其特点是采用了基孔制和基轴制，并提出了公差单位的概念，且将精度等级与配合分开，同时规定了标准温度(20℃)。1926年国际标准化协会(ISA)成立，其第三技术委员会负责制定公差与配合标准。1947年国际标准化组织重建，并改名为ISO，然后于1962年公布了公差配合国际标准，此后又接连推出了其他几何量的相关国际标准。20世纪80年代，我国在相关的国际标准的基础上结合具体国情，相继颁布实施了一系列新的国家标准；之后又依据国际标准的变动对部分标准有所修订，有些标准沿用至今。

标准分为五级：国际标准、国家标准、行业标准、地方标准和企业标准。

(1) 国家标准是指由国家的官方标准化机构或政府授权的有关机构批准、发布，且在全国范围内统一适用的标准。我国国家标准由国务院标准化行政主管部门编制计划和组织草拟，并统一审批、编号和发布。我国国家标准的代号是用“国标”两个字的汉语拼音的第一个字母“G”和“B”表示的。强制性国家标准的代号为“GB”，推荐性国家标准的代号为“GB/T”。国家标准的编号由国家标准的代号、国家标准发布的顺序号和国家标准发布的年号三部分组成。

(2) 行业标准是对国家标准的补充，其在相应的国家标准实施后自行废止。机械行业的标准用“JB”表示。

(3) 地方标准是指在某个省、自治区、直辖市范围内统一的标准。对没有国家标准和行业标准，而又需要在省、自治区、直辖市范围内统一的工业产品的安全和卫生要求，可以制定地方标准。地方标准可用“DB”表示。

(4) 企业标准是指企业所制定的产品标准和企业内部为了协调、统一技术要求和管理工作要求所制定的标准。企业在生产没有相应的国家标准、行业标准和地方标准的产品时，应当制定企业标准，以作为组织生产的依据。企业标准可用“QB”表示。

标准化是指为在一定范围内获得最佳秩序，对实际的或潜在的问题制定共同的和重复使用的规则的活动；也指在经济、技术、科学、管理等社会实践中，通过制订、发布和实施标准，使重复性的事物和概念达到统一，以获得最佳秩序和社会效益的活动。

标准化是组织现代化生产的重要手段和必要条件，是合理发展产品品种、组织专业化生产的前提，是公司实现科学管理和现代化管理的基础；是提高产品质量、保证安全和卫生的技术保证；是国家资源合理利用、节约能源和节约原材料的有效途径；是推广新材料、新技术、新科研成果的桥梁；是消除贸易障碍、促进国际贸易发展的通行证。

1.3 几何量计量技术简介

计量(metrology)被定义为实现单位统一、量值准确可靠的活动。新中国成立后，国家于 1953 年确认采用“计量”一词，其取代了使用几千年的度量衡，并被赋予了更广泛的内容。

测量(measurement)指以确定量值为目的的操作。从几何量计量的角度来看，测量是指将被测量与测量单位相比较并得出比值的过程。例如使用卡尺或外径千分尺测量轴的直径，便是测量。

检验(inspection)是指为确定被测量值是否达到预期要求所进行的操作。例如，用光滑极限量规对孔(或轴)的合格性进行判断，便是检验。

对几何量的评判，常用到检测，可以将其理解为检验与测量的综合称呼。在对几何量的合格性进行评判时，常要用到检验和测量手段。

为了保证零(部)件的互换性，必须制定相关的公差标准；而判断零(部)件是否达到相应的公差要求，则需借助计量这一手段。因此，互换性、公差标准和计量手段之间是相辅相成的。

早在人类文明发展初期，人们就已知道利用人的肢体作为量具来进行简单的长度测量了。18 世纪中叶之前，机械制造业中所用的测量工具是线纹尺，在军工产品中使用的是标准量规。19 世纪初，几何量检测技术得到了第一次大发展：1850 年游标卡尺问世，1867 年出现了千分尺，1895 年生产了量块。采用量块作为长度标准，大大地促进了比较测量的发展。20 世纪，几何量检测技术再一次得到了发展：1907 年出现了杠杆式测微器，随后出现百分表、测微仪等；1928 年出现了气动量仪；1930 年起各种不同的电接触式、电感式、电容式量仪相继出现，为机械加工过程中的自动检测提供了新的装置；1937 年生产了扭簧比较仪；20 世纪 30 年代人们运用光学原理设计了光学量仪，并应用光学显微镜、光学投影等技术制成了工具显微镜、测长仪、投影仪；到 20 世纪 50 年代，光学量仪已成系列；60 年代，电子、光栅技术的应用出现了光、机、电结合的量仪，且应用激光等新技术研制出很多新颖量仪。我国研制的光电光波比长仪、激光量块干涉仪、微电脑双频激光干涉仪、齿轮整体误差测量机等，都达到了国际先进水平。此外三坐标测量机、齿轮单面啮合检查仪等都配置了电子计算机，大大提高了测量速度和精度。

近年来，微型、大型、复杂形状工件的自动检测技术发展很快：利用激光衍射原理自动连续检测 0.01 mm～0.1 mm 的细丝直径的精度达到 0.1 μm；采用光栅传感器自动检测大直径后，测量结果可用数字显示；利用射线、微波、超声波来检测板块、带状和薄壁筒工件的厚度，可达到很高的精度；对于复杂形状工件，可采用多个测头自动巡回测量，或利用工业电视扫描法与标准板块作比较测量；利用激光全息照相技术对工件内形状进行检测。这些技术均取得了很好的效果。

目前，坐标测量机和数控机床广泛使用光栅、磁栅、感应同步器和激光作为检测元件，实现了脉冲记数、数字显示的自动检测，提高了检测准确度和测量效率。这就使几何量检测技术有了飞速发展，检测精度达到微米级，甚至纳米级。例如 1940 年出现的比较仪，检测精度从 3 μm 提高到 1.5 μm；1950 年推出的光电比较仪，检测精度提高到 0.2 μm；1960 年生产的圆度仪，检测精度达到 0.1 μm；1969 年出现的激光干涉仪，检测精度达到 0.01 μm。几何量检测技术的进步使得测量范围由两维发展到三维空间，测量尺寸的大小则涵盖了从集成元件线条宽度到飞机机架尺寸。检测的自动化程度，从人工对准刻度尺读数到自动对准、计算机处理数据、自动显示并打印测量结果，无一不加快了工件在线加工、自动检测的进程。国外在 1985 年的机械加工中就实现了 25%的自动检测，不需人为干预；到了 1990 年，通过计算机闭环控制和自动检测则实现了质量控制的全盘自动化。

当前的几何量检测正由主动测量发展到动态过程测量。主动测量是将测量结果用来控制加工工艺，以决定是否继续加工；动态过程测量是将测量与加工组成一个整体，此时测量不仅用于纠正加工方法，而且可对工件参数的变化进行连续测量，并将这些参数变化反馈到加工过程中，以保持被测参数落在最佳要求的范围内。

1.4　本课程的学习任务

从机械设计的角度讲，设计不仅包含结构设计和强度设计，还包括机构和零件的几何精度设计。作为机械类高职高专的学生，虽然对几何精度设计的掌握要求较低，但通过本课程的学习后，必须建立起零(部)件几何精度的概念，并初步掌握标准化和互换性的基本概念及有关的基本术语与定义；在此基础上，应能正确地阅读零(部)件的工程图，理解其上的几何精度要求，包括尺寸公差要求、几何公差要求(即形状与位置公差要求)、表面粗糙度要求等；应会正确地查用本课程所介绍的公差表格，熟悉各种典型的几何量检测方法，学会使用常用的计量器具；此外，应能设计出基本的几何量精度检测方案，以满足解决生产线实际问题的能力要求。

本课程作为机械类专业学生的一门重要的技术基础课程，既要对已有的机械加工认识作提高和强化，也要为后续各专业课程的学习和相关课程设计作一个知识的铺垫，因而该课程具有桥梁和纽带的作用。相信学生在认真学好本门课程后，再结合后续课程的教学和实训，一定会对零(部)件的相关几何精度概念有更加深刻的理解，对零(部)件的几何精度要求的检测能力也会有一个质的提高。

习　题

1. 什么是零(部)件的互换性？如何对其进行划分？
2. 如何保证零(部)件的互换性？
3. 互换性、标准、计量三者间的关系是怎样的？
4. 什么是几何量？它包括哪些量？

第2章 极限与配合

本章主要介绍极限与配合及一般公差的有关内容，这些内容取自《产品几何技术规范(GPS)极限与配合》(GB/T 1800.1—2009、GB/T 1800.2—2009、GB/T 1801—2009)及GB/T 1804—2000《一般公差　未注公差的线性和角度尺寸的公差》。

在机械产品中，光滑圆柱的结合应用极为广泛，如轴承与轴颈的配合、轴承与外壳孔的配合、齿轮内孔与轴颈的配合等。因此，极限与配合的国家标准正是基于光滑圆柱结合制定的，而且，这些标准也适用于非圆柱结合的表面与结构，如键宽与键槽宽的配合等。

2.1　基本术语及概念

2.1.1　基本术语与定义

1. 尺寸和尺寸要素

尺寸是以特定单位来表示线性尺寸值的数值。在机械图样中，线性尺寸包括长度、宽度、高度、厚度、深度、直径、半径、中心距等，通常以mm作为单位。

构成零件几何特征的点、线、面统称为几何要素，简称要素。按照几何要素是否受尺寸的影响，可将其分为尺寸要素和非尺寸要素。由一定大小的线性尺寸或角度尺寸所确定的几何形状称为尺寸要素，如内外圆柱面、内外圆锥面等都属于尺寸要素；而将不受尺寸影响的要素称为非尺寸要素，例如平面就是非尺寸要素。

2. 孔和轴的概念

孔一般是指工件的圆柱形内尺寸要素，即通常所说的内圆柱面。若将孔的概念加以拓展，它还包括非圆柱形的内尺寸要素，即由二平行平面或切面形成的包容面。如图2-1中由尺寸ϕD、B、B_1、L、L_1所形成的尺寸要素都称为孔。

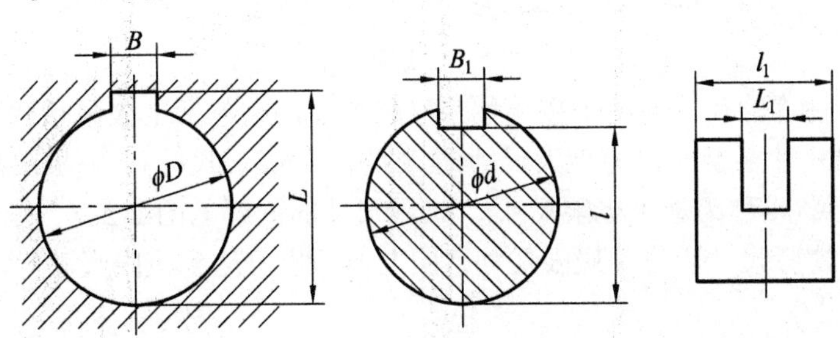

图2-1　孔和轴的概念

轴一般是指工件的圆柱形外尺寸要素，即通常所说的外圆柱面。若将轴的概念加以拓展，它还包括非圆柱形的外尺寸要素，即由二平行平面或切面形成的被包容面。如图 2-1 中由尺寸ϕd、l、l_1所形成的尺寸要素都称为轴。

从机械加工的角度来看，轴是随着加工过程的进行，尺寸越来越小的表面；而孔是随着加工过程的进行，尺寸越来越大的表面。

3．公称尺寸

由图样规范确定的理想形状要素的尺寸称为公称尺寸。在公称尺寸上应用上、下极限偏差便可计算出极限尺寸。它通常是通过强度计算、刚度计算或出于机械结构方面的考虑得出的，可以是整数值，也可以是小数值，例如 32，15，8.75，0.5…。

公称尺寸的图解见图 2-2。

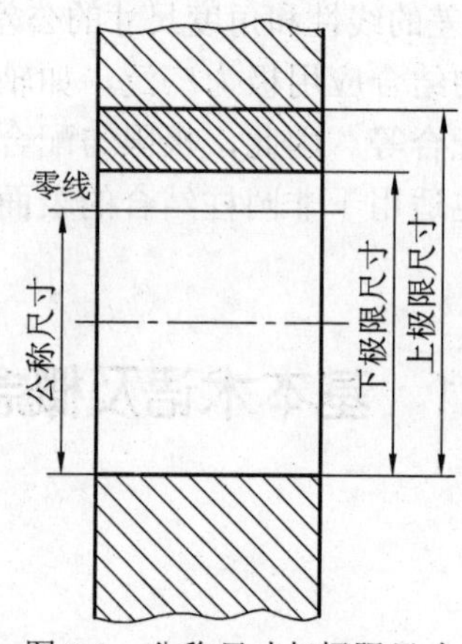

图 2-2　公称尺寸与极限尺寸

4．实际尺寸与极限尺寸

实际尺寸是指通过测量所得到的尺寸。由于在测量过程中不可避免地存在测量误差，因此，所测得的实际尺寸并非尺寸的真值。又由于加工误差的存在，同一几何要素的不同部位的实际尺寸也各不相同。如图 2-3 所示的实际轴，由于形状误差的影响，不同的横截面内直径的实际尺寸各不相等；即使在同一横截面内，不同角向位置的直径的实际尺寸也不相等。

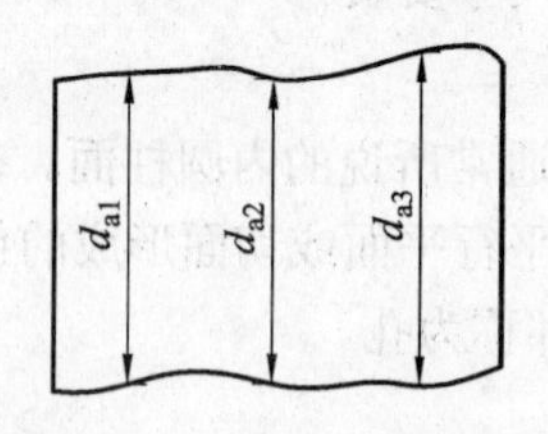

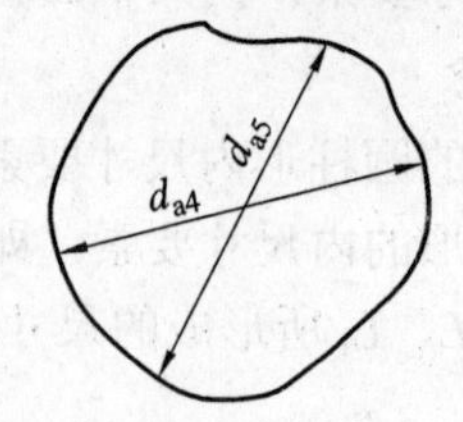

图 2-3　实际尺寸

尺寸要素所允许的尺寸的两个极端称为极限尺寸，它包括上极限尺寸和下极限尺寸。上极限尺寸是指尺寸要素允许的最大尺寸(也称为最大极限尺寸)，下极限尺寸是指尺寸要素允许的最小尺寸(也称为最小极限尺寸)。极限尺寸的图解见图 2-2。

标准规定：实际尺寸应位于极限尺寸范围之内，也可达到极限尺寸。

5．零线

在极限与配合的图解中，表示公称尺寸的那条直线称为零线，如图 2-2 所示。图中以其为基准确定偏差和公差。通常，沿水平方向绘制零线，正偏差位于其上，负偏差位于其下。

6．实际偏差与极限偏差

某一尺寸减去其公称尺寸所得的代数差就称为偏差。实际尺寸减去其公称尺寸所得的代数差则称为实际偏差；极限尺寸减去其公称尺寸所得的代数差称为极限偏差。由于极限尺寸有两个(上极限尺寸和下极限尺寸)，所以极限偏差也有两个——上极限偏差和下极限偏差。上极限尺寸减去其公称尺寸所得的代数差称为上极限偏差(简称上偏差)，下极限尺寸减去其公称尺寸所得的代数差称为下极限偏差(简称下偏差)。若规定用小写字母 es、ei 表示轴的上、下偏差，用大写字母 ES、EI 表示孔的上、下偏差，则极限偏差的公式如下：

$$\mathrm{es}=d_{\max}-d，\quad \mathrm{ei}=d_{\min}-d$$

$$\mathrm{ES}=D_{\max}-D，\quad \mathrm{EI}=D_{\min}-D$$

式中，d、$d_{\max}$、$d_{\min}$ 分别为轴的公称尺寸、上极限尺寸、下极限尺寸；D、$D_{\max}$、$D_{\min}$ 分别为孔的公称尺寸、上极限尺寸、下极限尺寸。

标准规定：实际偏差应位于极限偏差范围之内，也可达到极限偏差。

7．尺寸公差与尺寸公差带

允许的尺寸变动量称为尺寸公差，简称公差。它在数值上等于上、下极限尺寸之差，或上、下偏差之差。按照规定，公差是一个没有符号的绝对值，用公式表示如下：

$$T_{\mathrm{s}}=\left|d_{\max}-d_{\min}\right|=\left|\mathrm{es}-\mathrm{ei}\right| \tag{2-1}$$

$$T_{\mathrm{h}}=\left|D_{\max}-D_{\min}\right|=\left|\mathrm{ES}-\mathrm{EI}\right| \tag{2-2}$$

式中，T_{s} 为轴的尺寸公差；T_{h} 为孔的尺寸公差。

尺寸公差带表示的是零件的尺寸相对其公称尺寸所允许的变动范围。为了直观，常用图形来表示尺寸公差带，这样的图形称为尺寸公差带图，简称公差带图，如图 2-4 所示。

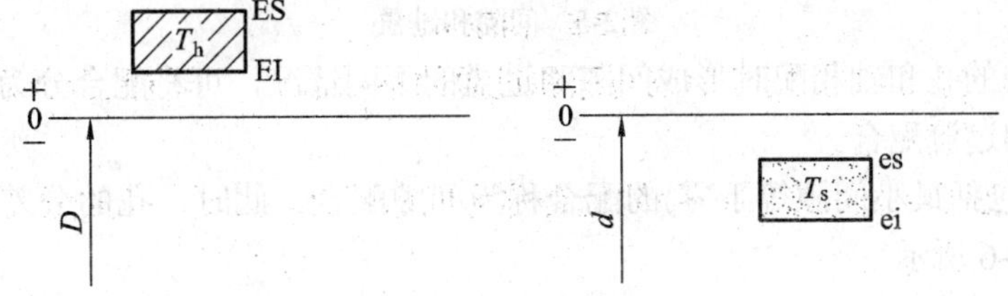

图 2-4　孔、轴公差带图

在很多场合，公差带图是分析公差与配合问题的有效工具。下面结合图 2-4 来说明其规范画法。

(1) 先画一条水平直线作为零线，规定零线上方为正，下方为负，并标上“+”、“−”和“0”，注意“+”、“−”和“0”在垂直方向上是对齐的；然后在零线的右边下方画出尺寸线并标出公称尺寸。

(2) 以适当比例用平行于零线的两条短横线标出上、下偏差的位置，并在左右用两条竖线封口，然后在形成的方框内画上剖面线、网格线或网点。

(3) 标出极限偏差的数值或符号。当极限偏差的计量单位为 mm 时，可省略单位；当极限偏差的计量单位为 μm 时，不可省略单位。

(4) 若需要将相配合的孔和轴的公差带画在同一图上，孔和轴的公差带的剖面线的方向应该相反，且疏密程度不同，以示区别。或孔的公差带用剖面线，而轴的公差带用网点或空白表示，具体可见图 2-6 至图 2-9 所示。

8．基本偏差

在极限与配合制中，基本偏差是一个非常重要的概念。由图 2-4 所示的公差带图可以看出，一个确定的公差带包含两个要素——公差带的大小和公差带相对于零线的位置。公差带的大小也叫公差带的宽度，即表示上、下偏差的两条横线之间的距离，它是由公差数值决定的。标准规定，在一般情况下，公差带相对于零线的位置是由靠近零线的那个极限偏差确定的，并将此极限偏差称做基本偏差，它可能是上偏差，也可能是下偏差。在图 2-4 中，左图的下偏差为基本偏差，右图的上偏差为基本偏差。

9．配合、间隙和过盈

所谓配合，是指公称尺寸相同的，并且相互结合的孔和轴公差带之间的关系。

孔的尺寸减去相配合的轴的尺寸所得的代数差称为间隙或过盈。当此代数差为正时即为间隙，为负时则为过盈。通俗地讲，当某一对公称尺寸相同的孔和轴结合时，若孔比轴大，则形成间隙，若孔比轴小，则形成过盈，如图 2-5 所示。

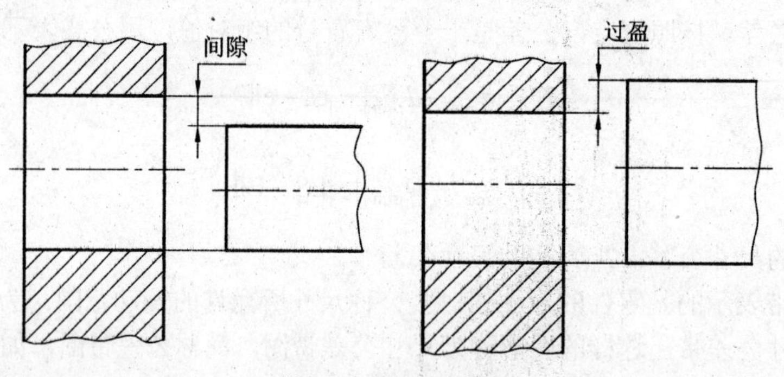

图 2-5　间隙和过盈

根据相配合的孔和轴相配时形成间隙和过盈的不同情况，可将配合分为三种：间隙配合、过盈配合和过渡配合。

具有间隙(包括最小间隙等于零)的配合称为间隙配合。此时，孔的公差带在轴的公差带之上，如图 2-6 所示。

具有过盈(包括最小过盈等于零)的配合称为过盈配合。此时，孔的公差带在轴的公差带之下，如图 2-7 所示。

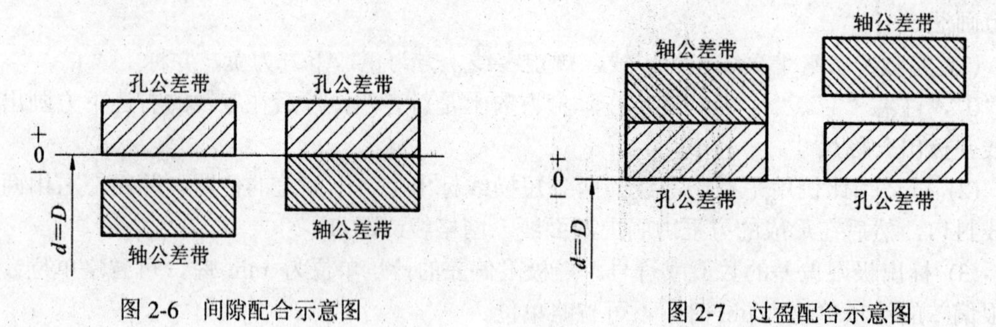

图 2-6　间隙配合示意图　　图 2-7　过盈配合示意图

可能具有间隙或过盈的配合称为过渡配合。此时，孔的公差带与轴的公差带相互交叠，如图 2-8 所示。

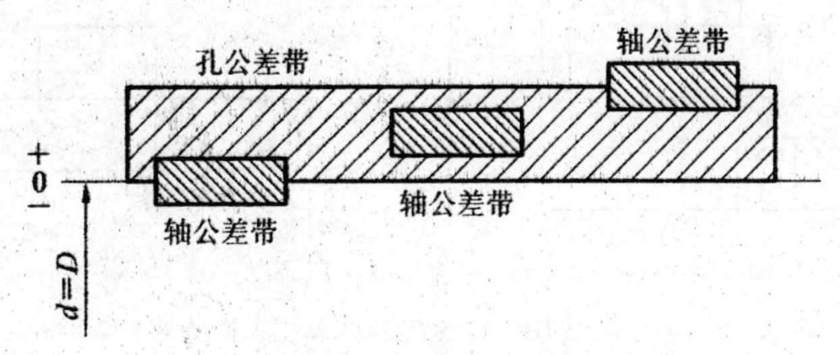

图 2-8　过渡配合示意图

2.1.2　配合量的计算

1. 间隙配合

间隙配合的特点是孔的公差带在轴的公差带之上，所以，若将相配合的孔和轴的公差带画在同一公差带图上，则如图 2-9 所示。

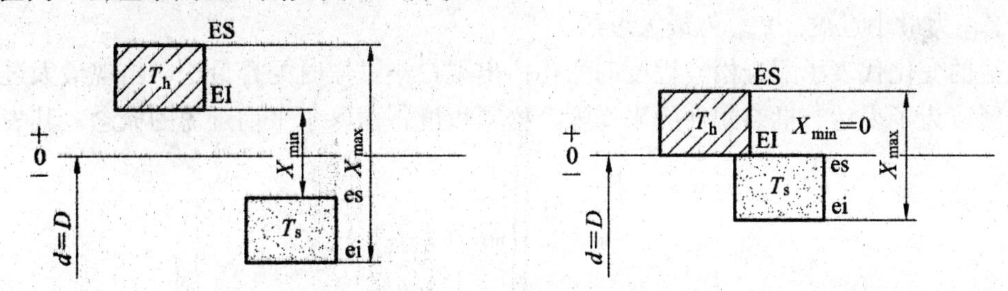

图 2-9　间隙配合计算用图

通过图 2-9 可以看出：若一批孔和轴形成间隙配合，则任一合格孔与任一合格轴装配时皆形成间隙(可能会有个别装配件的间隙为零)。尽管如此，由于装配时存在随机性，所以各装配件的间隙大小不同。当孔恰为上极限尺寸且轴恰为下极限尺寸时，会出现最大间隙；当孔恰为下极限尺寸且轴恰为上极限尺寸时，会出现最小间隙，用公式表示如下：

$$X_{max} = D_{max} - d_{min} = \mathrm{ES} - \mathrm{ei} \tag{2-3}$$

$$X_{min} = D_{min} - d_{max} = \mathrm{EI} - \mathrm{es} \tag{2-4}$$

式中，X_{max} 为最大间隙；X_{min} 为最小间隙。

间隙的变化代表了配合松紧程度的变化：出现最大间隙时配合最松，出现最小间隙时配合最紧。为了表达一批装配件的平均配合松紧程度，引入了平均间隙的概念，其表达式如下：

$$X_{av} = \frac{1}{2}(X_{max} + X_{min}) \tag{2-5}$$

式中，X_{av} 为平均间隙。

2. 过盈配合

过盈配合的特点是孔的公差带在轴的公差带之下。若将相配合的孔和轴的公差带画在同一公差带图上，则如图 2-10 所示。

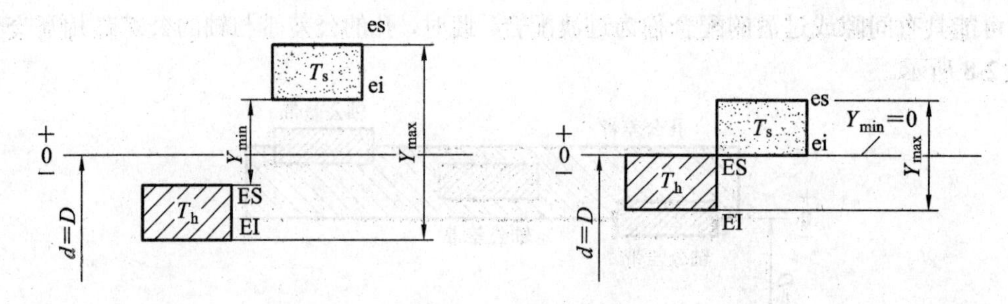

图 2-10　过盈配合计算用图

通过图 2-10 可以看出：若一批孔和轴形成过盈配合，则任一合格孔与任一合格轴装配时皆形成过盈(可能会有个别装配件的过盈为零)。尽管如此，由于装配时存在随机性，所以各装配件的过盈大小不同。当孔恰为上极限尺寸且轴恰为下极限尺寸时，会出现最小过盈；当孔恰为下极限尺寸且轴恰为上极限尺寸时，会出现最大过盈，用公式表示如下：

$$Y_{\min} = D_{\max} - d_{\min} = \mathrm{ES} - \mathrm{ei} \tag{2-6}$$

$$Y_{\max} = D_{\min} - d_{\max} = \mathrm{EI} - \mathrm{es} \tag{2-7}$$

式中，$Y_{\min}$ 为最小过盈；$Y_{\max}$ 为最大过盈。

过盈的变化代表了配合松紧程度的变化：出现最小过盈时配合最松，出现最大过盈时配合最紧。为了表达一批装配件的平均配合松紧程度，引入了平均过盈的概念，其表达式如下：

$$Y_{\mathrm{av}} = \frac{1}{2}(Y_{\max} + Y_{\min}) \tag{2-8}$$

式中，Y_{av} 为平均过盈。

3. 过渡配合

过渡配合的特点是孔的公差带与轴的公差带相互交叠。若将相配合的孔和轴的公差带画在同一公差带图上，则如图 2-11 所示。

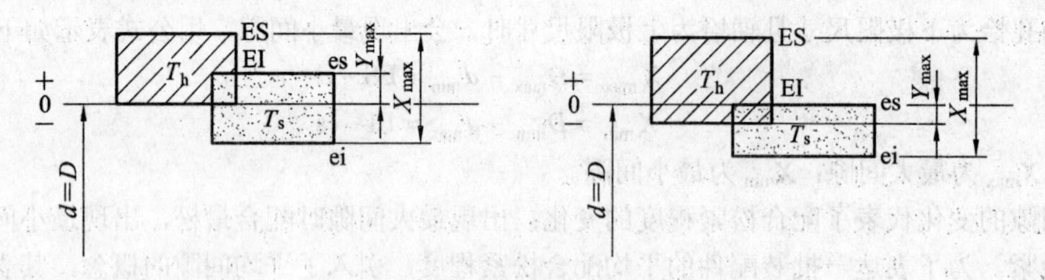

图 2-11　过渡配合计算用图

通过图 2-11 可以看出：若一批孔和轴为过渡配合，则任一合格孔与任一合格轴装配时可能形成间隙，也可能形成过盈。尽管如此，由于装配时存在随机性，所以各装配件的间隙或过盈大小不同。当孔恰为上极限尺寸且轴恰为下极限尺寸时，会出现最大间隙；当孔恰为下极限尺寸且轴恰为上极限尺寸时，会出现最大过盈，用公式表示如下：

$$X_{\max} = D_{\max} - d_{\min} = \mathrm{ES} - \mathrm{ei} \tag{2-9}$$

$$Y_{\max} = D_{\min} - d_{\max} = \mathrm{EI} - \mathrm{es} \tag{2-10}$$

同样，在过渡配合中，盈隙的变化代表了配合松紧程度的变化：出现最大间隙时配合最松，出现最大过盈时配合最紧。为了表达一批装配件的平均配合松紧程度，也引入了平均盈隙的概念：

$$X_{av}(Y_{av})=\frac{1}{2}(X_{max}+Y_{max}) \tag{2-11}$$

在式(2-11)中，$X_{av}(Y_{av})$代表平均间隙或平均过盈。因为在过渡配合中，可能出现平均间隙，也可能出现平均过盈。当计算结果为正时是平均间隙，为负时是平均过盈。

4．配合公差

通过上面的分析可知，在三种配合中，间隙或过盈的变化反映了配合松紧程度的变化，而为了表示配合松紧程度的变化范围，引入了配合公差的概念。所谓配合公差，就是指允许间隙或过盈的变动量。若用T_f表示配合公差，则三种配合的配合公差计算如下：

间隙配合：
$$T_f=|X_{max}-X_{min}| \tag{2-12}$$

过盈配合：
$$T_f=|Y_{min}-Y_{max}| \tag{2-13}$$

过渡配合：
$$T_f=|X_{max}-Y_{max}| \tag{2-14}$$

与尺寸公差一样，配合公差也是一个没有符号的绝对值。对于三种配合，不难推导出配合公差有一个统一的计算公式，即

$$T_f=T_h+T_s \tag{2-15}$$

式(2-15)表明，配合公差等于相配合的孔公差与轴公差之和。该公式还说明，机械产品的装配精度与组成零件的加工精度密切相关，零件精度是保证装配精度的基础。在进行尺寸精度设计时，常用的设计不等式 $T_h+T_s\le T_f$(相配件的公差之和不大于要求的配合公差)即源于此。

2.1.3 配合制

按照国家标准中的定义，经标准化的公差与偏差制度称为极限制，同一极限制的孔和轴组成的一种配合制度称为配合制。标准规定，配合制包括基孔制和基轴制。

根据图 2-9、图 2-10、图 2-11 可知，要想得到不同松紧、不同性质的配合，可以变更相配合的孔、轴公差带的相对位置，即在公差值不变的前提下，只要改变孔、轴的基本偏差即可。但为了方便，无需将二者公差带位置同时变动，只要固定其中一个，变更另一个便可满足不同的需要。若孔的公差带位置是固定的，就称为基孔制；若轴的公差带位置是固定的，则称为基轴制。

1．基孔制

基本偏差为定值的孔的公差带，与不同基本偏差的轴的公差带形成各种配合的一种制度称为基孔制，如图 2-12(a)所示。

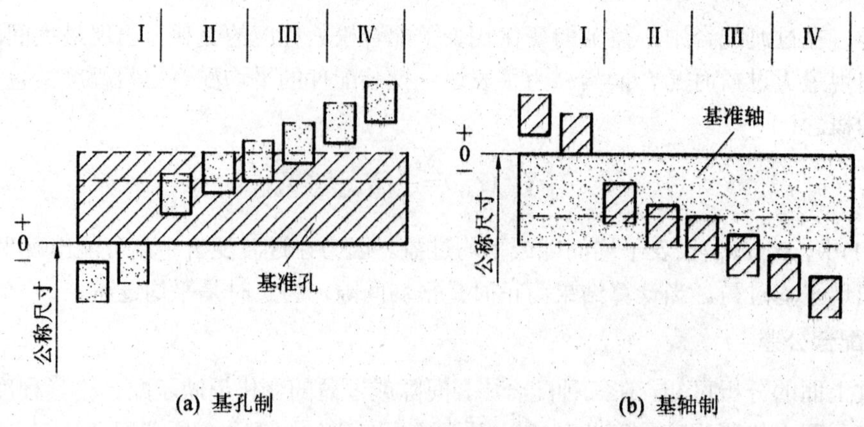

图 2-12 配合制配合

基孔制配合中的孔称为基准孔，其公差带位置在零线上侧，下偏差为基本偏差且数值为零。与基准孔配合的轴为非基准轴，变更其基本偏差即可改变它与基准孔公差带的相对位置，从而得到不同松紧、不同性质的配合。如，在区域Ⅰ形成间隙配合、在区域Ⅱ形成过渡配合、在区域Ⅳ形成过盈配合。在图 2-12(a)中，代表基准孔上偏差的虚线有两条，表示公差带的大小与孔的精度有关。当孔的精度较低(公差较大)时，在区域 Ⅲ 形成过渡配合；当孔的精度较高(公差较小)时，在区域Ⅲ形成过盈配合。

2．基轴制

基本偏差为定值的轴的公差带，与不同基本偏差的孔的公差带形成各种配合的一种制度，称为基轴制，如图 2-12(b)所示。

基轴制配合中的轴称为基准轴，其公差带位置在零线下侧，上偏差为基本偏差且数值为零。与基准轴配合的孔为非基准孔，变更其基本偏差即可改变它与基准轴公差带的相对位置，从而得到不同松紧、不同性质的配合。如图 2-12(b)中，在区域Ⅰ形成间隙配合，在区域Ⅱ形成过渡配合，在区域 Ⅳ 形成过盈配合。代表基准轴下偏差的虚线有两条，表示公差带的大小与轴的精度有关。当轴的精度较低(公差较大)时，在区域Ⅲ形成过渡配合；当轴的精度较高(公差较小)时，在区域Ⅲ形成过盈配合。

以上介绍了国家标准关于基孔制配合与基轴制配合的有关规定。通常情况下，在进行尺寸精度设计时，优先采用基孔制配合，其次采用基轴制配合。但是，如有特殊需要或其他充分理由，也允许采用非基准孔和非基准轴组成的配合，如 G8/m7、F8/k6 等，习惯上将这类配合称为混合配合。

2.2 标准的有关内容

2.2.1 标准公差

1．标准公差等级

机械零件上的尺寸很多，根据其功用，不同部位的尺寸对精度的要求往往不同。为了满足生产上的需要，国家标准 GB/T 1800.1—2009 对尺寸的精度进行了等级划分，这就是标准公差等级，简称公差等级。标准规定：在 500 mm 内的公称尺寸，划分为 20 个公差等级，用 IT01、IT0、IT1、…、IT18 表示；若公称尺寸在 500 mm～3150 mm 内，则划分为 18 个公差等级，用 IT1、IT2、…、IT18 表示。在这些标准公差等级符号中，数字越大，表示尺寸的精度越低。

在本章所介绍的极限与配合制标准中，同一公差等级对应的所有公称尺寸的一组公差被认为具有相同精度。标准公差等级符号中的字母“IT”为“国际公差(International Tolerance)”的英文缩写。

2．标准公差数值

针对不同的公称尺寸所规定的任一公差称为标准公差。公称尺寸至 3150 mm、公差等级为 IT1～IT18 的各级标准公差数值见表 2-1。

表 2-1　公称尺寸至 3150 mm 的标准公差数值

公称尺寸/mm		标准公差等级																	
		IT1	IT2	IT3	IT4	IT5	IT6	IT7	IT8	IT9	IT10	IT11	IT12	IT13	IT14	IT15	IT16	IT17	IT18
大于	至	μm											mm						
—	3	0.8	1.2	2	3	4	6	10	14	25	40	60	0.1	0.14	0.25	0.4	0.6	1	1.4
3	6	1	1.5	2.5	4	5	8	12	18	30	48	75	0.12	0.18	0.3	0.48	0.75	1.2	1.8
6	10	1	1.5	2.5	4	6	9	15	22	36	58	90	0.15	0.22	0.36	0.58	0.9	1.5	2.2
10	18	1.2	2	3	5	8	11	18	27	43	70	110	0.18	0.27	0.43	0.7	1.1	1.8	2.7
18	30	1.5	2.5	4	6	9	13	21	33	52	84	130	0.21	0.33	0.52	0.84	1.3	2.1	3.3
30	50	1.5	2.5	4	7	11	16	25	39	62	100	160	0.25	0.39	0.62	1	1.6	2.5	3.9
50	80	2	3	5	8	13	19	30	46	74	120	190	0.3	0.46	0.74	1.2	1.9	3	4.6
80	120	2.5	4	6	10	15	22	35	54	87	140	220	0.35	0.54	0.87	1.4	2.2	3.5	5.4
120	180	3.5	5	8	12	18	25	40	63	100	160	250	0.4	0.63	1	1.6	2.5	4	6.3
180	250	4.5	7	10	14	20	29	46	72	115	185	290	0.46	0.72	1.15	1.85	2.9	4.6	7.2
250	315	6	8	12	16	23	32	52	81	130	210	320	0.52	0.81	1.3	2.1	3.2	5.2	8.1
315	400	7	9	13	18	25	36	57	89	140	230	360	0.57	0.89	1.4	2.3	3.6	5.7	8.9
400	500	8	10	15	20	27	40	63	97	155	250	400	0.63	0.97	1.55	2.5	4	6.3	9.7
500	630	9	11	16	22	32	44	70	110	175	280	440	0.7	1.1	1.75	2.8	4.4	7	11
630	800	10	13	18	25	36	50	80	125	200	320	500	0.8	1.25	2	3.2	5	8	12.5
800	1000	11	15	21	28	40	56	90	140	230	360	560	0.9	1.4	2.3	3.6	5.6	9	14
1000	1250	13	18	24	33	47	66	105	165	260	420	660	1.05	1.65	2.6	4.2	6.6	10.5	16.5
1250	1600	15	21	29	39	55	78	125	195	310	500	780	1.25	1.95	3.1	5	7.8	12.5	19.5
1600	2000	18	25	35	46	65	92	150	230	370	600	920	1.5	2.3	3.7	6	9.2	15	23
2000	2500	22	30	41	55	78	110	175	280	440	700	1100	1.75	2.8	4.4	7	11	17.5	28
2500	3150	26	36	50	68	96	135	210	330	540	860	1350	2.1	3.3	5.4	8.6	13.5	21	33

注：1. 公称尺寸大于 500 mm 的 IT1～IT5 的标准公差数值为试行的。

2. 公称尺寸小于 1 mm 时，无 IT14～IT18。

在工业中很少用到标准公差等级 IT01 和 IT0，所以在标准正文中没有给出这两个公差等级的标准公差数值。但为满足使用者的需要，在 GB/T 1800.1—2009 标准附录 A 中给出了这些数值，见表 2-2。

表 2-2　IT01 和 IT0 的标准公差数值

公称尺寸/mm		标准公差等级	
		IT01	IT0
大于	至	公差/μm	
—	3	0.3	0.5
3	6	0.4	0.6
6	10	0.4	0.6
10	18	0.5	0.8
18	30	0.6	1
30	50	0.6	1
50	80	0.8	1.2
80	120	1	1.5
120	180	1.2	2
180	250	2	3
250	315	2.5	4
315	400	3	5
400	500	4	6

另外，对于公称尺寸位于 3150 mm～10 000 mm 内的各级标准公差数值，在国家标准 GB/T 1801—2009 的附录 C 中列出，供参考使用，此处从略。

3. 标准公差数值的由来

表 2-1 及表 2-2 中的标准公差数值，是根据有关公式计算后，按一定的规则修约得到的。

1) 计算公式

公称尺寸至 500 mm 的各级标准公差计算公式见表 2-3，公称尺寸位于 500 mm～3150 mm 的各级标准公差计算公式见表 2-4。

2) 标准公差因子——i 和 I

在表 2-3 和表 2-4 的计算公式中，i 和 I 称为标准公差因子，它们是确定标准公差的基本单位，因此亦称为公差单位，是确定标准公差数值的基础。其中，i 为公称尺寸至 500 mm 的标准公差因子，I 为公称尺寸位于 500 mm～3150 mm 的标准公差因子，它们的计算公式为

$$i = 0.45 \times \sqrt[3]{D} + 0.001D \qquad (2\text{-}16)$$

$$I = 0.004D + 2.1 \qquad (2\text{-}17)$$

式中，i 和 I 的单位为 μm(微米)；D 为公称尺寸段中的首尾两个尺寸(D_1 和 D_2)的几何平均值，即 $D=\sqrt{D_1\times D_2}$，单位为 mm(毫米)。

表 2-3　公称尺寸至 500 mm 的各级标准公差计算公式

公差等级	公　式	公差等级	公　式
IT01	$0.3+0.008D$	IT8	$25i$
IT0	$0.5+0.012D$	IT9	$40i$
IT1	$0.8+0.02D$	IT10	$64i$
IT2	$(\text{IT1})\left(\frac{\text{IT5}}{\text{IT1}}\right)^{\frac{1}{4}}$	IT11	$100i$
		IT12	$160i$
IT3	$(\text{IT1})\left(\frac{\text{IT5}}{\text{IT1}}\right)^{\frac{2}{4}}$	IT13	$250i$
		IT14	$400i$
IT4	$(\text{IT1})\left(\frac{\text{IT5}}{\text{IT1}}\right)^{\frac{3}{4}}$	IT15	$640i$
		IT16	$1000i$
IT5	$7i$	IT17	$1600i$
IT6	$10i$	IT18	$2500i$
IT7	$16i$		

注：表中 D 为公称尺寸段的几何平均值，单位为 mm。

表 2-4　公称尺寸位于 500 mm～3150 mm 的各级标准公差计算公式

公差等级	公　式	公差等级	公　式
IT1	$2I$	IT10	$64I$
IT2	$2.7I$	IT11	$100I$
IT3	$3.7I$	IT12	$160I$
IT4	$5I$	IT13	$250I$
IT5	$7I$	IT14	$400I$
IT6	$10I$	IT15	$640I$
IT7	$16I$	IT16	$1000I$
IT8	$25I$	IT17	$1600I$
IT9	$40I$	IT18	$2500I$

3) 公称尺寸分段

由标准公差的计算公式可知，对应每一个公称尺寸和公差等级都可以计算出一个相应的公差值。这样的话，必然会使公差表格变得非常庞大，给生产带来麻烦。为了简化公差表格，标准将公称尺寸进行了分段，在相同公差等级情况下，为同一尺寸段内的所有公称尺寸规定了统一的公差数值。

2.2.2 基本偏差

前已述及，在基孔制和基轴制的配合中，只要变更非基准件的基本偏差即可改变它与基准件公差带的相对位置，从而得到不同松紧、不同性质的配合。但是，这样的话，非基准件的公差带位置就有无限个，可实际生产中根本用不了那么多，因此，国家标准对非基准件的公差带位置进行了标准化。

标准规定：在基孔制配合中，对同一尺寸分段，非基准轴的公差带位置共有 28 个，分别由 28 个不同的基本偏差来确定。同样地，在基轴制配合中，对同一尺寸分段，非基准孔的公差带位置也有 28 个，分别由 28 个不同的基本偏差来确定。为了标识不同的公差带位置，标准给每个位置赋予了一定的代号，这就是基本偏差代号。

1. 基本偏差代号

基本偏差代号用英文字母或其组合表示，小写代表轴，大写代表孔。在 26 个字母中，除去 5 个易混淆的字母 i(I)、l(L)、o(O)、q(Q)、w(W)后，增加了 7 个双写字母组合——cd(CD)、ef(EF)、fg(FG)、js(JS)、za(ZA)、zb(ZB)、zc(ZC)。各基本偏差代号所代表的公差带的相对位置如图 2-13 所示，该图称为基本偏差系列图。

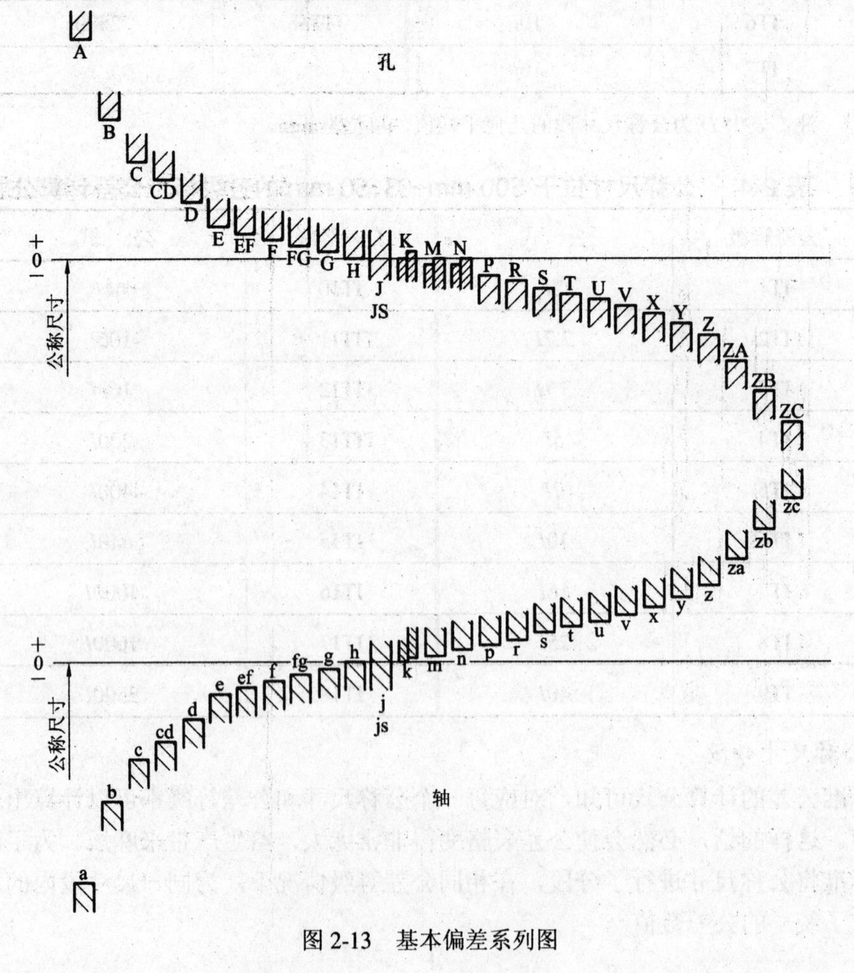

图 2-13 基本偏差系列图

2. 基本偏差系列图

在图 2-13 中，基本偏差系列图的公差带只显示出了基本偏差一端，而另一端没有封口。这是因为基本偏差只表示公差带的位置，不表示公差带的大小，公差带的大小是由公差数值决定的。

由基本偏差系列图还可以看出，孔的基本偏差代号 A～H 所代表的公差带位于零线上侧，下偏差 EI 为基本偏差，除 H 基本偏差为零外，其余均为正值且绝对值逐渐减小。对于 J~ZC，基本偏差为上偏差 ES，除 J、K 和 M、N 外，其余皆为负值且绝对值逐渐增大。

对于轴，a～h 的基本偏差为上偏差 es，除 h 基本偏差为零外，其余均为负值且绝对值逐渐减小。对于 j～zc，基本偏差为下偏差 ei，除 j 和 k(当代号为 k 且 IT ≤ 3 和 IT > 7 时，基本偏差为零)外，其余皆为正值且其绝对值逐渐增大。

另外，JS 和 js 在各个公差等级中相对于零线是完全对称的。其基本偏差由公差值确定，上偏差 ES(es) = +IT/2，下偏差 EI(ei) = −IT/2，其上、下偏差均可作为基本偏差。JS 和 js 将逐渐代替公差带近似对称于零线的基本偏差代号 J 和 j，因此在现国家标准中，孔仅保留了 J6、J7 和 J8 三种公差带，轴仅保留了 j5、j6、j7 和 j8 四种公差带。

3. 基本偏差的数值

1) 轴的基本偏差

轴的基本偏差按表 2-5 给出的公式计算。

2) 孔的基本偏差

确定孔的基本偏差时有两种规则——通用规则和特殊规则。

表 2-5　轴和孔的基本偏差计算公式

公称尺寸/mm		轴			公式	孔			公称尺寸/mm	
大于	至	基本偏差	符号	极限偏差		极限偏差	符号	基本偏差	大于	至
1	120	a	−	es	$265+1.3D$	EI	+	A	1	120
120	500				$3.5D$				120	500
1	160	b	−	es	$\approx 140+0.85D$	EI	+	B	1	160
160	500				$\approx 1.8D$				160	500
0	40	c	−	es	$52D^{0.2}$	EI	+	C	0	40
40	500				$95+0.8D$				40	500
0	10	cd	−	es	C、c 和 D、d 值的几何平均值	EI	+	CD	0	10
0	3150	d	−	es	$16D^{0.44}$	EI	+	D	0	3150
0	3150	e	−	es	$11D^{0.41}$	EI	+	E	0	3150
0	10	ef	−	es	E、e 和 F、f 值的几何平均值	EI	+	EF	0	10

续表

公称尺寸/mm		轴			公式	孔			公称尺寸/mm	
大于	至	基本偏差	符号	极限偏差		极限偏差	符号	基本偏差	大于	至
0	3150	f	−	es	$5.5D^{0.41}$	EI	+	F	0	3150
0	10	fg	−	es	F、f和G、g值的几何平均值	EI	+	FG	0	10
0	3150	g	−	es	$2.5D^{0.34}$	EI	+	G	0	3150
0	3150	h	无符号	es	偏差 = 0	EI	无符号	H	0	3150
0	500	j	−		无公式	—	−	J	0	500
0	3150	js	+ −	es ei	0.5ITn	EI ES	+ −	JS	0	3150
0	500	k	+	ei	$0.6\sqrt[3]{D}$	ES	−	K	0	500
500	3150		无符号		偏差 = 0		无符号		500	3150
0	500	m	+	ei	IT7 − IT6	ES	−	M	0	500
500	3150				$0.024D + 12.6$				500	3150
0	500	n	+	ei	$5D^{0.34}$	ES	−	N	0	500
500	3150				$0.04D + 21$				500	3150
0	500	p	+	ei	IT7 + 0～5	ES	−	P	0	500
500	3150				$0.072D + 37.8$				500	3150
0	3150	r	+	ei	P、p和S、s值的几何平均值	ES	−	R	0	3150
0	50	s	+	ei	IT8 + 1～4	ES	−	S	0	50
50	3150				IT7 + 0.4D				50	3150
24	3150	t	+	ei	IT7 + 0.63D	ES	−	T	24	3150
0	3150	u	+	ei	IT7 + D	ES	−	U	0	3150
14	500	v	+	ei	IT7 + 1.25D	ES	−	V	14	500
0	500	x	+	ei	IT7 + 1.6D	ES	−	X	0	500
18	500	y	+	ei	IT7 + 2D	ES	−	Y	18	500
0	500	z	+	ei	IT7 + 2.5D	ES	−	Z	0	500
0	500	za	+	ei	IT8 + 3.15D	ES	−	ZA	0	500
0	500	zb	+	ei	IT9 + 4D	ES	−	ZB	0	500
0	500	zc	+	ei	IT10 + 5D	ES	−	ZC	0	500

注：1. 公式中 D(mm)是公称尺寸段的几何平均值；基本偏差的计算结果单位为 μm。

2. j、J 只在表 2-6、表 2-7 中给出其值。

3. 公称尺寸至 500 mm 的轴的基本偏差 k 的计算公式仅适用于标准公差等级 IT4～IT7，其他所有公称尺寸和其他所有 IT 等级的基本偏差 k 为 0；孔的基本偏差 K 的计算公式仅适用于标准公差等级小于或等于 IT8，其他所有公称尺寸和其他所有 IT 等级的基本偏差 K 为 0。

4. 孔的基本偏差 K～ZC 的计算见特殊规则之②。

通用规则。一般情况下，同一字母的孔的基本偏差与轴的基本偏差相对于零线是完全对称的。即孔与轴的基本偏差对应(例如 A 对应 a)时，两者的基本偏差的绝对值相等，而符号相反，即：

$$EI = -es \text{ 或 } ES = -ei$$

特殊规则。包括以下两种情况：

① 公称尺寸位于 3 mm～500 mm，标准公差等级大于 IT8 的孔的基本偏差 N 的数值(ES)等于零。

② 在公称尺寸位于 3 mm～500 mm 的基孔制或基轴制配合中，当给定某一公差等级的孔要与更高一级的轴相配(例如 H7/p6 和 P7/h6)，并要求具有同等的间隙或过盈时，计算的孔的基本偏差应附加一个 Δ 值，即

$$ES = ES(\text{计算值}) + \Delta$$

式中，Δ 是公称尺寸段内给定的某一标准公差等级 IT_n 与更高一级的标准公差等级 $IT(n-1)$ 的差值。例如，对于公称尺寸段 18 mm～30 mm 的 P7，有

$$\Delta = ITn - IT(n-1) = IT7 - IT6 = 21 - 13 = 8\ \mu m$$

该规则仅适用于公称尺寸大于 3 mm、标准公差等级小于或等于 IT8 的孔的基本偏差 K、M、N 和标准公差等级小于或等于 IT7 的孔的基本偏差 P～ZC。

3) *基本偏差数值表*

根据表 2-5 中的公式和有关规则计算出来的数值，按照一定的规则修约后，就可得到轴和孔的基本偏差。国家标准以列表形式给出了公称尺寸至 3150 mm 的轴和孔的基本偏差数值。由于篇幅问题，本书仅摘录其中公称尺寸至 500 mm 的轴和孔的基本偏差列于表 2-6 和表 2-7。

孔和轴的基本偏差确定后，另一个极限偏差可由基本偏差和公差求得。

例 2-1　查表确定ϕ40g11、ϕ130N4、ϕ60T6 的基本偏差与另一极限偏差。

解　ϕ40g11：查表 2-1，得 IT = 160 μm；查表 2-6，得 es = −9 μm，则

$$ei = es - IT = (-9 - 160)\ \mu m = -169\ \mu m$$

故 $\phi 40g11 = \phi 40^{-0.009}_{-0.169}$ mm。

ϕ130N4：查表 2-1，得 IT = 12 μm；查表 2-7，得 ES = $-27 + \Delta = (-27 + 4)$ μm = −23 μm，则

$$EI = ES - IT = (-23 - 12)\ \mu m = -35\ \mu m$$

故

$$\phi 130N4 = \phi 130^{-0.023}_{-0.035}\ mm$$

ϕ60T6：查表 2-1，得 IT = 19 μm；查表 2-7，得 ES = $-66 + \Delta = (-66 + 6)$ μm = −60 μm，则

$$EI = ES - IT = (-60 - 19)\ \mu m = -79\ \mu m$$

故

$$\phi 60T6 = \phi 60^{-0.060}_{-0.079}\ mm$$

表 2-6　轴的基本偏差数值(摘自 GB/T 1800.1—2009)

公称尺寸/mm		基本偏差数值(上偏差 es) / μm											
		所有标准公差等级											
大于	至	a	b	c	cd	d	e	ef	f	fg	g	h	js
—	3	−270	−140	−60	−34	−20	−14	−10	−6	−4	−2	0	偏差等于 $\pm\frac{ITn}{2}$，式中 ITn 是 IT 的数值
3	6	−270	−140	−70	−46	−30	−20	−14	−10	−6	−4	0	
6	10	−280	−150	−80	−56	−40	−25	−18	−13	−8	−5	0	
10	14	−290	−150	−95	—	−50	−32	—	−16	—	−6	0	
14	18												
18	24	−300	−160	−110	—	−65	−40	—	−20	—	−7	0	
24	30												
30	40	−310	−170	−120	—	−80	−50	—	−25	—	−9	0	
40	50	−320	−180	−130									
50	65	−340	−190	−140	—	−100	−60	—	−30	—	−10	0	
65	80	−360	−200	−150									
80	100	−380	−220	−170	—	−120	−72	—	−36	—	−12	0	
100	120	−410	−240	−180									
120	140	−460	−260	−200	—	−145	−85	—	−43	—	−14	0	
140	160	−520	−280	−210									
160	180	−580	−310	−230									
180	200	−660	−340	−240	—	−170	−100	—	−50	—	−15	0	
200	225	−740	−380	−260									
225	250	−820	−420	−280									
250	280	−920	−480	−300	—	−190	−110	—	−56	—	−17	0	
280	315	−1050	−540	−330									
315	355	−1200	−600	−360	—	−210	−125	—	−62	—	−18	0	
355	400	−1350	−680	−400									
400	450	−1500	−760	−440	—	−230	−135	—	−68	—	−20	0	
450	500	−1650	−840	−480									

续表

公称尺寸/mm		基本偏差数值(下偏差 ei)/μm																		
		IT5和IT6	IT7	IT8	IT4～IT7	≤IT3 >IT7	所有标准公差等级													
大于	至	j			k		m	n	p	r	s	t	u	v	x	y	z	za	zb	zc
—	3	−2	−4	−6	0	0	+2	+4	+6	+10	+14	—	+18		+20	—	+26	+32	+40	+60
3	6	−2	−4		+1	0	+4	+8	+12	+15	+19	—	+23		+28	—	+35	+42	+50	+80
6	10	−2	−5		+1	0	+6	+10	+15	+19	+23	—	+28		+34	—	+42	+52	+67	+97
10	14	−3	−6		+1	0	+7	+12	+18	+23	+28	—	+33		+40	—	+50	+64	+90	+130
14	18													+39	+45	—	+60	+77	+108	+150
18	24	−4	−8		+2	0	+8	+15	+22	+28	+35	—	+41	+47	+54	+63	+73	+98	+136	+188
24	30											+41	+48	+55	+64	+75	+88	+118	+160	+218
30	40	−5	−10		+2	0	+9	+17	+26	+34	+43	+48	+60	+68	+80	+94	+112	+148	+200	+274
40	50											+54	+70	+81	+97	+114	+136	+180	+242	+325
50	65	−7	−12		+2	0	+11	+20	+32	+41	+53	+66	+87	+102	+122	+144	+172	+226	+300	+405
65	80									+43	+59	+75	+102	+120	+146	+174	+210	+274	+360	+480
80	100	−9	−15		+3	0	+13	+23	+37	+51	+71	+91	+124	+146	+178	+214	+258	+335	+445	+585
100	120									+54	+79	+104	+144	+172	+210	+254	+310	+400	+525	+690
120	140	−11	−18		+3	0	+15	+27	+43	+63	+92	+122	+170	+202	+248	+300	+365	+470	+620	+800
140	160									+65	+100	+134	+190	+228	+280	+340	+415	+535	+700	+900
160	180									+68	+108	+146	+210	+252	+310	+380	+465	+600	+780	+1000
180	200	−13	−21		+4	0	+17	+31	+50	+77	+122	+166	+236	+284	+350	+425	+520	+670	+880	+1150
200	225									+80	+130	+180	+258	+310	+385	+470	+575	+740	+960	+1250
225	250									+84	+140	+196	+284	+340	+425	+520	+640	+820	+1050	+1350
250	280	−16	−26		+4	0	+20	+34	+56	+94	+158	+218	+315	+385	+475	+580	+710	+920	+1200	+1550
280	315									+98	+170	+240	+350	+425	+525	+650	+790	+1000	+1300	+1700
315	355	−18	−28		+4	0	+21	+37	+62	+108	+190	+268	+390	+475	+590	+730	+900	+1150	+1500	+1900
355	400									+114	+208	+294	+435	+530	+660	+820	+1000	+1300	+1650	+2100
400	450	−20	−32		+5	0	+23	+40	+68	+126	+232	+330	+490	+595	+740	+920	+1100	+1450	+1850	+2400
450	500									+132	+252	+360	+540	+660	+820	+1000	+1250	+1600	+2100	+2600

注：公称尺寸小于或等于 1 mm 时，基本偏差 a 和 b 均不采用。对于公差带 js7～js11，若 ITn 值是奇数，则取偏差为 $\pm\frac{\mathrm{IT}n-1}{2}$。

表 2-7　孔的基本偏差数值(摘自 GB/T 1800.1—2009)

公称尺寸/mm		基本偏差数值																					
		下偏差 EI/μm												上偏差 ES/μm									
大于	至	所有标准公差等级												IT6	IT7	IT8	≤IT8	>IT8	≤IT8	>IT8	≤IT8	>IT8	≤IT7
		A	B	C	CD	D	E	EF	F	FG	G	H	JS	J			K		M		N		P～ZC
—	3	+270	+140	+60	+34	+20	+14	+10	+6	+4	+2	0	偏差等于$\pm\frac{ITn}{2}$，式中ITn是IT的数值	+2	+4	+6	0	0	−2	−2	−4	−4	在大于IT7的相应数值上增加一个Δ值
3	6	+270	+140	+70	+46	+30	+20	+14	+10	+6	+4	0		+5	+6	+10	−1+Δ	—	−4+Δ	−4	−8+Δ	0	
6	10	+280	+150	+80	+56	+40	+25	+18	+13	+8	+5	0		+5	+8	+12	−1+Δ	—	−6+Δ	−6	−10+Δ	0	
10	14	+290	+150	+95	—	+50	+32	—	+16	—	+6	0		+6	+10	+15	−1+Δ	—	−7+Δ	−7	−12+Δ	0	
14	18																						
18	24	+300	+160	+110	—	+65	+40	—	+20	—	+7	0		+8	+12	+20	−2+Δ	—	−8+Δ	−8	−15+Δ	0	
24	30																						
30	40	+310	+170	+120	—	+80	+50	—	+25	—	+9	0		+10	+14	+24	−2+Δ	—	−9+Δ	−9	−17+Δ	0	
40	50	+320	+180	+130																			
50	65	+340	+190	+140	—	+100	+60	—	+30	—	+10	0		+13	+18	+28	−2+Δ	—	−11+Δ	−11	−20+Δ	0	
65	80	+360	+200	+150																			
80	100	+380	+220	+170	—	+120	+72	—	+36	—	+12	0		+16	+22	+34	−3+Δ	—	−13+Δ	−13	−23+Δ	0	
100	120	+410	+240	+180																			
120	140	+460	+260	+200	—	+145	+85	—	+43	—	+14	0		+18	+26	+41	−3+Δ	—	−15+Δ	−15	−27+Δ	0	
140	160	+520	+280	+210																			
160	180	+580	+310	+230																			
180	200	+660	+340	+240	—	+170	+100	—	+50	—	+15	0		+22	+30	+47	−4+Δ	—	−17+Δ	−17	−31+Δ	0	
200	225	+740	+380	+260																			
225	250	+820	+420	+280																			
250	280	+920	+480	+300	—	+190	+110	—	+56	—	+17	0		+25	+36	+55	−4+Δ	—	−20+Δ	−20	−34+Δ	0	
280	315	+1050	+540	+330																			
315	355	+1200	+600	+360	—	+210	+125	—	+62	—	+18	0		+29	+39	+60	−4+Δ	—	−21+Δ	−21	−37+Δ	0	
355	400	+1350	+680	+400																			
400	450	+1500	+760	+440	—	+230	+135	—	+68	—	+20	0		+33	+43	+66	−5+Δ	—	−23+Δ	−23	−40+Δ	0	
450	500	+1650	+840	+480																			

续表

公称尺寸/mm		基本偏差数值/μm												Δ值					
		上偏差 ES																	
大于	至	标准公差等级大于 IT7												标准公差等级					
		P	R	S	T	U	V	X	Y	Z	ZA	ZB	ZC	IT3	IT4	IT5	IT6	IT7	IT8
—	3	−6	−10	−14	—	−18	—	−20	—	−26	−32	−40	−60	0	0	0	0	0	0
3	6	−12	−15	−19	—	−23	—	−28	—	−35	−42	−50	−80	1	1.5	1	3	4	6
6	10	−15	−19	−23	—	−28	—	−34	—	−42	−52	−67	−97	1	1.5	2	3	6	7
10	14	−18	−23	−28	—	−33	—	−40	—	−50	−64	−90	−130	1	2	3	3	7	9
14	18						−39	−45	—	−60	−77	−108	−150						
18	24	−22	−28	−35	—	−41	−47	−54	−63	−73	−98	−136	−188	1.5	2	3	4	8	12
24	30				−41	−48	−55	−64	−75	−88	−118	−160	−218						
30	40	−26	−34	−43	−48	−60	−68	−80	−94	−112	−148	−200	−274	1.5	3	4	5	9	14
40	50				−54	−70	−81	−97	−114	−136	−180	−242	−325						
50	65	−32	−41	−53	−66	−87	−102	−122	−144	−172	−226	−300	−405	2	3	5	6	11	16
65	80		−43	−59	−75	−102	−120	−146	−174	−210	−274	−360	−480						
80	100	−37	−51	−71	−91	−124	−146	−178	−214	−258	−335	−445	−585	2	4	5	7	13	19
100	120		−54	−79	−104	−144	−172	−210	−254	−310	−400	−525	−690						
120	140	−43	−63	−92	−122	−170	−202	−248	−300	−365	−470	−620	−800	3	4	6	7	15	23
140	160		−65	−100	−134	−190	−228	−280	−340	−415	−535	−700	−900						
160	180		−68	−108	−146	−210	−252	−310	−380	−465	−600	−780	−1000						
180	200	−50	−77	−122	−166	−236	−284	−350	−425	−520	−670	−880	−1150	3	4	6	9	17	26
200	225		−80	−130	−180	−258	−310	−385	−470	−575	−740	−960	−1250						
225	250		−84	−140	−196	−284	−340	−425	−520	−640	−820	−1050	−1350						
250	280	−56	−94	−158	−218	−315	−385	−475	−580	−710	−920	−1200	−1550	4	4	7	9	20	29
280	315		−98	−170	−240	−350	−425	−525	−650	−790	−1000	−1300	−1700						
315	355	−62	−108	−190	−268	−390	−475	−590	−730	−900	−1150	−1500	−1900	4	5	7	11	21	32
355	400		−114	−208	−294	−435	−530	−660	−820	−1000	−1300	−1650	−2100						
400	450	−68	−126	−232	−330	−490	−595	−740	−920	−1100	−1450	−1850	−2400	5	5	7	13	23	34
450	500		−132	−252	−360	−540	−660	−820	−1000	−1250	−1600	−2100	−2600						

注：1. 公称尺寸小于或等于 1 mm 时，基本偏差 A 和 B 及大于 IT8 的 N 均不采用。在公差带 JS7～JS11，若 ITn 的值是奇数，则取偏差为 $\pm\dfrac{\text{IT}n-1}{2}$。

2. 对小于或等于 IT8 的 K、M、N 和小于或等于 IT7 的 P～ZC，所需 Δ 值从表内右侧选取。例如：18 mm～30 mm 段的 K7，Δ = 8 μm，所以 ES = −2 + 8 = +6 μm；18 mm～30 mm 段的 S6，Δ = 4 μm，所以 ES = −35 + 4 = −31 μm。特殊情况：250 mm～315 mm 段的 M6，ES = −9 μm(代替 −11 μm)。

2.2.3 极限与配合在图样上的标注

1. 公差带代号与配合代号

前已述及，一个确定的公差带包含两个要素——公差带的大小和公差带相对于零线的位置。公差带代号是公差带的符号表示，并包含了这两方面的信息。标准规定：对于尺寸公差带，其代号由基本偏差代号与公差等级数字组成，基本偏差代号在前，公差等级数字在后。如 D7、H7、JS6、K8 等为孔的公差带代号；d7、h7、js6、k8 等为轴的公差带代号。

标准还规定：当孔与轴形成配合时，可用孔和轴的公差带代号所组成的配合代号来表示，配合代号写成分数形式，分子为孔的公差带代号，分母为轴的公差带代号，如 $\frac{H7}{f6}$ 或 H7/f6。当指某公称尺寸的配合时，将公称尺寸标在配合代号之前，如 $\phi 30\frac{H7}{f6}$ 或 ϕ 30H7/f6。

2. 图样标注形式

在零件图中，尺寸公差有三种标注形式，如图 2-14 所示。

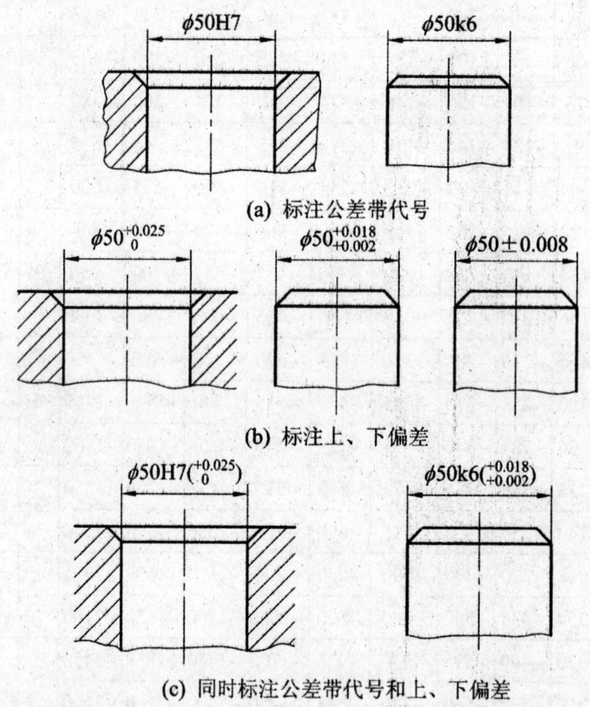

(a) 标注公差带代号

(b) 标注上、下偏差

(c) 同时标注公差带代号和上、下偏差

图 2-14　零件图中尺寸公差的标注形式

大批大量生产时，可采用图 2-14(a)所示的标注形式：公称尺寸 + 公差带代号；单件小批生产时，可采用图 2-14(b)所示的标注形式：公称尺寸 + 极限偏差；中批生产时，可采用图 2-14(c)所示的标注形式：公称尺寸 + 公差带代号 + 极限偏差。

在装配图中，孔与轴的配合用配合代号来标注，如图 2-15 所示。

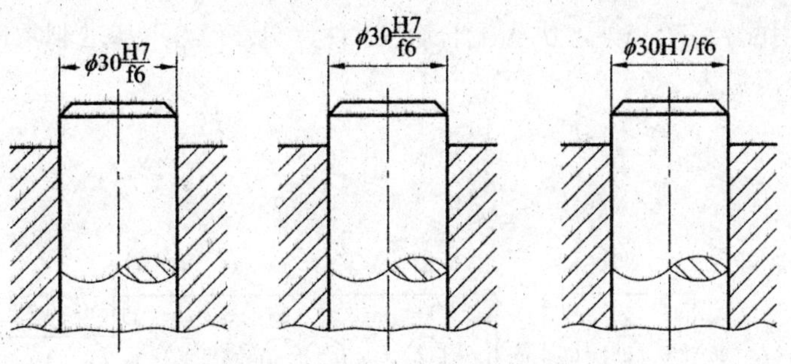

图 2-15　装配图中配合的标注形式

2.2.4　常用、优先公差带及配合

在国家标准 GB/T 1800.1—2009 中，对公称尺寸至 500 mm 的公差带，划分了 20 个公差等级，同时规定了 28 个不同的公差带位置，并由 28 个不同的基本偏差代号来表示。如果各公差等级和各基本偏差代号任意组合，可组成孔和轴的公差带为 20 × 28 = 560 种。然而，由于孔的基本偏差代号 J 所对应的公差带只保留了 J6、J7 和 J8 三种，轴的基本偏差代号 j 所对应的公差带也只保留了 j5、j6、j7 和 j8 四种，因此，实际可组成孔的公差带为 20 × 27 + 3 = 543 种，轴的公差带为 20 × 27 + 4 = 544 种。如果这么多公差带都被采用，显然不利于生产管理和标准化的推广，因此，标准对公差带进行了筛选，并推荐了能够满足生产需要的一般、常用和优先的公差带，如图 2-16 所示。其中，孔的一般公差带有 105 种，常用公差带为 44 种，优先公差带为 13 种。

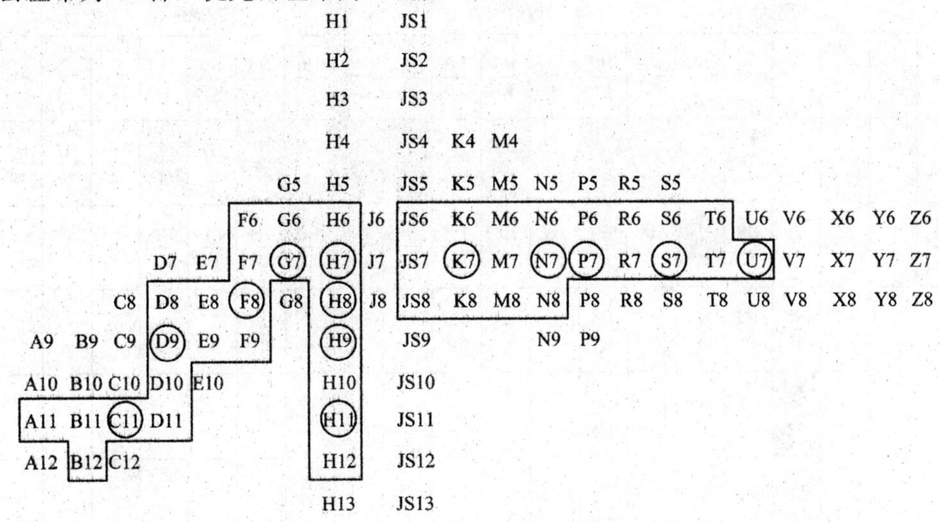

图 2-16　孔的一般、常用和优先公差带

轴的一般公差带有 116 种，常用公差带为 59 种，优先公差带为 13 种，如图 2-17 所示。

在这些公差带中，圆圈内的为优先公差带，方框内的为常用公差带。进行尺寸精度设计时，应按照优先、常用、一般的顺序来选用公差带。若还不能满足生产需要，可考虑其他公差带，甚至可以用延伸和插入的方法来创建新的公差带。

如果将孔的公差带和轴的公差带任意组合，可组成的配合有 543 × 544 = 295 392 种。但实际上用不了这么多的配合，故对配合也进行了筛选，并推荐了一些常用和优先配合。

其中，基孔制常用配合有 59 种，优先配合有 13 种，见表 2-8；基轴制常用配合有 47 种，优先配合有 13 种，见表 2-9。

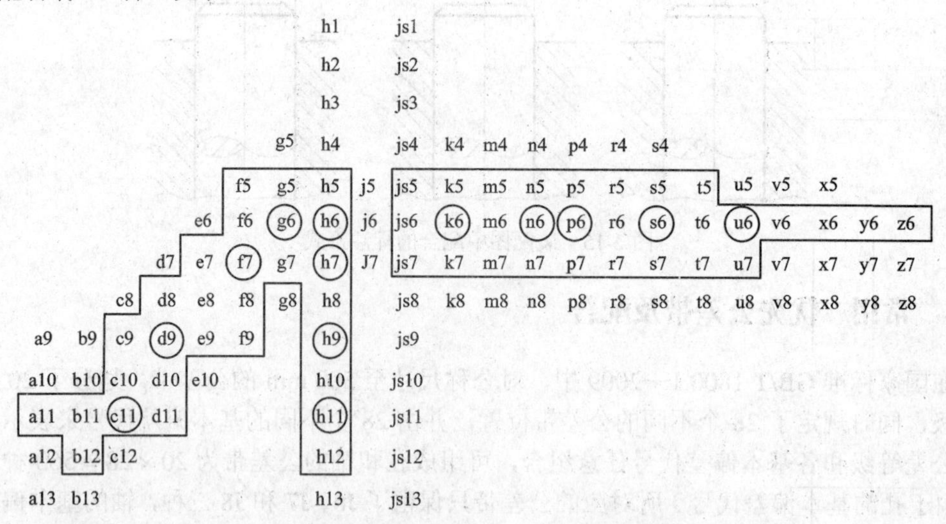

图 2-17　轴的一般、常用和优先公差带

表 2-8　基孔制优先、常用配合

基准孔	轴																				
	a	b	c	d	e	f	g	h	js	k	m	n	p	r	s	t	u	v	x	y	z
	间隙配合								过渡配合				过盈配合								
H6						$\frac{H6}{f5}$	$\frac{H6}{g5}$	$\frac{H6}{h5}$	$\frac{H6}{js5}$	$\frac{H6}{k5}$	$\frac{H6}{m5}$	$\frac{H6}{n5}$	$\frac{H6}{p5}$	$\frac{H6}{r5}$	$\frac{H6}{s5}$	$\frac{H6}{t5}$					
H7						$\frac{H7}{f6}$	$\frac{H7}{g6}$	$\frac{H7}{h6}$	$\frac{H7}{js6}$	$\frac{H7}{k6}$	$\frac{H7}{m6}$	$\frac{H7}{n6}$	$\frac{H7}{p6}$	$\frac{H7}{r6}$	$\frac{H7}{s6}$	$\frac{H7}{t6}$	$\frac{H7}{u6}$	$\frac{H7}{v6}$	$\frac{H7}{x6}$	$\frac{H7}{y6}$	$\frac{H7}{z6}$
H8					$\frac{H8}{e7}$	$\frac{H8}{f7}$	$\frac{H8}{g7}$	$\frac{H8}{h7}$	$\frac{H8}{js7}$	$\frac{H8}{k7}$	$\frac{H8}{m7}$	$\frac{H8}{n7}$	$\frac{H8}{p7}$	$\frac{H8}{r7}$	$\frac{H8}{s7}$	$\frac{H8}{t7}$	$\frac{H8}{u7}$				
				$\frac{H8}{d8}$	$\frac{H8}{e8}$	$\frac{H8}{f8}$		$\frac{H8}{h8}$													
H9			$\frac{H9}{c9}$	$\frac{H9}{d9}$	$\frac{H9}{e9}$	$\frac{H9}{f9}$		$\frac{H9}{h9}$													
H10			$\frac{H10}{c10}$	$\frac{H10}{d10}$				$\frac{H10}{h10}$													
H11	$\frac{H11}{a11}$	$\frac{H11}{b11}$	$\frac{H11}{c11}$	$\frac{H11}{d11}$				$\frac{H11}{h11}$													
H12		$\frac{H12}{b12}$						$\frac{H12}{h12}$													

注：1. $\frac{H6}{n5}$、$\frac{H7}{p6}$ 在公称尺寸小于或等于 3 mm 和 $\frac{H8}{r7}$ 在小于或等于 100 mm 时，为过渡配合。

2. 加阴影的配合为优先配合。

表 2-9　基轴制优先、常用配合

基准轴	孔																				
	A	B	C	D	E	F	G	H	JS	K	M	N	P	R	S	T	U	V	X	Y	Z
	间隙配合								过渡配合			过盈配合									
h5						F6/h5	G6/h5	H6/h5	JS6/h5	K6/h5	M6/h5	N6/h5	P6/h5	R6/h5	S6/h5	T6/h5					
h6						F7/h6	G7/h6	H7/h6	JS7/h6	K7/h6	M7/h6	N7/h6	P7/h6	R7/h6	S7/h6	T7/h6	U7/h6				
h7					E8/h7	F8/h7		H8/h7	JS8/h7	K8/h7	M8/h7	N8/h7									
h8				D8/h8	E8/h8	F8/h8		H8/h8													
h9				D9/h9	E9/h9	F9/h9		H9/h9													
h10				D10/h10				H10/h10													
h11	A11/h11	B11/h11	C11/h11	D11/h11				H11/h11													
h12		B12/h12						H12/h12													

注：加阴影的配合为优先配合。

标准规定，在选择配合时，首先选用表中的优先配合，其次选用常用配合。

2.2.5 一般公差

1．一般公差的概念

构成零件的所有几何要素总是具有一定的尺寸和几何形状。由于加工误差的不可避免性，零件加工后总会存在尺寸误差、几何形状误差和相互位置误差。为保证零件的使用性能和互换性，就必须对这些误差加以限制。因此，零件在图样上表达的所有几何要素都是有一定的公差要求的。对配合尺寸或精确程度要求较高的尺寸，通常注出公差表示；而对功能上无特殊要求的要素，则可只给出一般公差。一般公差可应用于线性尺寸(包括倒圆半径和倒角高度)、角度尺寸、形状和位置等几何要素。采用一般公差的要素在图样上可不单独注出其公差，而是在图样上、技术要求或技术文件(如企业标准)中作出总的说明。

线性和角度尺寸的一般公差是在车间普通工艺条件下，机床设备可保证的公差。在正常维护和操作情况下，它代表车间通常的加工精度——经济加工精度。线性尺寸的一般公差主要用于低精度的非配合尺寸。在正常车间精度保证的条件下，采用一般公差的尺寸一般可不检验。

2. 一般公差的等级

国家标准 GB/T1804—2000《一般公差 未注公差的线性和角度尺寸的公差》规定：一般公差分精密 f、中等 m、粗糙 c、最粗 v 共四个公差等级；并按未注公差的线性尺寸分别给出了各公差等级的极限偏差数值，见表 2-10 和表 2-11。未注公差角度的极限偏差值见表 7-21 所列。

表 2-10 线性尺寸的极限偏差数值 mm

公差等级	公称尺寸分段							
	0.5～3	>3～6	>6～30	>30～120	>120～400	>400～1000	>1000～2000	>2000～4000
精密 f	±0.05	±0.05	±0.1	±0.15	±0.2	±0.3	±0.5	—
中等 m	±0.1	±0.1	±0.2	±0.3	±0.5	±0.8	±1.2	±2
粗糙 c	±0.2	±0.3	±0.5	±0.8	±1.2	±2	±3	±4
最粗 v	—	±0.5	±1	±1.5	±2.5	±4	±6	±8

表 2-11 倒圆半径和倒角高度尺寸的极限偏差数值 mm

公差等级	公称尺寸分段			
	0.5～3	>3～6	>6～30	>30
精密 f 中等 m	±0.2	±0.5	±1	±2
粗糙 c 最粗 v	±0.4	±1	±2	±4

注：倒圆半径和倒角高度的含义参见 GB/T 6403.4。

3. 一般公差的标注

若采用 GB/T1804—2000 标准规定的一般公差，则应在图样标题栏附近或技术要求、技术文件(如企业标准)中注出本标准号及公差等级代号。例如选取中等级时，标注为

GB/T 1804—2000—m

2.3 公差与配合的选用

在进行产品设计时，当通过有关计算确定了孔、轴配合的公称尺寸后，接下来需进行配合设计，即确定孔和轴的公差带代号。这一步也叫做尺寸精度设计，是设计工作中非常重要的一个环节，它对保证产品的质量、性能以及降低生产成本都具有重要意义。设计的原则是在满足使用要求的前提下，获得最佳的技术经济效益，即要有效地解决使用要求与制造成本之间的矛盾。

尺寸精度设计包括下列内容：选择配合制、公差等级和配合种类。下面分别进行介绍。

2.3.1 配合制的选择

1．优先选用基孔制

在机械加工中，相同精度的孔和轴，其加工的难易程度是不同的。对轴来讲，不论其直径大小如何，都可用通用刀具加工，用通用量具测量；而孔的加工难度比相同精度要求的轴要大得多。由于孔的加工和检验常采用麻花钻、扩孔钻、铰刀、拉刀、塞规等定尺寸刀具和量具，因此，如果采用基孔制配合，使孔的公差带固定，则可相应减少孔加工中定值刀具和量具的规格和数量，从而降低生产成本。所以，一般情况下，若没有特殊要求，总是优先选用基孔制。

2．特殊情况下可选用基轴制

在有些特殊情况下，采用基轴制比基孔制更易获得良好的经济效果，或更利于装配。举例如下：

(1) 在农业机械、建筑机械和纺织机械中，常采用冷拉棒料做轴。由于这些冷拉棒料已具有一定的精度和表面质量，不需要再进行机械加工，因此在这种情况下选用基轴制配合，其经济效果会更加明显。

(2) 有些零件由于结构上的特点，采用基轴制会更利于加工和装配。如图 2-18(a)所示为发动机的活塞销与连杆衬套孔和活塞孔之间的配合。根据需要，活塞销与活塞孔之间为过渡配合，而活塞销与连杆衬套孔之间为间隙配合。若采用基孔制配合，如图 2-18(b)所示，活塞销将做成阶梯状，这样既不便于加工，又不利于装配。若采用基轴制配合，如图 2-18(c)所示，活塞销可做成光轴，既方便加工，又利于装配。

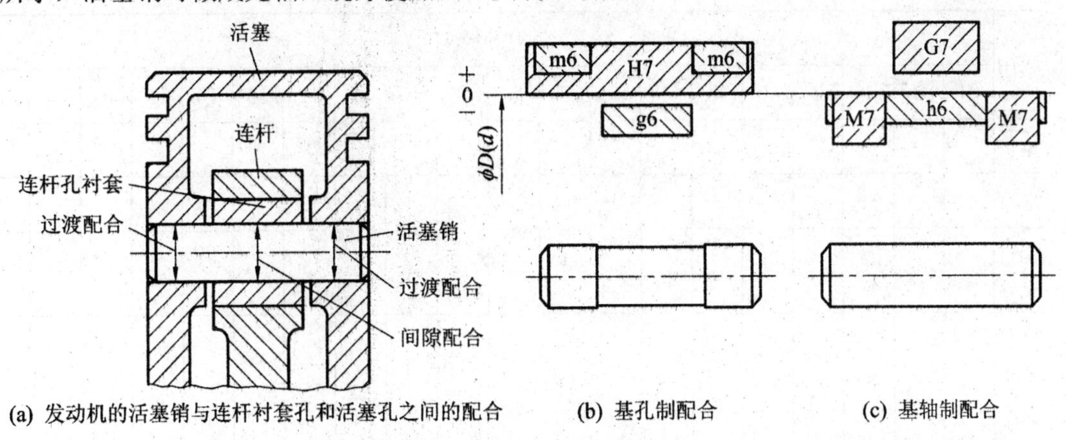

(a) 发动机的活塞销与连杆衬套孔和活塞孔之间的配合　(b) 基孔制配合　(c) 基轴制配合

图 2-18　配合制选择示例

(3) 与标准件的轴尺寸配合时，应选基轴制配合。标准件通常是由专业工厂大量生产的，在制造时，其配合部位的公差带已经确定，所以与其配合的孔或轴只能以标准件为基准件来确定配合制。例如，滚动轴承内圈与轴颈的配合应选择基孔制；而外圈与外壳孔的配合应选择基轴制；平键联接中，键宽与键槽宽的配合也应选择基轴制。

以上讲述的是配合制的选择原则。需要说明的是，有时为了满足某些特殊的配合需要，国家标准也允许采用非配合制配合，即前面所提到的混合配合。有关这方面的内容可参考其他公差类书籍，此处不作详述。

2.3.2 公差等级的选择

选择公差等级，也就是为相配合的孔和轴确定公差等级。选择的原则是，在满足使用要求的前提下，尽量选取较低的公差等级。

公差等级的选择方法，通常采用类比法和计算法。在新产品试制以及航空、航天等对可靠性要求较高的场合，可采用试验法。下面着重介绍类比法和计算法的应用。

1. 类比法

所谓类比法，就是参考从生产实践中总结出来的经验资料，并考虑待定零件的加工工艺、配合、结构特点等，经分析对比后确定公差等级。因此，使用类比法时需掌握各个公差等级的应用范围和各种加工方法所能达到的公差等级，以便有所依据。有关资料见表2-12～表2-14。在应用这些资料时，还应注意以下问题：

(1) 孔和轴的工艺等价性。所谓工艺等价性，是指孔和轴加工的难易程度相当。从加工的实际操作看，公差等级较高时，中小尺寸的孔比同尺寸、同精度的轴加工难度要大，在工艺上是不等价的。大批量生产时，一般都采用流水线或自动线的生产组织形式，这时，若相配合的孔和轴的公差等级相同，而工艺不等价，则不利于平衡孔和轴的生产节拍。因此，应使相配合的孔比轴的公差等级大一级(也称差级配合)，从而达到工艺等价，以便组织生产。而在公差等级较大时，由于公差数值较大，孔和轴的工艺等价问题并不突出，此时可使孔和轴的公差等级相同(也称同级配合)。详见表2-15。

表2-12　公差等级的应用

应用	公差等级(IT)																			
	01	0	1	2	3	4	5	6	7	8	9	10	11	12	13	14	15	16	17	18
量块	—	—	—																	
量规			—	—	—	—	—	—	—											
配合尺寸							—	—	—	—	—	—	—	—	—					
特别精密的配合				—	—	—	—													
非配合尺寸														—	—	—	—	—	—	—
原材料尺寸										—	—	—	—	—	—	—				

表 2-13　各种加工方法能达到的公差等级

加工方法	公差等级(IT)																			
	01	0	1	2	3	4	5	6	7	8	9	10	11	12	13	14	15	16	17	18
研磨	—	—	—	—	—	—	—													
珩磨						—	—	—	—											
圆磨							—	—	—	—										
平磨							—	—	—	—										
金刚车							—	—	—											
金刚镗							—	—	—											
拉							—	—	—	—										
铰								—	—	—	—	—								
车									—	—	—	—	—							
镗									—	—	—	—	—							
铣										—	—	—	—							
刨、插												—	—							
钻												—	—	—	—					
滚压、挤压												—	—							
冲压												—	—	—	—	—				
压铸													—	—	—	—				
粉末冶金成形								—	—	—										
粉末冶金烧结									—	—	—	—								
砂型铸造、气割																		—	—	—
锻造																	—	—		

表 2-14　公差等级的主要应用范围

公差等级	主要应用范围
IT01、IT0、IT1	一般用于精密标准量块(IT1 也用于检验 IT6、IT7 级轴用量规的校对量规)
IT2～IT7	用于检验工件 IT5～IT16 的量规
IT3、IT5 (孔的 IT6)	用于精度要求很高的重要配合。例如，机床主轴与精密滚动轴承的配合；发动机活塞销与连杆孔和活塞孔的配合 配合公差很小，对加工要求很高，应用较少
IT6 (孔的 IT7)	用于机床、发动机和仪表中的重要配合。例如，机床传动机构中的齿轮与轴的配合；轴与轴承的配合；发动机中活塞与气缸、曲轴与轴承、气门杆与导套等的配合 配合公差较小，一般精密加工能够实现，在精密机械中广泛应用

续表

公差等级	主要应用范围
IT7、IT8	用于机床和发动机中的次要配合，也用于重型机械、农业机械、纺织机械、机车车辆等的重要配合。例如，机床上操纵杆的支承配合；发动机中活塞环与活塞环槽的配合；农业机械中齿轮与轴的配合等 配合公差中等，加工易于实现，在一般机械中广泛应用
IT9、IT10	用于一般要求，或长度精度要求较高的配合。某些非配合尺寸的特殊要求，例如飞机机身的外壳尺寸，由于重量限制，要求达到 IT9 或 IT10
IT11、IT12	用于不重要的配合处，多用于各种没有严格要求、只要求便于连接的配合。例如螺栓和螺孔、铆钉和孔等的配合
IT12～IT18	用于未注公差的尺寸和粗加工的工序尺寸。例如手柄的直径、壳体的外形、壁厚尺寸、端面之间的距离等

表 2-15　按工艺等价性选择轴的公差等级

要求配合	条件：孔的公差等级	轴应选用的公差等级	实例
间隙配合、过渡配合	≤IT8	轴比孔小一级	H7/f6
	＞IT8	轴与孔同级	H9/d9
过盈配合	≤IT7	轴比孔小一级	H7/p6
	＞IT7	轴与孔同级	H8/s8

(2) 相关件和相配件的精度。例如，齿轮孔与轴配合的公差等级应决定于齿轮的精度等级；滚动轴承、轴颈和外壳孔配合的公差等级与滚动轴承的精度有关。

(3) 配合与成本。出于经济性的考虑，相配合的孔和轴的公差等级，应在满足使用要求的前提下，尽可能地选较大的公差等级。例如，在图 2-19 中轴颈与轴套的配合，按工艺等价原则，轴套内孔的公差等级应为 IT7，但考虑到轴套仅起间隔和轴向调整作用，在径向与轴并无定心要求，所以此处选取了更易加工的 IT9(公差带代号为 D9)，从而降低了加工成本。轴承端盖与外壳孔的配合中，轴承端盖配合外圆选为 IT9(公差带代号为 e9)，道理同上。

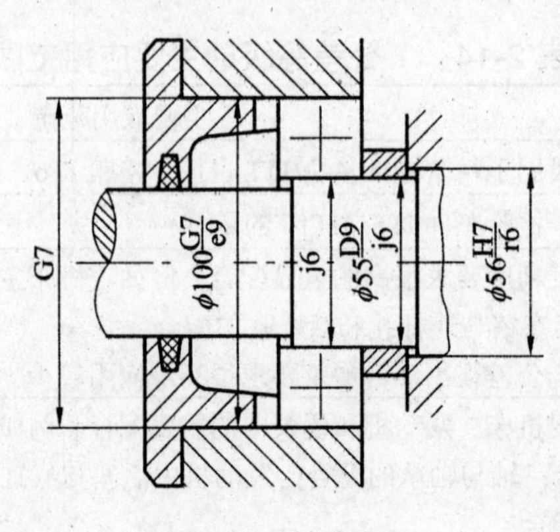

图 2-19　轴端支承

2. 计算法

计算法是在已知配合的极限盈隙的情况下，根据有关计算方法来确定孔和轴的公差等级的一种方法，举例如下。

例 2-2 某间隙配合的公称尺寸为ϕ10 mm，要求间隙在+ 13 μm～+ 38 μm 内，试通过计算确定孔和轴的公差等级。

解 根据题意知，$X_{max} = +38\ \mu m$，$X_{min} = +13\mu m$，由式(2-12)可计算出配合公差：

$$T_f = |X_{max} - X_{min}| = |+38-(+13)|\ \mu m = 25\ \mu m$$

若孔的公差为T_h，轴的公差为T_s，则应使$T_s + T_h \leqslant T_f$，即$T_s + T_h \leqslant 25\ \mu m$。查表 2-1，得 IT5 = 6 μm，IT6 = 9 μm，IT7 = 15 μm，IT8 = 22 μm。考虑到工艺等价原则，孔和轴的公差等级组合方案如表 2-16 所示。

表 2-16 孔、轴公差等级的组合与选用

方案	孔的公差等级	孔的公差 /μm	轴的公差等级	轴的公差 /μm	配合公差 /μm	可行性
I	IT6	9	IT5	6	15	可行
II	IT7	15	IT6	9	24	可行
III	IT8	22	IT7	15	37	不可行

显然，从经济性方面考虑的话，可选择方案Ⅱ，即孔为 IT7、轴为 IT6。

2.3.3 配合的选择

配合制的选择，确定了基准件的基本偏差代号(H 或 h)；公差等级的选择，则确定了基准件和非基准件(即孔和轴)的公差等级。若再进一步确定了非基准件的基本偏差代号，则配合完全确定。因此，配合的选择最终是确定非基准件的基本偏差代号，其方法有三种——类比法、计算法和试验法。下面分别介绍类比法和计算法。

1. 类比法

运用类比法选择配合的主要依据是使用要求和工作条件。选择时，应尽可能地选用国家标准推荐的优先和常用配合。如果优先和常用配合不能满足要求，可选择标准中推荐的一般用途的孔、轴公差带，并按需要组成配合。如果仍不能满足要求，可从国家标准所提供的孔、轴公差带中选取合适的公差带，然后组成所需要的配合。

在具体选择前，应先确定配合的类别，确定的方法见表 2-17。在确定了配合的类别后，应以优先配合的特点(参见表 2-18)为依据，结合已确定的配合制以及孔和轴的公差等级，并考虑使用要求和工作条件，从中试选配合进行验算。若某一配合的极限盈隙满足使用要求，则可确定该配合为所需配合。

必须强调的是，对试选的配合一定要进行验算，否则可能会出现所选配合不满足使用要求的情况。为了方便设计者选用配合，国家标准 GB/T 1801—2009《产品几何技术规范(GPS)极限与配合 公差带和配合的选择》在其附录 A 中列出了资料性附录——公称尺寸至 500 mm 的优先和常用配合的极限间隙或极限过盈，可作为验算的依据。

表 2-17　配合类别选择的一般方法

<table>
<tr><td rowspan="4">无相对运动</td><td rowspan="3">要传递转矩</td><td rowspan="2">要精确同轴</td><td>永久结合</td><td>过盈配合</td></tr>
<tr><td>可拆结合</td><td>过渡配合或基本偏差为 H(h)[2] 的间隙配合加紧固件[1]</td></tr>
<tr><td colspan="2">不要精确同轴</td><td>间隙配合加紧固件[1]</td></tr>
<tr><td colspan="3">不需要传递转矩</td><td>过渡配合或轻的过盈配合</td></tr>
<tr><td rowspan="2">有相对运动</td><td colspan="3">只有移动</td><td>基本偏差为 H(h)、G(g)[2] 等间隙配合</td></tr>
<tr><td colspan="3">转动或转动和移动复合运动</td><td>基本偏差为 A～F(a～f)[2] 等间隙配合</td></tr>
</table>

注：1. 紧固件指键、销钉、螺钉等。

2. 非基准件的基本偏差代号。

表 2-18　优先配合的选用说明

优先配合		说　明
基孔制	基轴制	
H11/c11	C11/h11	间隙非常大，用于很松、转动很慢的动配合和装配方便、很松的配合
H9/d9	D9/h9	间隙很大的自由转动配合，用于精度为非主要要求，或有大的温度变化、高转速或大的轴颈压力配合
H8/f7	F8/h7	间隙不大的转动配合，用于中等转速与中等轴颈压力的精确转动，也用于装配较容易的中等定位配合
H7/g6	G7/h6	间隙很小的滑动配合，用于不希望自由转动、但可自由移动和滑动，精密定位配合，也可用于要求明确的定位配合
H7/h6 H8/h7 H9/h9 H11/h11	H7/h6 H8/h7 H9/h9 H11/h11	均为间隙定位配合，零件可自由装拆，工作时一般相对静止不动；在最大实体条件下的间隙为零，在最小实体条件下的间隙由标准公差等级决定
H7/k6	K7/h6	过渡配合，用于精密定位
H7/n6	N7/h6	过渡配合，用于允许有较大过盈的更精密定位
H7/p6	P7/h6	过盈定位配合，即小过盈配合，用于定位精度特别重要时，能以最好的定位精度达到部件的刚性及对中性要求
H7/s6	S7/h6	中等压入配合，适用于一般钢件，也可用于薄壁件的冷缩配合，用于铸铁件可得到最紧的配合
H7/u6	U7/h6	压入配合，适用于可以承受高压入力的零件，或不宜承受大压入力的冷缩配合

如果从优先配合中选不出合适的配合，可考虑常用配合，方法同上。如果从常用配合中还是选不出合适的配合，则可根据各种基本偏差的特点及应用情况来选择所需的配合。表 2-19 列出了各种基本偏差的特点及应用实例，供选择时参考。

选择配合时，除遵循以上步骤外，还应结合不同的工作情况对配合的间隙或过盈进行调整。详见表 2-20。

表 2-19　各种基本偏差的特点及应用

配合	基本偏差	特点及应用实例
间隙配合	a(A)、b(B)	可得到特别大的间隙，应用很少
	c(C)	可得到很大的间隙，一般适用于缓慢、松弛的动配合，用于工作条件较差(如农业机械)、受力变形，或为了便于装配而必须保证有较大的间隙时，推荐配合为 H11/c11；其较高等级的 H8/c7 配合适用于轴在高温工作的紧密动配合，例如内燃机排气阀和导管
	d(D)	一般用于 IT7～IT11 级，适用于松的转动配合，如密封盖、滑轮、空转带轮等与轴的配合；也适用于大直径滑动轴承配合，如透平机、球磨机、轧滚成型和重型弯曲机以及其他重型机械中的一些滑动轴承
	e(E)	多用于 IT7～IT9 级，通常用于要求有明显间隙、易于转动的轴承配合，如大跨距轴承、多支点轴承等配合；高等级的 e 轴适用于大的、高速、重载支承，如涡轮发电机、大型电动机及内燃机主要轴承、凸轮轴轴承等配合
	f(F)	多用于 IT6～IT8 级的一般转动配合，当温度影响不大时，被广泛用于普通润滑油(或润滑脂)润滑的支承，如主轴箱、小电动机、泵等的转轴与滑动轴承的配合
	g(G)	配合间隙很小、制造成本高，除很轻负荷的精密装置外，不推荐用于转动配合；多用于 IT5～IT7 级，最适合不回转的精密滑动配合，也用于插销等定位配合，如精密连杆轴承、活塞及滑阀、连杆销等
	h(H)	多用于 IT4～IT11 级，广泛用于无相对转动的零件，作为一般的定位配合；若没有温度、变形影响，也用于精密滑动配合；车床尾座孔与滑动套筒的配合为 H6/h5，可用木锤装配
过渡配合	js(JS)	偏差完全对称(± IT/2)、平均间隙较小的配合，多用于 IT4～IT7 级，并允许略有过盈的定位配合，如联轴节、齿圈与钢制轮毂
	k(K)	平均间隙接近于零的配合，适用于 IT4～IT7 级，推荐用于稍有过盈的定位配合，例如为了消除振动用的定位配合，一般用木锤装配
	m(M)	平均过盈较小的配合，适用于 IT4～IT7 级，一般可用木锤装配，但在最大过盈时，要求有相当的压入力
	n(N)	平均过盈较大，很少得到间隙，适用于 IT4～IT7 级，用锤或压入机装配，通常推荐用于紧密的组件配合。H6/n5 配合时为过盈配合，如冲床上齿轮与轴的配合，用锤或压入机装配
过盈配合	p(P)	与 H6 或 H7 配合时是过盈配合，与 H8 孔配合时则为过渡配合；对非铁零件，为较轻的压入配合；当需要时易于拆卸，对钢、铸铁或钢、钢组件装配是标准压入配合
	r(R)	对铁类零件为中等打入配合，对非铁类零件为轻打入配合；当需要时可以拆卸，与 H8 孔配合；ϕ100 mm 以上为过盈配合，直径小时为过渡配合
	s(S)	用于钢和铁制零件的永久性和半永久性装配，可产生相当大的结合力；当用弹性材料(如轻合金)时，配合性质与铁类零件的 p 轴相当，例如套环压装在轴上、阀座等的配合；尺寸较大时，为了避免损伤配合表面，需用热胀或冷缩法装配
	t(T)	过盈较大的配合，对钢和铸铁零件适于作永久性结合，不用键可传递力矩，需用热胀或冷缩法装配，例如联轴节与轴的配合
	u(U)	这种配合过盈大，一般应验算在最大过盈时工件材料是否损坏，要用热胀或冷缩法装配，例如火车轮毂和轴的配合
	v(V)、x(X) y(Y)、z(Z)	这些基本偏差所组成配合的过盈更大，目前使用的经验和资料还很少，必须经试验后才可应用，一般不推荐

表 2-20　工作情况对间隙或过盈的影响

具 体 情 况	过盈量	间隙量
材料强度低	减	—
经常拆卸	减	—
有冲击载荷	增	减
工作时孔温高于轴温	增	减
工作时轴温高于孔温	减	增
配合长度增大	减	增
配合面形状和位置误差增大	减	增
装配时可能歪斜	减	增
旋转速度增高	增	增
有轴向运动	—	增
润滑油黏度增大	—	增
表面趋向粗糙	增	减
单件生产相对于成批生产	减	增

例 2-3　图 2-20 所示为钻模的一部分。钻模板上装有衬套，要求快换钻套在工作中能迅速更换。当快换钻套以其铣成的缺口对正钻套螺钉后可以直接装入衬套的孔中，再顺时针旋转一个角度，钻套螺钉的下端面就盖住钻套的另一缺口面(见主视图)。这样，钻削时，钻套便不会因为切屑排出产生的摩擦力而使其退出衬套的孔外。当钻孔后更换钻套时，可将钻套反时针旋转一个角度后直接取下，换上另一个孔径不同的快换钻套而不必将钻套螺钉取下。

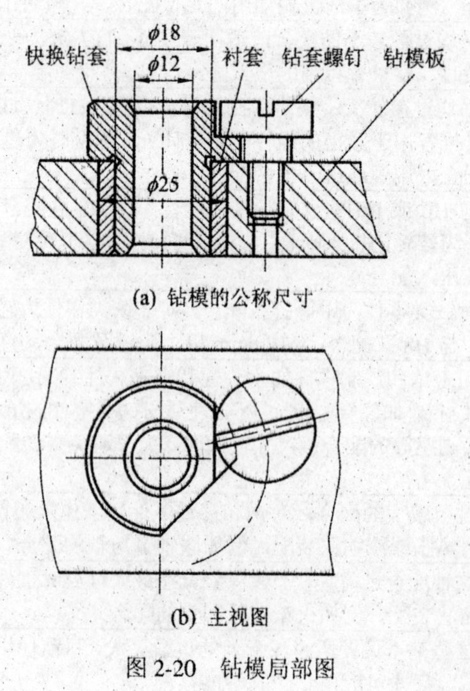

图 2-20　钻模局部图

如果用图 2-20 所示的钻模加工工件上的ϕ12 mm 的孔，试选择衬套与钻模板的公差配合、钻孔时快换钻套与衬套以及钻套内孔与钻头的公差配合(公称尺寸见图 2-20)。

解 (1) 配合制的选择。衬套与钻模板的配合以及钻套与衬套的配合，因结构无特殊要求，故可选用基孔制；钻头与钻套内孔的配合，因钻头属于标准刀具，可视为标准件，故与钻套的内孔配合应采用基轴制。

(2) 公差等级的选择。参看表 2-12，钻模夹具各元件的连接，可按用于配合尺寸的 IT5～IT13 级选用；参看表 2-14，重要的配合尺寸，对于轴可选 IT6，对于孔可选 IT7。本例中钻模板的孔、衬套的孔、钻套的孔统一按 IT7 选用；而衬套的外圆、钻套的外圆则按 IT6 选用。

(3) 配合的选择。衬套与钻模板的配合，要求连接牢靠，在轻微冲击和负荷下不用连接件也不会发生松动，且即使衬套内孔磨损了，需更换时拆卸的次数也不多。因此参看表 2-19，可选平均过盈率大的过渡配合 n。本例配合选为$\phi 25\dfrac{H7}{n6}$，验算从略。

钻套与衬套的配合，要求经常用手更换，故需一定间隙保证更换迅速，但因又要求有准确的定心，所以间隙不能过大，因此参看表 2-19，可选钻套外圆的基本偏差代号为 g。本例配合选为$\phi 18\dfrac{H7}{g6}$，验算从略。

至于钻套内孔，因要引导旋转着的刀具进给，所以既要保证一定的导向精度，又要防止间隙过小而被卡住。根据钻孔切削速度多为中速，参看表 2-19，可选钻套内孔的基本偏差代号为 F，本例选为ϕ12F7，验算从略。

必须指出的是：对于钻套与衬套的配合，根据上面的分析本应选为$\phi 18\dfrac{H7}{g6}$，但考虑到机床夹具标准(JB/T 8045.4—1995)，为了统一钻套内孔与衬套内孔的公差带，规定统一选用 F7，以利制造。所以，在衬套内孔公差带为 F7 的前提下，应选用相当于$\phi 18\dfrac{H7}{g6}$类配合的混合配合$\phi 18\dfrac{F7}{k6}$。具体对比见图 2-21。

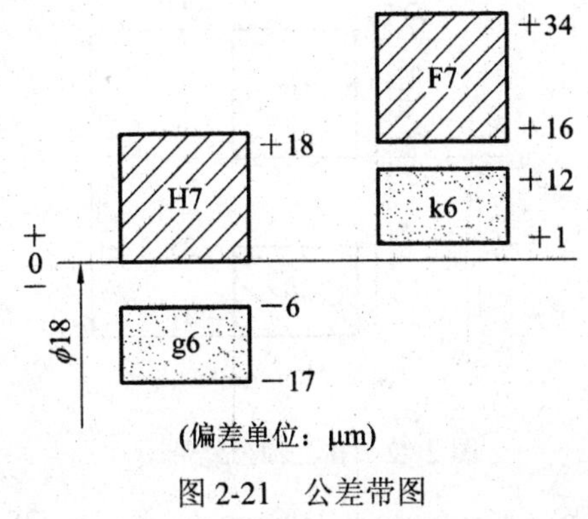

图 2-21　公差带图

2．计算法

下面通过例题来说明计算法在确定配合时的应用。

例 2-4 已知某孔和轴形成间隙配合，公称尺寸为ϕ45 mm。根据要求，其间隙要在+0.022 mm～+0.070 mm 之间。若已决定采用基孔制配合，试通过计算确定其配合代号。

解 (1) 确定配合制。根据题意选择基孔制配合。

(2) 确定公差等级。根据题意知，$X_{max} = +0.070$ mm = +70 μm，$X_{min} = +0.022$ mm = +22 μm，由式(2-12)可计算出配合公差 $T_f = |X_{max} - X_{min}| = |+70-(+22)|$ μm = 48 μm。

若孔的公差为 T_h，轴的公差为 T_s，则应使 $T_s + T_h \leqslant T_f$，即 $T_s + T_h \leqslant 48$ μm。查表 2-1，得 IT5 = 11 μm，IT6 = 16 μm，IT7 = 25 μm，IT8 = 39 μm。考虑到工艺等价原则，孔和轴公差等级的组合方案如表 2-21 所示。

表 2-21 孔、轴公差等级的组合与选用

方案	孔的公差等级	孔的公差 /μm	轴的公差等级	轴的公差 /μm	配合公差 /μm	可行性
Ⅰ	IT6	16	IT5	11	27	可行
Ⅱ	IT7	25	IT6	16	41	可行
Ⅲ	IT8	39	IT7	25	64	不可行

显然，从经济性方面考虑，可选择方案Ⅱ，即孔为 IT7，轴为 IT6。

(3) 确定配合代号。因为该配合为基孔制配合，并已确定孔的公差等级为 IT7，所以，孔为$\phi 45\text{H7}(^{+0.025}_{\ 0})$ mm。

因为该配合为间隙配合，所以，轴的公差带在孔的公差带之下，并可判断出轴的上偏差为基本偏差。由式(2-4)X_{min}= EI – es 得

$$es = EI - X_{min} = [0 - (+22)]\ \mu m = -22\ \mu m$$

查表 2-6，可取轴的基本偏差代号为 f(f 对应的基本偏差 es = –25 μm)。由于已确定轴的公差等级为 IT6，因此可初步确定轴为$\phi 45\text{f}6(^{-0.025}_{-0.041})$ mm，故该配合为$\phi 45\dfrac{\text{H7}}{\text{f6}}$。

(4) 验算。画出该配合的孔、轴公差带图，如图 2-22 所示。

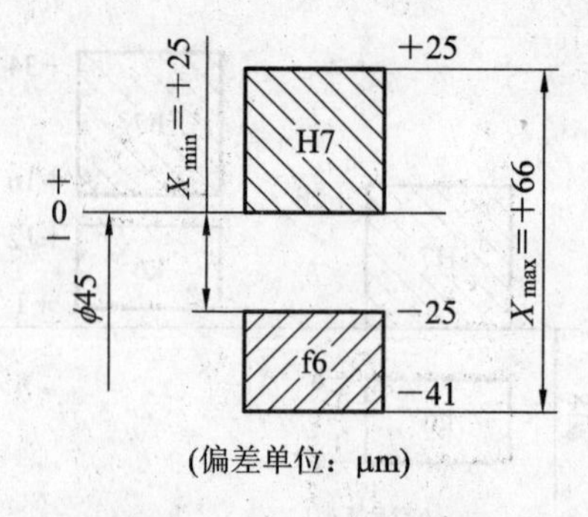

图 2-22 孔、轴公差带图

由公差带图可以看出，X_{max} = +66 μm = 0.066 mm，X_{min} = +25 μm = +0.025 mm，均满足要求，故可确定该配合为$\phi 45\dfrac{\text{H7}}{\text{f6}}$。

习　题

1. 简述公称尺寸、实际尺寸和极限尺寸的区别和联系。

2. 什么是孔和轴？它们有何区别？

3. 简述尺寸公差与极限偏差之间的区别和联系。

4. 何谓尺寸公差带？它由哪两个要素组成？

5. 什么叫配合？配合分哪几类，各是如何定义的？各类配合中，孔、轴的公差带相互位置存在什么关系？

6. 什么叫配合公差？试写出三类配合公差的计算式。

7. 计算习题表 2-1 中空格处的数值，并按规定填写在表中。

习题表　2-1　　mm

公称尺寸	上极限尺寸	下极限尺寸	上偏差	下偏差	公差	尺寸标注
孔$\phi 12$	12.050	12.032				
轴$\phi 60$			+ 0.072		0.019	
孔$\phi 30$		29.959			0.021	
轴$\phi 80$			− 0.010	−0.056		
孔$\phi 50$				−0.034	0.039	
孔$\phi 40$						$\phi 40^{+0.014}_{-0.011}$
轴$\phi 70$	69.970				0.074	

8. 试根据习题表 2-2 中的数值，计算并填写该表空格中的数值，并绘制出孔、轴配合的尺寸公差带图。

习题表　2-2　　mm

公称尺寸	孔			轴			最大间隙或最小过盈	最小间隙或最大过盈	平均间隙或过盈	配合公差	配合性质
	上偏差	下偏差	公差	上偏差	下偏差	公差					
$\phi 25$		0				0.021	+0.074		+0.057		
$\phi 14$		0				0.010		−0.012	+0.0025		
$\phi 45$			0.025	0				−0.050	−0.0295		

9. 绘出下列三对孔、轴配合的公差带图，并分别计算出它们的最大、最小与平均间隙(X_{max}、X_{min}、X_{av})或过盈(Y_{max}、Y_{min}、Y_{av})及配合公差(T_f)(单位均为 mm)。

(1) 孔 $\phi 20^{+0.033}_{0}$ mm，轴 $\phi 20^{-0.065}_{-0.098}$ mm;

(2) 孔 $\phi 35^{+0.007}_{-0.018}$ mm，轴 $\phi 35^{0}_{-0.016}$ mm;

(3) 孔 $\phi 55^{+0.030}_{0}$ mm，轴 $\phi 55^{+0.060}_{+0.040}$ mm。

10. 说明下列配合代号所表示的基准制、公差等级和配合类别(间隙配合、过渡配合或过盈配合)，并查表计算其极限间隙或极限过盈，画出孔、轴配合的尺寸公差带图。

(1) ϕ25H7/g6;

(2) ϕ40K7/h6;

(3) ϕ15JS8/g7;

(4) ϕ50S8/h8。

11. 根据已知条件，求孔、轴的极限偏差与配合公差，并画出孔、轴配合的尺寸公差带图。

(1) 孔与轴的公称尺寸为ϕ45 mm，es = 0，T_h = 25 μm，Y_{max} = −50 μm，X_{max} = +29.5 μm。

(2) 孔与轴的公称尺寸为ϕ25 mm，EI = 0，T_s = 13 μm，X_{max} = +74 μm，X_{min} = +40 μm。

(3) 孔与轴的公称尺寸为ϕ15 mm，EI = 0，T_s = 4 μm，Y_{max} = −12 μm，Y_{min} = −2.5 μm。

12. 设有一公称尺寸为ϕ60 mm 的配合，经计算确定其间隙应为+25 μm～+110 μm，若已决定采用基孔制，试确定此配合的孔、轴公差带代号，并画出孔、轴配合的尺寸公差带图。

13. 设有一公称尺寸为ϕ110 mm 的配合，为保证连接可靠，其过盈经计算不得小于40 μm；为保证装配后不发生塑性变形，其过盈不得大于 110 μm。若已决定采用基轴制，试确定此配合的孔、轴公差带代号，并画出其尺寸公差带图。

14. 设有一公称尺寸为ϕ25 mm 的配合，为保证装拆方便和对中性的要求，其最大间隙和最大过盈均不得大于 20 μm。试确定此配合的孔、轴公差带代号(含配合制的选择分析)，并画出孔、轴配合的尺寸公差带图。

第3章 测量技术基础

3.1 测量的基本概念

测量就是为确定量值而进行的实验过程。在测量中假设 L 为被测量值，E 为所采用的计量单位，那么它们的比值为

$$q = \frac{L}{E} \tag{3-1}$$

这个公式的物理意义说明：在被测量值 L 一定的情况下，比值 q 的大小完全决定于所采用的计量单位 E，而且是成反比关系。同时也说明计量单位的选择决定于被测量值所要求的精确程度，这样经比较而得的被测量值为

$$L = q \cdot E \tag{3-2}$$

由上可知，任何一个测量过程都必须有被测对象和所采用的计量单位。此外还须解决二者是怎样进行比较和比较以后它的精度如何的问题，即测量的方法和测量的精度问题。这样，完成一个测量过程就包括四个要素，即测量对象、计量单位，测量方法和测量精度。

(1) 测量对象：这里主要指几何量，包括长度、角度、表面粗糙度以及几何误差等。由于几何量的特点是种类繁多、形状各式各样，因此对于它们的特性、被测参数的定义、以及标准等都必须加以研究和熟悉，以便进行测量。

(2) 计量单位：我国法定计量单位中，几何量中长度的基本单位为米(m)，机械行业中长度的常用单位为毫米(mm)及微米(μm)。在超高精度加工中，采用纳米(nm)为单位。角度的单位为度(°)、分(′)、秒(″)及弧度(rad)和微弧度(μrad)。

(3) 测量方法：测量方法是指测量时所采用的测量原理、计量器具和测量条件的综合。在测量过程中，应根据被测零件的特点(如材料硬度、外形尺寸、批量大小等)和被测对象的定义及精度要求来拟定测量方案、选择计量器具和规定测量条件。

(4) 测量精度：测量精度是指测量结果与真值相一致的程度。由于在测量过程中会不可避免地出现测量误差，因此，测量结果只是在一定范围内近似于真值。测量误差的大小反映测量精度的高低，测量误差大，则测量精度低，测量误差小则测量精度高，不知测量精度的测量则缺乏实际价值。

在对几何量的合格性判断方法上，除过测量这一手段外，也可采用检验手段。但二者是有区别的，测量是将被测量与测量单位相比较并得出比值的一个过程，而检验是为确定

被测量值是否达到预期要求所进行的操作。从某种角度讲，检验是将被测对象与界限量值相比较的过程，在该过程中只能判断零件是否合格，不一定能得出比值。如用光滑极限量规对孔(轴)尺寸的合格性判断就是检验，而用卡尺、千分尺测量孔(轴)尺寸便是测量。

测量技术的发展与机械加工精度的提高有着密切的关系。随着机械工业的发展，数字显示与微型计算机进入了测量技术的领域。数显技术的应用，减少了人为的影响因素，提高了读数精度与可靠性；计算机则主要用于测量数据的处理，进一步提高了测量的效率。计算机和测量设备的联用，还可用于控制测量操作程序，以实现自动测量或通过计算机对程控机床发出零件的加工指令，并将测量结果用于控制加工工艺，从而使测量、加工合二为一，共同组成工艺系统的整体。

3.2 尺寸基准及尺寸传递系统

3.2.1 长度基准的演变

我国法定计量单位中，几何量中长度的基本单位为米(m)。1 米的最初定义为过法国巴黎的地球子午线的四千万分之一的长度；之后将该长度以米原器的形式复现，米原器两端各刻有三条刻线，1 米的定义即为两端中间刻线的长度，如图 3-1 所示。为保证米原器所代表的尺寸稳定性，米原器由 90%的铂和 10%的铱合金制作而成。

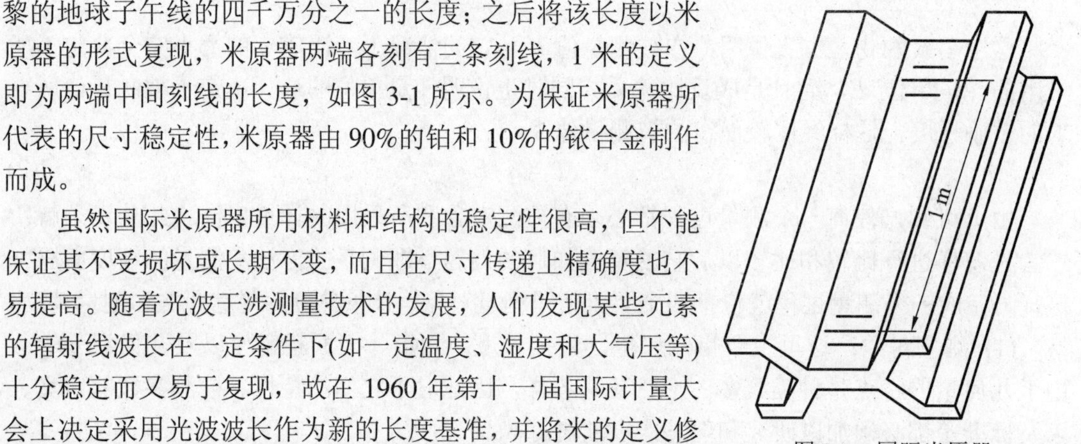

图 3-1 国际米原器

虽然国际米原器所用材料和结构的稳定性很高，但不能保证其不受损坏或长期不变，而且在尺寸传递上精确度也不易提高。随着光波干涉测量技术的发展，人们发现某些元素的辐射线波长在一定条件下(如一定温度、湿度和大气压等)十分稳定而又易于复现，故在 1960 年第十一届国际计量大会上决定采用光波波长作为新的长度基准，并将米的定义修改为：一米的长度等于氪-86 原子在 $2P_{10}$ 和 $5d_5$ 能级之间跃迁时对应的辐射在真空中的 1 650 763.73 个波长的长度。从此长度基准实现了由实物基准转换为自然基准的设想。

由于稳频激光技术能够达到的稳定性和复现性比氪-86 基准高 100 倍以上，所以 1983 年第 17 届国际计量大会正式通过的米的新定义为：米是光在真空中 1/299 972 458 秒的时间内所经过的距离。

新的米定义与过去不同，它并不要求规定某个具体辐射作为基准。它有三个特点：

① 将反映物理量单位概念的定义本身与单位的复现方法分开，这样，随着科学技术的发展，复现单位的方法可不断改进，复现精度可不断提高，而不受定义的局限；

② 定义的理论基础及复现方法均以真空光速为给定的常值；

③ 定义的表述科学简明，易于了解。

3.2.2 尺寸传递系统

图 3-2 所示的尺寸传递系统，是将基准光波波长所产生的尺寸基准通过线纹尺及量块两个路径传递到生产实际中去。建立尺寸传递系统的目的在于保证尺寸基准的统一，以满足实际生产的需要。尺寸每往下传递一级，均应遵守相应的精度。以量块传递尺寸为例，将 1000 mm 的量值传递给 5 等量块时，其不确定度不应大于 5.5 μm。

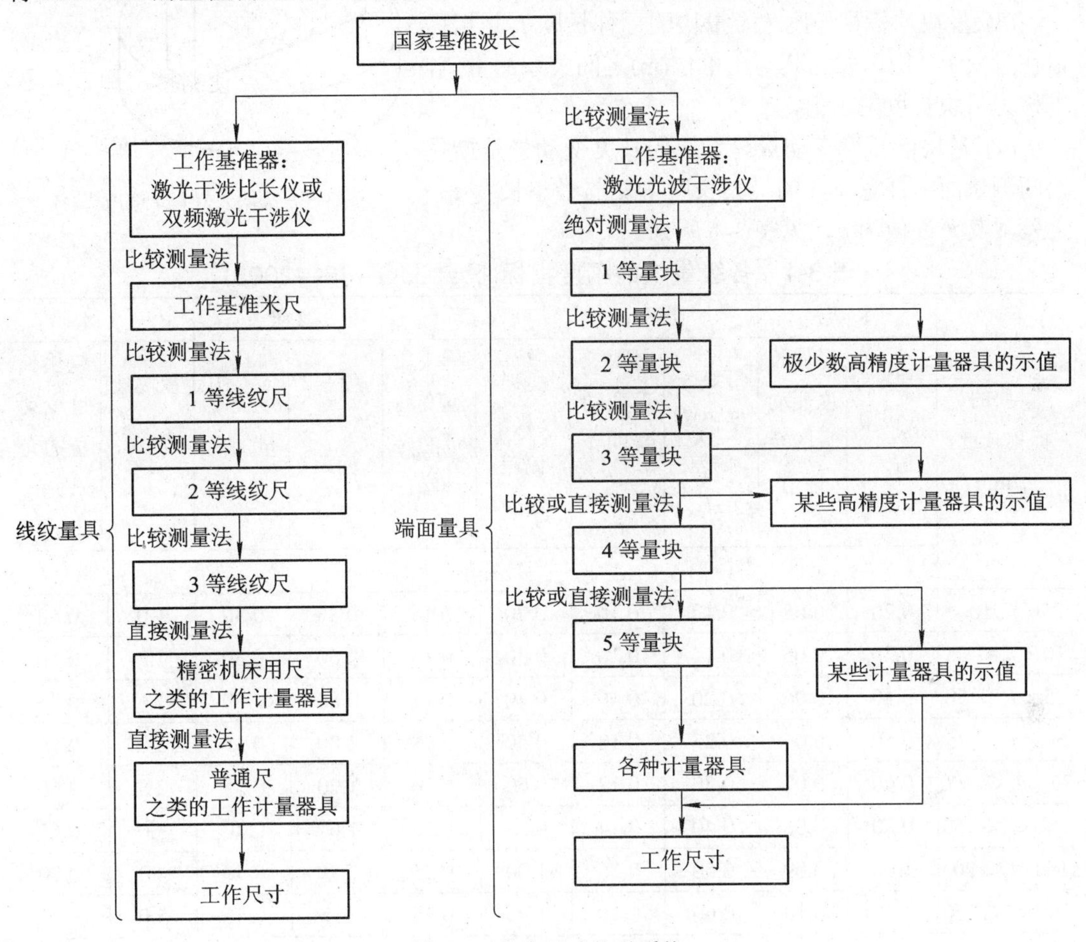

图 3-2 长度尺寸传递系统

3.2.3 量块

量块是一种没有刻度的平面平行的端面量具。它除了作为量值传递的媒介之外，还可用来检定和调整计量器具、机床、工具和其他设备，也可直接用于测量工件。

量块采用优质钢或能够被精加工成容易研合表面的其他材料制造，其线膨胀系数小、性能稳定、不易变形且耐磨性好。它的形状为长方六面体结构，六个平面中有两个相互平行的测量面，测量面极为光滑平整，两测量面之间具有精确的尺寸。每个量块只有一个确定的工作尺寸。

1. 有关量块精度的术语

(1) 量块长度 l。量块长度 l 是指量块测量面上的任意点到与其相对的另一面相研合的辅助体表面之间的垂直距离。如图 3-3 所示。

(2) 量块的中心长度 l_c。量块的中心长度 l_c 是指对应于量块未研合测量面中心点的量块长度。

(3) 量块的标称长度 l_n。量块的标称长度 l_n 是指标记在量块上、用以表明其与主单位(m)之间关系的量值，也称为量块长度的示值。

(4) 量块的长度变动量。量块的长度变动量是指量块两测量面上任意点间的最大长度 l_{max} 与最小长度 l_{min} 之差。其允许值为 t_v，见表 3-1 所列。

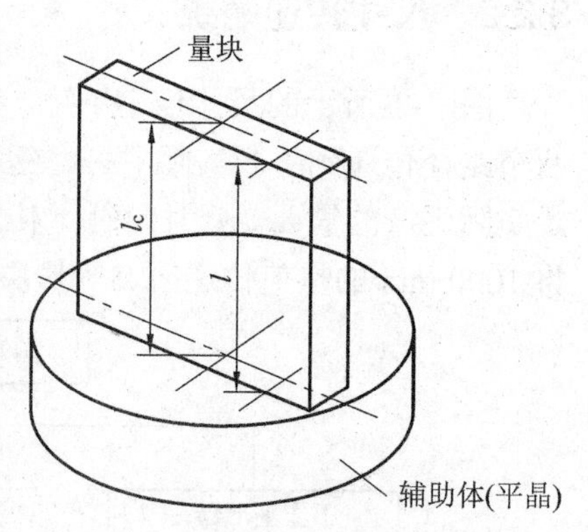

图 3-3　量块及相研合的辅助体

表 3-1　各级量块的精度指标(摘自 JJG 146—2003)

量块的标称长度 l_n/mm	K 级		0 级		1 级		2 级		3 级	
	量块长度极限偏差 $\pm t_e$	量块长度变动量的允许值 t_v	量块长度极限偏差 $\pm t_e$	量块长度变动量的允许值 t_v	量块长度极限偏差 $\pm t_e$	量块长度变动量的允许值 t_v	量块长度极限偏差 $\pm t_e$	量块长度变动量的允许值 t_v	量块长度极限偏差 $\pm t_e$	量块长度变动量的允许值 t_v
	μm									
$l_n \leqslant 10$	0.20	0.05	0.12	0.10	0.20	0.16	0.45	0.30	1.0	0.50
$10 < l_n \leqslant 25$	0.30	0.05	0.14	0.10	0.30	0.16	0.60	0.30	1.2	0.50
$25 < l_n \leqslant 50$	0.40	0.06	0.20	0.10	0.40	0.18	0.80	0.30	1.6	0.55
$50 < l_n \leqslant 75$	0.50	0.06	0.25	0.12	0.50	0.18	1.00	0.35	2.0	0.55
$75 < l_n \leqslant 100$	0.60	0.07	0.30	0.12	0.60	0.20	1.20	0.35	2.5	0.60
$100 < l_n \leqslant 150$	0.80	0.08	0.40	0.14	0.80	0.20	1.60	0.40	3.0	0.65
$150 < l_n \leqslant 200$	1.00	0.09	0.50	0.16	1.00	0.25	2.0	0.40	4.0	0.70
$200 < l_n \leqslant 250$	1.20	0.10	0.60	0.16	1.20	0.25	2.4	0.45	5.0	0.75

注：距离量块测量面边缘 0.8 mm 范围内不计。

(5) 量块测量面的平面度误差。量块测量面的平面度误差是指包容量块测量面的实际表面且距离为最小的两个平行平面之间的距离。其公差为 t_d，见表 3-3 所列。

2. 量块的“等”和“级”

将量块的制造精度划分档次，称之为量块的“级”。量块共分为 K 级、0 级、1 级、2 级和 3 级。其中 K 级的精度最高，3 级精度最低。量块分级的技术指标包括量块长度极限偏差 $\pm t_e$、量块长度变动量的允许值 t_v 和量块测量面的平面度公差 t_d(见表 3-1 及表 3-3)。

按照“级”使用量块，用的是其标称长度，会含有较大的制造误差。因此在实际使用中，往往需要将量块的实际尺寸检定出来。用量块的实际尺寸作为工作尺寸以去掉量块制造误差的影响。

将检定量块实际尺寸的测量精度划分档次，称之为量块的“等”。量块分为1、2、3、4、5等，其中1等的精度最高，5等精度最低。量块分等的技术指标是量块测量的不确定度允许值、量块长度变动量的允许值 t_v(见表3-2所列)和量块测量面的平面度公差 t_d(见表3-3)。

表3-2　各等量块的精度指标(摘自JJG 146—2003)

量块的标称长度 l_n/mm	1等		2等		3等		4等		5等	
	测量不确定度的允许值	量块长度变动量的允许值 t_v	测量不确定度的允许值	量块长度变动量的允许值 t_v	测量不确定度的允许值	量块长度变动量的允许值 t_v	测量不确定度的允许值	量块长度变动量的允许值 t_v	测量不确定度的允许值	量块长度变动量的允许值 t_v
	μm									
$l_n \le 10$	0.022	0.05	0.06	0.10	0.11	0.16	0.22	0.30	0.6	0.50
$10 < l_n \le 25$	0.025	0.05	0.07	0.10	0.12	0.16	0.25	0.30	0.6	0.5
$25 < l_n \le 50$	0.030	0.06	0.08	0.10	0.15	0.18	0.30	0.30	0.8	0.55
$50 < l_n \le 75$	0.035	0.06	0.09	0.12	0.18	0.18	0.35	0.35	0.9	0.55
$75 < l_n \le 100$	0.04	0.07	0.10	0.12	0.20	0.20	0.40	0.35	1.0	0.60
$100 < l_n \le 150$	0.05	0.08	0.12	0.14	0.25	0.20	0.50	0.40	1.2	0.65
$150 < l_n \le 200$	0.06	0.09	0.15	0.16	0.30	0.25	0.60	0.40	1.5	0.70
$200 < l_n \le 250$	0.07	0.10	0.18	0.16	0.35	0.25	0.70	0.45	1.8	0.75

注：距离量块测量面边缘0.8 mm范围内不计。

表3-3　各精度等级量块的平面度公差(摘自JJG 146—2003)

量块的标称长度 l_n/mm	精　度　等　级							
	1等	K级	2等	0级	3等，4等	1级	5等	2级，3级
	平 面 度 公 差 t_d/μm							
$0.5 < l_n \le 150$	0.05		0.10		0.15		0.25	
$150 < l_n \le 250$	0.10		0.15		0.18		0.25	

注：1. 距离量块测量面边缘0.8 mm范围内不计。

2. 距离量块测量面边缘0.8 mm范围内的表面不得高于测量面的平面。

3. 用量块的研合性组合尺寸

量块除具有稳定、耐磨和准确的特性外，还具有研合性。所谓研合性是指量块的一个测量面与另一量块的测量面或者与另一精加工的类似量块测量面的表面通过分子力的作用而相互粘合的性能。利用量块的这一性能，可以在一定的尺寸范围内，将不同尺寸的量块进行组合而形成所需的工作尺寸。按GB/T 6093—2001《量块》的规定，我国生产的成套量块有91块、83块、46块、38块等几种规格，见表3-4所列。

量块组合时，为减少量块组合尺寸的累积误差，应尽量使用最少的块数，一般不超过4块。组合量块时，可从消去所需工作尺寸的最小尾数开始，逐一选取。例如，为了得到工作尺寸为 38.785 mm 的量块组，从 83 块一套的量块中可分别选取 1.005 mm、1.28 mm、6.5 mm、30 mm 这四块量块，选取过程如图 3-4 所示。

	38.785 mm	
−	1.005 mm	第一块量块
	37.780 mm	
−	1.28 mm	第二块量块
	36.500 mm	
−	6.5 mm	第三块量块
	30.000 mm	第四块量块

图 3-4　由量块组合尺寸示意图

表 3-4　成套量块尺寸表(摘自 GB/T 6093—2001)

套　别	总块数	级别	尺寸系列/mm	间隔/mm	块数
1	91	0，1	0.5		1
			1		1
			1.001，1.002，…，1.009	0.001	9
			1.01，1.02，…，1.49	0.01	49
			1.5，1.6，…，1.9	0.1	5
			2.0，2.5，…，9.5	0.5	16
			10，20，…，100	10	10
2	83	0，1，2	0.5		1
			1		1
			1.005		1
			1.01，1.02，…，1.49	0.01	49
			1.5，1.6，…，1.9	0.1	5
			2.0，2.5，…，9.5	0.5	16
			10，20，…，100	10	10
3	46	0，1，2	1		1
			1.001，1.002，…，1.009	0.001	9
			1.01，1.02，…，1.09	0.01	9
			1，1.2，…，1.9	0.1	9
			2，3，…，9	1	8
			10，20，…，100	10	10
4	38	0，1，2	1		1
			1.005		1
			1.01，1.02，…，1.09	0.01	9
			1.1，1.2，…，1.9	0.1	9
			2，3，…，9	1	8
			10，20，…，100	10	10

3.3 计量器具及计量方法

3.3.1 计量器具的分类

计量器具按结构特点可分为量具、量规、量仪和计量装置等四类。

1. 量具

量具是指以固定形式复现量值的计量器具，分单值量具和多值量具两种。单值量具是指复现几何量的单个量值的量具，如量块、直角尺等。多值量具是指复现一定范围内的一系列不同量值的量具，如线纹尺等。

2. 量规

量规是指没有刻度的专用计量器具，用以检验零件要素实际尺寸和形位误差的综合结果。检验结果只能判断被测几何量合格与否，而不能获得被测几何量的具体数值，如用光滑极限量规、功能量规和螺纹量规对工件进行检验。

3. 量仪

量仪是指能将被测几何量的量值转换成可直接观测的指示值(示值)或等效信息的计量器具。按原始信号转换原理，量仪分为机械式量仪、光学式量仪、电动式量仪、气动式量仪等几种。

(1) 机械式量仪。机械式量仪是指用机械方法实现原始信号转换的量仪，如指示表、杠杆比较仪、扭簧比较仪等。这种量仪结构简单、性能稳定、使用方便。

(2) 光学式量仪。光学式量仪是指用光学方法实现原始信号转换的量仪，如光学比较仪、测长仪、工具显微镜、光学分度头、干涉仪等。这种量仪精度高、性能稳定。

(3) 电动式量仪。电动式量仪是指将原始信号转换为电量形式的信息的量仪，如电感比较仪、电容比较仪、电动轮廓仪、圆度仪等。这种量仪精度高、易于实现数据自动处理和显示，还可实现计算机辅助测量和自动化。

(4) 气动式量仪。气动式量仪是指以压缩空气为介质，通过气动系统流量或压力的变化来实现原始信号转换的量仪，如水柱式气动量仪、浮标式气动量仪等。这种量仪结构简单，可进行远距离测量，也可对难于用其他转换原理测量的部位(如深孔部位)进行测量，但示值范围小，且不同的被测参数需要不同的测头。

4. 计量装置

计量装置是指为确定被测几何量量值所必需的计量器具和辅助设备的总体。它能够测量较多的几何量和较复杂的零件，有助于实现检测自动化或半自动化，如连杆、滚动轴承的零件可用计量装置来测量。

3.3.2 计量方法的分类

计量方法可以从不同角度进行划分。

1. 按所测的几何量是否为欲测的几何量划分

(1) 直接测量。不必测量与被测量有函数关系的其他量，而是能直接得到被测量值的测量方法。

(2) 间接测量。通过测量与被测量有函数关系的其他量，才能得到被测量值的测量方法。例如图 3-5 所示，对孔心距 y 的测量，是先用游标卡尺测出 x_1 值和 x_2 值，然后按下式求出 y 值

$$y=\frac{x_1+x_2}{2} \tag{3-3}$$

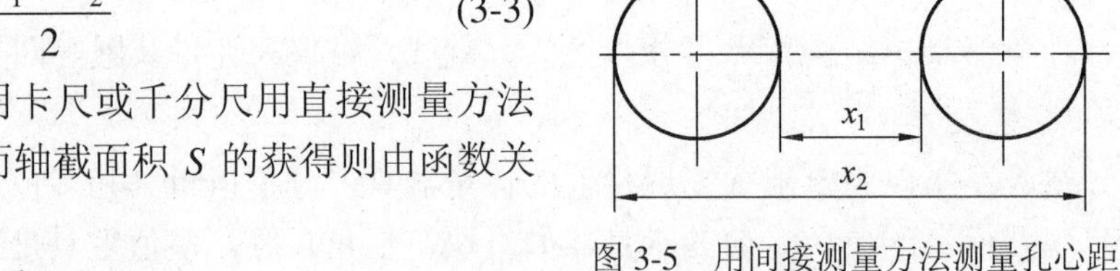

图 3-5　用间接测量方法测量孔心距

又如，我们可以用卡尺或千分尺用直接测量方法测得轴件的直径 D，而轴截面积 S 的获得则由函数关系间接获得，即

$$S=\frac{1}{4}\pi D^2 \tag{3-4}$$

间接测量会带来函数误差，所以其测量精度不如直接测量的精度高。

2. 按示值是否为被测几何量的整个量值划分

(1) 绝对测量。计量器具显示或指示的示值是被测几何量的整个量值。例如用游标卡尺、千分尺测量轴径或孔径。

(2) 微差测量(也称比较测量或相对测量)。将被测量与同它只有微小差别的已知同种量相比较，通过测量这两个量值间的差值以确定被测量值的测量方法。例如，如图 3-6 所示的机械比较仪测量轴径，测量时先用尺寸为被测工件公称尺寸的量块对仪器调零，再对工件进行测量，则该比较仪指示出的示值即为被测工件轴径相对于量块尺寸的微小差量。

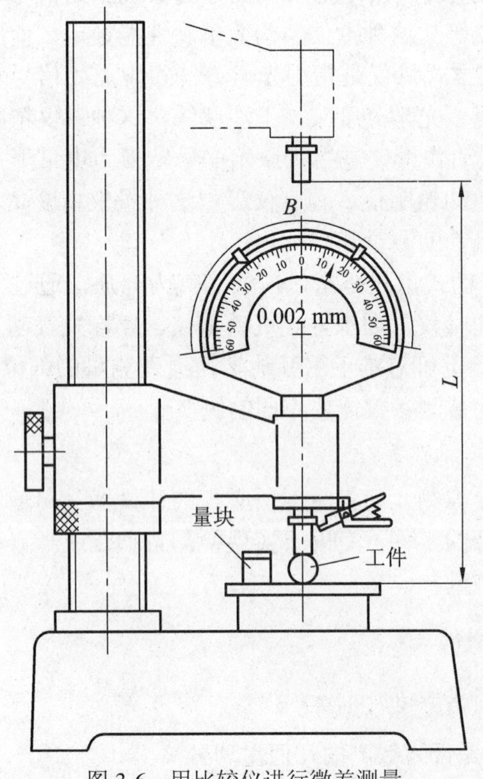

图 3-6　用比较仪进行微差测量

3. 按测量时被测表面与计量器具的测头是否接触划分

(1) 接触测量。测量时计量器具的测头与被测表面接触，并有机械作用的测量力。例如，用机械比较仪测量轴径。

(2) 非接触测量。测量时计量器具的测头不与被测表面接触。例如，用光切显微镜测量表面粗糙度。

接触测量会引起被测表面和计量器具有关部分产生弹性变形，因而影响测量精度。非接触测量则无此影响。

4. 按工件上同时测量的被测几何量的多少划分

(1) 单项测量。对工件上每一几何量分别进行测量。例如，用工具显微镜分别测量螺纹的单一中径、螺距和牙型半角的实际值，并分别判断它们各自是否合格。

(2) 综合测量(综合检验)。同时测量工件上几个有关几何量的综合结果，以判断综合结果是否合格，而不要求知道有关单项值。例如，用螺纹通规检验螺纹中径、螺距和牙型半角实际值的综合结果(作用中径)是否合格。

就工件整体来说，单项测量的效率比综合测量低。单项测量便于进行工艺分析；综合测量适用于只要求判断合格与否，而不需要得到具体误差值的场合。

5. 按测量在加工过程中所起的作用划分

(1) 主动测量。在工件加工的同时，对被测几何量进行测量。其测量结果可直接用以控制加工过程，及时防止废品的产生。

(2) 被动测量。在工件加工完毕后对被测几何量进行测量。其测量结果仅限于判断工件合格与否。

主动测量常应用在生产线上，使测量与加工过程紧密结合，充分发挥检测的作用。因此，它是检测技术发展的方向。

6. 静态测量与动态测量

(1) 静态测量。是指在测量过程中，计量器具的测头与被测零件处于静止状态，被测量的量值是固定的。

(2) 动态测量。是指在测量过程中，计量器具的测头与被测零件处于相对运动状态，被测量的量值是变化的。例如用圆度仪测量圆度误差，用电动轮廓仪测量表面粗糙度等。

3.4 计量器具的基本技术性能指标

计量器具的基本技术性能指标是合理选择和使用计量器具的重要依据。其中的主要指标如下。

(1) 标尺刻度间距。标尺刻度间距是指计量器具标尺或分度盘上相邻两刻线中心之间的距离或圆弧长度。为适于人眼观察，刻度间距一般为 1 mm～2.5 mm。

(2) 标尺分度值。标尺分度值是指计量器具标尺或分度盘上每一刻度间距所代表的量值。一般长度计量器具的分度值有 0.1 mm、0.05 mm、0.02 mm、0.01 mm、0.005 mm、0.002 mm、0.001 mm 等几种。例如，图 3-6 中机械比较仪的分度值为 0.002 mm。一般来说，分度值越小，则计量器具的精度就越高。

(3) 分辨力。分辨力是指计量器具所能显示的最末一位数所代表的量值。由于在一些量仪(如数字式量仪)中，其读数采用数码显示，而非标尺或分度盘显示，因此就不能使用分度值这一概念，而将其称为分辨力。例如国产 JC19 型数显式万能工具显微镜的分辨力为 0.5 μm。

(4) 标尺示值范围。标尺示值范围是指计量器具所能显示或指示的被测几何量起始值到终止值的范围。例如，图 3-6 中机械比较仪的示值范围 B 为 ± 60 μm。

(5) 计量器具测量范围。计量器具测量范围是指计量器具所能测出的被测几何量量值的下限值到上限值的范围。测量范围上限值与下限值之差称为量程。例如，图 3-6 中机械比较仪的测量范围 L 为 0 mm～180 mm，量程为 180 mm。

(6) 灵敏度。灵敏度是指计量器具对被测几何量变化的响应变化能力。若被测几何量的变化为 Δx，该几何量引起计量器具的响应变化能力为 ΔL，则灵敏度 S 为

$$S = \frac{\Delta L}{\Delta x} \tag{3-5}$$

当上式中分子和分母为同种量时，灵敏度也称为放大比或放大倍数。对于具有等分刻度的标尺或分度盘的量仪，放大倍数 K 等于刻度间距 a 与分度值 i 之比，即

$$K = \frac{a}{i} \tag{3-6}$$

一般地说，分度值越小，计量器具的灵敏度就越高。

(7) 示值误差。示值误差是指计量器具上示值与被测几何量真值的代数差。一般来说，示值误差越小，则计量器具的精度就越高。

(8) 修正值。修正值是指为了消除或减少系统误差，用代数法加到未修正测量结果上的数值。其大小与示值误差的绝对值相等，而符号相反。例如，若示值误差为 −0.004 mm，则修正值为 +0.004 mm。

(9) 测量重复性。测量重复性是指在相同的测量条件下，对同一被测几何量进行多次测量时，各测量结果之间的一致性。通常，以测量重复性误差的极限值(正、负偏差)来表示。

(10) 不确定度。不确定度是指由于测量误差的存在而对被测几何量量值不能肯定的程度。

3.5 测量误差

3.5.1 测量误差的基本概念

对于任何测量过程来说，由于计量器具和测量条件的限制，不可避免地会出现或大或小的测量误差。因此，每一个实际测得值，往往只是在一定程度上近似于被测几何量的真值，这种近似程度在数值上则表现为测量误差。测量误差可用绝对误差或相对误差来表示。

绝对误差是指被测几何量的量值与其真值之差，即

$$\delta = x - Q \tag{3-7}$$

式中，δ为绝对误差；x为被测几何量的测得值；Q为被测几何量的真值。

由于x可能大于或小于Q，因而绝对误差可能是正值，也可能是负值。这样，被测几何量的真值可以用下式来表示：

$$Q = x \pm |\delta| \tag{3-8}$$

利用式(3-8)，可以由被测几何量的测得值和测量误差来估算真值所在的范围。测量误差的绝对值越小，则被测几何量的测得值就越接近于真值，因此测量精度就越高；反之，测量精度就越低。

用绝对误差表示测量精度，适用于评定或比较大小相同的被测几何量的测量精度。对于大小不相同的被测几何量，则需要用相对误差来评定或比较它们的测量精度。

相对误差是指绝对误差δ(取绝对值)与真值Q之比。由于被测几何量的真值无法得到，因此在实际应用中常以被测几何量的测得值x代替真值来进行估算，即

$$f = \frac{|\delta|}{Q} \approx \frac{|\delta|}{x} \tag{3-9}$$

式中，f为相对误差。

显然，相对误差是一个无量纲的数值，通常用百分比来表示。例如，测得两个孔的直径大小分别为50.86 mm和20.97 mm，它们的绝对误差分别为+0.02 mm和+0.01 mm，则由上式计算得到它们的相对误差分别为$f_1=0.02/50.86=0.0393\%$，$f_2=0.01/20.97=0.0477\%$，因此前者的测量精度比后者高。

3.5.2 测量误差的来源

由于测量误差的存在，测得值只能近似地反映被测几何量的真值。为了尽量减小测量误差，提高测量精度，就必须仔细分析产生测量误差的原因。在实际测量中，产生测量误差的因素很多，归结起来主要有以下几个方面。

1. 计量器具的误差

计量器具的误差是指计量器具本身所具有的误差，包括计量器具的设计、制造和使用过程中的各项误差，这些误差的总和反映在示值误差和测量的重复性误差上。

设计计量器具时，为了简化结构而采用近似设计的方法便会产生测量误差。例如，机械杠杆比较仪的结构中，测杆的直线位移与指针杠杆的角位移不成正比，而其标尺却采用等分刻度。这就是近似设计的例子，测量时它会产生测量误差。

当设计的计量器具不符合阿贝原则时也会产生原理误差。阿贝原则是指测量长度时，为了保证测量的准确，应使被测零件的尺寸线(简称被测线)与量仪中作为标准的刻度尺(简称标准线)重合或顺次排成一条直线。螺旋千分尺的结构基本符合阿贝原则，故其原理误差可以不计；而卡尺的结构不符合阿贝原则，即其作为标准长度的刻度尺与被测量不在同一条直线上，两者相距s平行放置，如图3-7所示。在测量过程中，由于人为用力，卡尺的

游标尺会倾斜一个角度φ，此时产生的测量误差δ为

$$\delta = x - x' = s \cdot \tan\varphi \approx s \cdot \varphi$$

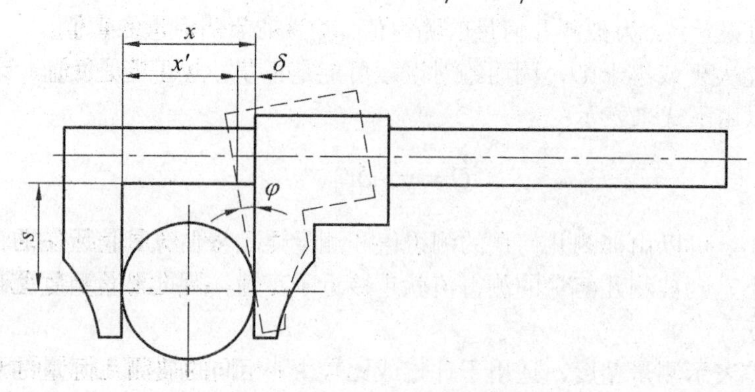

图 3-7　游标卡尺的原理误差

设$s = 30\,\text{mm}$，$\varphi = 1' \approx 0.0003\ \text{rad}$，则由于卡尺结构不符合阿贝原则而产生的测量误差为

$$\delta = 30 \times 0.0003 = 0.009\,\text{mm} = 9\,\mu\text{m}$$

计量器具零件的制造和装配误差会产生测量误差。例如，游标卡尺标尺的刻线距离不准确、指示表的分度盘与指针回转轴的安装有偏心等皆会产生测量误差。计量器具在使用过程中零件的变形、滑动表面的磨损等会产生测量误差。此外，微差测量时使用的标准量(如量块)的制造误差也会产生测量误差。

2．方法误差

方法误差是指测量方法的不完善(包括计算公式不准确，测量方法选择不当，工件安装、定位不准确等)引起的误差，它会产生测量误差。例如，在接触测量中，由于测头测量力的影响，会使被测零件和测量装置变形而产生测量误差。方法误差的另一方面，是指采用不同的测量方法所产生的误差，如对一轴颈进行测量，采用绝对测量和微差测量时，对应的测量误差大小就不同，绝对测量所包含的测量误差会比微差测量的大。

3．环境误差

环境误差是指测量时，环境条件不符合标准的测量条件所引起的误差，它会产生测量误差。例如，环境温度、湿度、气压、照明(引起视差)等不符合标准以及振动、尘埃、电磁场等的影响都会产生测量误差，其中尤以温度的影响最为突出。例如，在测量长度时，规定的环境条件标准温度为 20℃，但是在实际测量时被测零件和计量器具的温度对标准温度均会产生或大或小的偏差，而被测零件和计量器具的材料不同时它们的线膨胀系数是不同的，这将产生一定的测量误差，其大小δ可按下式进行计算：

$$\delta = x[\alpha_1 (t_1 - 20℃) - \alpha_2 (t_2 - 20℃)]$$

式中，x为被测长度；α_1、α_2为被测零件、计量器具的线膨胀系数；t_1、t_2为测量时被测零件、计量器具的温度(℃)。

因此，测量时应根据测量精度的要求，合理控制环境温度，以减小温度对测量精度的影响。

4．人员误差

人员误差是指测量人员人为的差错所产生的测量误差。例如，测量人员使用计量器具不正确、测量瞄准不准确、读数或估读错误等，都会产生测量误差。

5．间接测量中的函数误差

在间接测量中，由于测量结果需要通过函数运算才能得出所需的结果，因此会存在函数误差。如按照图 3-5 所示的方法测量孔心距后，由式(3-3)计算结果时所产生的函数误差为

$$\Delta y=\frac{\partial y}{\partial x_1}\Delta x_1+\frac{\partial y}{\partial x_2}\Delta x_2=\frac{1}{2}(\Delta x_1+\Delta x_2)$$

式中，Δx_1、Δx_2为测量 x_1、x_2所产生的测量误差。

当按照式(3-4)求取轴的截面积时，对应的函数误差为

$$\Delta S=\frac{1}{2}\pi D\cdot\Delta D$$

式中，ΔD为测量直径 D 所产生的测量误差。

3.5.3 测量误差的分类

测量误差的来源是多方面的，就其特点和性质而言，可分为系统误差、随机误差和粗大误差三类。

1．系统误差

系统误差是指在相同的测量条件下，多次测取同一被测几何量的量值时，测量误差的绝对值和符号均保持不变，或者其绝对值和符号按某一规律变化的测量误差。前者称为定值系统误差，后者称为变值系统误差。例如，在比较仪上用微差测量方法测量零件尺寸时，调整量仪所用量块的误差就会引起定值系统误差；量仪的分度盘与指针回转轴偏心所产生的示值误差则会引起变值系统误差。

根据系统误差的性质和变化规律，系统误差可以用计算或实验对比的方法来确定，并用修正值从测量结果中予以消除。但在某些情况下，系统误差由于变化规律比较复杂，不易确定，因而难以消除。

2．随机误差

随机误差是指在相同的测量条件下，多次测取同一被测几何量的量值时，测量误差的绝对值和符号以不可预定的方式变化着。随机误差主要是由测量过程中的一些偶然性因素或不确定因素引起的。例如，量仪传动机构的间隙、摩擦、测量力的不稳定以及温度波动等引起的测量误差，都属于随机误差。

就某一次具体测量而言，随机误差的绝对值和符号无法预先知道。但对于连续多次重复测量来说，随机误差符合一定的概率统计规律，因此，可以应用概率论和数理统计的方法来对其进行处理。

3．粗大误差

粗大误差是指在超出规定的测量条件下预计的测量误差，即对测量结果产生明显歪曲

的测量误差。含有粗大误差的测得值称为异常值，它与正常测得值相比较，总显得相对较大或相对较小。粗大误差的产生有主观和客观两方面的原因，主观原因如测量人员疏忽造成的读数误差，客观原因如外界突然振动引起的测量误差。由于粗大误差明显歪曲测量结果，因此在处理测量数据时，应根据判断粗大误差的准则设法将其剔除。

应当指出，系统误差和随机误差的划分并不是绝对的，它们在一定的条件下是可以相互转化的。例如，按一定公称尺寸制造的量块总是存在着制造误差的，对某一具体量块来讲，可认为该制造误差是系统误差，但对一批量块而言，制造误差是变化的，可以认为它是随机误差。在使用某一量块时，若没有检定该量块的尺寸偏差，而按量块标称长度使用，则制造误差属随机误差；若检定出该量块的尺寸偏差，按量块实际尺寸使用，则制造误差属系统误差。掌握误差转化的特点后，可根据需要将系统误差转化为随机误差，用概率论和数理统计的方法来减小该误差的影响；或将随机误差转化为系统误差，用修正的方法减小该误差的影响。

3.5.4 有关测量精度的常用术语

测量精度是指被测几何量的测得值与其真值的接近程度。它和测量误差是分别从两个不同的角度来说明同一概念的术语。测量误差越大，则测量精度就越低；测量误差越小，则测量精度就越高。为了反映系统误差和随机误差对测量结果的不同影响，测量精度可分为以下几种。

(1) 正确度。正确度反映测量结果中系统误差影响的程度。若系统误差小，则正确度高。

(2) 精密度。精密度反映测量结果中随机误差的影响程度。它是指在一定测量条件下连续多次重复测量所得的测得值之间相互接近的程度。若随机误差小，则精密度高。

(3) 准确度。准确度反映测量结果中系统误差和随机误差的综合影响程度。若系统误差和随机误差都小，则准确度高。

对于具体的测量，精密度高的测量，正确度不一定高；正确度高的测量，精密度也不一定高；但精密度和正确度都高的测量，准确度就高。现以打靶为例加以说明，如图 3-8 所示，小圆圈表示靶心，黑点表示弹孔。图 3-8(a)中，随机误差小而系统误差大，表示打靶精密度高而正确度低；图 3-8(b)中，系统误差小而随机误差大，表示打靶正确度高而精密度低；图 3-8(c)中，系统误差和随机误差都小，表示打靶准确度高；图 3-8(d)中，系统误差和随机误差都大，表示打靶准确度低。

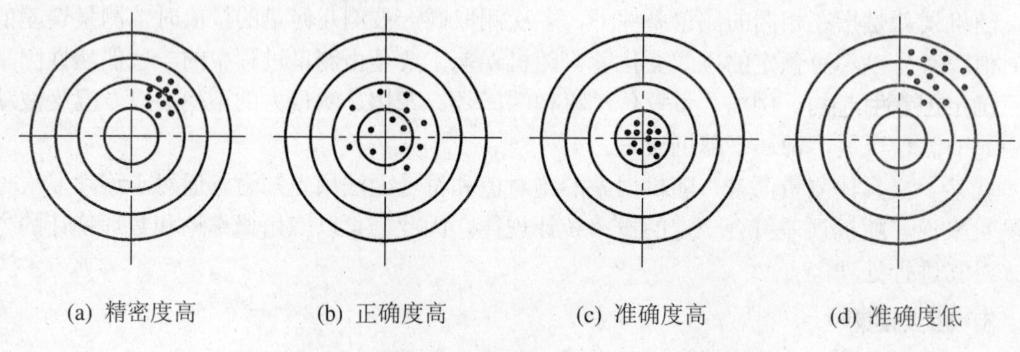

(a) 精密度高　　(b) 正确度高　　(c) 准确度高　　(d) 准确度低

图 3-8　精密度、正确度和准确度概念示意图

3.5.5 随机误差的概念及描述

从概率统计的结果可知，随机误差的分布形式有服从正态分布的随机误差、服从偏心分布的随机误差及其他分布形式的随机误差。就一般测量而言，服从正态分布的随机误差居多，故本书仅介绍服从正态分布的随机误差的特性及评价参数。

1．服从正态分布的特性

图 3-9(a)为服从正态分布的随机误差的曲线，其中纵坐标代表概率分布密度，横坐标表示测量过程中的随机误差，该曲线可由下式表示

$$y=\frac{1}{\sigma\sqrt{2\pi}}\exp\left(-\frac{\delta^2}{2\sigma^2}\right) \tag{3-10}$$

式中，y 为概率密度；σ 为标准偏差；δ 为随机误差；$\exp\left(-\frac{\delta^2}{2\sigma^2}\right)$ 为以自然对数的底 e 为底的指数函数。

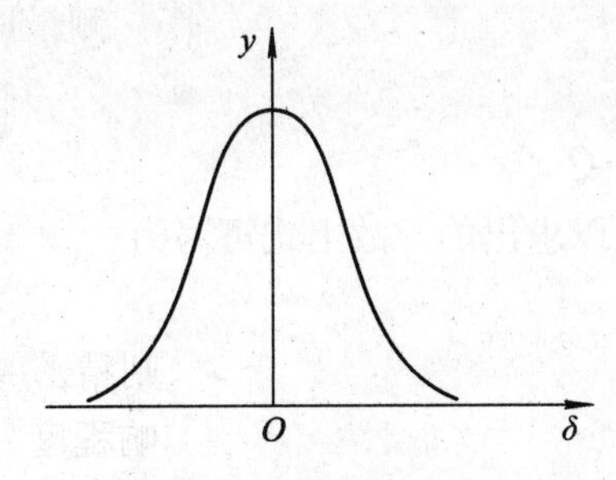

(a) 测量误差坐标系中的正态分布曲线

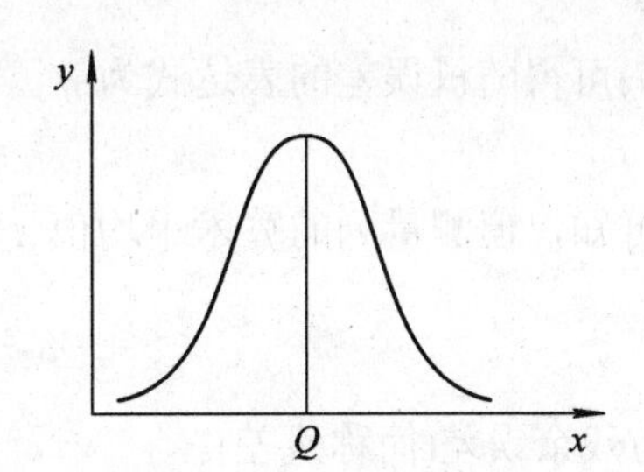

(b) 测量尺寸坐标系中的正态分布曲线

图 3-9　正态分布曲线图

从图 3-9(a)可知服从正态分布的随机误差具有以下的特性：

(1) 单峰性。绝对值越小的随机误差出现的概率越大，绝对值大的随机误差出现的概率越小。换言之，在测量次数足够多时，测量误差接近零的测量数目最多。如图 3-9(b)所示，若将概率曲线放置在横坐标为测量值的坐标系中，则表明在测量次数足够多时，在无定值系统误差的前提下，接近真值的测量值数目最多。

(2) 对称性。在测量次数足够多时，随机误差中出现正误差和负误差的概率相等。

(3) 有界性。在一定条件下，随机误差的绝对值不会超出一定的界限。

(4) 抵偿性。由于出现正、负误差的概率相等，因此若将所有随机误差求和，则其值为零。

2．随机误差的评价参数

1) 算术平均值 $\bar{x}$

若在一定的测量条件下将某一被测几何量重复测量 n 次，得到测量列的测得值为 x_1，x_2，…，x_n。设测量列的测得值中不含系统误差和粗大误差，被测几何量的真值为 Q，

则由式(3-7)可得出相应各次测得值的测量值与随机误差分别为

$$x_1=\delta_1+Q$$
$$x_2=\delta_2+Q$$
$$\vdots$$
$$x_n=\delta_n+Q$$

对该测量列的测量值求平均值，则为

$$\bar{x}=\frac{1}{n}\sum_{i=1}^{n}x_i=\frac{1}{n}\sum_{i=1}^{n}(\delta_i+Q)=\frac{1}{n}\sum_{i=1}^{n}\delta_i+Q$$

由服从正态分布的随机误差的特性之一——抵偿性，可得$\sum_{i=1}^{n}\delta_i=0$。因此，当无定值系统误差时，测量列的算术平均值趋近测量值的真值。

2) 残余误差ν_i

由式(3-7)可得随机误差的表达式为

$$\delta_i=x_i-Q \tag{3-11}$$

虽然真值不可知，但测量列的算术平均值$\bar{x}$是可以求出的，故上式可写为

$$\nu_i=x_i-\bar{x} \tag{3-12}$$

其中，ν_i称为残余误差(简称残差)。

残差具有下列特性：

① 残差的代数和为零，即$\sum_{i=1}^{n}\nu_i=0$。这一特性可以用来校核算术平均值及残差计算的准确性。

② 残差的平方和为最小，即$\sum_{i=1}^{n}\nu_i^2=\min$。由此结论可以说明，用算术平均值作为测量结果是最可靠且最合理的。

残差值可用于求标准偏差σ，也可用于判断测量列中是否含有变值系统误差。

3) 标准偏差σ

标准偏差σ的结果由下式计算出

$$\sigma=\sqrt{\frac{1}{n}\sum_{i=1}^{n}\delta_i^2} \tag{3-13}$$

式中，δ_i为测量列中各次测量值的随机误差。

由式(3-11)可知，随机误差需由真值求得，而真值无法得到。实际中可以用残差 v_i 替代随机误差 δ_i 来计算标准偏差，因而式(3-13)可写为下面的表达式(推导过程从略)

$$\sigma=\sqrt{\frac{1}{n-1}\sum_{i=1}^{n}v_i^2} \tag{3-14}$$

标准偏差 σ 可用于描述测量的精度。σ 值越大，表示测量过程中随机误差的分布范围越大，测量精度越低；σ 越小，则表明测量过程中随机误差的分布范围越小，测量精度越高。图 3-10 表示三个不同值的 σ 所对应的随机误差分布范围，其中 $\sigma_1<\sigma_2<\sigma_3$。

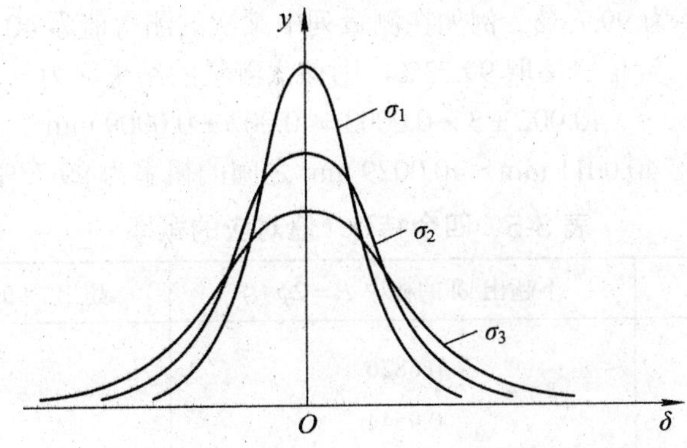

图 3-10　标准偏差的大小对随机误差分布的影响

4) 随机误差的界限值

由随机误差的特性可知，随机误差是有界的，其值不会超过一定的范围。随机误差的界限值就是测量的极限误差。由于服从正态分布的曲线和横坐标轴之间所包含的面积等于所有随机误差出现的概率总和，故(−∞～+∞)之间的随机误差的概率为

$$P=\int_{-\infty}^{+\infty}y\,\mathrm{d}\delta=\int_{-\infty}^{+\infty}\frac{1}{\sigma\sqrt{2\pi}}\exp\left(-\frac{\delta^2}{2\sigma^2}\right)\mathrm{d}\delta=1$$

若随机误差区间落在(−δ～+δ)之间，则其概率为

$$P=\int_{-\delta}^{+\delta}y\,\mathrm{d}\delta=\int_{-\delta}^{+\delta}\frac{1}{\sigma\sqrt{2\pi}}\exp\left(-\frac{\delta^2}{2\sigma^2}\right)\mathrm{d}\delta$$

将上式进行变换，设 $t=\dfrac{\delta}{\sigma}$，$\mathrm{d}t=\dfrac{\mathrm{d}\delta}{\sigma}$，代入上式后有

$$P=\frac{1}{\sqrt{2\pi}}\int_{-t}^{+t}\exp\left(-\frac{t^2}{2}\right)\mathrm{d}t=\frac{2}{\sqrt{2\pi}}\int_{0}^{t}\exp\left(-\frac{t^2}{2}\right)\mathrm{d}t$$

令 $P=2\phi(t)$，则

$$\phi(t)=\frac{1}{\sqrt{2\pi}}\int_{0}^{t}\exp\left(-\frac{t^2}{2}\right)\mathrm{d}t$$

函数 $\phi(t)$ 称之为正态概率积分。表 3-5 给出了 $t=1$、2、3、4 四个特殊值所对应的 $2\phi(t)$ 值和 $[1-2\phi(t)]$ 的值。由表 3-5 可知，当 $t=3$ 时，在 $\delta=\pm3\sigma$ 范围内的概率为 99.73%，δ 超出范围的概率仅为 0.27%，随机误差超出 $\pm3\sigma$ 的情况实际上很难出现，因此，可取 $\delta=\pm3\sigma$ 作为随机误差的界限值，记作

$$\delta_{\lim}=\pm3\sigma \tag{3-15}$$

$\delta_{\lim}$ 也是测量列中单次测量值的测量极限误差。

选择不同的 t 值，就对应不同的概率值，测量极限误差的可信度亦不同。随机误差在 $\pm t\sigma$ 范围内出现的概率称之为置信概率，t 为置信因子或置信系数。在几何量测量中，常取置信因子 $t=3$，则置信概率为 99.73%。例如在测量列中某次的测得值为 40.002 mm，若已知标准偏差 $\sigma=0.0003$ mm，置信概率取 99.73%，则该次测量的结果应为

$$40.002\pm3\times0.0003=40.002\pm0.0009\ \text{mm}$$

即被测几何量的真值在 40.0011 mm～40.0029 mm 之间的概率为 99.73%。

表 3-5　四个特殊 t 值对应的概率

t	$\delta=\pm t\sigma$	不超出 $\lvert\delta\rvert$ 的概率 $P=2\phi(t)$	超出 $\lvert\delta\rvert$ 的概率 $\alpha=1-2\phi(t)$
1	1σ	0.6826	0.3175
2	2σ	0.9544	0.0456
3	3σ	0.9973	0.0027
4	4σ	0.99936	0.00064

5) 算术平均值的标准偏差 $\sigma_{\bar{x}}$

若在相同的测量条件下对同一被测几何量进行多组测量(每组皆测量 n 次)，则每组 n 次测量都会有一个算术平均值，且各组的算术平均值各不相同。不过，它们的分散程度要比单次测量值的分散程度小得多。描述它们的分散程度同样可以用标准偏差作为评定指标，如图 3-11 所示。

根据误差理论，测量列算术平均值的标准偏差 $\sigma_{\bar{x}}$ 与测量列单次测量值的标准偏差 σ 存在如下关系：

$$\sigma_{\bar{x}}=\frac{\sigma}{\sqrt{n}} \tag{3-16}$$

式中，n 为每组的测量次数。

由上式可知，多组测量的算术平均值的标准偏差 $\sigma_{\bar{x}}$ 是单次测量值的标准偏差的 $1/\sqrt{n}$。这说明测量次数越多，$\sigma_{\bar{x}}$ 就越小，测量精密度就越高。

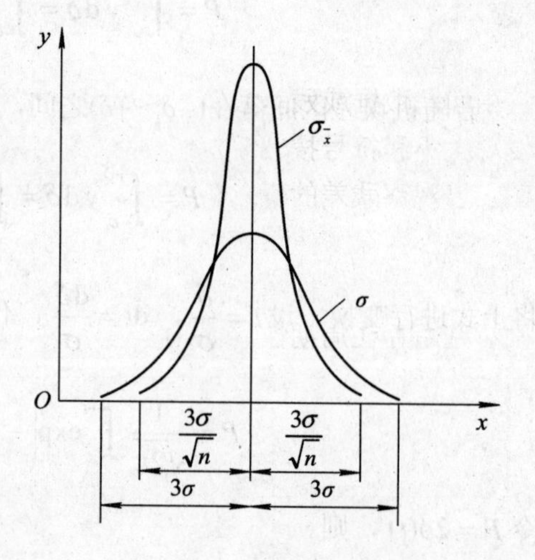

图 3-11　$\sigma_{\bar{x}}$ 与 σ 的关系

但由图 3-12 可知，当 σ 一定时，$n>10$ 以后，$\sigma_{\bar{x}}$ 减小就会缓慢，故测量次数不必过多，一般 n 取 10～15 次为宜。

测量列算术平均值的测量极限误差为

$$\delta_{\lim(\bar{x})}=\pm 3\sigma_{\bar{x}} \tag{3-17}$$

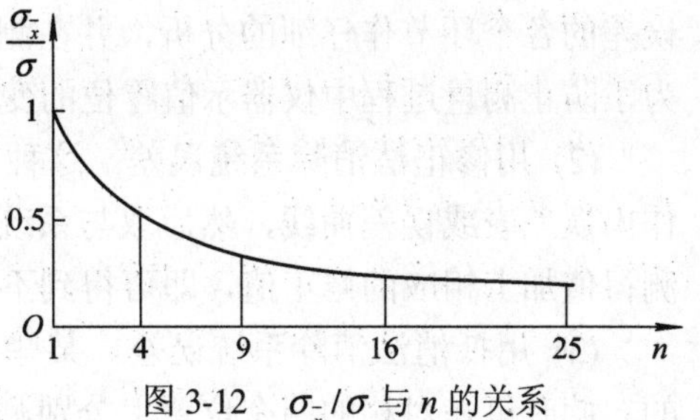

图 3-12　$\sigma_{\bar{x}}/\sigma$ 与 n 的关系

故多次(组)测量所得算术平均值的测量结果 s 可表示为

$$s=\bar{x}\pm 3\sigma_{\bar{x}} \tag{3-18}$$

3.5.6　系统误差的判别与处理

在实际测量中，系统误差对测量结果的影响往往是不容忽视的，而这种影响并非无规律可寻，因此揭示系统误差出现的规律性，并且消除其对测量结果的影响，是提高测量精度的有效措施。

1．发现系统误差的方法

在测量过程中产生系统误差的因素是复杂的，因此目前还难查明所有的系统误差，也不可能全部消除系统误差的影响。发现系统误差必须根据具体测量过程和计量器具进行全面而仔细的分析，但这是一件困难而又复杂的工作，目前还没有能够适用于发现各种系统误差的普遍方法。下面介绍常用的两种适用于发现某些系统误差方法。

(1) 实验对比法。实验对比法是指改变产生系统误差的测量条件而进行不同测量条件下的测量，以发现系统误差，这种方法适用于发现定值系统误差。例如量块按标称长度使用时，在被测几何量的测量结果中就存在由于量块的尺寸偏差而产生的大小和符号均不变的定值系统误差。重复测量也不能发现这一误差，只有用另一精度等级更高的量块进行测量对比时才能发现它。

(2) 残差观察法。残差观察法是指根据测量列的各个残差大小和符号的变化规律，直接由残差数据或残差曲线图形来判断有无系统误差，如图 3-13 所示。这种方法主要适用于发现大小和符号按一定规律变化的变值系统误差。根据测量先后次序，将测量列的残差作图，以观察残差的变化规律。若各残差大体上正、负相间，又没有显著变化，且其总和为零，则不存在变值系统误差(如图 3-13(a)所示)。若各残差按近似的线性规律递增或递减，则可判断存在线性系统误差(如图 3-13(b)所示)。若各残差的大小和符号有规律地周期变化，则可判断存在周期性系统误差(如图 3-13(c)所示)。

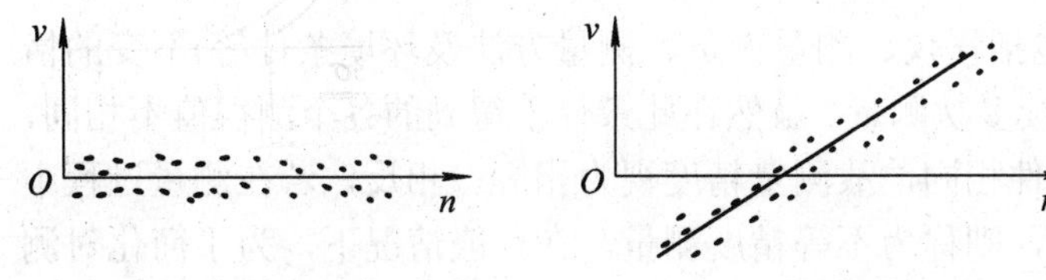

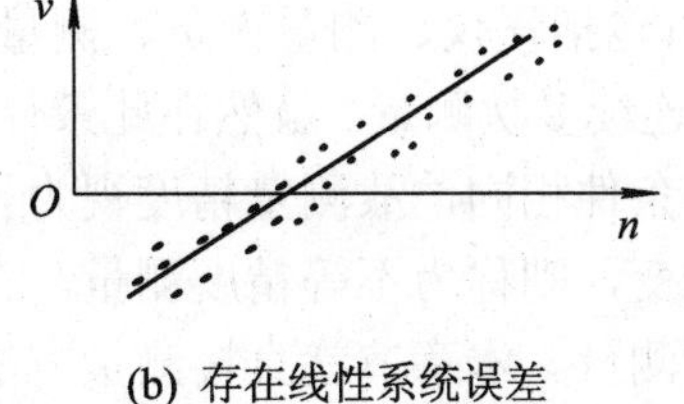

(a) 不存在变值系统误差　(b) 存在线性系统误差　(c) 存在周期性系统误差

图 3-13　由残差判断变值系统误差

2. 消除系统误差的方法

(1) 从产生误差的根源上消除系统误差。这要求测量人员对测量过程中可能产生系统误差的各个环节作仔细的分析，并在测量前就将系统误差从产生根源上加以消除。例如，为了防止测量过程中仪器示值零位的变动，测量开始前和结束时都需检查示值零位。

(2) 用修正法消除系统误差。这种方法预先将计量器具的系统误差检定或计算出来，作出误差表或误差曲线，然后取与系统误差数值相同而符号相反的值作为修正值，最后将测得值加上相应的修正值，即可得到不包含系统误差的测量结果。

(3) 用抵消法消除系统误差。某些数值不变的系统误差对测得数据的影响是带方向性的。此时可在对称的两个位置上分别测量一次，然后取这两次测量数据的平均值作为测得值，这就能使大小相等而方向(符号)相反的系统误差相互抵消。例如，在工具显微镜上测量螺纹螺距时，为了消除由于螺纹轴线与量仪工作台移动方向倾斜而引起的系统误差，可先分别测取螺纹左、右牙侧的螺距，然后取它们的平均值作为螺距测得值。

(4) 用半周期法消除周期性系统误差。对周期性系统误差，可以每相隔半个周期进行一次测量，以相邻两次测量数据的平均值作为一个测得值，即可有效消除周期性系统误差。

消除和减小系统误差的关键是找出误差产生的根源和规律。实际上，系统误差不可能完全消除，但一般来说，系统误差若能减小到其影响相当于随机误差的程度，则可认为已被消除。

3.5.7 粗大误差的判别与剔除

粗大误差的数值(绝对值)相当大，在测量中应尽可能避免。如果粗大误差已经产生，则应根据判断粗大误差的准则予以剔除，通常用拉依达准则来判断。

拉依达准则又称 3σ 准则。该准则认为，当测量列服从正态分布时，残差落在 $\pm3\sigma$ 外的概率仅有 0.27%，即在连续 370 次测量中只有一次测量的残差超出 $\pm3\sigma$。而实际上连续测量的次数不会超过 370 次，故测量列中不应该有超出 $\pm3\sigma$ 的残差。因此，当测量列中出现绝对值大于 3σ 的残差时，即

$$|v_i| > 3\sigma \tag{3-19}$$

则认为该残差所对应的测得值含有粗大误差，应予以剔除。

测量次数小于或等于 10 时，不能使用拉依达准则。

3.5.8 等精度测量数据的处理

等精度测量是指在测量条件(包括量仪、测量人员、测量方法及环境条件等)不变的情况下，对某一被测几何量进行的连续多次测量。虽然在此条件下得到的各个测得值不相同，但影响各个测得值精度的因素和条件相同，故测量精度视为相等。相反，若在测量过程中全部或部分因素和条件发生了改变，则称为不等精度测量。在一般情况下，为了简化对测量数据的处理，大多采用等精度测量。本章节就直接测量方法下的等精度测量数据的处理加以介绍。

为了从测量列中得到正确的测量结果，可以先消除定值系统误差；然后在已无定值系统误差的前提下，按照图 3-14 所示的流程对测量数据进行处理：首先求出测量列的算术平均值$\bar{x}$，如前所述，在无定值系统误差时，算术平均值在理论上趋近测量真值；之后再求残差v_i，用残差的分布情况来观察是否存在变值系统误差，若存在变值系统误差，则可将其消除掉，再重新求算测量列的算术平均值，由于消除系统误差的困难性，故只需将其减弱到近似于随机误差的程度即可；然后由残差求算标准偏差σ，再由拉依达准则判断测量列中是否存在粗大误差，若有，需将存在粗大误差的测量值去掉并再次求算术平均值，直至测量列中无粗大误差存在；最后求出算术平均值的标准偏差$\sigma_{\bar{x}}$，并写出测量结果。

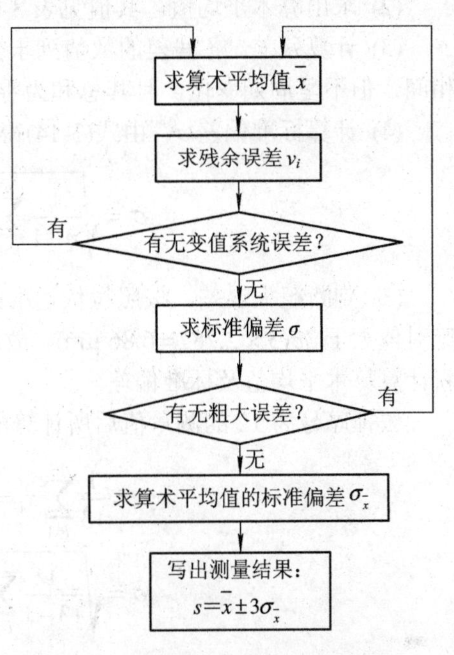

图 3-14　等精度测量数据处理流程

例 3-1　对某一轴径 d 等精度测量 14 次，按测量顺序将各测得值依次列于表 3-6 中，试求测量结果。

表 3-6　数据处理计算表

测量序号	测得值 x_i/mm	残差/μm $v_i = x_i - \bar{x}$	残差的平方/μm² v_i^2
1	24.956	−1	1
2	24.955	−2	4
3	24.956	−1	1
4	24.958	+1	1
5	24.956	−1	1
6	24.955	−2	4
7	24.958	+1	1
8	24.956	−1	1
9	24.958	+1	1
10	24.956	−1	1
11	24.956	−1	1
12	24.964	+7	49
13	24.956	−1	1
14	24.958	+1	1
算术平均值$\bar{x}$ =24.957 mm		$\sum_{i=1}^{14} v_i = 0$	$\sum_{i=1}^{14} v_i^2 = 68$

解　(1) 判断定值系统误差。假设经过判断，测量列中不存在定值系统误差。

(2) 求出算术平均值。其值见表 3-6 所示。

(3) 计算残差。各残差的数值列于表 3-6 中，由残差观察法，测量列中残差大体上正负相间，但不呈周期变化，且其总和为零，故可以判断该测量列中不存在变值系统误差。

(4) 计算标准偏差 σ，由式(3-14)得

$$\sigma=\sqrt{\frac{1}{n-1}\sum_{i=1}^{n}v_i^2}=\sqrt{\frac{68}{14-1}}\approx 2.287\ \mu m$$

(5) 判断粗大误差。按照拉依达准则，在测量列中发现测量序号 12 的测量值的残差的绝对值大于 $3\sigma(3\times2.287=6.86\ \mu m)$，故应将序号为 12 的测量值从测量列中予以剔除，再重新计算算术平均值及标准偏差。

去掉序号为 12 的测量值后所计算的算术平均值、标准偏差为

$$\bar{x}=\frac{1}{13}\sum_{i=1}^{13}x_i=24.9565\ mm\approx 24.957\ mm$$

$$\sigma=\sqrt{\frac{1}{13-1}\sum_{i=1}^{13}v_i^2}=\sqrt{\frac{19}{13-1}}=1.258\ \mu m$$

再对新的测量列进行检查，已无粗大误差，也无明显的变值系统误差。

(6) 计算测量列算术平均值的标准偏差 $\sigma_{\bar{x}}$，由式(3-16)得

$$\sigma_{\bar{x}}=\frac{\sigma}{\sqrt{13}}=\frac{1.258}{\sqrt{13}}\approx 0.35\ \mu m$$

(7) 计算测量列算术平均值的测量极限误差 $\delta_{\lim(\bar{x})}$，由式(3-17)得

$$\delta_{\lim(\bar{x})}=\pm3\sigma_{\bar{x}}=\pm3\times0.35\approx\pm1\ \mu m$$

(8) 写出测量结果，由式(3-18)得

$$s=\bar{x}\pm3\sigma_{\bar{x}}=24.957\pm0.001\ mm$$

即测量值的真值在 24.956 mm～24.958 mm 的置信概率为 99.73%。

3.6 光滑工件尺寸的测量与计量器具的选择

3.6.1 光滑工件尺寸的测量

1．误收与误废的概念

在对零件尺寸进行测量时，由于测量过程中存在不确定度，故会使得测量所得尺寸不是被测尺寸的真值。图 3-15 所示为某一零件的公差带，对该零件进行测量时，假定测量过

程中的测量误差服从正态分布。若在测量中将尺寸 A 测量为尺寸 B，并无大碍，因为尺寸 A 和尺寸 B 均为零件公差带内的合格尺寸。但在零件公差带的上、下两端，由于测量不确定度的存在，会将尺寸 C 测量为尺寸 D，而尺寸 D 为零件公差带外的尺寸，这种测量结果会导致零件的误废。同样情况，也可能将尺寸 E 测量成为尺寸 F，即将公差带外的尺寸测量成为公差带内的尺寸，这种测量情形称之为误收。误废会导致经济上的损失，误收会使得零件的质量无法保证，因此，合理地确定零件的验收极限是光滑工件尺寸检测的一个关键问题。

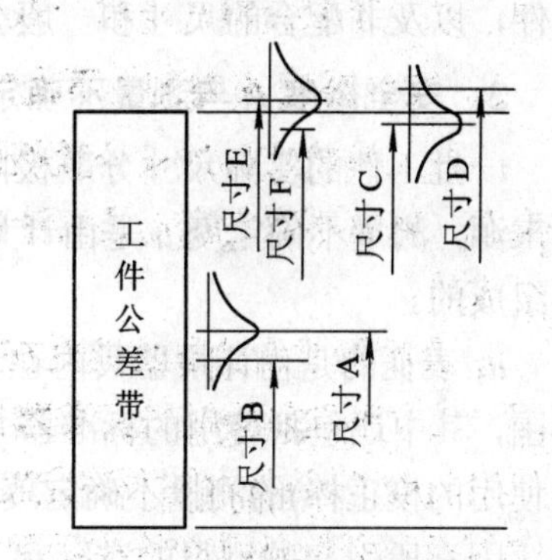

图 3-15　尺寸的误废与误收示意图

2．验收极限的确定

在实际生产中，为避免误收，往往将零件的验收极限相对于零件的公差带两端向内收缩一个量，该量称之为安全裕度 A，如图 3-16 所示。这样，零件合格的尺寸极限为

$$\begin{cases}\text{孔(轴)的上验收极限} = \text{孔(轴)的上极限尺寸} - \text{安全裕度}(A) \\ \text{孔(轴)的下验收极限} = \text{孔(轴)的下极限尺寸} + \text{安全裕度}(A)\end{cases} \tag{3-20}$$

将验收极限相对于公差带内收的方法适宜于以下情况：

(1) 遵守包容要求的尺寸和公差等级小的尺寸。

(2) 虽然工艺能力指数 $C_p \geqslant 1$，但对于遵守包容要求的尺寸，其最大实体尺寸端的验收极限仍按内收确定。工艺能力指数 C_p 是指零件尺寸公差 T 与加工工序工艺能力 cσ 的比值。其中 c 为常数，σ 为工序样本的标准偏差。若工序尺寸服从正态分布，则工序的工艺能力为 6σ，此时 $C_p = T/6\sigma$。

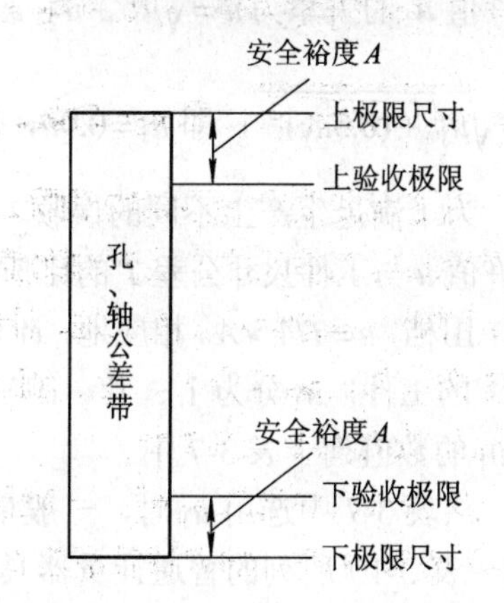

图 3-16　安全裕度 A 与验收极限

(3) 对偏态分布的尺寸，仅要求尺寸偏向的一端将验收极限内缩。将验收极限相对于零件的公差带内缩，会增加零件的误废率。但理论分析和实践证明，若零件的尺寸在其公差带内呈正态分布，且测量不确定度 u 与安全裕度 A 均为零件公差 T 的 10%时，零件的误废率为 6.98%。所以从保证零件的质量角度考虑，将验收极限相对于零件公差带内缩是划算的。

在车间实际情况下，零件的合格与否，只按照一次测量进行判断，多次测量是指对零件的多个部位进行测量，以了解各处的实际尺寸是否超出验收极限。用两点法进行测量多用于判断尺寸的合格性，不用作测量零件上可能存在的形状误差。尽管零件的形状误差通常依靠工艺系统的精度控制，但某些形状误差对测量结果仍有影响。此外，在车间条件下，对温度、测量力、计量器具和标准器的系统误差均不作修正，故此，合理地确定验收极限是必要的。

此外，GB/T 3177—2009 还规定，对于工艺能力指数 $C_p \geqslant 1$ 且不要求遵守包容要求的零件，以及非配合的尺寸和一般公差的尺寸，其验收极限不内缩。

3．安全裕度 A 与测量不确定度 u

一批工件的实际尺寸分散极限的测量误差范围用测量不确定度 u 表示。根据测量误差的来源，测量不确定度 u 是由计量器具的测量不确定度 u_1 和测量条件引起的测量不确定度 u_2 组成的。

u_1 表征的是由计量器具内在误差所引起的测得的实际尺寸与真实尺寸可能分散的一个范围，其中还包括使用的标准器具(如对比较仪进行调零时使用的量块，对千分尺进行校对时使用的校正棒)的测量不确定度。u_2 表征的是测量过程中由温度、压陷效应及工件形状误差等因素所引起的测得的实际尺寸与真实尺寸可能分散的一个范围。理论上，测量时的标准温度为 20℃，标准测量力为零。

u_1 与 u_2 均为独立随机变量，因此，它们之和(测量不确定度 u)也是随机变量。u 是 u_1 与 u_2 的综合结果。

当验收极限采用内缩方式，且把安全裕度 A 取为工件尺寸公差 T 的 1/10 时，为了保证产品的质量，测量不确定度允许值 u 应在安全裕度范围内，即 $u \leqslant A=0.1T$。由独立随机变量合成规则可得，u 与计量器具的测量不确定度允许值 u_1 及测量条件引起的测量不确定度允许值 u_2 的关系为 $u=\sqrt{u_1^2+u_2^2}$ 。u_1 对 u 的影响比 u_2 大，一般按 2∶1 的关系处理，因此，

$u=\sqrt{u_1^2+(0.5u_1)^2}$ ，即 $u_1=0.9u$，$u_2=0.45u$。

为了满足生产上不同的误收、误废允许率的要求，GB/T 3177—2009 将测量不确定度允许值 u 与工件尺寸公差 T 的比值分成三档。它们分别是：Ⅰ档，$u=A=T/10$；Ⅱ档，$u=T/6>A$；Ⅲ档，$u=T/4>A$。相应地，计量器具的测量不确定度允许值 u_1 也分档，即对应于 IT6～IT11 的工件，u_1 分为Ⅰ、Ⅱ、Ⅲ三档；对 IT12～IT18 的工件，u_1 分为Ⅰ、Ⅱ两档。各个档次 u_1 的数值列于表 3-7 中。

从表 3-7 中选用 u_1 时，一般情况下优先选用Ⅰ档，其次选用Ⅱ档、Ⅲ档；然后，按表 3-8～表 3-10 所列的普通计量器具的测量不确定度 u_1 的数值选择具体的计量器具。所选择的计量器具应满足 $u_1' \leqslant u_1$ 的要求。

当使用比较法测量零件时，千分尺的测量不确定度会比表 3-8 所列的值小。如当用形状相同的标准器校对千分尺时，其测量不确定度约降为原来的 40%；当采用形状不同的标准器时，千分尺的测量不确定度约为原来的 60%。当被测尺寸小于等于 50 mm 时，采用比较测量时千分尺的测量不确定度数值见表 3-11。

当所选用的计量器具的不确定度 $u_1'>u_1$ 时，需根据 u_1' 计算出扩大的安全裕度 A' ($A'=u_1'/0.9$)；当 A' 不超出零件公差的 15%时，允许选用该计量器具，并根据 A' 确定相应的上、下验收极限。

当选用Ⅱ档、Ⅲ档的 u_1，且所选计量器具的 $u_1' \leqslant u_1$ 时，$u>A(A=0.1T)$，且误收率和误废率均有所增大。u 与 A 的比值(大于 1)越大，则误收率和误废率增大得就越多。

当验收极限采用不内缩方式，即安全裕度等于零时，计量器具的测量不确定度允许值 u_1 也分成Ⅰ、Ⅱ、Ⅲ三档，可从表 3-7 中选用。在选用计量器具时，亦应满足 $u_1' \leqslant u_1$。在

这种情况下，根据 GB/T 3177—2009 中的理论分析，工艺能力指数 C_p 越大，同一工件尺寸公差的条件下，不同档次的 u_1 越小，则误收率和误废率就越小。

表 3-7　安全裕度 A 与计量器具的测量不确定度 u_1(摘自 GB/T 3177—2009)　μm

孔(轴)尺寸公差等级		IT6					IT7					IT8				
公称尺寸/mm		T	A	u_1			T	A	u_1			T	A	u_1		
大于	至			Ⅰ	Ⅱ	Ⅲ			Ⅰ	Ⅱ	Ⅲ			Ⅰ	Ⅱ	Ⅲ
18	30	13	1.3	1.2	2.0	2.9	21	2.1	1.9	3.2	4.7	33	3.3	3.0	5.0	7.4
30	50	16	1.6	1.4	2.4	3.6	25	2.5	2.3	3.8	5.6	39	3.9	3.5	5.9	8.8
50	80	19	1.9	1.7	2.9	4.3	30	3.0	2.7	4.5	5.8	46	4.6	4.1	6.9	10
80	120	22	2.2	2.0	3.3	5.0	35	3.5	3.2	5.3	7.9	54	5.4	4.9	8.1	12
120	180	25	2.5	2.3	3.8	5.6	40	4.0	3.6	6.0	9.0	63	6.3	5.7	9.5	14
180	250	29	2.9	2.6	4.4	6.5	46	4.6	4.1	6.9	10	72	7.2	6.5	11	16

孔(轴)尺寸公差等级		IT9					IT10					IT11				
公称尺寸/mm		T	A	u_1			T	A	u_1			T	A	u_1		
大于	至			Ⅰ	Ⅱ	Ⅲ			Ⅰ	Ⅱ	Ⅲ			Ⅰ	Ⅱ	Ⅲ
18	30	52	5.2	4.7	7.8	12	84	8.4	7.6	13	19	130	13	12	20	29
30	50	62	6.2	5.6	9.3	14	100	10	9.0	15	23	160	16	14	24	36
50	80	74	7.4	6.7	11	17	120	12	11	18	27	190	19	17	29	43
80	120	87	8.7	7.8	13	20	140	14	13	21	32	220	22	20	33	50
120	180	100	10	9.0	15	23	160	16	15	24	36	250	25	23	38	56
180	250	115	12	10	17	26	185	19	17	28	42	290	29	26	44	65

孔(轴)尺寸公差等级		IT12				IT13				IT14				IT15			
公称尺寸/mm		T	A	u_1		T	A	u_1		T	A	u_1		T	A	u_1	
大于	至			Ⅰ	Ⅱ			Ⅰ	Ⅱ			Ⅰ	Ⅱ			Ⅰ	Ⅱ
18	30	210	21	19	32	330	33	30	50	520	52	47	78	840	84	76	130
30	50	250	25	23	38	390	39	35	59	620	62	56	93	1000	100	90	150
50	80	300	30	27	45	460	46	41	69	740	74	67	110	1200	120	110	180
80	120	350	35	32	53	540	54	49	81	870	87	78	130	1400	140	130	210
120	180	400	40	36	60	630	63	57	95	1000	100	90	150	1600	160	150	240
180	250	460	46	41	69	720	72	65	110	1150	115	100	170	1800	180	170	280

表 3-8　千分尺和游标卡尺的测量不确定度(摘自 JB/Z 181—1982)

<table>
<tr><td rowspan="2">尺寸范围
/mm</td><td>分度值 0.01 mm
外径千分尺</td><td>分度值 0.01 mm
内径千分尺</td><td>分度值 0.02 mm
游标卡尺</td><td>分度值 0.05 mm
游标卡尺</td></tr>
<tr><td colspan="4">测量不确定度 u_1'/mm</td></tr>
<tr><td>≤50</td><td>0.004</td><td rowspan="3">0.008</td><td rowspan="4">0.020</td><td rowspan="4">0.050</td></tr>
<tr><td>＞50～100</td><td>0.005</td></tr>
<tr><td>＞100～150</td><td>0.006</td></tr>
<tr><td>＞150～200</td><td>0.007</td><td>0.013</td></tr>
</table>

注：当采用比较测量时，千分尺的测量不确定度可小于本表所列数值。

表 3-9　比较仪的测量不确定度(摘自 JB/Z 181—1982)

<table>
<tr><td rowspan="2">尺寸范围
/mm</td><td>分度值为 0.0005 mm</td><td>分度值为 0.001 mm</td><td>分度值为 0.002 mm</td><td>分度值为 0.005 mm</td></tr>
<tr><td colspan="4">测量不确定度 u_1'/mm</td></tr>
<tr><td>≤25</td><td>0.0006</td><td rowspan="2">0.0010</td><td>0.0017</td><td rowspan="5">0.0030</td></tr>
<tr><td>＞25～40</td><td>0.0007</td><td rowspan="3">0.0018</td></tr>
<tr><td>＞40～65</td><td rowspan="2">0.0008</td><td rowspan="2">0.0011</td></tr>
<tr><td>＞65～90</td></tr>
<tr><td>＞90～115</td><td>0.0009</td><td>0.0012</td><td>0.0019</td></tr>
</table>

注：本表所列数据是指测量时，使用由四块 1 级(或 4 等)量块组成的数值。

表 3-10　指示表的测量不确定度(摘自 JB/Z 181—1982)

<table>
<tr><td rowspan="2">测量范围
/mm</td><td>分度值为 0.001 mm 的千分表(0 级在全程范围内，1 级在 0.2 mm 内)，分度值为 0.002 mm 的千分表(在一转范围内)</td><td>分度值为 0.001、0.002、0.005 mm 的千分表(1 级在全程范围内)，分度值为 0.01 mm 的百分表(0 级在任意 1 mm 内)</td><td>分度值为 0.01 mm 的百分表(0 级在全程范围内，1 级在任意 1 mm 范围内)</td><td>分度值为 0.01 mm 的百分表(1 级在全程范围内)</td></tr>
<tr><td colspan="4">测量不确定度 u_1'/mm</td></tr>
<tr><td>≤25～115</td><td>0.005</td><td>0.010</td><td>0.018</td><td>0.030</td></tr>
</table>

注：本表所列数据是指在测量时，使用四块 1 级(或 4 等)量块组成的数值。

表 3-11　采用比较测量法时千分尺测量不确定度值

<table>
<tr><td rowspan="3">测量范围
/mm</td><td colspan="2">绝对测量法</td><td colspan="4">比较测量法</td></tr>
<tr><td rowspan="2">对应的 u_1'
/μm</td><td rowspan="2">可测量的
公差等级</td><td colspan="2">采用形状相同的标准器时</td><td colspan="2">采用形状不同的标准器时</td></tr>
<tr><td>对应的 u_1'
/μm</td><td>可测量的
公差等级</td><td>对应的 u_1'
/μm</td><td>可测量的
公差等级</td></tr>
<tr><td>0～25</td><td>4</td><td>IT10</td><td>1.55</td><td>IT7</td><td>2.53</td><td>IT8</td></tr>
<tr><td>25～50</td><td>4</td><td>IT9</td><td>1.59</td><td>IT7</td><td>2.56</td><td>IT8</td></tr>
</table>

3.6.2 计量器具的选用

例 3-2 试确定测量 $\phi30f8(^{-0.020}_{-0.053})$ Ⓔ轴的验收极限，并选择相应的计量器具。

解 (1) 确定验收极限。

该轴件采用包容要求，因此验收极限应按照双向内缩方式确定。根据该轴件的尺寸公差 $T=IT8=0.033$ mm，可从表 3-7 查得安全裕度 $A=3.3$ μm=0.0033 mm。按照公式(3-20)确定验收极限：

上验收极限=轴的上极限尺寸－安全裕度=30 － 0.020 － 0.0033=29.9767 mm

下验收极限=轴的下极限尺寸＋安全裕度=30 － 0.053＋0.0033=29.9503 mm

$\phi30f8(^{-0.020}_{-0.053})$ Ⓔ轴的尺寸公差带及验收极限如图 3-17 所示。

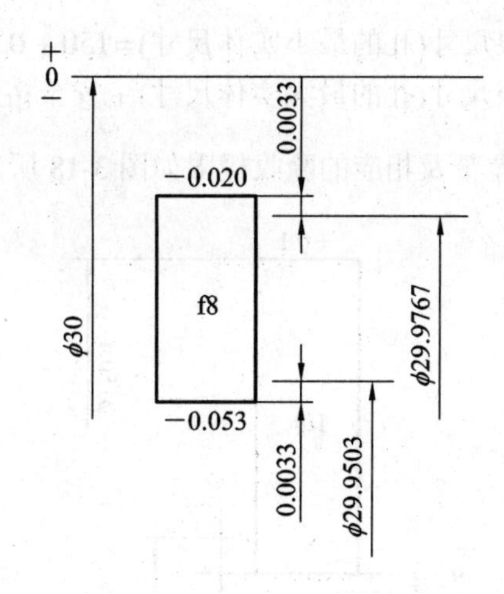

图 3-17　$\phi30f8$ Ⓔ轴的公差带及验收极限

(2) 按照Ⅰ档的测量不确定度选择计量器具。

查表 3-7，可知Ⅰ档的测量不确定度 $u_1=0.003$ mm；查表 3-9，知分度值为 0.005 mm 的比较仪的测量不确定度 $u_1'=0.003$ mm。因满足 $u_1'\leqslant u_1$ 的条件，故可以选分度值为 0.005 mm 的比较仪作为测量仪器。

当车间无分度值为 0.005 mm 的比较仪时，可以按照比较测量方法选用外径千分尺进行测量。

(3) 使用外径千分尺进行测量。

查表 3-11，可知在测量范围为 25 mm～50 mm 内，当采用比较测量且使用形状不同的标准器校对外径千分尺时，其测量不确定度 u_1' 为 2.56 μm(0.00256 mm)，满足 $u_1'\leqslant u_1$ 的要求。

本例使用尺寸为 30 mm 的量块先对外径千分尺进行校对，再对零件进行比较测量，即可满足测量精度的要求。

(4) 按照Ⅱ档的测量不确定度选择计量器具。

查表 3-7，知本题对应的Ⅱ档测量不确定度 $u_1=0.005$ mm；再查表 3-10，可查得分度值为 0.001 mm 的千分表的 $u_1'=0.005$ mm，满足 $u_1'\leqslant u_1$ 的要求，故当按照Ⅱ档确定计量器具的不确定度时，可以用分度值为 0.001 mm 的千分表对零件进行测量。根据 GB/T 3177—2009 中的理论分析可得，当工件尺寸在公差带内呈正态分布时，该测量下的误收率约为 0.10%、误废率约为 8.23%。

例 3-3　$\phi150H9(^{+0.1}_{0})$ Ⓔ的终加工工序的工艺能力指数 $C_p=1.2$，试确定测量该孔时的验收极限，并选择相应的计量器具。

解　(1) 确定验收极限。

该孔采用包容要求，但其 $C_p=1.2$，属于 $C_p>1$ 的情况，因此其验收极限应为：最大实体尺寸端(150 mm)采用内缩方式，而最小实体尺寸端(150.1 mm)采用不内缩方式。

根据该孔的尺寸公差 IT9=0.1 mm，查表 3-7 知对应的安全裕度 $A=0.010$ mm。按照公式(3-20)确定的验收极限为

上验收极限=孔的上极限尺寸(孔的最小实体尺寸)=150 + 0.1=150.1 mm

下验收极限=孔的下极限尺寸(孔的最大实体尺寸) + 安全裕度=150+0.01=150.01 mm

$\phi150H9(^{+0.1}_{0})$ Ⓔ孔的公差带及相应的验收极限如图 3-18 所示。

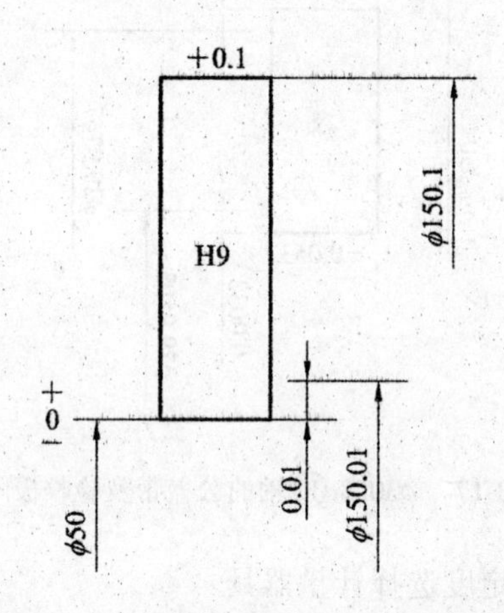

图 3-18　$\phi150H9$ Ⓔ孔的公差带及验收极限

(2) 选用计量器具。

依 GB/T 3177—2009 的推荐，优先采用Ⅰ档的测量不确定度。查表 3-7 得 $u_1=0.009$ mm。再由表 3-8 查得分度值为 0.01 mm 的内径千分尺的 $u_1'=0.008$ mm，满足 $u_1'\leqslant u_1$ 的要求，故可以使用分度值为 0.01 mm 的内径千分尺对该孔进行测量。

习　题

1. 什么是测量？一个测量过程包括哪些要素？测量与检验有何区别？

2. 量块的“等”和“级”是如何划分的？按“级”使用量块与按“等”使用量块有何区别？

3. 试说明标尺分度值、标尺刻度间距、灵敏度三者间的区别与联系。

4. 试说明计量器具的测量范围与标尺示值范围的区别。

5. 试按照表 3-4，从 83 块包装规格的量块中选取合适的量块，组合出 19.985 mm 的尺寸。

6. 用立式光学比较仪做实验时使用了哪些基本技术性能指标？说明它们的含义。

7. 两轴颈测量的值分别为 99.976 mm 和 60.036 mm，各自测量的绝对误差分别为 +0.008 mm 和 −0.006 mm，试比较两个测量值测量精度的高低。

8. 参看习题图 3-1，已知可测的参数有 l_1、l_2、D_1、D_2，试说明有几种测量方法可以得出两圆的中心距 a 的结果。

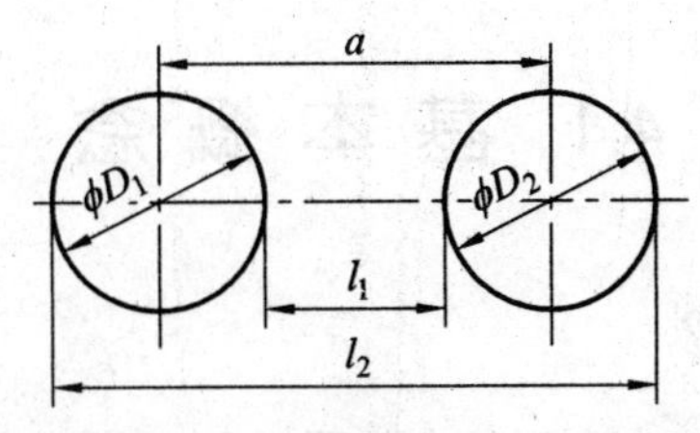

习题图 3-1

9. 试说明随机误差、系统误差、粗大误差的特性与区别。

10. 对同一几何量等精度测量 15 次，按照测量顺序将各测得值记录如下(单位为 mm):

40.039	40.043	40.040	40.042	40.041
40.043	40.039	40.040	40.041	40.042
40.041	40.039	40.041	40.043	40.041

设测量列中不存在定值系统误差，试确定:

(1) 算术平均值 $\bar{x}$；

(2) 残余误差 ν_i，并由其判断测量列中是否存在变值系统误差；

(3) 测量列单次测量值的标准偏差 σ；

(4) 是否存在粗大误差；

(5) 测量列算术平均值的标准偏差 $\sigma_{\bar{x}}$；

(6) 测量列算术平均值的测量极限误差 $\pm 3\sigma_{\bar{x}}$；

(7) 测量结果。

11. 测量 $\phi 40\text{e}7(^{-0.050}_{-0.075})$ Ⓔ 的轴件，应采用分度值为 0.002 mm 的比较仪，但车间无此比较仪，可否用外径千分尺对其进行测量？若可以，请作相关说明并确定验收极限。

第4章 几何公差及检测

4.1 基本概念

4.1.1 零件几何误差的概念

机械零件除有尺寸误差外，也有形状和位置误差，称其为几何误差。如图 4-1 所示，一个看起来是理想圆柱体的零件，其实是具有几何误差的，如在微观情况下圆柱体的素线及轴线并不直，彼此间也不平行，任何位置的横截面也不圆。机械零件若存在几何误差，则会影响零件的使用质量，如会使零件的磨损不均匀，或造成装配困难等，并影响零件的使用寿命。因此需用几何公差对机械零件的几何误差予以控制。

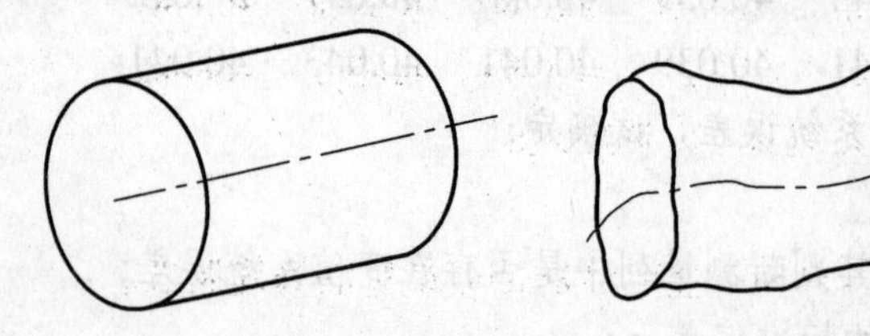

图 4-1 零件的几何误差示意图

为了保证零件的互换性并使零件的几何误差在许可的范围内，国家已颁布了系列的几何公差标准：GB/T 1182—2008《产品几何技术规范(GPS) 几何公差 形状、方向、位置和跳动公差标注》、GB/T 1184—1996《形状和位置公差 未注公差值》、GB/T 4249—2009《产品几何技术规范(GPS) 公差原则》、GB/T 16671—2009《产品几何技术规范(GPS)几何公差 最大实体要求、最小实体要求和可逆要求》、GB/T 17851—1999《形状和位置公差 基准和基准体系》等。作为相应的检测配套标准，颁布了 GB/T 1958—2004《产品几何技术规范(GPS) 形状和位置公差 检测规定》。

4.1.2 零件形体的描述——要素

构成零件几何特征的点、线、面称为要素，如图 4-2 所示。作为点要素，有球心、尖点；作为线要素，有素线、轴线等；作为面要素，有球面、端面、圆柱面、圆锥面、中心平面等。

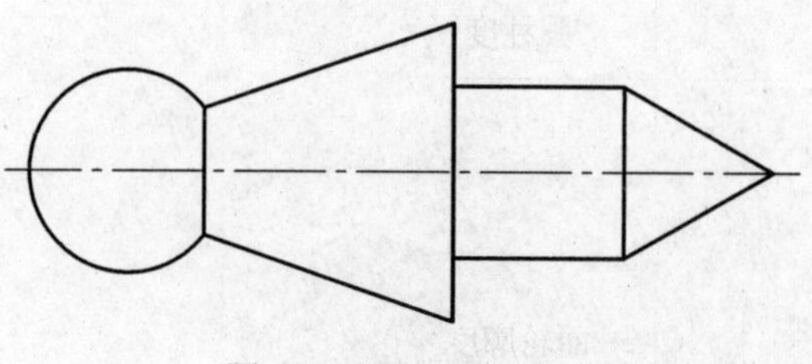

图 4-2 零件几何要素

要素也可以按照下述的方法划分。

◆ 理想要素：指具有几何学意义的要素，这些要素(包括点、线、面)无几何误差。零件图上表示的要素均为几何要素。理想要素亦被称为公称要素。

◆ 实际要素：零件上实际存在的要素，这些要素均存在着几何误差，或为形状误差，或为位置误差，或形状误差和位置误差同时存在。在评定几何误差时，常以测得要素替代实际要素。

◆ 被测要素：在图样上给出了几何公差的要素。被测要素为检测的对象，根据检测的项目不同，被测要素又分为单一要素和关联要素。

◆ 单一要素：给出了形状公差的被测要素。

◆ 关联要素：给出了位置公差的被测要素。

需要指出的是，一个被测要素有可能既给出了形状公差，也给出了位置公差，因此一个被测要素可能既是单一要素，又是关联要素。

◆ 基准要素：用来确定被测要素方向或(和)位置的要素，理想基准要素简称基准。由于实际的基准要素存在加工误差，因此应对基准要素规定适当的几何公差，即实际的基准要素也会是被测要素。

◆ 轮廓要素：构成零件外部形状的点、线、面，即是轮廓要素，如图 4-2 中所示的球面、圆锥面、圆柱面、平面、素线、圆锥尖点等。

◆ 中心要素：构成轮廓要素对称中心所表示的点、线、面，如在图 4-2 中的球心、轴线。又如键槽两侧面的对称平面，均是中心要素。

4.1.3 几何公差的项目及符号

国家标准对几何公差项目规定了形状公差、方向公差、位置公差和跳动公差四类。习惯上，又将方向公差、位置公差、跳动公差三项统称为位置公差，这样几何公差就成为两大类，共 14 个项目，俗称“两类十四项”。其中线轮廓度和面轮廓度项目既可以有基准，也可以无基准，因此该两项既为位置公差项目，也可以为形状公差项目。几何公差项目及其代号见表 4-1 所示。

表 4-1 几何公差项目及符号

<table>
<tr><th>公差</th><th>项目</th><th>符号</th><th>有无基准</th><th colspan="2">公差</th><th>项目</th><th>符号</th><th>有无基准</th></tr>
<tr><td rowspan="4">形状</td><td>直线度</td><td>—</td><td>无</td><td rowspan="8">位置</td><td rowspan="3">方向</td><td>平行度</td><td>//</td><td>有</td></tr>
<tr><td>平面度</td><td>▱</td><td>无</td><td>垂直度</td><td>⊥</td><td>有</td></tr>
<tr><td>圆 度</td><td>○</td><td>无</td><td>倾斜度</td><td>∠</td><td>有</td></tr>
<tr><td>圆柱度</td><td>⌭</td><td>无</td><td rowspan="3">位置</td><td>位置度</td><td>⌖</td><td>有或无</td></tr>
<tr><td rowspan="4">形状或位置</td><td rowspan="2">线轮廓度</td><td rowspan="2">⌒</td><td rowspan="2">有或无</td><td>同轴(同心)度</td><td>◎</td><td>有</td></tr>
<tr><td>对称度</td><td>⌯</td><td>有</td></tr>
<tr><td rowspan="2">面轮廓度</td><td rowspan="2">⌓</td><td rowspan="2">有或无</td><td rowspan="2">跳动</td><td>圆跳动</td><td>↗</td><td>有</td></tr>
<tr><td>全跳动</td><td>⌰</td><td>有</td></tr>
</table>

4.1.4 几何公差带

对于尺寸公差带，用大小和位置两个要素即可将其确定；但对于几何公差带，需大小、方向、形状、位置四个要素才能确定。几何公差带的大小指公差带的距离 t、宽度 t 或直径 ϕ，如图 4-3 所示。t 即为公差值，其值大小取决于被测要素的形状和功能要求。

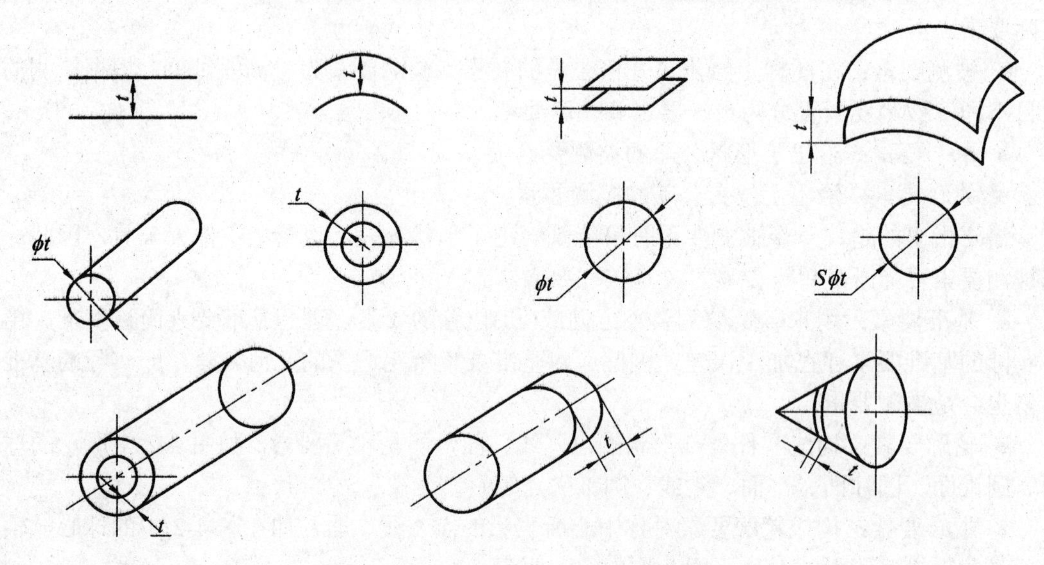

图 4-3 几何公差带的形状类型

公差带的方向是评定被测要素误差的方向。对于位置公差带，其方向由设计给出，被测要素应与基准保持设计给定的几何关系；对于形状公差带，其方向应按照包容被测要素的区域为最小的条件来确定。

形状公差带没有位置的要求，只是用来限制被测要素的形状误差；但是形状公差带要受到相应的尺寸公差带的制约，在尺寸公差带内浮动，或由理论正确尺寸固定。对于位置公差带，其位置是由相对于基准的尺寸公差或理论正确尺寸确定。

4.2 形状公差项目及检测

4.2.1 直线度

1. 项目说明

直线度公差要求若按照特性分，则可以分为给定平面内的直线度、给定方向的直线度和任意方向的直线度问题。

图 4-4(a)所示是对圆柱体的素线给出直线度要求，因圆柱体的素线位于过轴线的轴剖面内，故属于给定平面内的直线度问题。具体标注时，需注意公差框格的引出箭头应与被测要素(素线)相垂直。公差带的形状是圆柱轴剖面内的两条相平行的直线，该两条直线的垂直距离即为直线度公差值 0.01 mm，见图 4-4(b)。实际圆柱面上的任一素线均应位于此公差带内。

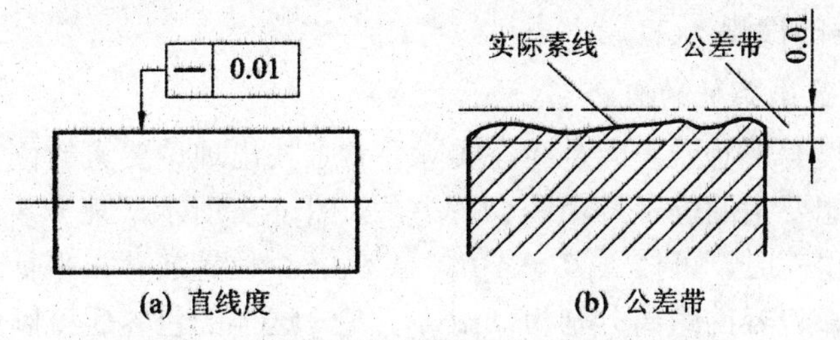

图 4-4　圆柱体素线的直线度及其公差带

给定方向的直线度要求可以是空间的任意方向。图 4-5(a)的标注是指在所要求的一个方向上的直线度要求，其形状公差框格的引出箭头也应与被测要素相垂直；给定方向的直线度公差带为两个相平行的平面所组成的区域，该两个平面间的垂直距离即是公差值的大小，见图 4-5(b)所示。

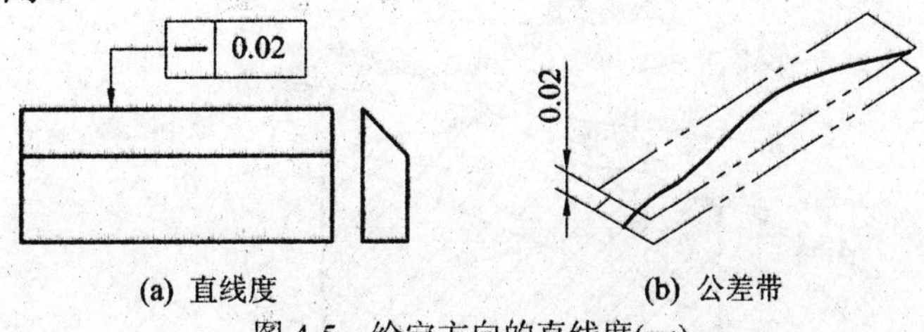

图 4-5　给定方向的直线度(一)

图 4-6(a)为给定两个方向的直线度要求，在水平方向上的直线度要求为 0.02 mm，在垂直方向的直线度要求为 0.01 mm；其公差带形状见图 4-6(b)所示。

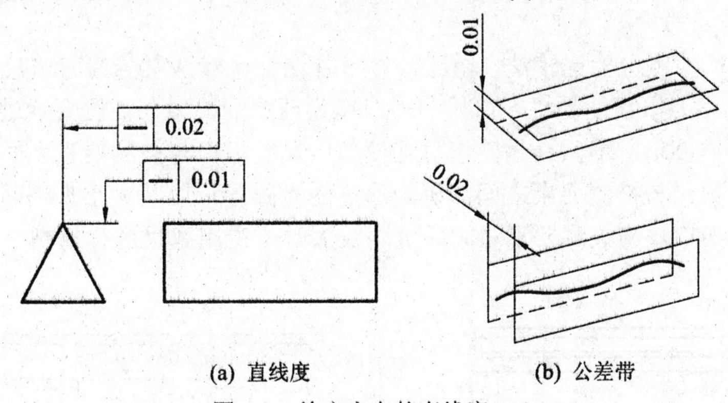

图 4-6　给定方向的直线度(二)

图 4-7(a)为任意方向的直线度要求，被测要素为圆柱体的轴线，故直线度公差框格的箭头应与圆柱的直径标注尺寸线对齐，且直线度公差值 0.04 mm 前应加注符号ϕ。任意方向的直线度公差带为一直径为公差值ϕ0.04 mm 的圆柱面的区域，见图 4-7(b)所示。

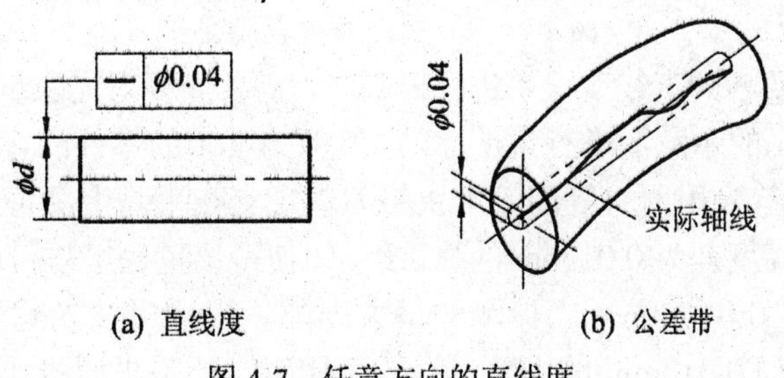

图 4-7　任意方向的直线度

2. 直线度误差的检测

1) 最小包容与最小条件的概念

评定诸如直线度等形状误差时，应在实际要素上找出理论要素的位置，这必须遵循一个原则，即使得理想要素的位置符合最小条件。如图 4-8 所示，某一零件的截面轮廓线不直，评定其直线度误差时，可按 A_1B_1、A_2B_2、A_3B_3 三个位置放置相平行的两条理想直线包容实际截面轮廓线，包容的距离分别为 h_1、h_2、h_3。这样的包容还可以做许多，但其中必有一对平行直线间的距离最小。如图中的 h_1，说明 A_1B_1 的位置符合最小条件，即由 A_1B_1 及与之平行的直线最小距离地包容了被测要素，因此该包容区域是最小的，故而称之为最小区域，即 h_1 为轮廓线的直线度误差值。直线度误差的评定须遵循最小条件及最小包容，其他项目的形状误差的评定也须遵循这一原则。

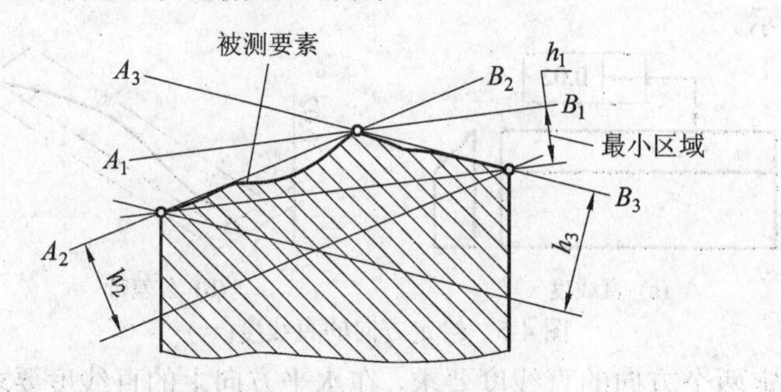

图 4-8　最小条件与最小包容

2) 直线度误差的检测

直线度误差的检测分为比较法、节距法和打表法。比较法又分为刀口尺法和钢丝法。

① 刀口尺法。刀口尺法是将刀口尺的刃口作为理想的要素与被测要素进行比对的一种检验方法。如图 4-9(a)所示，具体操作时须使刀口尺的刃口与被测要素之间的最大间隙为最小；再观察刀口尺与被测要素之间的缝隙透过的光隙量，以其大小来判断被测要素的直线度误差值。当刀口尺与被测要素之间的缝隙较大时，需用塞尺进行量测。

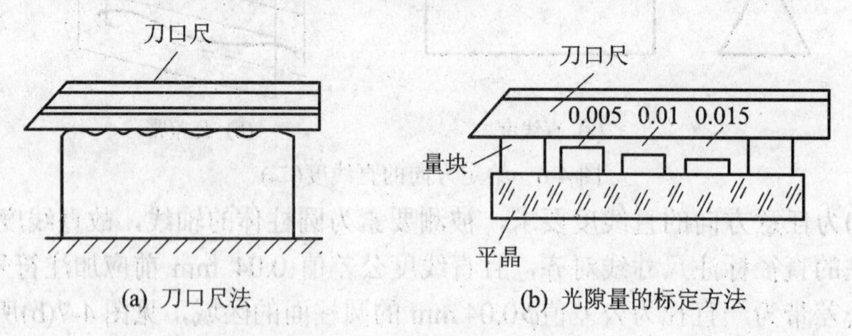

(a) 刀口尺法　　(b) 光隙量的标定方法

图 4-9　刀口尺法检验直线度

用光隙量对被测要素的直线度误差进行评判时，需首先要对光隙量进行标定。光隙量的标定方法可用图 4-9(b)的示意图进行说明。以检验图 4-4(a)的零件的直线度为例，需标定出 0.01 mm 的光隙量。首先用两块等高的量块将刀口尺支在平晶上；再用尺寸合适的量块组合出与刀口尺刃口的高度差为 0.01 mm 的量块组，即使得该量块组与刃口的缝隙为 0.01 mm，此时的光隙量即代表 0.01 mm。当检测的最大光隙量未超出该光隙量时，直线度误差即为合格。但是为了使得 0.01 mm 的光隙量有一个比对，还需再用量块组合出 0.005 mm 和

0.015 mm 的光隙量，使得操作者对 0.01 mm 的光隙量有一个更直观的概念。

当直线度误差较小时，对应的光隙量也较小，此时可以由光隙的颜色对其加以判断；当光隙值在 0.5 μm～0.8 μm 时，透过的光隙呈蓝色；光隙值在 1.25 μm～1.75 μm 时呈红色；光隙为白色时其大小已超过 2 μm～2.5 μm。

② 钢丝法。该方法是用特殊的钢丝作为测量基准，用测量显微镜读数。先调整钢丝的位置，使得钢丝两端的读数相等；然后沿被测要素等距移动读数显微镜，其最大读数即为被测要素的直线度误差，如图 4-10 所示。

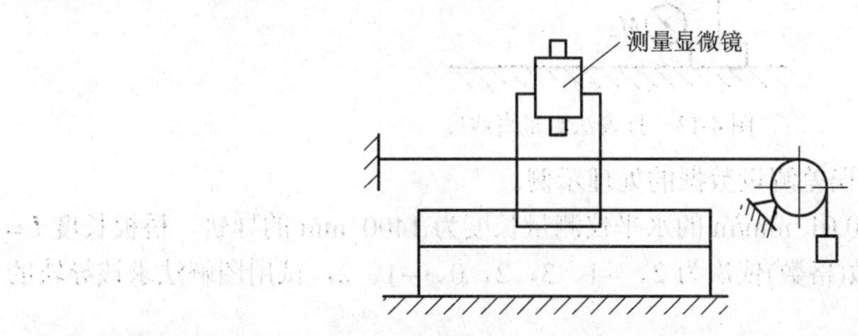

图 4-10　钢丝法测量直线度

③ 节距法。指用水平仪或自准直仪对被测要素进行测量，它使用仪器所配的一定尺寸的桥板在被测工件上一节一节地进行测量，故称之为节距法。节距法可分为水平仪法和自准直法。

水平仪法属于节距法测量直线度的方法之一。对于精密测量，常用合像水平仪，其原理如图 4-11 所示。将水平仪放置在被测表面上，按照水平仪底座的桥板长度，一段一段地测值，直至将被测要素的全长测完，最后对测得数据进行处理，即可得到被测要素的直线度误差值。一般在测量之前将被测要素调整为近似水平，以便于后续的读值。

自准直法也属于节距法测量直线度的方法，其原理如图 4-12 所示。固定不动的自准直仪发射出一条极细的光线照射到反射镜上，当反射镜与光线垂直时，入射光与返回光重合；若反射镜与入射光不垂直，返回光则会有一个偏距。按照反射镜底座上的桥板长度一段一段地测完被测要素的全长，再对得到的光线偏距值进行处理，则可得到被测要素的直线度误差值。

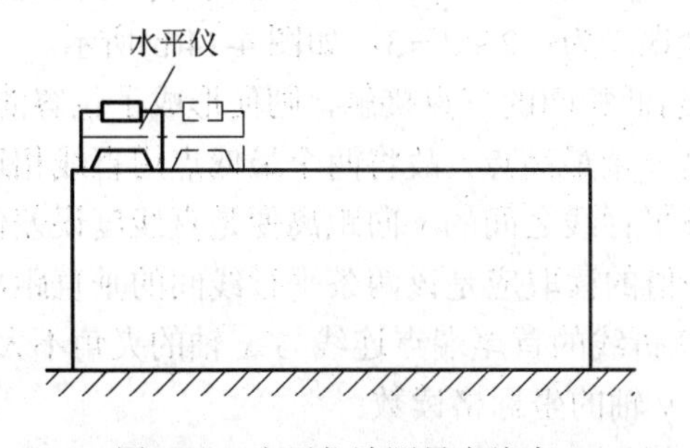

图 4-11　水平仪法测量直线度

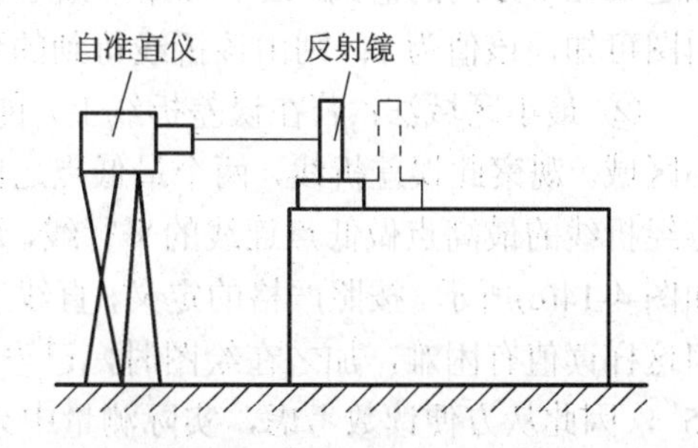

图 4-12　自准直法测量直线度

④ 打表法。对于图 4-7(a)的直线度要求，可以按照图 4-13 的打表法进行测量。其方法是将零件安装在平行于平板的两顶尖间，然后沿铅垂轴截面的两条素线测量；同时分别记录两个表头在各自测点的读值 M_1、M_2，再取各测点读数差之半$(M_1 - M_2)/2$ 中的最大差值作

为该界面轴线的直线度误差。按照此方法测量若干个截面，最后取其中最大的误差值作为该被测零件轴线的直线度误差。

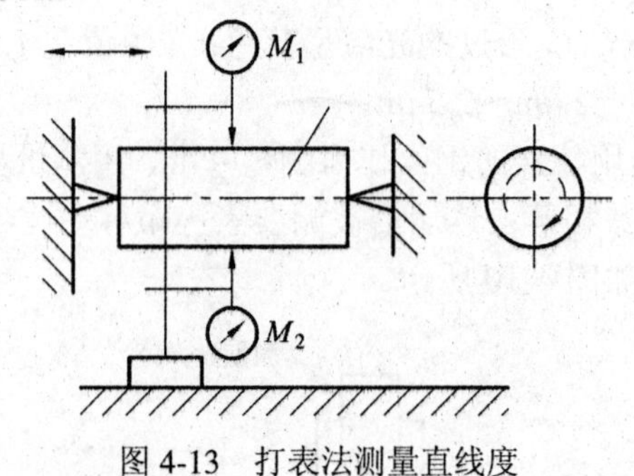

图 4-13 打表法测量直线度

下面来看一个直线度误差测量数据的处理示例。

例 4-1 用分度值为 0.01 mm/m 的水平仪测量长度为 1400 mm 的导轨，桥板长度 L= 200 mm，若各测点的读数(格数)依次为 2、−1、3、2、0、−1、2，试用图解法求该导轨的直线度误差值。

解 (1) 在坐标纸上建立坐标系，以 x 轴代表各测点的节距数，以 y 轴代表各测点的累加值；选择合适的放大比例，使得图上折线的起点与终点的连线与 x 轴的夹角不大于 35°，以保证作图的评定精度。由测量数据得到的累加值见表 4-2，并按照表 4-2 中的数据在坐标纸上描点，其结果如图 4-14(a)所示。

表 4-2 测得数据及其累加值

测 值	测 量 序 号							
	0	1	2	3	4	5	6	7
读数值/格	0	2	−1	3	2	0	−1	2
累加值/格	0	2	1	4	6	6	5	7

(2) 依次将图 4-14(a)上的各点用折线连接，得到折线图，其结果见图 4-14(b)。

(3) 对直线度误差进行评定，评定的方法有两种，一是两端点连线法；二是最小区域法。

① 两端点连线法：将误差折线的首尾两个端点用直线相连接，再求得折线上最高点与该连线在 y 方向的值，由图中可知，该值为 2；再在折线上得出最低点与连线在 y 方向的值，由图可知，该值为 1；则由该折线得到的直线度误差为：2 + 1=3，如图 4-14(b)所示。

② 最小区域法：若在误差折线上，能找到高低相间的三点接触，则便形成了包容的最小区域。观察此误差折线，两个最低点之间便是一个最高点，故将两个最低点用直线相连，再经折线的最高点做低点连线的平行线，该两条平行线之间的 y 向距离便是直线度误差值，如图 4-14(c)所示。按照严格的定义，直线度误差值的读取应是该两条平行线间的垂直距离，但这样读值有困难，加之在绘图时，已设定误差折线的首尾端点连线与 x 轴的夹角不大于 35°，因此从方便读数考虑，实际测量中允许沿 y 轴的坐标格读数。

(4) 将格数转换为线值，得到的直线度误差值为

$$f = l \times i \times h = 200\ \text{mm} \times 0.01\ \text{mm/m} \times 3 = 6\ \mu\text{m}$$

式中，l 为桥板的长度；i 为水平仪的分度值；h 为纵坐标的值(格)。

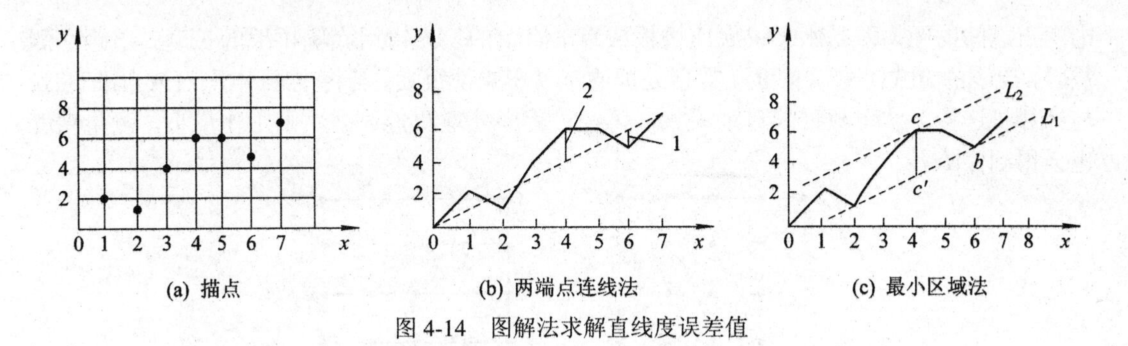

图 4-14 图解法求解直线度误差值

4.2.2 平面度

1. 项目说明

图 4-15(a)所示为对一平面提出平面度要求的标注示例。框格下方的“NC”表明此被测要素只允许向内凹，不允许凸起。平面度公差框格引出的箭头须与被测要素垂直，该被测要素的平面度误差的允许值为 0.08 mm。平面度的公差带为两个平行平面所形成的区域，该两个平行平面之间的垂直距离即为平面度公差值 0.08 mm，如图 4-15(b)所示。

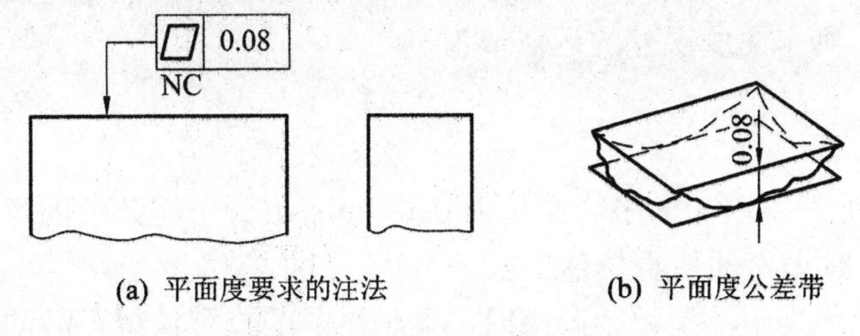

图 4-15 平面度及其公差带

2. 平面度误差的检测

1) 比较法

比较法是将被测要素与理想要素相比较，从而判断平面度的合格性。比较法又分为两种，一种是用刀口尺进行检验，即用刀口尺在平面上的各处接触，观察刀口尺刃口处的光隙量大小；另一种是将被测平面与检验平板对研，观察接触面积的大小。对研之前，先在被测平面均匀涂上丹红，之后将检验平板扣在被测平面，检验平板在被测平面上平稳地前、后、左、右往复对研 5～8 次，再将检验平板取下，最后观察被测平面丹红被抹掉的斑点多少。一般规定在 25 cm × 25 cm 的面积上斑点的数目不少于多少为评判标准，以此方法评判被测平面的平面度误差，如图 4-16 所示。

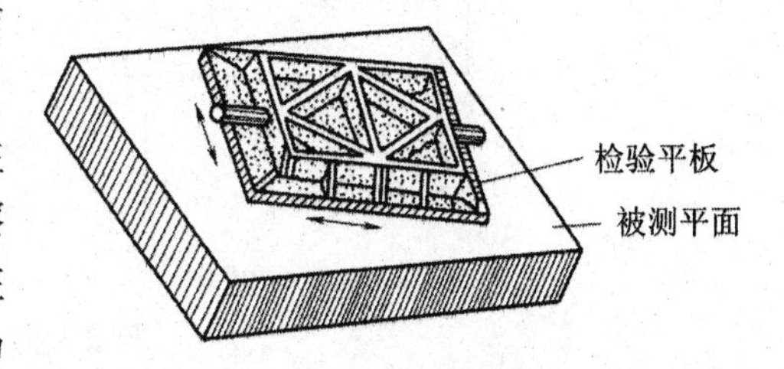

图 4-16 对研法检验平面度误差

2) 节距法

节距法是用水平仪或自准直仪对被测平面按照规定的布线路径进行测量，从而获取数据，再对获得数据进行处理而得出平面度的误差值。测量时的布线示例如图 4-17 所示，图中两点之间的距离即是水平仪底座桥板或自准直仪的反光镜用底座桥板的长度。节距法测量时，布线的方式对测量精度及数据处理的难易影响都很大。若将电子水平仪(或自准直仪)与计算机连接，实现数据的自动采集，再经过程序处理测量数据，则工作量小，测量精度也会得到保障。

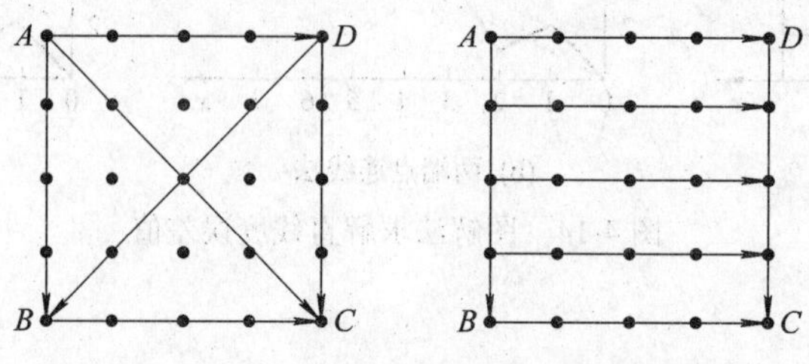

图 4-17　节距法测量的布线形式示例

3) 干涉法

干涉法是借助平晶与被测平面之间的干涉条纹的形态来评判被测平面的平面度误差，一般用于测量高精度的小平面。其原理如图 4-18(a)所示，若被测平面的平面度误差越大，则干涉条纹的变形越大，当平面度误差大至一定程度，则干涉条纹会变成圆圈。

图 4-18(b)表示当测量时出现向一个方向弯曲的干涉条纹时调整平晶的位置，使其出现 3～5 条干涉条纹，则平面度误差的近似值为

$$f = \frac{v}{\omega} \times \frac{\lambda}{2} \tag{4-1}$$

其中，λ 为光波的波长，白光的平均波长为 0.58 μm；v 为干涉条纹的弯曲量；ω 为干涉条纹的间距，在测量时 v/ω 的值直接估出。

图 4-18(c)所示为当干涉条纹为圆圈时，调整平晶的位置使得干涉的条纹最少，则平面度的近似值为

$$f = 0.5 \times \lambda \times n \tag{4-2}$$

其中，n 为平晶显示的圆圈数。

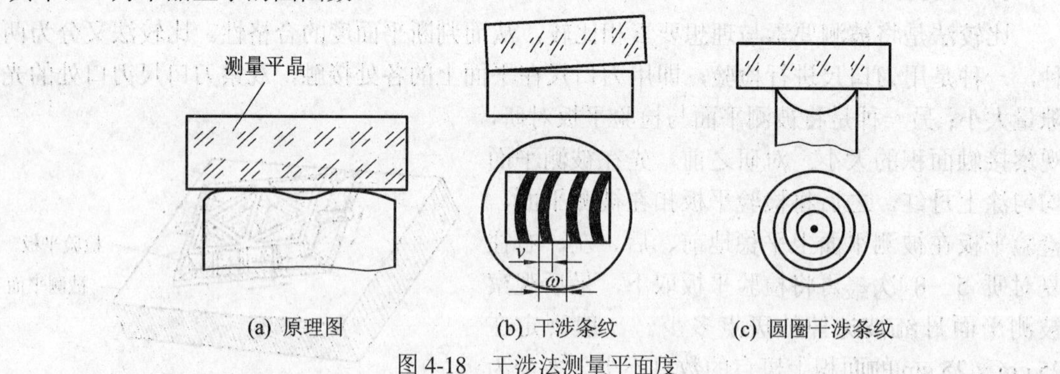

图 4-18　干涉法测量平面度

4) 打表法

打表法常要将被测平面零件放置在测量平板上，然后在两者之间用可调支撑将被测平面调整至所需的状态，其原理如图 4-19 所示。打表法又可分为三点法、对角线法及最小区域法。

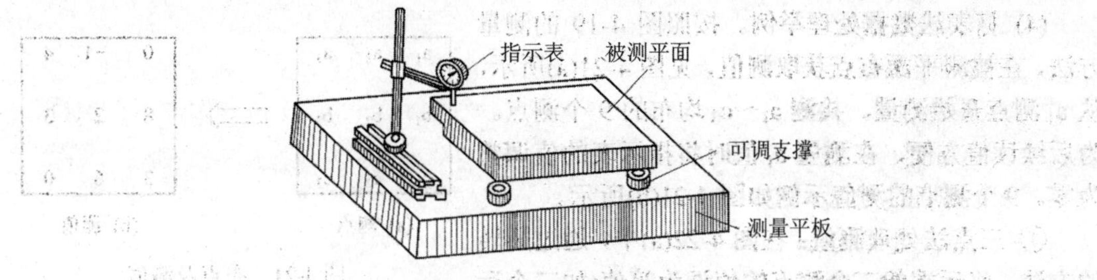

图 4-19 打表法测量平面度

(1) 三点法。该方法是将被测平面上的三个最远点用可调支撑调至等高，再用指示表在被测平面上获取测值，其最大测值与最小测值之差即为平面度的误差值。该方法获得的结果为近似的测值。

(2) 对角线法。该方法是将被测平面的两个对角线分别调至等高，再用指示表在被测平面上测量，其最大测值与最小测值之差即为平面度的误差值。该方法也为近似的方法，但与三点法相比较，结果要准确一些。

(3) 最小区域法。最小区域法是评定平面度误差最佳方法。测量前，先将被测平面用可调支撑调至与测量平板大致平行，再按测点获取测量数据；将数据送入计算机进行运算后，运算的结果符合最小区域的读值准则后，即可得到平面度的误差值。符合最小区域的读值准则分别为：三角形准则、交叉准则、直线准则，如图 4-20 所示。

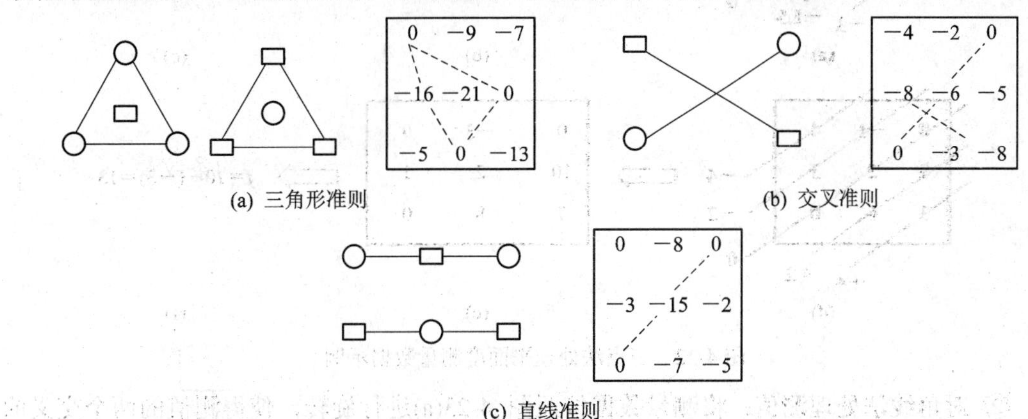

图 4-20 最小区域的判别准则

① 三角形准则。在测量数据的运算过程中，若出现了三个最高点(以小圆圈表示)所形成三角形，其内包含一个最低点(以小框表示)，或者有三个最低点连成的三角形内包含一个最高点，则为最小区域法的三角形准则。其中的最高值与最低值之差即为平面度的误差值，如图 4-20(a)所示。

② 交叉准则。若在数据运算过程中出现两个最高点的连线与两个最低点的连线相交叉，则为最小区域法的交叉准则。此时最高点与最低点之差即为平面度的误差值，如图 4-20(b)所示。

③ 直线准则。若两个最高点的连线之间为最低点，或两个最低点之间为最高点，则为最小区域法的直线准则。此时最高点与最低点之差即为平面度的误差值，如图 4-20(c)所示。

(4) 打表法数据处理举例。按照图 4-19 的测量方法，在被测平面布点获取测值，见图 4-21(a)所示，从 a_1 测点开始测量，共测 a_1～c_3 均布的 9 个测点。为后续读值方便，在测量 a_1 值时将指示表的值调整为零。9 个测点的测值示例如图 4-21(b)所示。

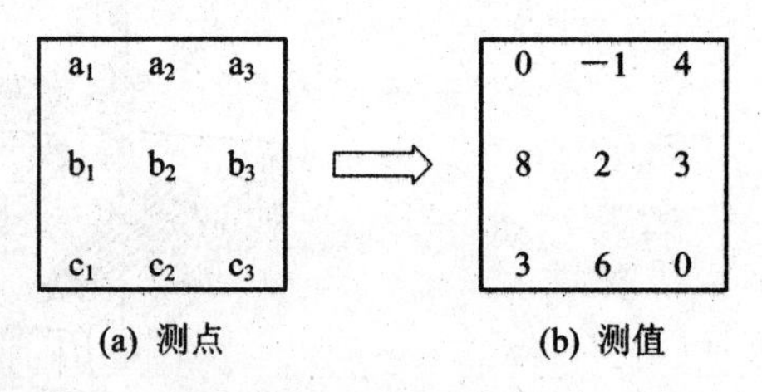

(a) 测点　　(b) 测值

图 4-21　布点及测值

① 三点法处理测值：在图 4-22(a)中，通过旋转的方法，将远端的三个测点的值调为等值(如三个远端点的值为 0)，如图 4-22(b)所示，此时最大值与最小值之差为

$$f=7-0=7$$

若再在图 4-22(d)中将另三个远端点的测值同样调为等值，结果如图 4-22(e)所示，此时的最大值与最小值之差为

$$f=10-(-3)=13$$

可见，在应用三点法评判平面度的误差值时，结果不是唯一的。

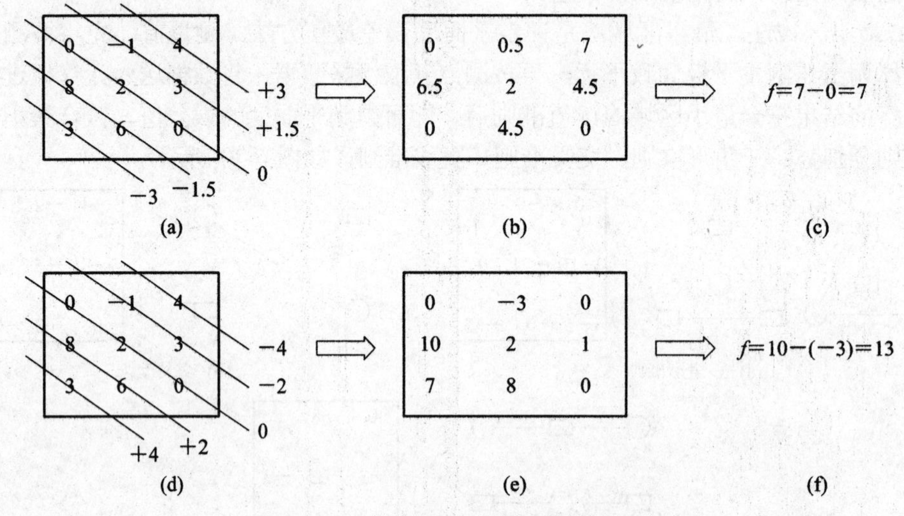

图 4-22　三点法处理平面度测量数据示例

② 对角线法处理测值：将测量数据按照图 4-23(a)进行旋转，使得测值的两个交叉的对角线的值分别相等，其结果见图 4-23(b)，此时的最大值与最小值之差为

$$f=8.25-(-1.25)=9.5$$

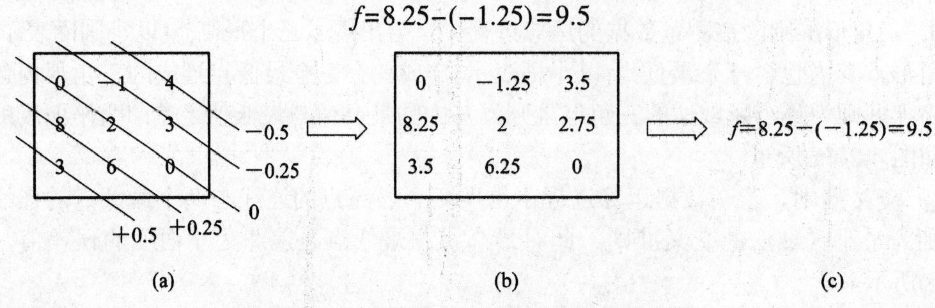

图 4-23　对角线法处理平面度测量数据示例

③ 最小区域法处理测值：按照最小区域法用手工处理平面度数据比较困难。常用的方法是编制一个程序，将数据输入经过运算后，结果便会显示出来。故在此仅介绍一下最小

区域法处理测值的原理。

在图4-21(b)的数据做最小区域法处理前，为判断数据方便起见，可将最大正值消掉，即将每个数据值均加上−8，其结果如图4-24(b)所示。

对于4-24(b)的数据，选取合适的转轴，将数据绕所选的轴做旋转，以使得处理结果符合最小区域的三角形准则、交叉准则或直线准则。经过分析，选取图4-21(a)对应的b_1、c_2数据连线为转轴，再取适合的旋转量进行旋转，结果如图4-24(d)所示。可以看出，处理过后的数据符合交叉准则，其结果为

$$f=0-(-\frac{20}{3})\approx 6.7$$

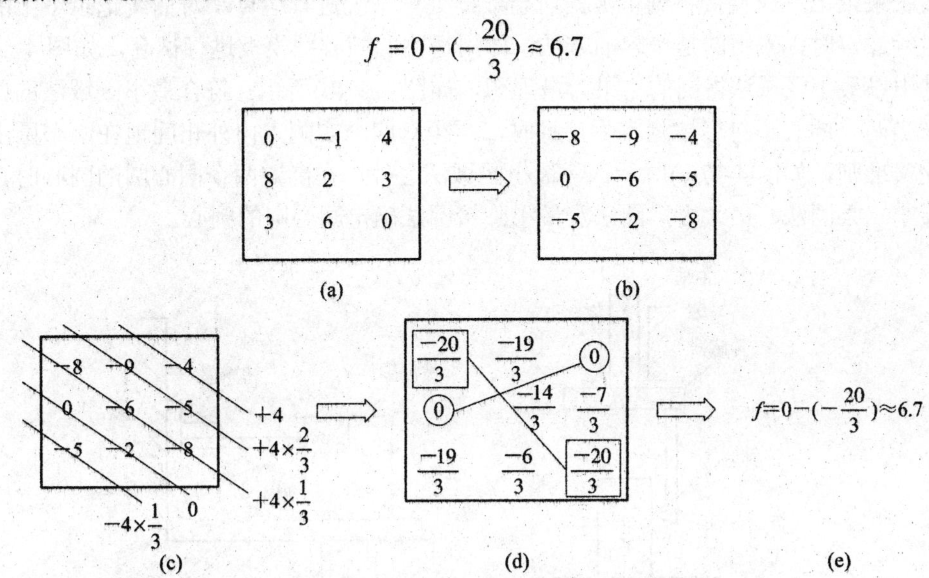

图4-24　最小区域法处理平面度测值示例

4.2.3　圆度

1．项目说明

图4-25(a)所示是圆度公差要求的标注，圆度公差限制的是正截面内实际圆轮廓形状的误差。标注时，圆度公差标注框格的引出箭头应与圆锥体(或圆柱体)的轴线相垂直。圆度的公差带是两个理想同心圆所组成的区域，其公差值为两个理想同心圆的半径差，如图4-25(b)所示。被测要素应在公差带区域内。组成圆度公差带的两个理想同心圆的圆心位置未做规定，即其圆心是浮动的。

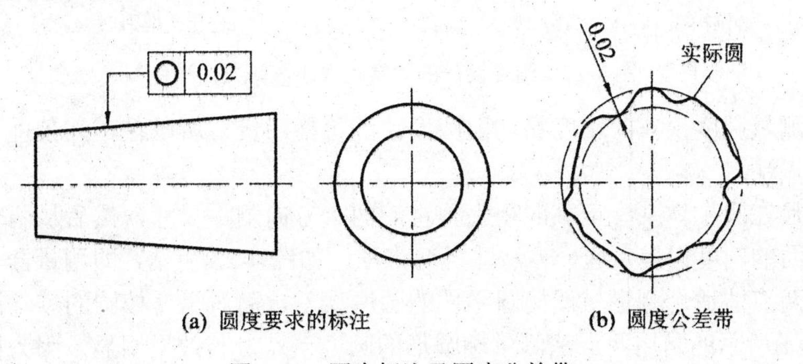

图4-25　圆度标注及圆度公差带

2. 圆度误差的检测

圆度误差的检测方法有一点法、两点法及三点法。所谓一点法，指的是仅有一个测头与被测要素的表面接触，用圆度仪测量圆度误差即是一点法的例子。用圆度仪测量圆度误差，是以圆度仪的精密回转轴的回转轨迹模拟理想圆，然后与实际圆相比较的一种测量方法。圆度仪从结构上分，可分为转轴式和转台式两类，其原理图如图4-26所示。其中图4-26(a)为转轴式，图4-26(b)为转台式。具体测量时，测头将被测表面测量一周，将误差曲线绘制在曲线记录纸上，或直接将测量数据送至数据处理系统进行运算。对曲线记录纸上的误差曲线进行评定时，采用的是包容的方法，即用透明的同心圆模板进行试套，如图4-27(a)所示。其中以最小区域法得到的结果为最理想，如图4-27(b)所示。符合最小区域法的判别方法是：当两个同心圆包容被测实际轮廓时，至少有四个实测点内外相间地在两个圆上，这称为交叉准则，如图4-27(c)所示。除最小区域法之外，在确定两个同心圆的圆心时，也允许用最小二乘圆法、最大内接圆法及最小外接圆法确定同心圆的圆心。

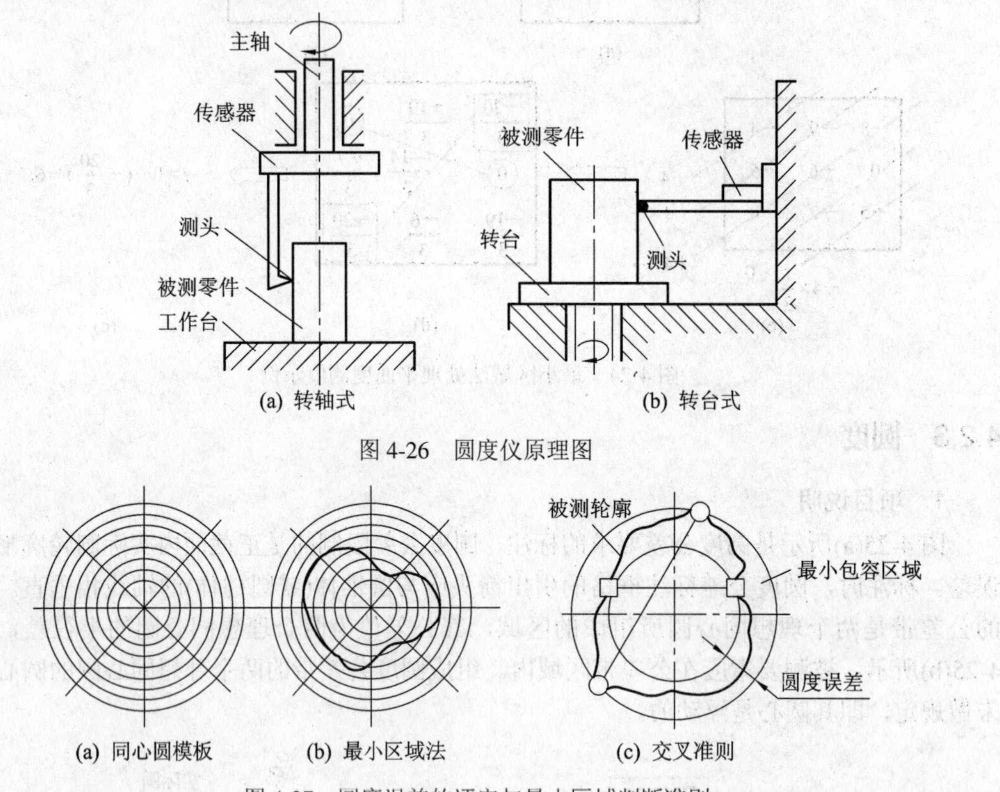

图4-27　圆度误差的评定与最小区域判断准则

圆度仪测量圆度误差的精度高，但圆度仪的价格昂贵，所以在车间条件下，往往采用两点法或三点法。

用千分尺在圆柱体某一正截面相互垂直的两个方向测量尺寸，然后从两个尺寸之差来判断该正截面的圆度误差，这一方法即是两点法，如图4-28所示，即测量器具与零件是两个接触点。两点法适合测量呈偶棱圆零件的圆度误差，而对呈奇棱圆的零件测量效果不明显。图4-28(a)所示的是用两点法测量椭圆形的圆度误差，其效果明显，因为椭圆属于偶棱圆的范畴。但用两点法测量如图 4-28(b)所示的三棱圆则不理想。对奇棱圆的测量需要用三点法，即被测零件与测量系统之间有三个接触点，如图 4-29 所示。其中，图 4-29(a)为 V 型块式的三点法测量示意图；图 4-29(b)为鞍式三点法测量示意图。以 V 型块式三点法测量奇棱圆为例：将被测零件放置在 V 型块上，然后再旋转一周，指示表将会显示出最大值与最小值的差值 $\varDelta$。$\varDelta$ 值与圆度误差 f、V 型块夹角 α、被测零件的棱数 n 关系如下：

$$f = \frac{\varDelta}{\dfrac{\sin\dfrac{\alpha}{2} + \cos n(90^{\circ} + \dfrac{\alpha}{2})}{\sin\dfrac{\alpha}{2}}} = \frac{\varDelta}{F} \tag{4-3}$$

式中，F 称为反映系数，当 V 型块的夹角 α 一定时，它是被测零件棱边数 n 的函数。

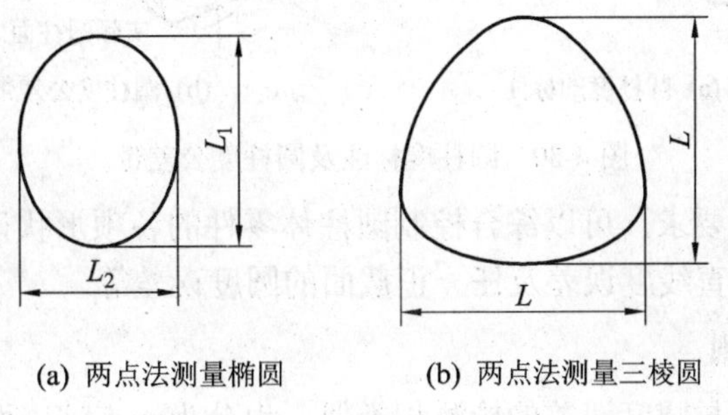

(a) 两点法测量椭圆　　(b) 两点法测量三棱圆

图 4-28　用两点法对偶棱圆与奇棱圆的测量示意图

测量时，零件的棱边数 n 是未知的，因而应取的 F 值也无法确定，通常是根据 F 的范围取平均值。例如，取当 n=2～10 时 F 的平均值。但当 F 值的变化幅度较大时，即使使用其平均值来判定圆度误差，测量结果的精度也仍然不高，因而出现了偏 V 法。

如图 4-29(c)所示，将指示表偏离正中位置 β 角度，这会使得 F 值的变化幅度小，数值均匀，此时取其平均值来评定圆度误差值，测量精度将大幅提高。当 V 型块夹角为 60°、指示器偏离正中位置 30°时，F 取值为 1.598(或取 1.6)，此值为 n=2～10 时的平均值。当 V 型块夹角为 90°、指示表偏离正中位置 30°时，F 取 1.32。

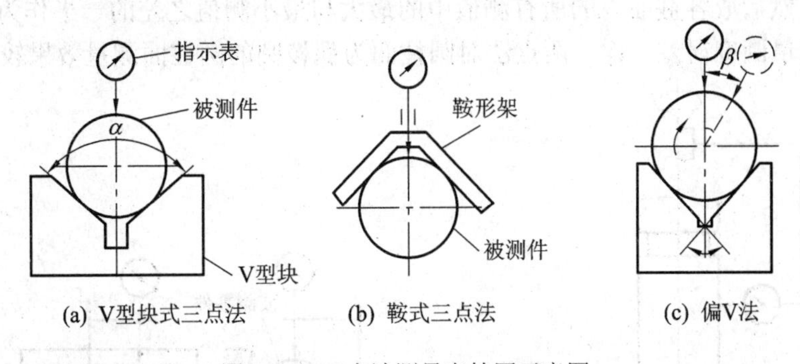

(a) V型块式三点法　　(b) 鞍式三点法　　(c) 偏V法

图 4-29　三点法测量奇棱圆示意图

更精确的方法是采用两点法和三点法组合测量，将所测的最大值除以适当的 F 值，即可得到圆度误差。如先辅以适当 α 角的 V 型块，再进行测量，也可用于判断零件的棱数。

4.2.4 圆柱度

1．项目说明

圆柱度的标注如图 4-30(a)所示，其公差带是半径差为公差值的两同轴圆柱面之间的区域，如图 4-30(b)所示。被测要素的实际轮廓应在公差带内，但构成公差带区域的两同轴圆柱面的轴线不一定与零件的轴线重合，即两同轴圆柱面的轴线是浮动的。

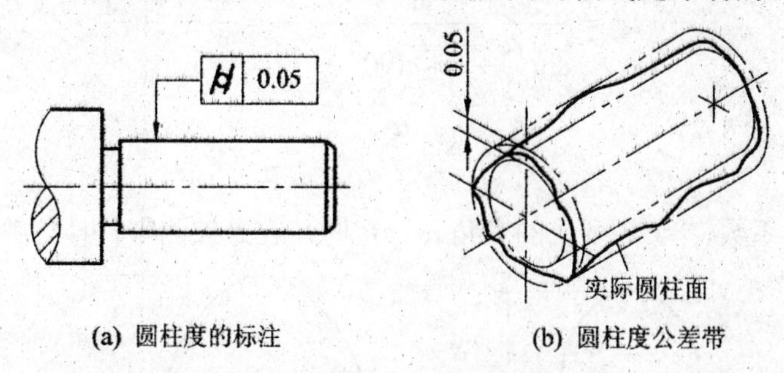

(a) 圆柱度的标注　　(b) 圆柱度公差带

图 4-30　圆柱度标注及圆柱度公差带

对零件提出圆柱度要求，可以综合控制圆柱体零件的各项形状误差，如圆柱体零件的素线直线度误差、轴线直线度误差及任一正截面的圆度误差等。

2．圆柱度误差检测

圆柱度误差的检测与圆度误差的检测相类似，也分为一点法、两点法及三点法。一点法是指用圆度仪测量圆柱度误差时，只有圆度仪测头与被测表面相接触，其测量方法如图 4-31 所示。一点法是将被测零件的轴线调整至与圆度仪的回转轴线同轴，再在零件的一周回转范围内，在被测的横截面获得各点的半径差；按照同样的方法，在测头没有径向偏移的前提下，测量若干个横截面，再由计算机按照最小条件求得圆柱度误差值。当然，测头也可以不按照横截面测量，而是按螺旋线在被测表面移动获得测值。

图 4-32 所示为两点法测量圆柱度误差的示例，即将零件放置在平板上，并紧靠直角座，然后在被测零件回转一周过程中，测量一个横截面上的最大与最小测值；按此方法测量若干个横截面，然后取各截面内的所有测值中的最大与最小测值之差的一半作为该圆柱度的误差值。与测量圆度误差一样，两点法对圆柱面为偶棱圆的圆柱面测量效果较好。

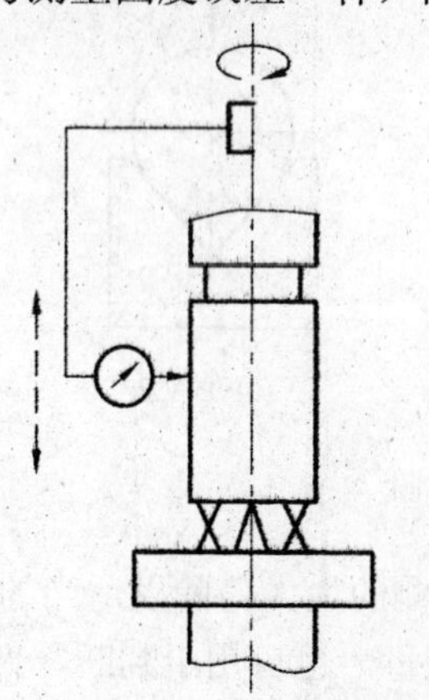

图 4-31　用圆度仪测量圆柱度误差

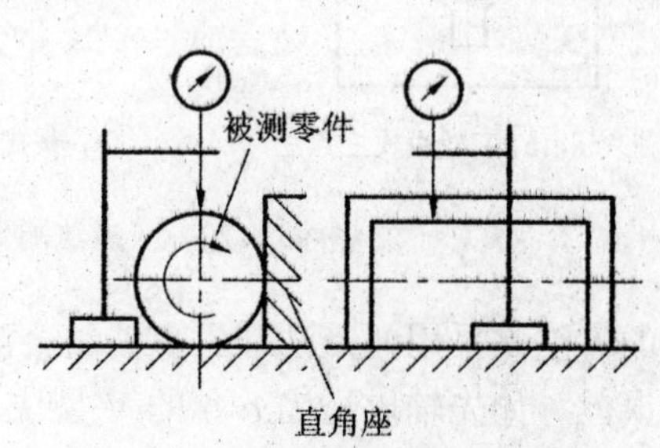

图 4-32　两点法测量圆柱度误差

图 4-33 所示为三点法测量圆柱度误差的示例，即将被测零件放置在 V 型块内，V 型块的长度应大于被测零件的长度。在被测零件回转一周范围内，测量一个横截面内的最大与最小测值，按此方法，连续测量若干个横截面，然后取各截面内的所有测值中最大与最小测值之差的一半作为该零件的圆柱度误差值。三点法对奇棱圆的圆柱面测量效果较好。为测量准确，通常使用夹角为90°和夹角为120°的两个V型块分别测量。

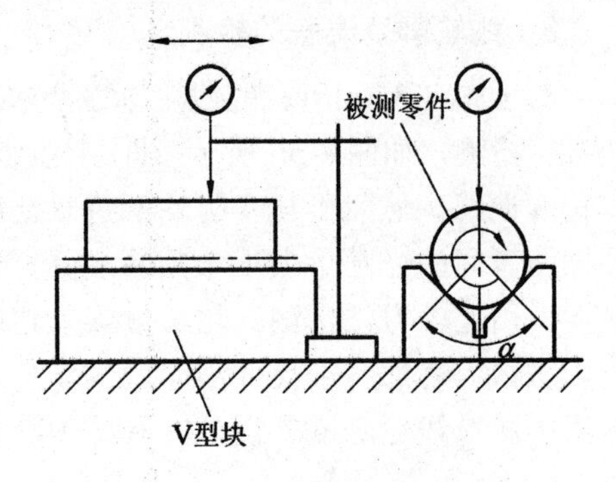

图 4-33　三点法测量圆柱度误差

4.2.5　线轮廓度

1．项目说明

线轮廓度公差用于控制非圆类曲线的形状误差，图 4-34(a)为标注的示例。图中加方框的尺寸被称为理论正确尺寸，用于确定被测要素的理论位置和形状。理论正确尺寸仅表达设计时对被测要素的理想要求，故不附带公差。线轮廓度的公差带是包络一系列直径为公差值 t 的圆的两包络线之间的区域，该圆的圆心应位于理想轮廓上，如图 4-34(b)所示。线轮廓度公差框格的引出线应与被测轮廓的切线方向垂直，如图 4-34(a)所示。

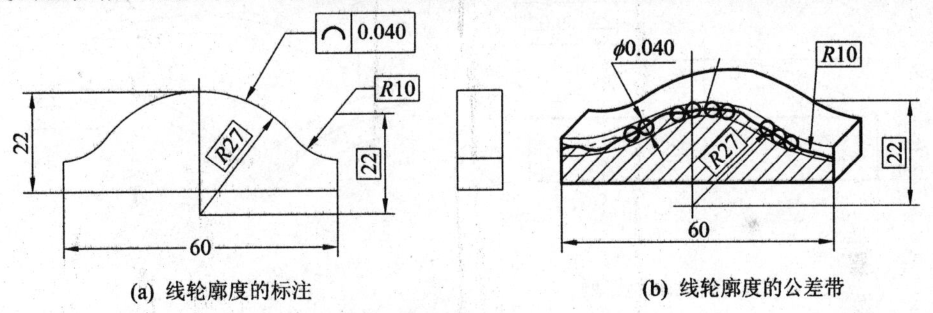

(a) 线轮廓度的标注　　(b) 线轮廓度的公差带

图 4-34　线轮廓度及其公差带(一)

图 4-35 为相对于基准的线轮廓度的情况。其中图 4-35(a)为标注示例；其对应的公差带如图 4-35(b)所示，即为直径等于公差值 0.04 mm、圆心位于由基准平面 A 和基准平面 B 以及理论正确尺寸所确定的被测要素理论正确几何形状上的一系列圆的两包络线所限定的区域。

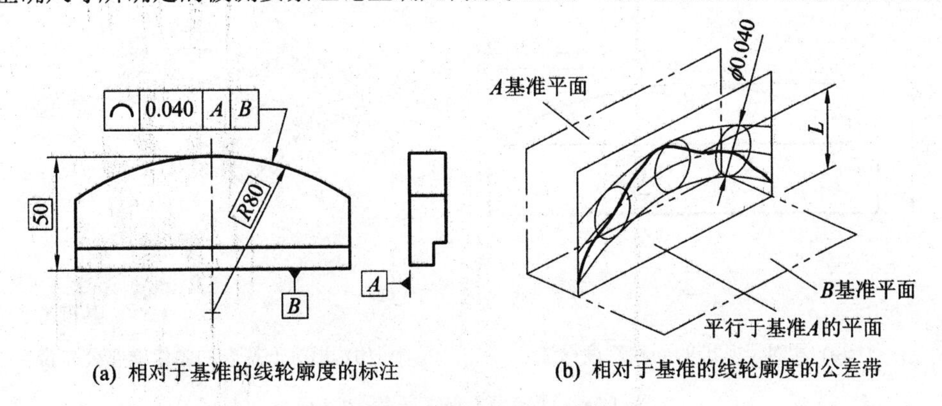

(a) 相对于基准的线轮廓度的标注　　(b) 相对于基准的线轮廓度的公差带

图 4-35　线轮廓度及其公差带(二)

2. 线轮廓度误差的检测

对于图 4-34(a)所示的线轮廓度要求，可用比较法进行检测，如图 4-36 所示，即用轮廓样板模拟理想轮廓曲线，然后再与实际轮廓进行比较。检测时根据两者间的光隙量大小来判断实际零件轮廓的合格性。用比较方法检测线轮廓度误差还有仿形法和投影法，后者适宜于尺寸小而薄的零件。坐标法也常用于测量线轮廓度的误差，具体内容可参看相关资料。

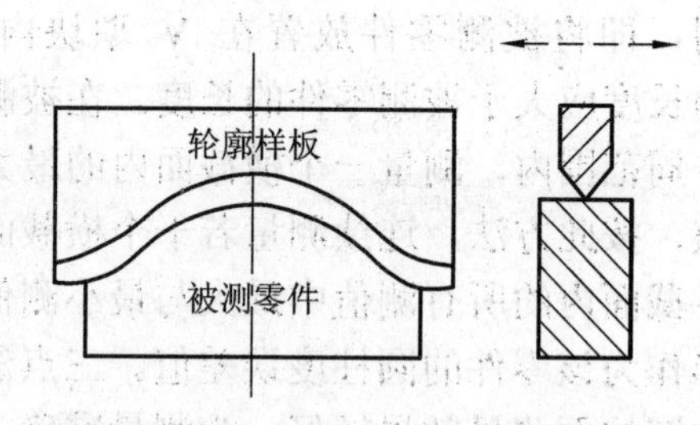

图 4-36 比较法检验线轮廓度

4.2.6 面轮廓度

1. 项目说明

面轮廓度公差用于控制实际曲面的形状误差，图 4-37(a)为面轮廓度的标注示例，其公差带为直径等于 0.02 mm、球心位于被测要素理论正确几何形状上的一系列圆球的两等距包络面之间的区域，如图 4-37(b)所示。在进行面轮廓度标注时，面轮廓度公差框格的引出箭头应与实际曲面的切平面相垂直，即箭头应标注在曲面的法线方向上。

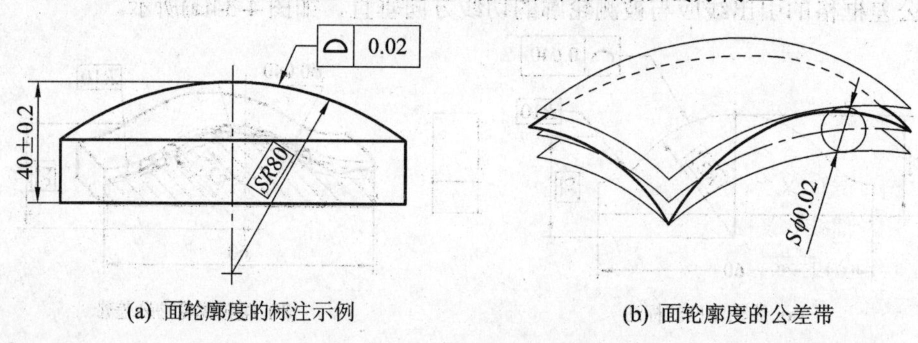

(a) 面轮廓度的标注示例 (b) 面轮廓度的公差带

图 4-37 面轮廓度及其公差带(一)

面轮廓度标注也有相对于基准的情况，图 4-38(a)即是其标注示例。其公差带为直径等于公差值 0.1 mm、球心位于由基准平面 *A* 及理论正确尺寸所确定的被测要素理论正确几何形状上的一系列圆球的两包络面所限定的区域，如图 4-38(b)所示。

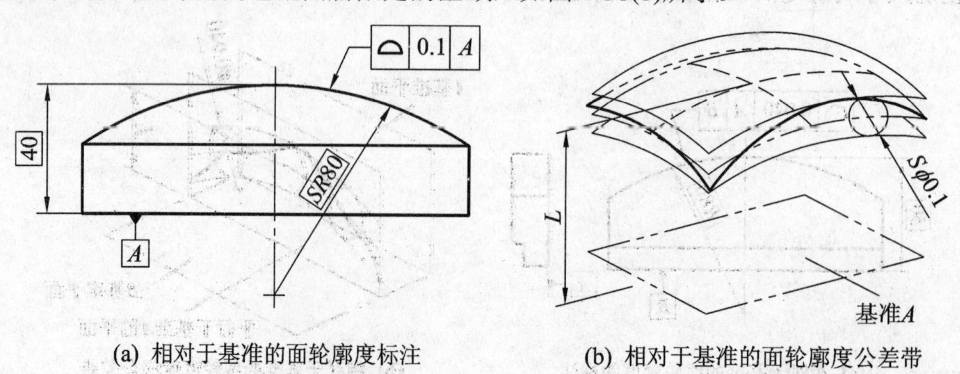

(a) 相对于基准的面轮廓度标注 (b) 相对于基准的面轮廓度公差带

图 4-38 面轮廓度及其公差带(二)

2. 面轮廓度误差的检测

面轮廓度误差的检测方法较多，图 4-39 所示为用坐标法测量某零件曲面的面轮廓度误差的示意图。用坐标测量仪在被测曲面上获取若干点的坐标数值，再与这些点的理论数值进行比较，最后取其中差值最大的绝对值的两倍作为该零件的面轮廓度误差值。

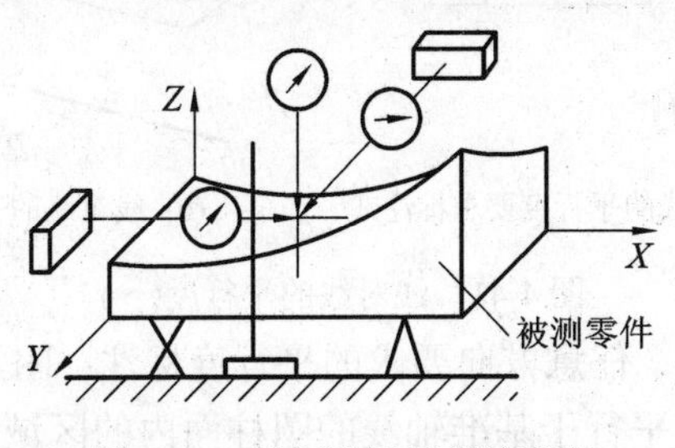

图 4-39 坐标法测量面轮廓度

4.3 位置公差项目及检测

4.3.1 平行度

1. 项目说明

平行度公差是方向公差(亦称定向公差)中控制被测要素与基准要素夹角为 0°的公差要求。按照其类型可分为给定平面内、给定方向、任意方向的平行度要求；按照被测要素与基准要素的特征又分为线对线(即被测要素与基准要素均为轴线、素线或棱线)、线对面(即被测要素为轴线、素线或棱线，基准要素为平面)、面对面和面对线四种情况。

图 4-40(a)所示为面对线的平行度要求标注，标注时应注意平行度公差框格的引出箭头应与被测要素(平面)垂直。图 4-40(b)为该平行度的公差带，它是距离为公差值 0.05 mm 且平行于基准孔轴线的两平行平面之间的区域。

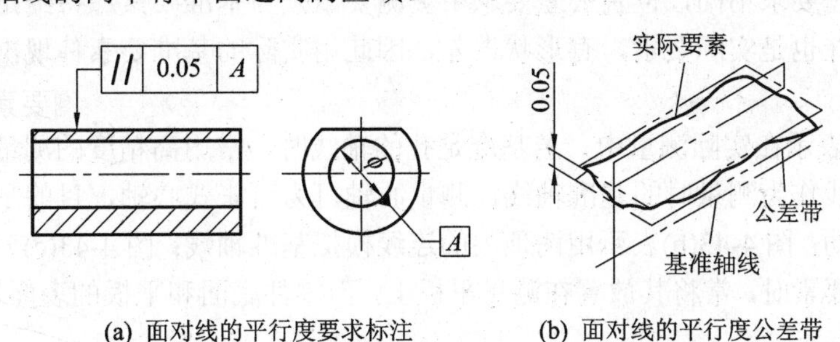

(a) 面对线的平行度要求标注 (b) 面对线的平行度公差带

图 4-40 面对线的平行度

图 4-41(a)为线对线、且两线均在给定的两个方向上的平行度要求。因为被测要素是轴线，故平行度公差框格的引出箭头须与直径尺寸线对齐。该平行度要求表示连杆的小端孔轴线相对于大端孔的轴线在相互垂直的两个方向上的平行度误差分别不得超过 0.1 mm 和 0.2 mm。图 4-41(b)是其公差带，表示ϕD 的轴线必须位于距离分别为公差值 0.1 mm 和 0.2 mm、且在给定的相互垂直的方向上、平行于基准轴线的两组平行平面之间的区域。

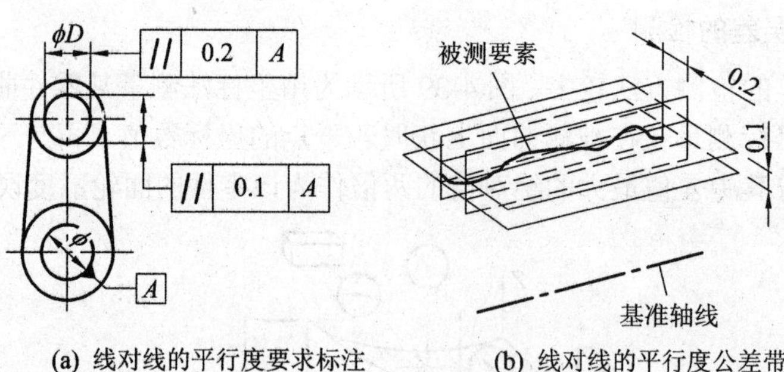

(a) 线对线的平行度要求标注　　(b) 线对线的平行度公差带

图 4-41　线对线的平行度(一)

图 4-42(a)所示为线对线、任意方向要求的平行度标注；图 4-42(b)为其公差带，该公差带是直径为 0.1 mm、且轴线平行于基准轴线的圆柱面内的区域。因该公差带的形状为圆柱体，故在图 4-42(a)的平行度公差值 0.1 mm 前需加注符号“ϕ”。

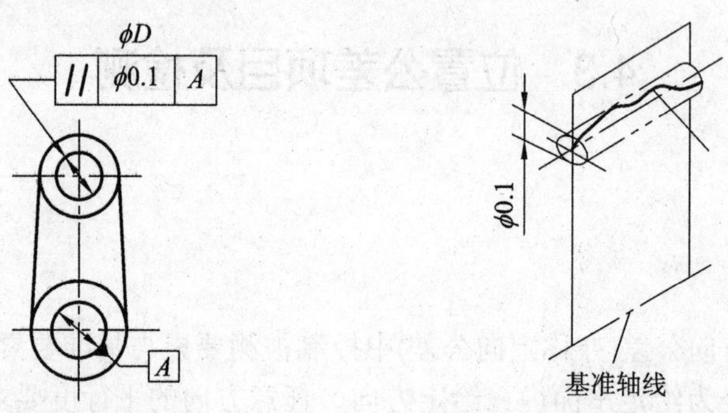

(a) 线对线、任意方向要求的平行度标注　　(b) 线对线、任意方向要求的平行度公差带

图 4-42　线对线的平行度(二)

2. 平行度误差的检测

1) 基准的体现与模拟

与形状公差要求不同，位置公差要求中被测要素须与基准要素保持给定的功能关系，而基准要素往往也是实际要素，有形状误差，因此用实际的基准要素体现出理想的基准要素是必须的。

图 4-43(a)表示在实际测量中，若基准是孔的轴线时，常用高精度的测量心轴的轴线代表实际孔的轴线作为测量时的基准轴线，测量心轴可为可胀式心轴，目的是使得测量心轴与孔表面无松动；图 4-43(b)表示用两顶尖的连线模拟基准轴线；图 4-43(c)表示当用零件的底面作为基准要素时，常将其放置在测量平板上，而零件底面和平板的表面均有形状误差，

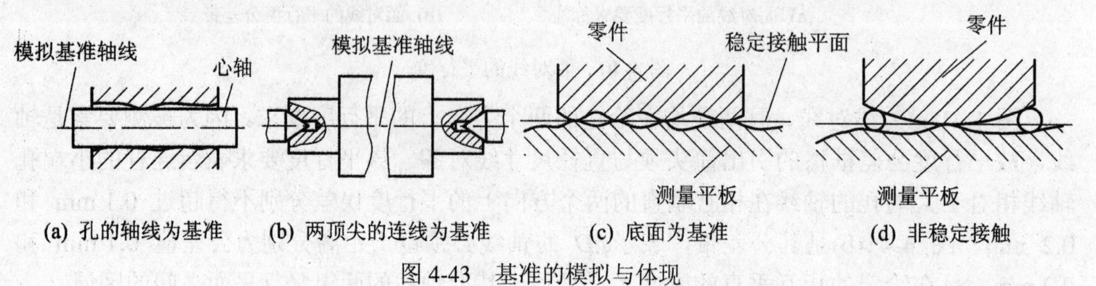

(a) 孔的轴线为基准　(b) 两顶尖的连线为基准　(c) 底面为基准　(d) 非稳定接触

图 4-43　基准的模拟与体现

但两者会有一个稳定的接触平面，该平面即可视为理想的平面基准；图 4-43(d)表示零件的底面与平板的表面为非稳定接触，非稳定接触可能有多种位置状态，故测量时应作调整，必须使得基准实际要素与模拟基准之间尽可能达到符合最小条件的位置。

2) 平行度误差的检测

图 4-40(a)所示的平行度的误差的检测可用图 4-44 所示的检测方案。图中，基准轴线用测量心轴模拟，将被测零件放置在等高支撑上，通过调整使得 $L_3=L_4$；之后测量整个被测表面并记录数据；最后取整个测量过程中指示表的最大值与最小值之差作为该零件的平行度误差值。

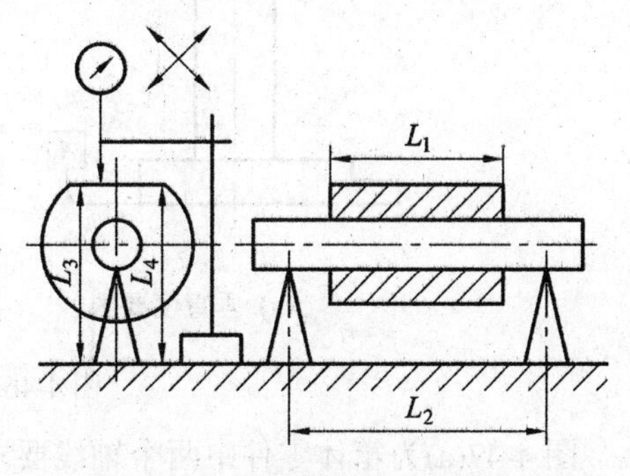

图 4-44　平行度测量示意图(一)

图 4-41(a)所示的连杆零件的平行度误差检测可参照图 4-45 的检测方案。图中，基准轴线和被测轴线均由测量心轴模拟，将被测零件放置在等高支撑上，然后在测量距离为 L_2 的两个位置上测得的读数分别为 M_1、M_2，则平行度误差为

$$f=\frac{L_1}{L_2}\left|M_1-M_2\right| \tag{4-4}$$

按照上述的原理再在相垂直的另一个测位上测量，且两个测量方向的误差值不得超过其各自的公差值。

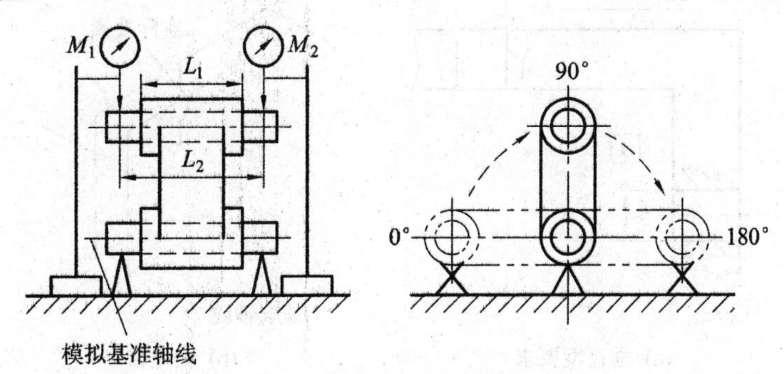

图 4-45　平行度测量示意图(二)

对于图 4-42(a)所示的平行度，可在 0°～180°范围内按上述方法测量若干个不同角度的位置，然后取各测量位置所对应的 f 值中的最大值作为该零件的平行度误差；也可仅在相互垂直的两个方向测量，此时的平行度误差值为

$$f=\frac{L_1}{L_2}\sqrt{(M_{1V}-M_{2V})^2+(M_{1H}-M_{2H})^2} \tag{4-5}$$

式中，V、H 代表垂直、水平两个测位。

4.3.2　垂直度

1. 项目说明

垂直度是方向公差中控制被测要素与基准要素夹角为 90°的公差要求。与平行度公差要求一样，垂直度也分为给定平面、给定方向、任意方向的垂直度要求。按照被测要素与基准要素的特征来分，也有线对线、线对面、面对面、面对线的情况。

图 4-46(a)为给定一个方向、线对面的垂直度要求；图 4-46(b)为其公差带，它是距离为公差值 0.1 mm、垂直于基准平面的两平行平面之间的区域。

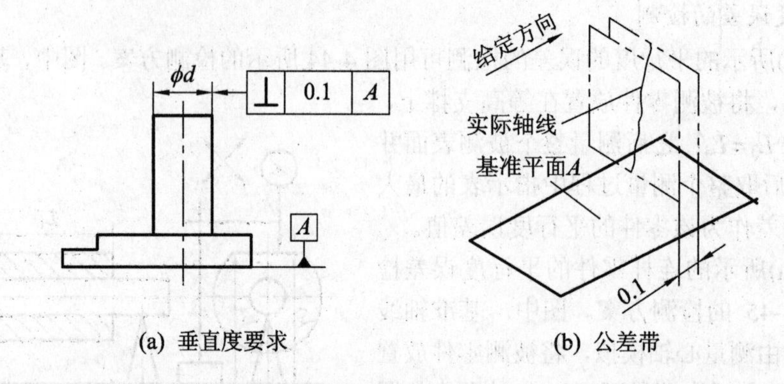

图 4-46　线对面的垂直度

图 4-47(a)为箱体零件中两个轴线要求垂直的孔，标有线对线的垂直度要求；图 4-47(b)为其公差带，它是距离为公差值 0.02 mm 且垂直于基准孔轴线 A 的两平行平面之间的区域，实际孔的轴线应位于此公差带内。

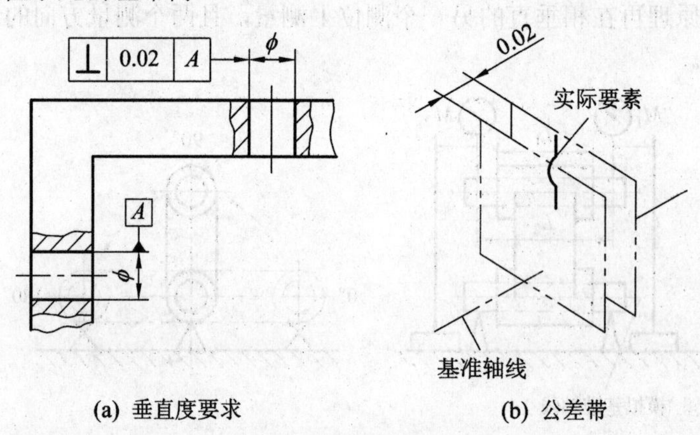

图 4-47　线对线的垂直度

2．垂直度误差的检测

对于图 4-46(a)所示的垂直度误差，可用图 4-48 所示的方案进行检测。将被测零件放置在测量平板上，然后使指示表沿零件素线上下移动，在被测要素全长上，指示表的最大值与最小值之差即可作为被测要素的垂直度误差值。

对于图 4-47(a)的垂直度误差，可用图 4-49 所示的方案进行测量，即基准轴线用一根相当于标准直角尺的心轴模拟，而被测轴线用心轴模拟；然后转动基准心轴，若在测量长度为 L_2 的两个位置上测得的数值分别为 M_1 和 M_2，则垂直度误差为

$$f = \frac{L_1}{L_2}\left|M_1 - M_2\right|$$

测量时被测心轴应选用可胀式心轴(或与被测孔间无间隙)，而基准心轴应选用可转动但小间隙配合的心轴。

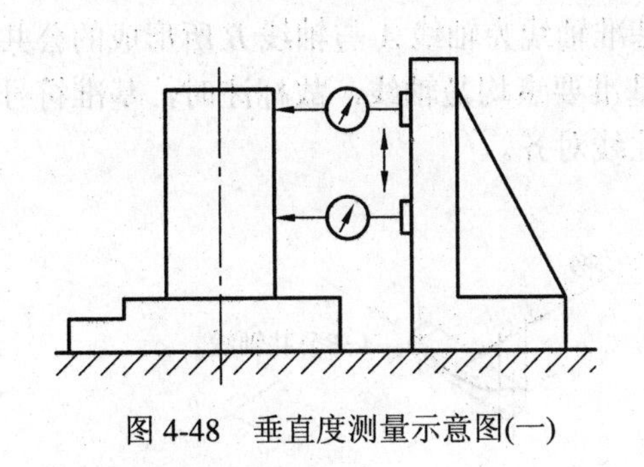

图 4-48　垂直度测量示意图(一)

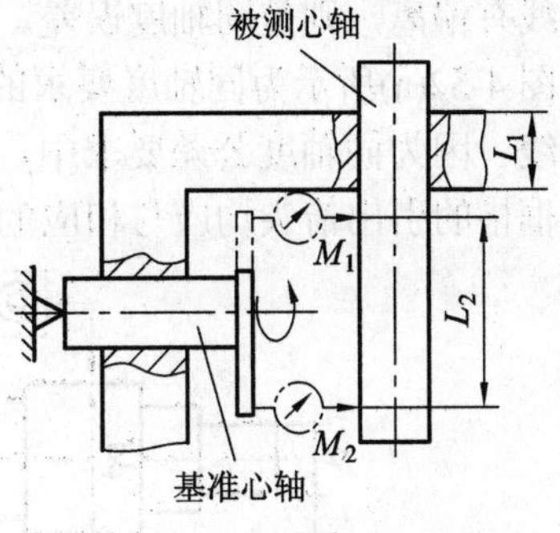

图 4-49　垂直度测量示意图(二)

4.3.3　倾斜度

1. 项目说明

倾斜度是方向公差中控制被测要素与基准要素夹角在 0°～90°之间给定角度的公差要求。图 4-50(a)为面对面的倾斜度要求的标注，要求被测要素与基准平面的理论夹角应为 45°；其公差带是距离为公差值 0.08 mm 且与基准平面 *A* 夹角为 45°的两平行平面之间的区域，如图 4-50(b)所示。

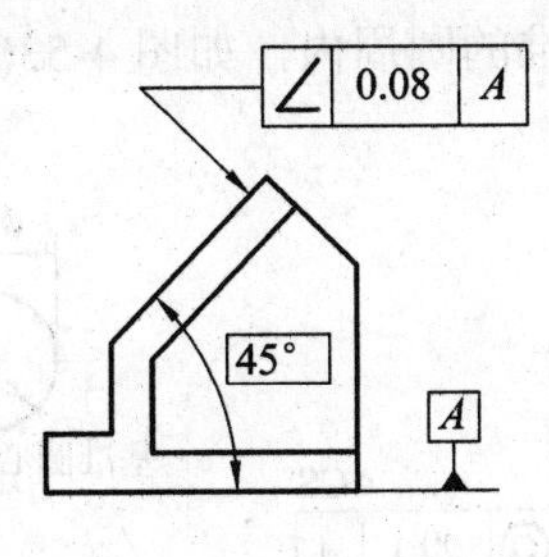

(a) 倾斜度要求标注

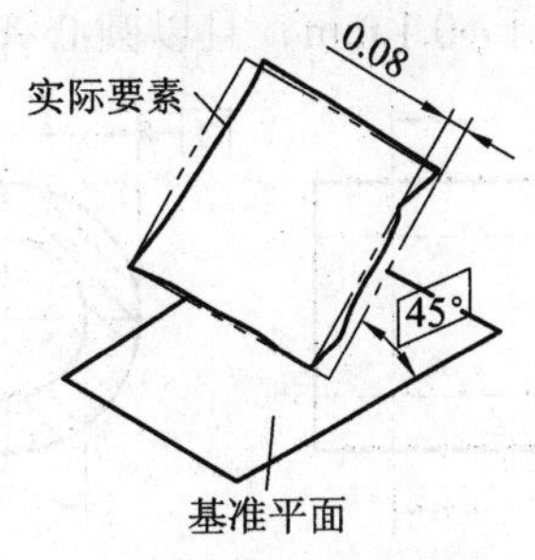

(b) 倾斜度要求公差带

图 4-50　面对面的倾斜度

与平行度、垂直度要求相同，倾斜度也分线对线、线对面、面对面和面对线四种情况。

2. 倾斜度误差的检测

对于图 4-50(a)所示的倾斜度要求的检测，可将其转化为平行度的测量。如图 4-51 所示，将被测零件放置在定角座上，然后调整零件，使得整个被测表面的读数差为最小，则指示表上最大值与最小值之差便是零件的倾斜度误差值。定角座可用正弦尺或精密转台替代。

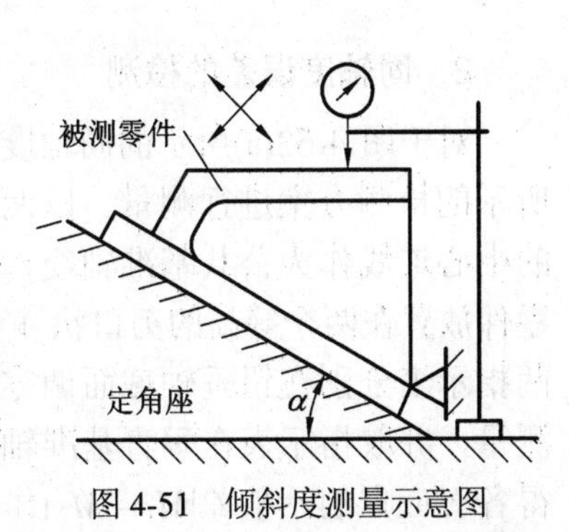

图 4-51　倾斜度测量示意图

4.3.4　同轴度

1. 项目说明

同轴度公差要求用于控制被测轴线相对于基准轴线同轴(重合)。若被测轴线相对于基准轴线有偏离，则是同轴度误差。

图 4-52(a)所示为同轴度要求的标注示例，基准轴线为轴线 A 与轴线 B 所形成的公共基准轴线。因为同轴度公差要求中，被测要素与基准要素均是轴线，故标注时，基准符号、公差框格的引出箭头均应与相应的直径尺寸标注线对齐。

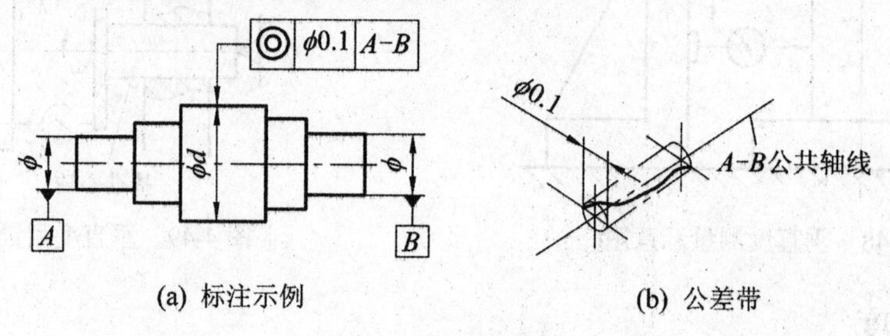

(a) 标注示例　(b) 公差带

图 4-52　同轴度

图 4-52(a)所示的同轴度的公差带是直径为公差值ϕ0.1 mm，且与 A-B 公共轴线同轴的圆柱面内的区域，如图 4-52(b)所示。因此，在同轴度标注中，公差值前须加注符号"ϕ"。

对于薄片状的零件，可用同心度来控制被测圆心与基准圆心之间的同心误差。同心度也可以控制套类零件任意横截面的同心误差。图 4-53(a)所标示的即为用同心度控制零件任意横截面的同心度，其中"ACS"意指任意横截面；其公差带指在任意横截面内，内圆的圆心应位于直径等于ϕ0.1 mm、且以圆心 A 为基准的圆周内，如图 4-53(b)所示。

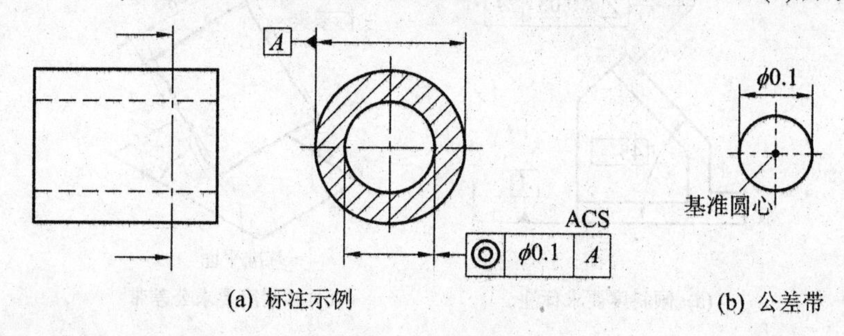

(a) 标注示例　(b) 公差带

图 4-53　同心度

2．同轴度误差的检测

对于图 4-52(a)所示的同轴度，可按照图 4-54 所示的检测方案进行测量。以两基准圆柱面中部的中心连线作为公共基准轴线，测量时先将测量零件放置在两个等高的刃口状 V 型架上，然后将两指示表分别在铅垂轴截面调零；再在轴向进行测量，并取指示表在垂直基准轴线的正截面上测得各对应点的示值差$|M_1 - M_2|$作为在该截面上的同轴度误差。按照该方法在若干截面内测量，最后取各截面测得的示值之差中的最大值(绝对值)作为该零件的同轴度误差。此方法适宜于测量形状误差较小的零件。

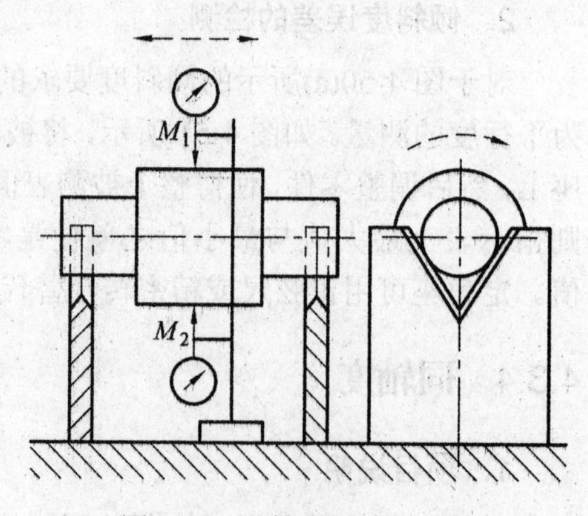

图 4-54　同轴度测量示意图

4.3.5 对称度

1. 项目说明

对称度公差要求用于控制被测要素(中心平面、轴线)与基准要素(中心平面、轴线)共面。若两者不共面(或不重合)，则为对称度误差。

图 4-55(a)为对称度要求标注的示例，其要求零件上槽的中心平面相对于基准平面重合，且给定的公差值为 0.1 mm；其对应的公差带是距离为公差值 0.1 mm、且相对于基准中心平面对称配置的两平行平面之间的区域，如图 4-55(b)所示。

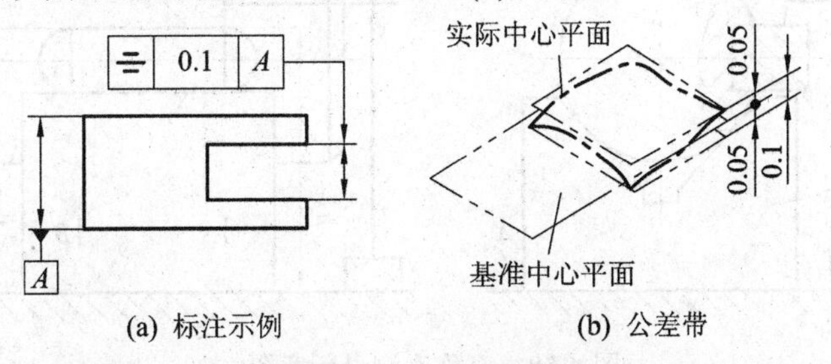

(a) 标注示例　　(b) 公差带

图 4-55　对称度(一)

图 4-56 为键槽对称度的标注及其公差带，该公差带中的基准平面为过基准轴线的辅助平面。

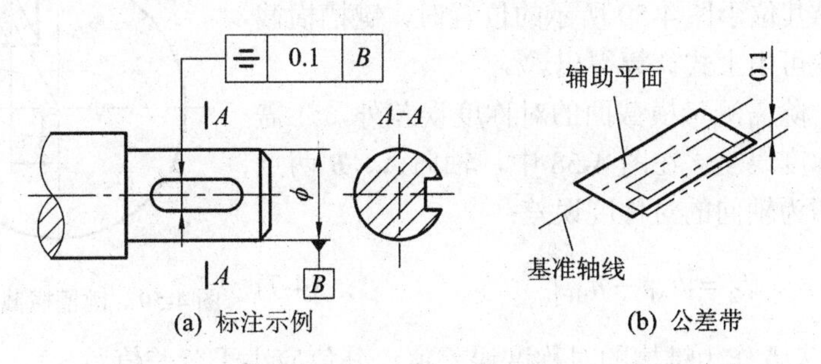

(a) 标注示例　　(b) 公差带

图 4-56　对称度(二)

2. 对称度误差的检测

对于图 4-55(a)所示的对称度要求，可用图 4-57 所示的方案检测其对称度误差。具体方法为：先将被测零件放置在测量平板上，之后在槽的向上的侧面用指示表获取测值，再将零件翻转 180°，然后在另一侧面也打表获取测值，两次测值之差的最大值即为零件上槽的对称度误差值。

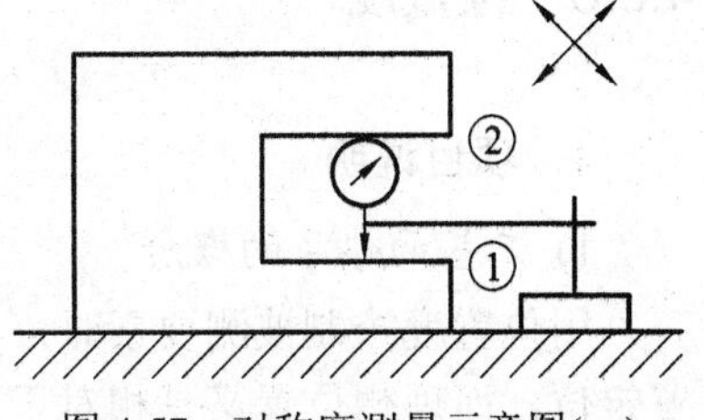

图 4-57　对称度测量示意图(一)

对于图 4-56(a)所示的对称度要求，可用图 4-58 所示的检测方案进行测量。首先在被测零件 1 的键槽内插入塞块(或量块)2，再将被测零件放置在 *V* 型块 3 上；之后转动零件，使得键槽内塞块的上表面(P 面)与测量平板 4 平行，再读取指示表的示值 δ_1；然后将零件转动 180°，使得塞块的 *Q* 面向上并调整其与测量平板平行，再读取指示表的示值 δ_2，则 $a=|\delta_1-\delta_2|$，但该值并不是被测零件横截面的对称度误差，在 *a* 值得出后，应按照下式求

得横截面的对称度误差 f_1：

$$f_1=\frac{a\dfrac{t_1}{2}}{\dfrac{d}{2}-\dfrac{t_1}{2}}=\frac{at_1}{d-t_1} \tag{4-6}$$

式中，t_1 为键槽深度；d 为轴直径。

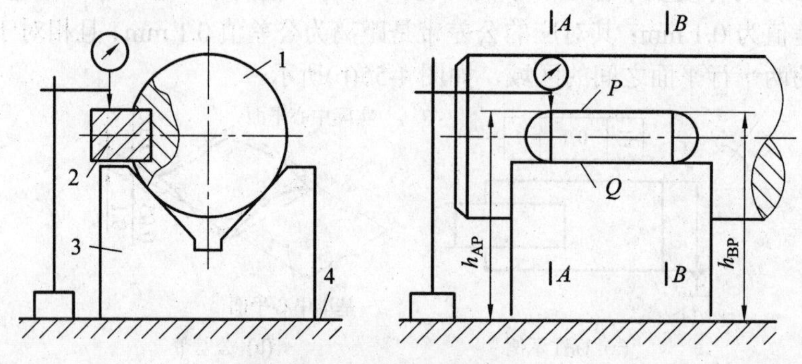

图 4-58　对称度测量示意图(二)

上式的原理见图 4-59。前面提到过，图 4-56 所示的对称度基准为过基准轴线的辅助平面，该平面可以绕基准轴线转动。当其位于图 4-59 所示的位置时，键槽横截面的对称度误差可由上式计算得出。

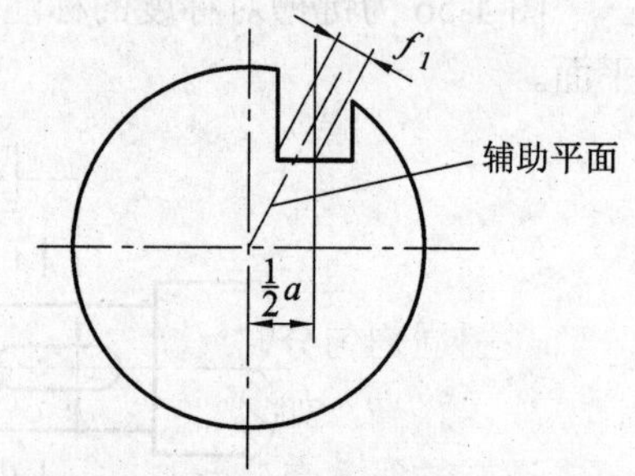

图 4-59　键槽横截面的对称度误差 f_1

对于键槽，除需测量横截面的对称度误差外，还需测量轴向的对称度误差。在图 4-58 中，轴向 A、B 两点的最大差值 f_2 即为轴向的对称度误差：

$$f_2=\left|h_{AP}-h_{BP}\right| \tag{4-7}$$

取 f_1、f_2 两者较大者作为键槽的对称度误差值，其值应小于公差值。

4.3.6　位置度

1．项目说明

1) 三基面体系的概念

用位置度控制被测要素时，被测的位置须按理想位置定位，而理想位置又是相对于基准而言的。因此在位置度公差要求中，往往需选用多个基准，才能确定理想要素的方位。如图 4-60 所示的形体，其在空间的位置需相互垂直的 A、B、C 三个基面来确定。这三个基面即构成了一个基面体系，常称之为三基面体系。而且这三个基面的相互顺序也应符合要求。最主要的基面为第一基准平面(也称 A 平面)，依次为第二基准平面(B 平面)和第

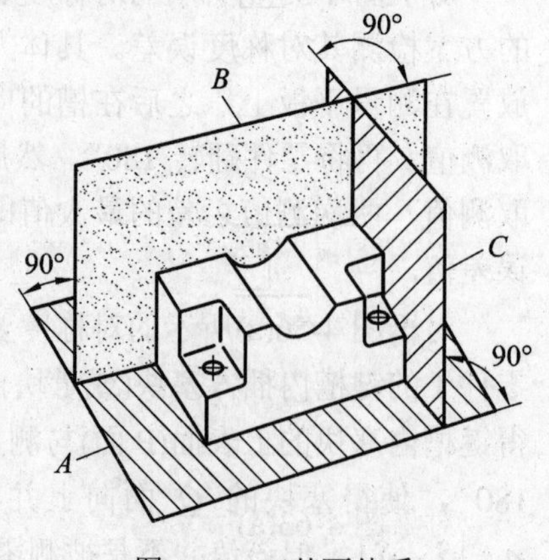

图 4-60　三基面体系

三基准平面(C 平面)。

在实际应用中，三基面体系不只是由三个相互垂直的平面要素构成，它有演化形式。如图 4-61(a)所示的位置度要求，被测要素的理论正确位置是由一根轴线 A 和相垂直的基准平面 B 所形成的基准体系来确定。该轴线 A 可以看成是基准平面 A 和基准平面 C 的交线，故图 4-61(a)所示的位置度要求，也是用来在三基面体系中确定被测要素的理论正确位置的。

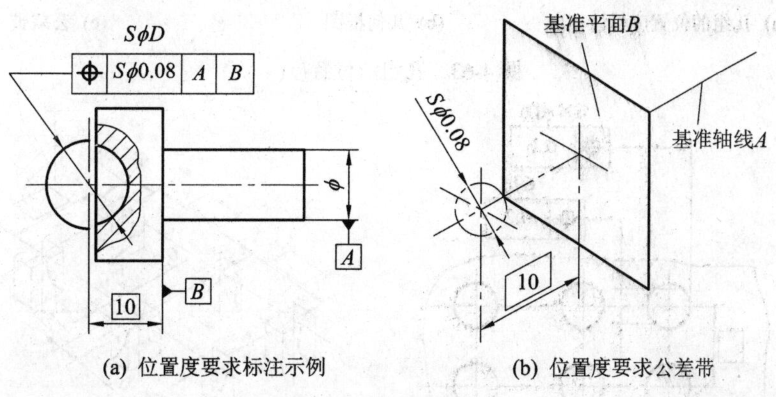

(a) 位置度要求标注示例　　(b) 位置度要求公差带

图 4-61　点的位置度

由于实际轴线也有形状误差，故由实际轴线建立基准轴线时，基准轴线为该基准实际轴线的定向最小包容区域的理想轴线。

2) 几何框图的概念

位置度常用于控制孔组。所谓孔组，即根据零件功能将一些孔按照一定的位置成组分布，如圆周均匀分布、等距或不等距的行列式分布等。这类孔的特点是：各孔之间的相互位置要求较高，如要求均匀分布、等距分布或按照理论正确尺寸确定的理想位置分布。孔组中理想轴线各自应保持的这种理想位置关系可用“几何框图”来描述。所谓几何框图，就是一组理想轴线之间或它们与基准之间正确几何关系的图形。图 4-62(a)为对单个孔用几何框图确定其理论正确位置的示例。对于 B、C 基准平面，其理论正确位置用加框的理论正确尺寸确定，而对于 A 平面，则要求垂直。

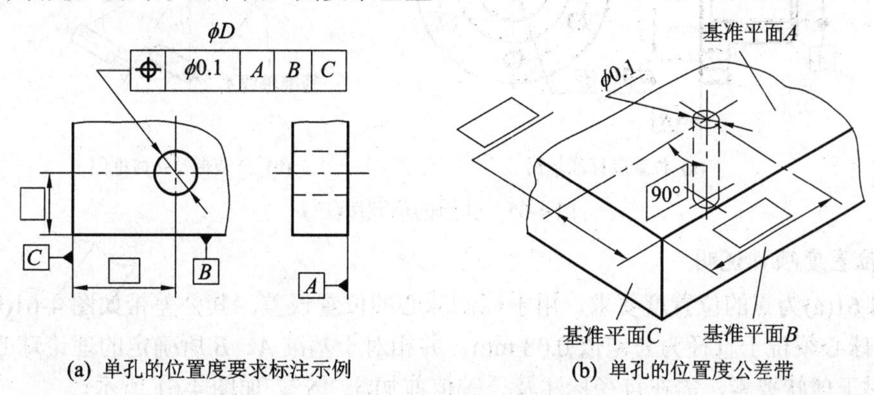

(a) 单孔的位置度要求标注示例　　(b) 单孔的位置度公差带

图 4-62　孔的位置度

对于图 4-63(a)所示的由 6 个孔组成的孔组而言，由理论正确尺寸构建的几何框图如图 4-63(b)所示。孔组的几何框图也可以不相对于基准而存在，如图 4-64(b)的公差带所示。

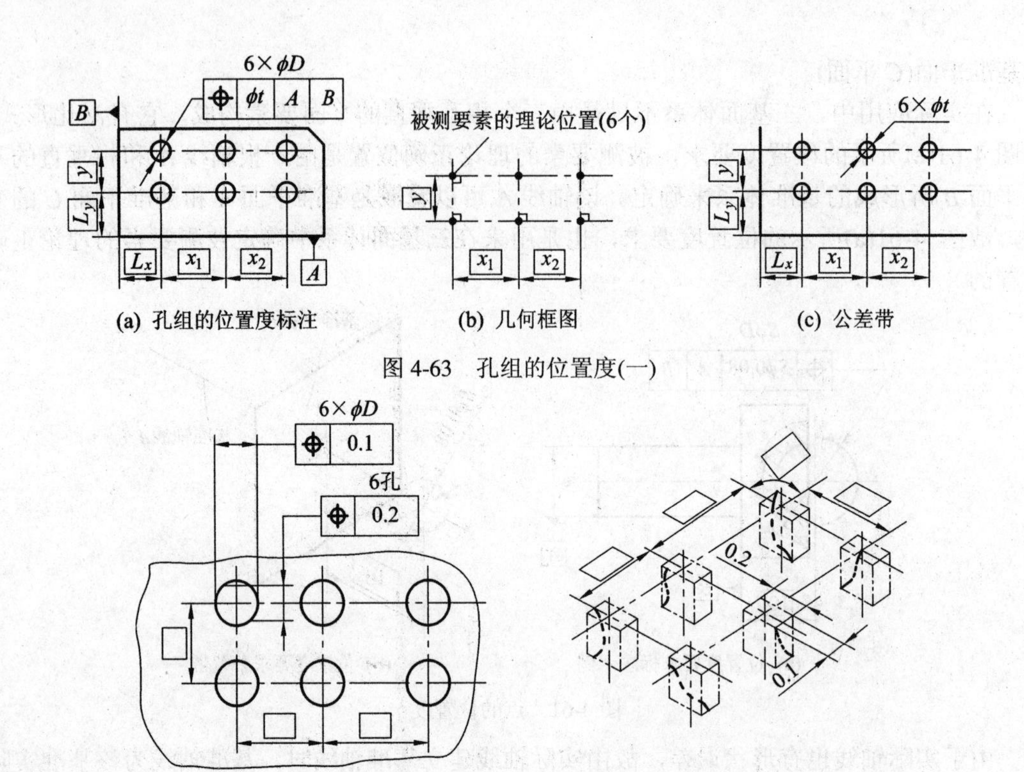

(a) 孔组的位置度标注　　(b) 几何框图　　(c) 公差带

图 4-63　孔组的位置度(一)

(a) 位置度标注示例　　(b) 公差带

图 4-64　孔组的位置度(二)

对于图 4-65(a)所示的圆周方向的孔组，其几何框图是由理论正确尺寸 60° 和 φL 及均布(EQS)三者构成，其形式如图 4-65(b)所示。

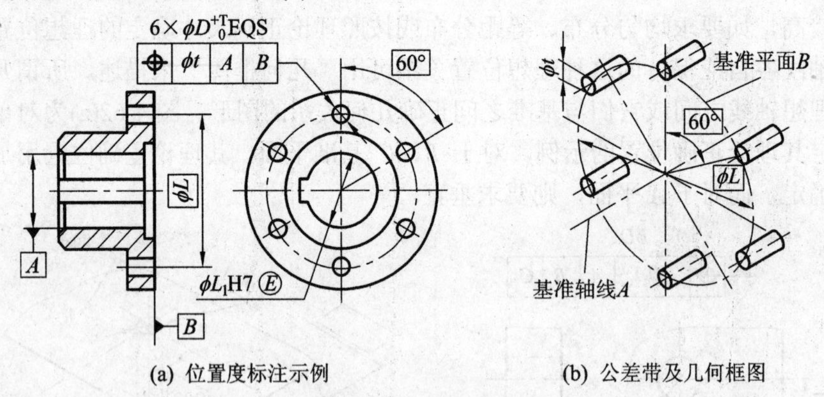

(a) 位置度标注示例　　(b) 公差带及几何框图

图 4-65　孔组的位置度(三)

3) 位置度项目说明

图 4-61(a)为点的位置度要求，用于控制球心的位置误差。其公差带如图 4-61(b)所示，球ϕD 的球心须位于直径为公差值 0.08 mm，并相对于基准 A、B 所确定的理论球心位置的球内。对于球状要素，需在直径标注及公差值前加注“S”，如图 4-61 所示。

图 4-62(a)为孔的位置度要求标注示例。被测要素的理论正确位置由相对于基准体系的带方框的理论正确尺寸所构成的几何框图所确定；其公差带是以被测要素的理论位置为轴

线、直径为公差值ϕ0.1 mm的圆柱面，实际孔的轴线应位于其内，如图4-62(b)所示。

图4-63(a)所示为孔组的位置度要求。在该例中，孔组所在零件的厚度较小，故在两个基准下给出位置度要求。图 4-63(b)为构成该孔组各要素理论位置的几何框图；图 4-63(c)为公差带图。因对孔组的位置度要求是在任意方向提出的，故该公差带是以被测要素各理论位置为中心、直径为公差值ϕt所在的圆。

图4-64(a)所示为6个孔的孔组的位置度要求示例图。位置度公差在水平方向是0.1 mm，在垂直方向是0.2 mm。公差带是6个四棱柱，它们的轴线为各孔的理想位置，每个孔的实际轴线应在各自的四棱柱内，如图4-64(b)所示。此处未给基准，是指该孔组与所在零件上其他孔组或表面均无严格要求，这种情况多用于箱体或盖板零件。

图4-65(a)为对法兰盘上的圆周孔组提出位置度要求，其公差带及几何框图见图4-65(b)所示。即各孔轴线的位置度公差带是以由基准轴线A和基准平面B及几何框图确定的各自理想位置(按照60°均匀分布)为中心、直径为公差值ϕt的圆柱面内的区域。

位置度公差要求是应用较广的项目，它既可以控制方向公差项目的误差，也可以控制位置公差项目的误差。图4-66的位置度公差可用于被测要素的倾斜度误差；而图4-67为用位置度公差控制对称度误差的示例。

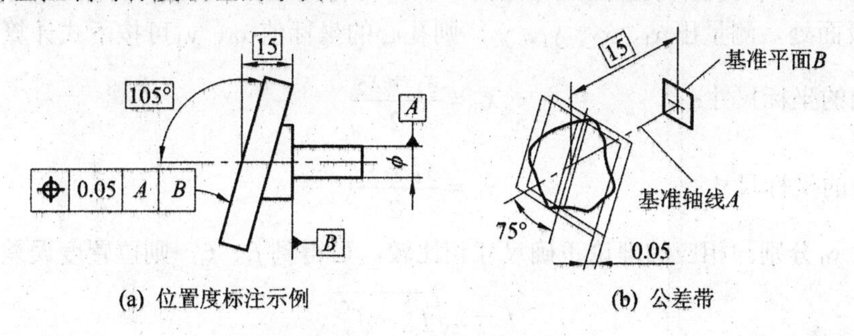

图4-66　位置度应用(一)

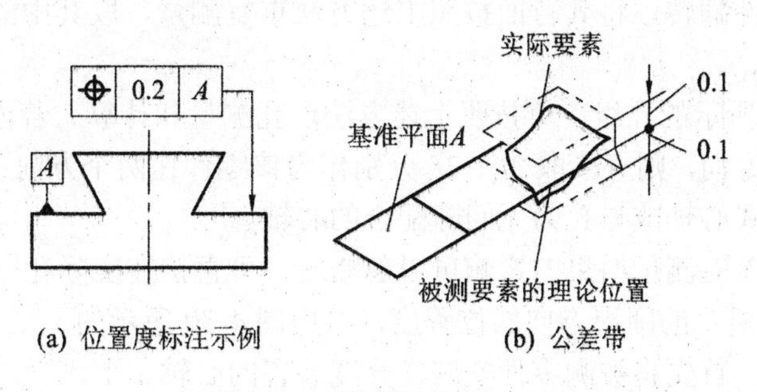

图4-67　位置度应用(二)

2. 位置度误差的检测

对于图4-61(a)所示的位置度公差要求，其相应的检测方案见图4-68。被测零件先用回转夹头定位，再选择直径适合的钢球放置在被测零件的球面内，用钢球的球心模拟被测球面的中心。

在被测零件回转一周过程中，径向指示表最大示值差的一半为相对基准轴线A的径向误差f_x，垂直方向指示表直接读取相对于基准B的轴向误差f_y(该指示表应按照标准件预先调零)，被测点的位置度误差为

$$f = 2\sqrt{f_x^2 + f_y^2} \tag{4-8}$$

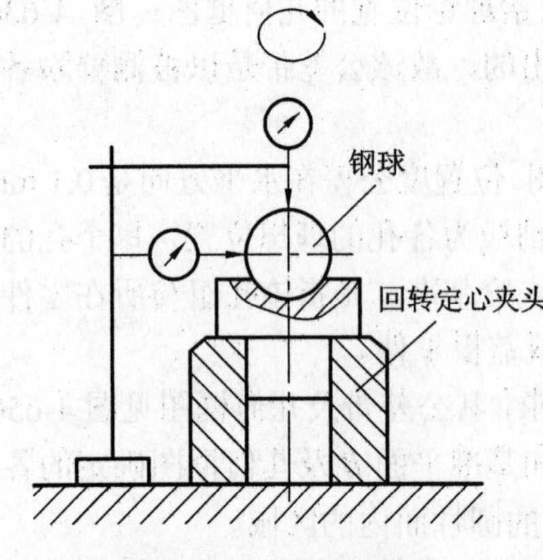

图 4-68　位置度测量(一)

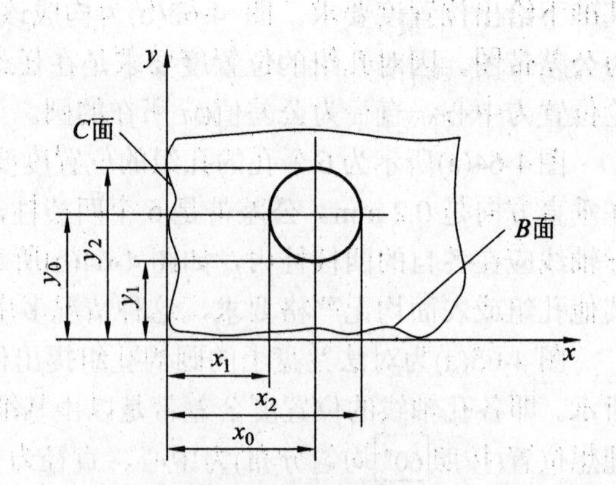

图 4-69　位置度测量(二)

对于图 4-62(a)的位置度要求，可按照图 4-69 所示的检测方案进行测量。先按照基准调整被测零件，使其与测量装置的坐标方向一致；再将测量心轴放置在孔中；然后在靠近被测零件的板面处，测量出 x_1、x_2、y_1、y_2，则孔心的坐标值 x_0、y_0 可按下式计算：

X 方向的坐标尺寸：
$$x_0 = \frac{x_1 + x_2}{2}$$

Y 方向的坐标尺寸：
$$y_0 = \frac{y_1 + y_2}{2}$$

将 x_0、y_0 分别与相应的理论正确尺寸相比较，可得到 f_x、f_y，则位置度误差为

$$f = 2\sqrt{f_x^2 + f_y^2}$$

最后将被测零件翻转，将其背面按照上述方法重复测量，取其中的误差较大值作为该零件的位置度误差。

对于图 4-63(a)所示的孔组，可按照上述方法逐孔测量和计算。若位置度公差带为给定的两个相互垂直的方向，则直接取 $2f_x$、$2f_y$ 分别作为该零件在两个方向上的位置度误差。测量时，应选用可胀式心轴或与孔为无间隙配合的心轴。

若孔的形状误差对测量结果的影响可以忽略时，可直接在实际孔壁上进行测量。

对于图 4-65(a)所示的圆周方向的位置度，可用图 4-70 所示的检测方案进行测量。首先将被测零件安装在分度装置的心轴 1 上，在第一个被测孔内也装进心轴 2，两个心轴与孔均为无间隙的配合；之后用第一个孔将相互垂直的两个指示表的示值调整为零，再按照给定角度转动分度装置依次在各孔装入心轴；然后分别读取两个指示表的示值。设铅垂方向的指示表的示值为 f_y，水平方向指示表的示值为 f_x，则各孔的位置度误差值为

$$f = 2\sqrt{f_x^2 + f_y^2}$$

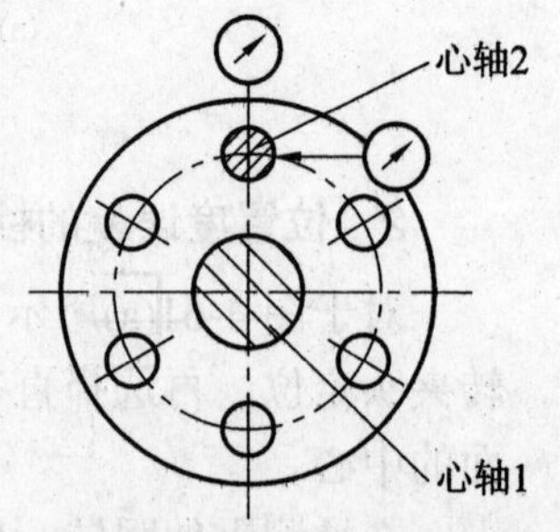

图 4-70　位置度测量(三)

当被测要素的轴线较长时，需在零件的两面进行测量，然后取其中较大值作为该要素

的位置度误差。

当零件的生产批量较大时，检测的效率是要考虑的问题。如对图 4-71(a)所示的位置度要求，对其应用最大实体要求后，可用图 4-71(b)所示的功能量规进行检验。检验时，将功能量规的基准测销和固定测销插入零件中后，再将活动测销插入其余孔中。若测销均能插入零件和量规的对应孔中，零件的位置度要求即被判为合格。如此便可使得检验效率大为提高。

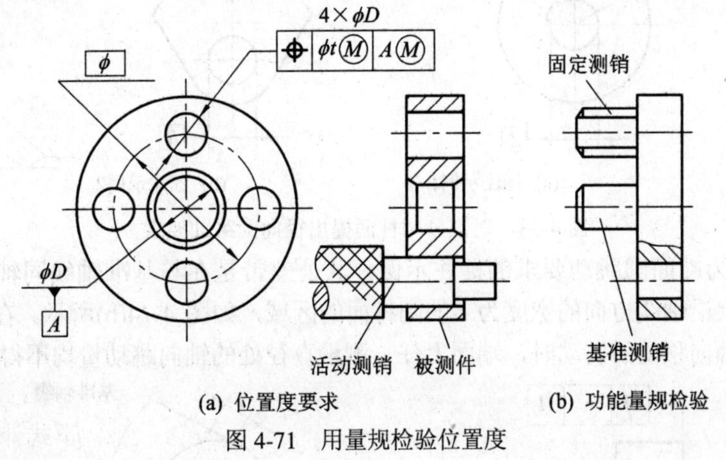

图 4-71　用量规检验位置度

4.3.7　圆跳动

1．项目说明

跳动要求仅限于应用在回转表面。跳动是综合项目，它既可以反映位置误差，也可以反映形状误差，但往往形状误差要比位置误差小，故多用跳动反映位置误差。加之测量跳动比较方便，所以在车间使用较多。

圆跳动是指被测要素在无轴向移动的前提下，绕基准轴线回转一周或给定角度范围后，被测要素上位置固定的指示表在给定方向上测得的最大与最小读数之差。圆跳动分为径向圆跳动、端面圆跳动和斜向圆跳动。

图 4-72(a)表示对圆柱面提出径向圆跳动要求。因径向圆跳动是对圆柱面提出的，故径向圆跳动公差框格的引出箭头不应与圆柱面的直径尺寸线ϕd_1对齐。径向圆跳动的公差带是在垂直于基准轴线 A–B 的任一测量平面内半径差为公差值 t、且圆心在基准线上的两同心圆之间的区域，如图 4-72(b)所示。

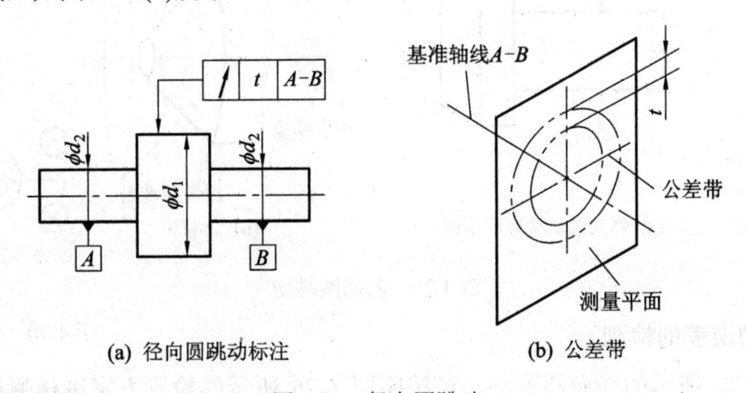

图 4-72　径向圆跳动

径向圆跳动通常是绕基准轴线旋转一整周，也可以对圆柱面的局部提出要求，图 4-73 即是两例。

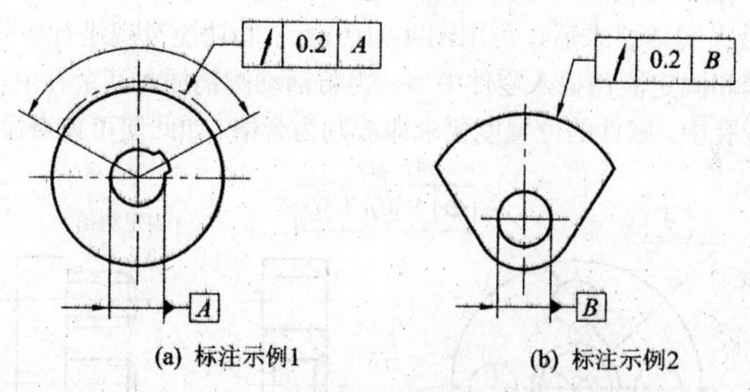

(a) 标注示例1　(b) 标注示例2

图 4-73　对部分圆柱面提出径向圆跳动要求

图 4-74(a)为端面圆跳动要求的标注示例；其公差带是在与基准轴线同轴的、任一直径的测量圆柱面上沿轴线方向的宽度为 t 的圆柱面的区域，如图 4-74(b)所示。在被测要素绕基准轴线进行无轴向移动的转动时，端面上任一测量直径处的轴向跳动量均不得大于公差值 t。

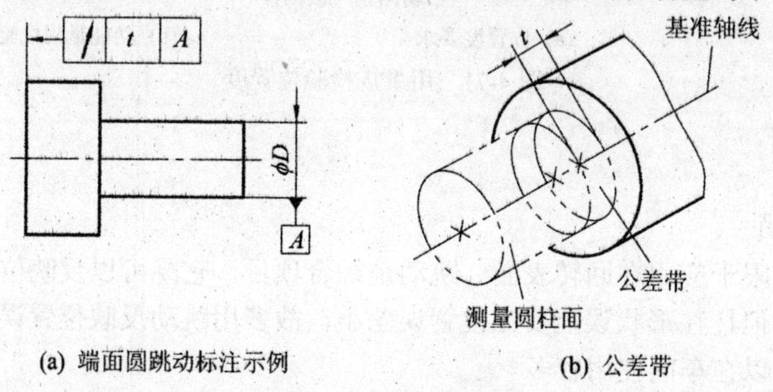

(a) 端面圆跳动标注示例　(b) 公差带

图 4-74　端面圆跳动

图 4-75(a)为斜向圆跳动的标注示例。标注时须注意公差带框格的引出箭头应垂直于圆锥体的素线。斜向圆跳动的公差带是在与基准轴线同轴的任一测量圆锥面上、素线的法向宽度为 t 的圆锥面内的区域，如图 4-75(b)所示。

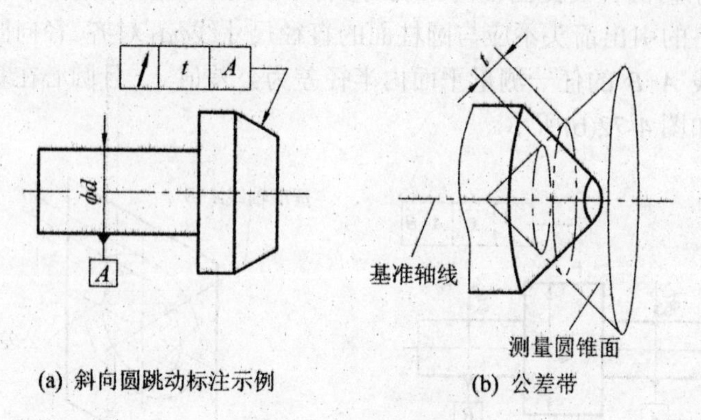

(a) 斜向圆跳动标注示例　(b) 公差带

图 4-75　斜向圆跳动

2. 圆跳动误差的检测

对于图 4-72 所示的径向圆跳动，可按照图 4-76 所示的检测方案进行测量。基准轴线由 V 型架模拟，被测零件放置在 V 型架上，并限定零件的轴向移动。在被测零件回转一周过程中指示表读数的最大差值即为单个测量平面上的径向圆跳动误差值。

按照上述方法测量若干个截面，取各截面上测得的跳动量中的最大值作为该零件的径向圆跳动误差值。该方法受到 V 型架的角度和基准实际要素形状误差的综合影响。

径向圆跳动可以反映测量平面的圆度误差和同轴度误差。当圆度误差值可以忽略不计时，常用测量径向圆跳动的方法来评定同轴度误差。

对于图 4-74(a)所示的端面圆跳动，可按照图 4-77 的方案进行测量。先将被测零件放置在 V 型架上，并将轴向固定。在被测件回转一周过程中，指示表读数最大差值即为单个测量圆柱面上的端面圆跳动误差值。再按照该方法测量若干个圆柱面，取各测量圆柱面上测得的跳动量中的最大值作为该零件的端面圆跳动误差值。该方法也会受到 V 型架的角度和基准实际要素形状误差的综合影响。

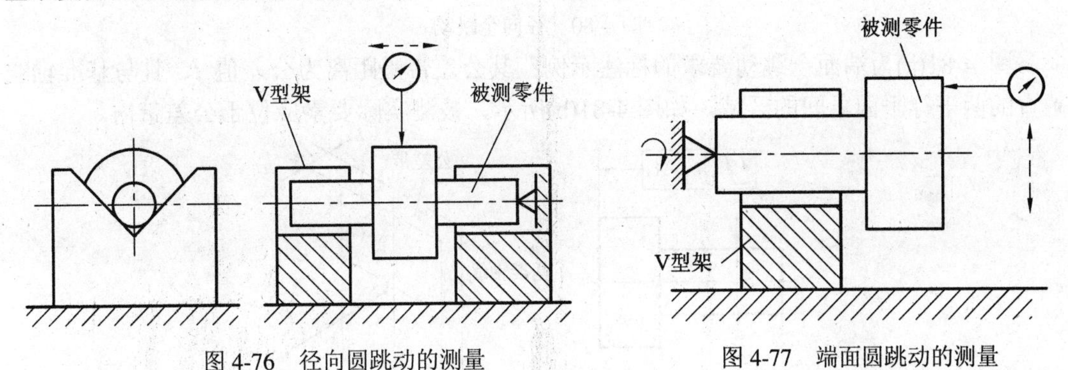

图 4-76　径向圆跳动的测量　　　　图 4-77　端面圆跳动的测量

端面圆跳动可以反映端面的平面度误差和垂直度误差。当平面度误差可以忽略不计时，常用测量端面圆跳动的方法来评定端面相对于轴线的垂直度误差。但当端面为内凹或外凸的形状时(如图 4-78 所示)，由于端面圆跳动测量的局限性，误差反映不出来。

对图 4-75(a)所示的斜向圆跳动，可按照图 4-79 的方案进行测量。先将被测零件固定在导向套筒内，并将轴向固定。在被测零件回转一周过程中，指示表读数的最大差值即为单个测量圆锥面上的斜向圆跳动误差值。再按照该方法在若干个测量圆锥面上进行测量，取各测量圆锥面上测得的跳动量中的最大值作为该零件的斜向圆跳动误差值。

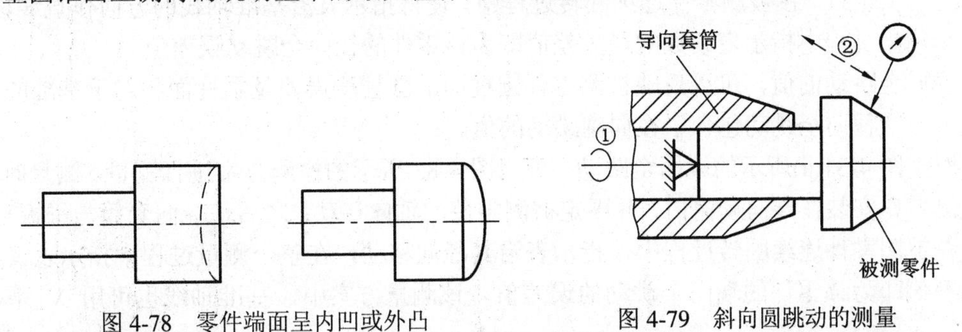

图 4-78　零件端面呈内凹或外凸　　　　图 4-79　斜向圆跳动的测量

4.3.8　全跳动

1．项目说明

全跳动也是针对回转类零件的，它也具有综合的性质，即既可以控制形状误差，也可以控制位置误差。全跳动分为径向全跳动和端面全跳动。

图 4-80(a)为径向全跳动的标注示例。被测要素为圆柱表面，故全跳动公差框格的引出箭头不应与ϕd_1的尺寸线对齐。径向全跳动的公差带是半径差为公差值 t、且与基准轴线同轴的两圆柱面之间的区域，如图 4-80(b)所示。

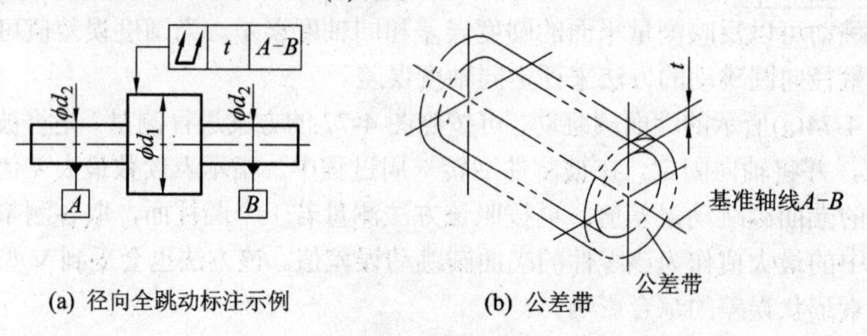

(a) 径向全跳动标注示例　　(b) 公差带

图 4-80　径向全跳动

图 4-81(a)为端面全跳动要求的标注示例；其公差带是距离为公差值 t、且与基准轴线垂直的两平行平面之间的区域，如图 4-81(b)所示，被测实际要素应位于公差带内。

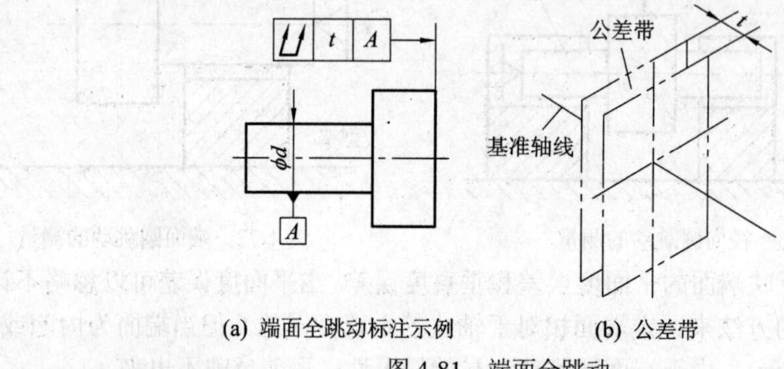

(a) 端面全跳动标注示例　　(b) 公差带

图 4-81　端面全跳动

2. 全跳动误差的检测

对于图 4-80(a)所示的径向全跳动，可按照图 4-82 的方案进行测量。测量时，将被测零件固定在两个同轴导向套筒内，同时限定被测零件的轴向移动，并调整该对套筒，使其同轴且与平板平行。在被测零件连续回转过程中，使得指示表沿基准轴线的方向作直线移动，在整个测量过程中指示表读数的最大差值即为该零件的径向全跳动误差值。

径向全跳动的值，可以反映被测零件圆柱面的圆柱度误差及圆柱面相对于基准的同轴度误差，且径向全跳动包含了径向圆跳动的值。

对于图 4-81(a)所示的端面全跳动，可用图 4-83 所示的检测方案进行测量。测量时，先将被测零件安装在导向套筒内，并限定被测零件的轴向移动；之后使导向套筒与平板垂直，然后在被测零件连续回转过程中，指示表沿其径向移动，在整个测量过程中指示表读数的最大差值即为该零件的端面全跳动的误差值。该测量方案中，基准轴线也可用 V 型架来体现。

由于端面全跳动测量的是整个端面，故在该测量中，诸如图 4-78 的表面误差就能在端面全跳动的测量中表现出来，即端面全跳动的值包含了端面圆跳动的值，但又优于端面圆跳动。

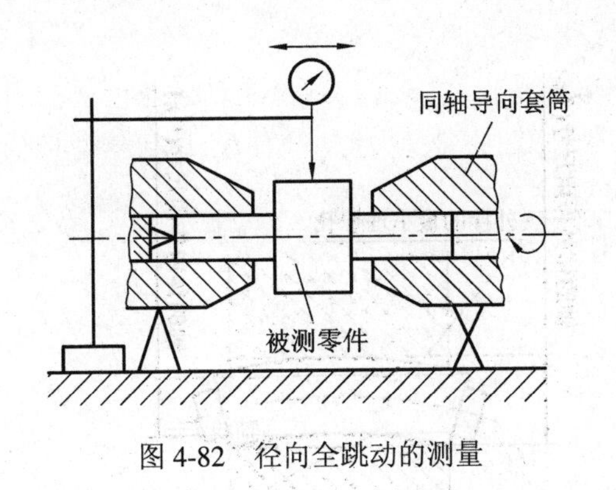

图 4-82　径向全跳动的测量

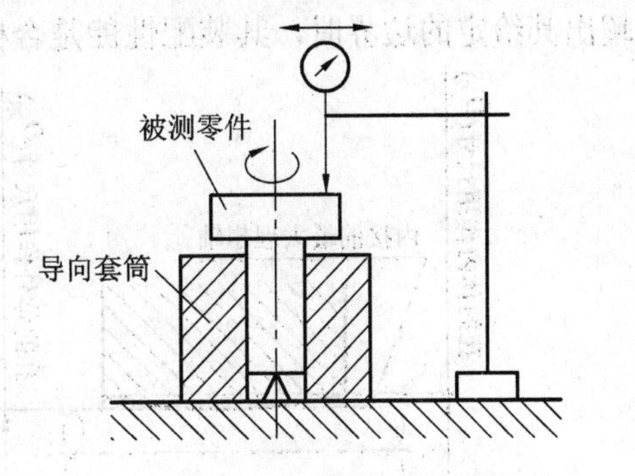

图 4-83　端面全跳动的测量

4.4　公差原则

对于机械零件，必须给定尺寸公差和几何公差，以限定其尺寸误差和几何误差。但尺寸公差与几何公差之间是否有联系，若有联系，两者遵守什么样的要求？图样上的标注有何特征？若无联系，图样上又如何标注？下面来讨论一下这几个问题。

确定尺寸公差与几何公差之间的相互关系应遵循的原则称为公差原则。公差原则分为独立原则和相关要求，独立原则为同一要素的尺寸公差与几何公差彼此无关的一种公差原则，而相关要求为同一要素的尺寸公差与几何公差相互有关联的要求。相关要求又分为包容要求、最大实体要求、最小实体要求和可逆要求。概括如下：

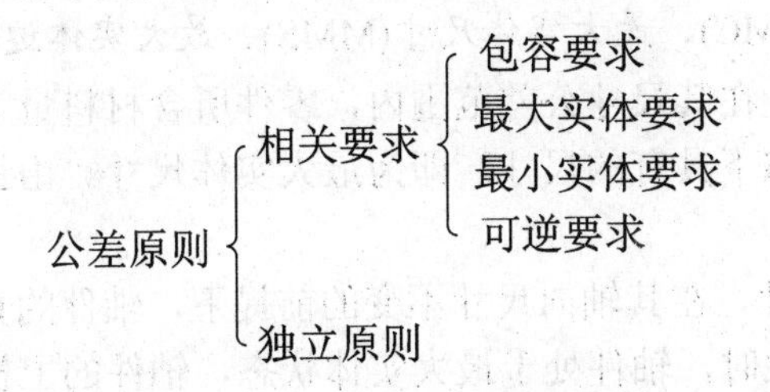

在对零件进行几何精度设计时，应从零件的功能要求出发，合理地选用独立原则或不同的相关要求。与公差原则有关的国家标准有：GB/T 4249—2009《产品几何技术规范(GPS) 公差原则》、GB/T 16671—2009《产品几何技术规范(GPS)　几何公差　最大实体要求、最小实体要求和可逆要求》。

4.4.1　术语及概念

1．孔、轴件的作用尺寸

作用尺寸是由零件的尺寸误差与几何误差综合形成的，分为体外作用尺寸(D_{fe}、d_{fe})和体内作用尺寸(D_{fi}、d_{fi})。

(1) 体外作用尺寸。对于孔来说，体外作用尺寸是指在被测要素的给定长度上，与实际内表面相内接的最大理想轴的尺寸，如图 4-84(a)所示。对于轴件，体外作用尺寸是指在被测要素的给定长度上，与实际外表面相外接的最小理想孔的尺寸，如图 4-84(b)所示。引进体外作用尺寸的概念，是从孔轴装配的角度考虑的。当孔、轴件各自的体外作用尺寸不超出其给定的边界时，其装配性能是合格的。

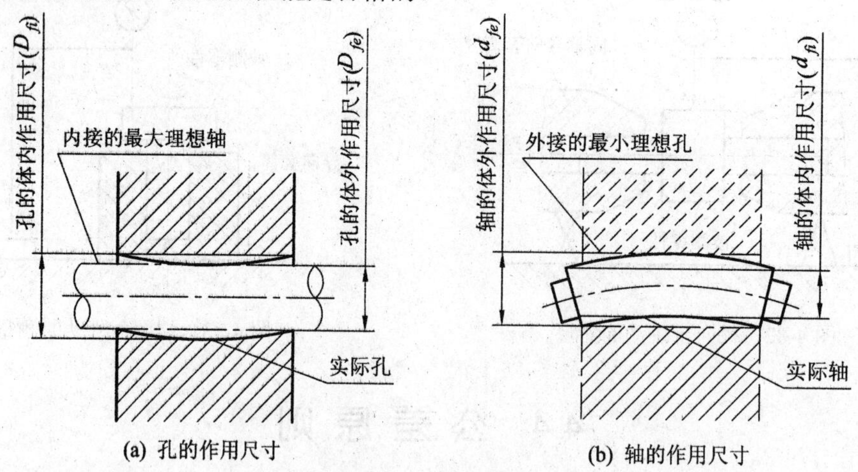

图 4-84　孔、轴的作用尺寸

(2) 体内作用尺寸。对于孔，体内作用尺寸是指在被测要素的给定长度上，与实际内表面的体内相接的最小理想圆柱面的尺寸，如图 4-84(a)所示。对于轴件，体内作用尺寸是指与实际外表面的体内相接的最大理想圆柱面的尺寸，如图 4-84(b)所示。引进体内作用尺寸，是从孔轴的强度考虑的。当孔、轴件各自的体内作用尺寸不超出各自的给定边界时，其强度是合格的。

2. 孔、轴件的状态、状态尺寸、状态边界

1) 最大实体状态(MMC)、最大实体尺寸(MMS)、最大实体边界(MMB)

对于孔、轴件而言，在其尺寸公差范围内，零件所含材料量为最多时所处的状态即为最大实体状态。在该状态下具有的尺寸，即为最大实体尺寸。由最大实体尺寸所决定的边界，即是最大实体边界。

图 4-85(a)所示的轴件，在其轴向尺寸不变的前提下，轴件的直径为上极限尺寸时，轴件所含材料量为最多。此时，轴件处于最大实体状态，轴件的上极限尺寸即为轴件的最大实体尺寸；由轴件的最大实体尺寸所确定的边界，即是轴件的最大实体边界。

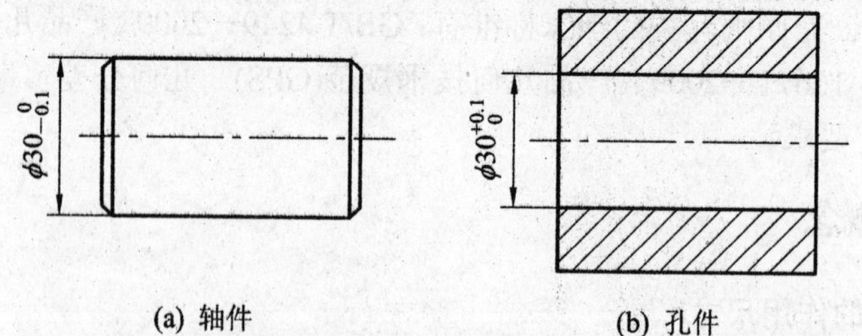

图 4-85　轴件、孔件的最大(最小)实体状态及尺寸示意图

图 4-85(b)所示的孔件，在其轴向尺寸不变的前提下，孔件的直径为下极限尺寸时，孔件所含材料量为最多。此时，孔件处于最大实体状态，即孔件的下极限尺寸即为其最大实体尺寸；由孔件的最大实体尺寸所确定的边界，即是其最大实体边界。

2) 最小实体状态(LMC)、最小实体尺寸(LMS)、最小实体边界(LMB)

对于孔、轴件来说，在其尺寸公差范围内，零件所含材料量为最少时所处的状态，即为最小实体状态。在该状态下具有的尺寸，即为最小实体尺寸。由最小实体尺寸所决定的边界，即是最小实体边界。

图 4-85(a)所示的轴件，在其轴向尺寸不变的前提下，轴件的直径为下极限尺寸时，轴件所含材料量为最少。此时，轴件处于最小实体状态，即轴件的下极限尺寸就是轴件的最小实体尺寸；由轴件的最小实体尺寸所确定的边界，即是轴件的最小实体边界。

图 4-85(b)所示的孔件，在其轴向尺寸不变的前提下，孔的直径为上极限尺寸时，孔件所含材料量为最少。此时，孔件处于最小实体状态，即孔件的上极限尺寸就是其最小实体尺寸；由孔件的最小实体尺寸所确定的边界，即是其最小实体边界。

3) 最大实体实效状态(MMVC)、最大实体实效尺寸(MMVS)、最大实体实效边界(MMVB)

对于图 4-86(a)所示的轴件，当其处于最大实体状态，且其轴线的直线度误差达到最大值(即直线度误差值为 0.05 mm)时，该轴件处于最大实体实效状态(MMVC)。该状态下所具有的最大尺寸即为最大实体实效尺寸，如图 4-86(b)所示，其值为

轴件的最大实体实效尺寸($MMVS_s$)＝轴件的最大实体尺寸(MMS_s) + t(几何公差)

由上式计算出的轴件的最大实体实效尺寸为 30 + 0.05＝30.05 mm。

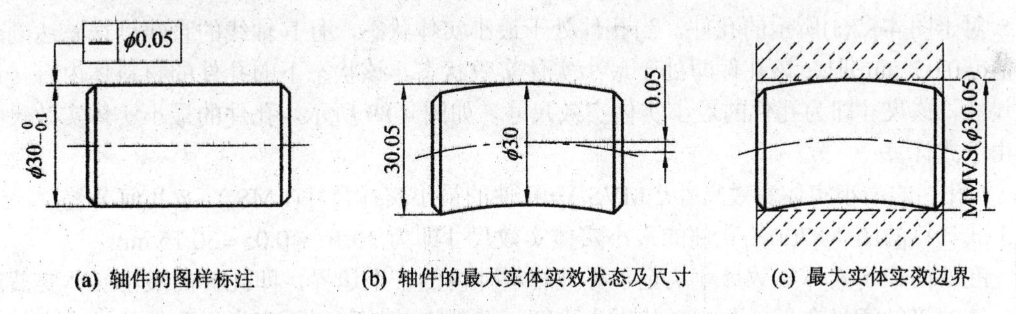

图 4-86　轴的最大实体实效状态、最大实体实效尺寸、最大实体实效边界

由最大实体实效尺寸所确定的边界，即为轴件的最大实体实效边界，如图 4-86(c)所示。在此处，用一理想的孔表示该边界。

对于图 4-87(a)所示的孔件，当其处于最大实体状态，且其轴线的直线度误差达到最大值(ϕ0.05 mm)时，该孔件即处于最大实体实效状态。该状态下孔件内表面的尺寸即为其最大实体实效尺寸，如图 4-87(b)所示。其值为

孔件的最大实体实效尺寸($MMVS_h$)＝孔件的最大实体尺寸(MMS_h) − t(几何公差)

由上式计算出的孔件的最大实体实效尺寸为 30 − 0.05＝29.95 mm。

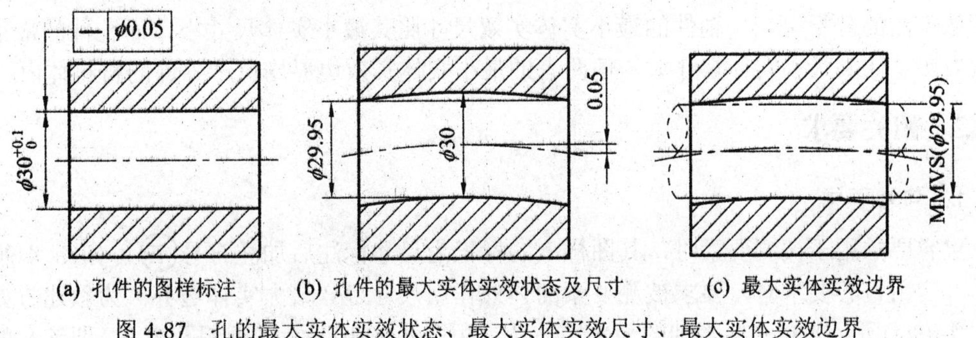

图 4-87　孔的最大实体实效状态、最大实体实效尺寸、最大实体实效边界

由孔件最大实体实效尺寸所确定的边界，即为其最大实体实效边界，如图 4-87(c)所示。在此处，用一理想的轴表示该边界。

由上述可知，轴件的最大实体实效尺寸比其最大实体尺寸要大，而孔件的最大实体实效尺寸比其最大实体尺寸要小，且孔件、轴件的最大实体实效边界均在零件的材料体外。

4) 最小实体实效状态(LMVC)、最小实体实效尺寸(LMVS)、最小实体实效边界(LMVB)

对于图 4-86(a)所示的轴件，当轴件处于最小实体状态，且其轴线的直线度误差达到最大值(ϕ0.05 mm)时，该轴件即处于最小实体实效状态。该状态下的轴件的材料体内有一边界尺寸，该尺寸即为轴件的最小实体实效尺寸，如图 4-88 所示。轴件的最小实体实效尺寸可由下式计算：

轴件的最小实体实效尺寸($LMVS_s$) = 轴件的最小实体尺寸(LMS_s) − t(几何公差)

由上式计算的图 4-86(a)的轴件的最小实体实效尺寸即为 29.9 − 0.05 = 29.85 mm。

轴件的最小实体实效尺寸决定了零件材料体内的一个边界，即轴件的最小实体实效边界。该边界的意义在于，轴件再细再弯，其有效的截面不应小于轴件的最小实体实效边界所决定的截面。

对于图 4-87(a)所示的孔件，当孔件处于最小实体状态，且其轴线的直线度误差达到最大值(ϕ0.05 mm)时，该孔件即处于最小实体实效状态。该状态下的孔件的材料体内有一边界尺寸，该尺寸即为孔件的最小实体实效尺寸，如图 4-89 所示。孔件的最小实体实效尺寸可由下式计算：

孔件的最小实体实效尺寸($LMVS_h$) = 孔件的最小实体尺寸(LMS_h) + t(几何公差)

由上式计算的图 4-87(a)的孔件的最小实体实效尺寸即为 30.10 + 0.05 = 30.15 mm。

孔件的最小实体实效尺寸决定了零件材料体内的一个边界，即孔件的最小实体实效边界。该边界的意义在于，孔的形状再大再弯，孔件有效的壁厚不应小于孔件的最小实体实效边界所决定的量，从而保证孔件的有效壁厚。

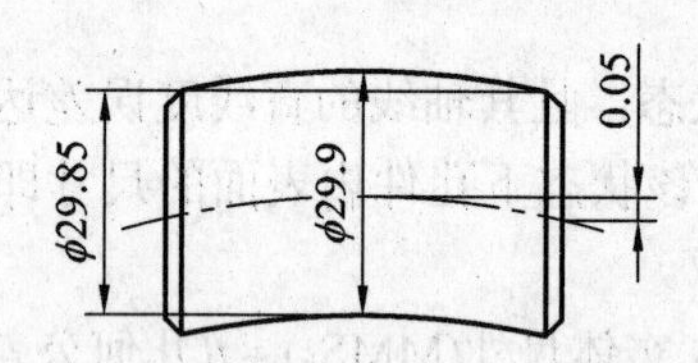

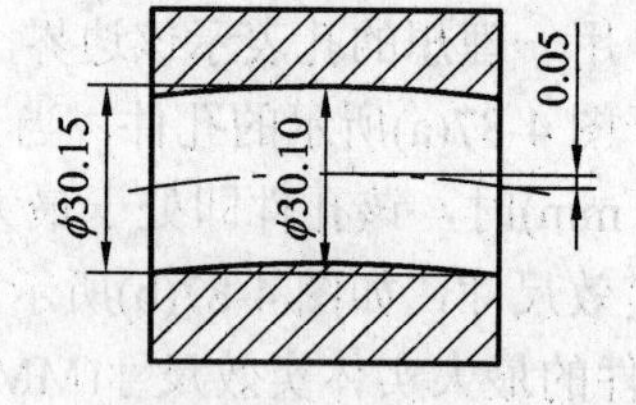

图 4-88　轴件的最小实体实效尺寸及其边界　　　图 4-89　孔件的最小实体实效尺寸及其边界

从上面的分析可知，轴件的最小实体实效尺寸比其最小实体尺寸小，而孔件的最小实体实效尺寸比其最小实体尺寸大，但两者的最小实体实效边界均位于零件的材料体内。

4.4.2　相关要求

1．包容要求

包容要求用于被测要素时，其图样上的标记为尺寸标注后加注符号Ⓔ，如图 4-90(a)所示。应用包容要求时，要求被测要素的体外作用尺寸遵守最大实体边界。为叙述方便，将图 4-90(a)所示的被测要素轴的最大实体边界用图 4-90(b)所示的理想孔表示，即该孔的尺寸为被测要素的最大实体尺寸(轴的上极限尺寸)。当图 4-90(a)所示的被测要素处于最大实体状态时，为了能装配进图 4-90(b)所示的理想孔内，被测要素轴的形状误差必须为零，即当被测要素处于最大实体状态时，不允许有形状误差。而当被测要素偏离最大实体状态时，其偏离的量允许存在形状误差。如当被测要素的尺寸为 29.95 mm 时，在不超出最大实体边界的前提下，允许有 0.05 mm 的轴线直线度误差存在。极限情况下，当被测要素完全偏离了最大实体状态、达到最小实体状态(即轴的各处尺寸均为其最小实体尺寸 29.9 mm)时，其与最大实体边界的偏离量为最大。此时，所允许的被测要素轴线的直线度误差也达到最大，为 0.1 mm，如图 4-90(b)所示。

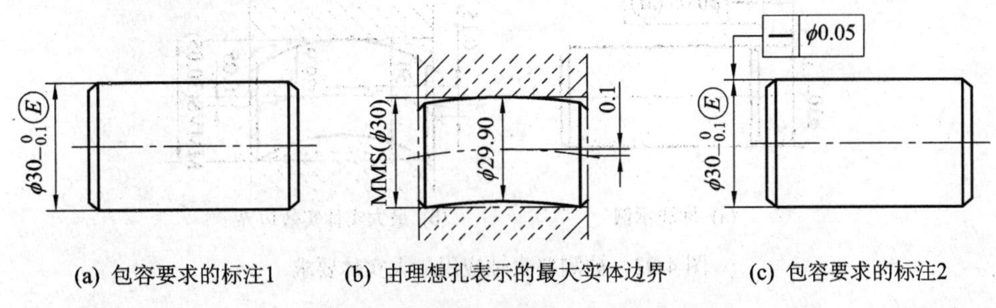

(a) 包容要求的标注1　(b) 由理想孔表示的最大实体边界　(c) 包容要求的标注2

图 4-90　被测要素轴应用包容要求

图 4-90(c)为对包容要求的进一步限定。上例中，当被测要素完全偏离最大实体状态时，其最大的轴线直线度误差可以达到 0.1 mm，但在图 4-90(c)的标注情况下，被测要素的轴线直线度误差最大值只能是 0.05 mm。

图 4-91 为在被测要素孔上应用包容要求时的情形，可参考上例分析之。

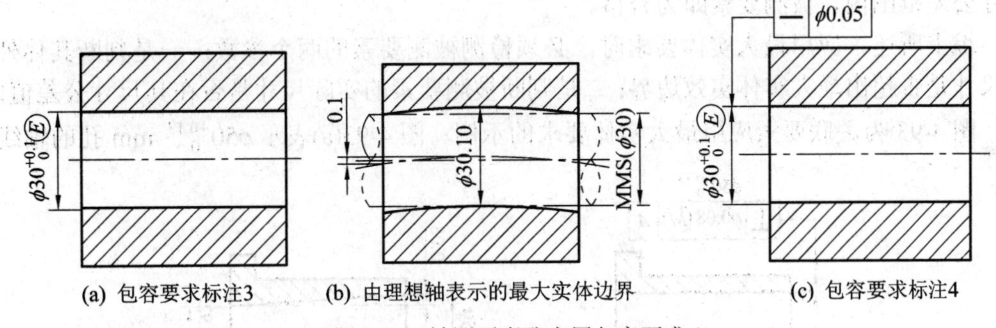

(a) 包容要求标注3　(b) 由理想轴表示的最大实体边界　(c) 包容要求标注4

图 4-91　被测要素孔应用包容要求

对被测要素应用包容要求时，检验的对象有两个：一是其体外作用尺寸不得超出最大实体边界；二是被测要素的实际尺寸应在其尺寸公差范围内。

包容要求常用于保证孔、轴的配合性质。特别是配合公差较小的精密配合中，常用最大实体边界保证所需的最小间隙或最大过盈。

2．最大实体要求

最大实体要求用于被测要素时，其图样上的标记是在几何公差值后加注 Ⓜ，如图 4-92(a)所示。应用最大实体要求，被测要素的体外作用尺寸应遵守最大实体实效边界。图 4-92(b)表示用理想孔代表被测要素应遵守的最大实体实效边界，其尺寸即为被测要素的最大实体实效尺寸(30.05 mm)。在被测要素不超出其最大实体实效边界、且处于最大实体状态(即其各处尺寸均为 30 mm)时，允许被测要素的轴线的直线度达到最大值 0.05 mm。当被测要素偏离最大实体状态时，允许被测要素的轴线直线度误差超出其公差值，其超出量为被测要素偏离最大实体状态的量 δ，即轴线的直线度误差为 $0.05+\delta$。极限情况下，被测要素会完全偏离最大实体状态，达到最小实体状态。此时，若被测要素各处的尺寸均为其下极限尺寸 29.90 mm(即轴的最小实体尺寸)，则被测要素相对于最大实体状态的偏离量最大，亦即相对于所遵守的最大实体实效边界的偏离量也最大。此时被测要素的轴线的直线度误差的最大值等于最大实体实效尺寸与最小实体尺寸的差，即：

$$30.05\ \text{mm}(\text{MMVS}_s)-29.90\ \text{mm}(\text{LMS}_s)=0.15\ \text{mm}$$

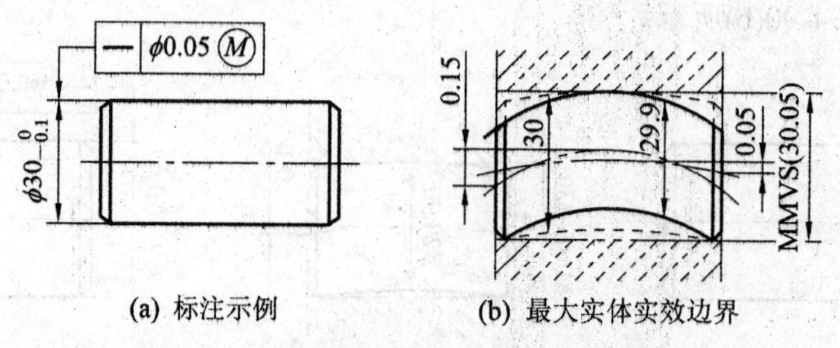

(a) 标注示例　　(b) 最大实体实效边界

图 4-92　被测要素轴应用最大实体要求

该直线度误差值 0.15 mm 其实是被测要素的尺寸公差(0.1 mm)与直线度公差(0.05 mm)之和。换言之，当被测要素的体外作用尺寸不超出最大实体实效边界时，最大实体要求允许将尺寸公差补偿给几何公差。

应用最大实体要求时，被测要素的几何误差虽然会超差，但被测要素仍然可能是合格的。只要被测要素的体外作用尺寸不超出最大实体实效边界，且被测要素的实际尺寸在其尺寸公差范围内，被测要素即为合格。

综上所述，应用最大实体要求时，必须检测被测要素的两个参数：一是判断其体外作用尺寸是否超出最大实体实效边界；二是判断被测要素的实际尺寸是否在其尺寸公差值内。

图 4-93 为关联要素应用最大实体要求的示例。图 4-93(a)表示 $\phi50^{+0.13}_{0}$ mm 孔的轴线对

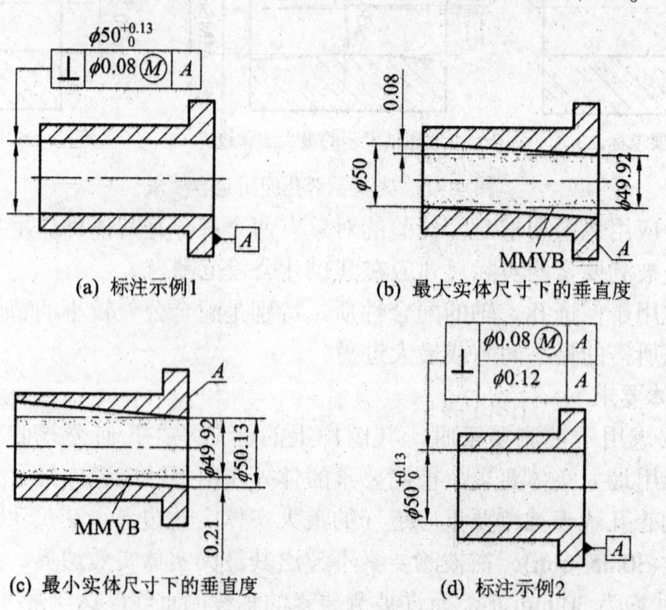

(a) 标注示例1　　(b) 最大实体尺寸下的垂直度

(c) 最小实体尺寸下的垂直度　　(d) 标注示例2

图 4-93　关联被测要素应用最大实体要求

于基准平面 A 的垂直度公差与尺寸公差之间采用的是最大实体要求。孔的边界尺寸即孔的最大实体实效尺寸，其值为：

$$孔最大实体尺寸(MMS_h) - 垂直度公差值(t) = 50 - 0.08 = 49.92\ \text{mm}$$

在遵守最大实体实效边界的前提下，若孔的实际尺寸各处皆为其最大实体尺寸 50 mm，轴线垂直度误差的允许值为 0.08 mm，如图 4-93(b)所示。当孔的实际尺寸各处皆为最小实体尺寸 50.13 mm 时，轴线垂直度可以增大为 0.21 mm(图 4-93(c))，该值为尺寸公差值 0.13 mm 与垂直度公差值 0.08 mm 之和。

图 4-93(d)表示对被测要素应用最大实体要求的进一步限定。在上述中，只要被测要素的体外作用尺寸不超出最大实体实效边界，垂直度误差的最大值就可为 0.21 mm。但有了图 4-93(d)的标注后，被测要素的轴线垂直度误差最大值只能是 0.12 mm。

图 4-94 所示为基准要素应用最大实体要求的示例，其图样上的标注特征是在几何公差框格内的基准字母后加注Ⓜ，而基准要素本身可以应用独立原则、最大实体要求、包容要求等。本例中基准要素本身应用的是最大实体要求，此情况下，基准符号应标注在基准要素几何公差框格的下方。在此例中，被测要素相对于基准要素的同轴度误差的最大值可达到 0.12 mm，此值为被测要素和基准要素两者的尺寸公差与几何公差之和。

对只要求装配互换的要素，往往采用最大实体要求。如图 4-95 所示的轴承端盖，其圆周上 4 个均匀分布的通孔的位置只要求满足装配互换，故对被测要素就应用最大实体要求。

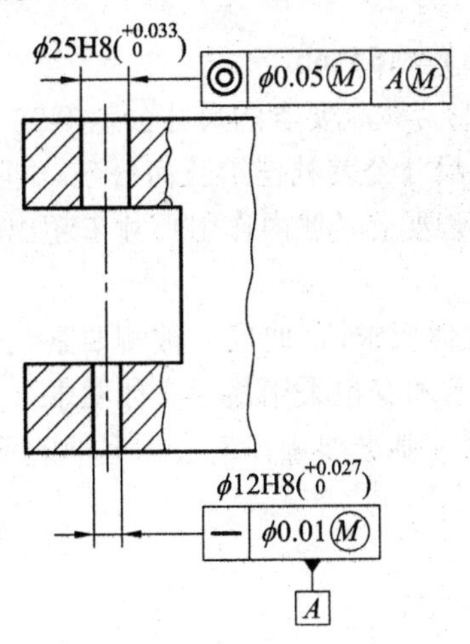

图 4-94　基准要素应用最大实体要求

4×ϕ9H12EQS

ϕ0.5Ⓜ　A　BⓂ

ϕ125

A

B

ϕ100e9Ⓔ

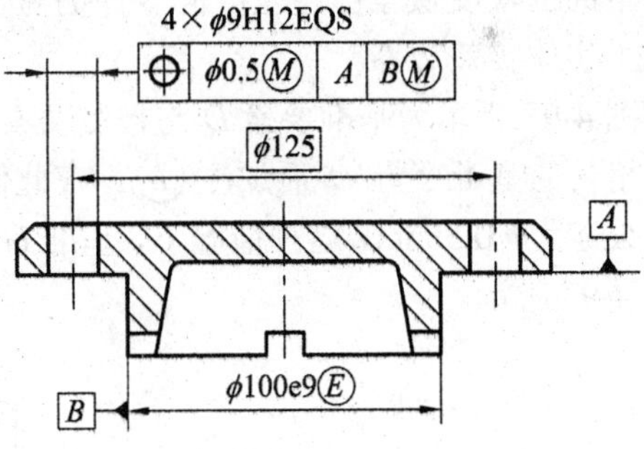

图 4-95　最大实体要求的应用

3. 最小实体要求

最小实体要求用于被测要素时，其图样上的标记是在几何公差值后加注Ⓛ，如图 4-96(a)所示。应用最小实体要求时，被测要素的体内作用尺寸应遵守最小实体实效边界。

图 4-96(a)表示 $\phi8^{+0.25}_{0}$ mm 的孔相对于基准 A 的理论位置由理论正确尺寸 6 所确定，孔的位置度公差为 ϕ0.4 mm。此例中，被测要素的最小实体实效尺寸为

$$孔件的最小实体尺寸 + 位置度公差 = 8.25 + 0.4 = 8.65\ \text{mm}$$

其最小实体实效边界为孔件材料体内由 ϕ8.65 的尺寸所确定的一个圆，如图 4-96(b)所示。

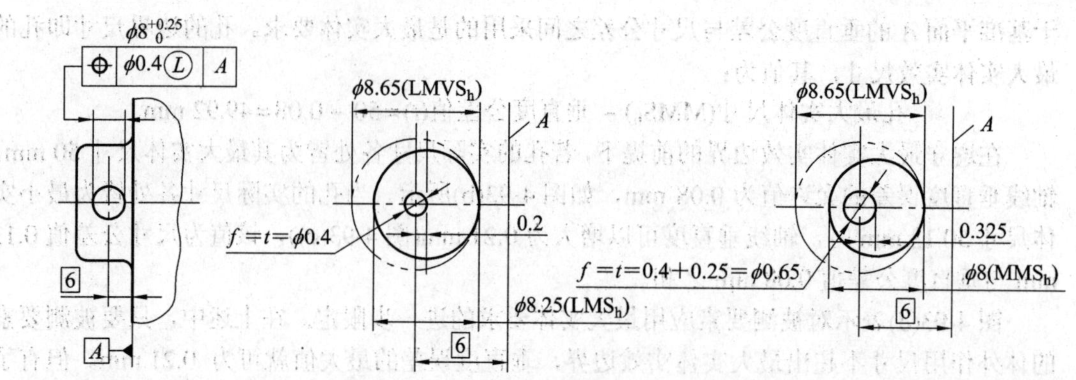

(a) 最小实体要求的标注示例 (b) 孔的最小实体状态时的位置偏离 (c) 孔偏离最小实体状态时的位置偏离

图 4-96 被测要素应用最小实体要求

当孔的实际尺寸为最小实体尺寸(ϕ8.25 mm)时，允许轴线相对于其理论正确位置在半径方向偏离 0.2 mm(直径方向位置度误差即为ϕ0.4 mm)。若被测要素孔偏离了最小实体状态，则在其体内作用尺寸不超出其最小实体实效边界的前提下，允许孔的轴线相对于其理论位置有比 0.2 mm 更大的偏离量，其值为孔的实际尺寸与最小实体尺寸之差的一半 $\delta/2$，即实际偏离量为 $0.2+\delta/2$。极限情况下，当被测要素孔完全偏离了最小实体状态、达到最大实体状态(即其尺寸为最大实体尺寸ϕ8 mm)时，被测要素孔与最小实体实效边界的偏差量为

$$\phi 8.65\ \text{mm}(\text{LMVS}_h) - \phi 8\ \text{mm}(\text{LMS}_h) = 0.65\ \text{mm}$$

上式表示此时允许的位置度误差可以达到 0.65 mm。该值为被测要素的尺寸公差(0.25 mm)与位置度公差(ϕ0.4 mm)之和，即最小实体要求也允许将尺寸公差补偿给几何公差。即便被测要素的位置度误差已超差，但零件仍为合格，因为被测要素的体内作用尺寸未超出给定的最小实体实效边界。

图 4-97 所示为基准要素 *D* 与被测要素均应用最小实体要求，此时需在被测要素几何公差框格内的基准字母 *D* 后加注 Ⓛ。在此例中，基准要素本身也采用最小实体要求，其位置度公差为ϕ0.5 mm，这种情况下，基准 *D* 的符号应标注在基准要素几何公差框格的下方，如图 4-97 所示。

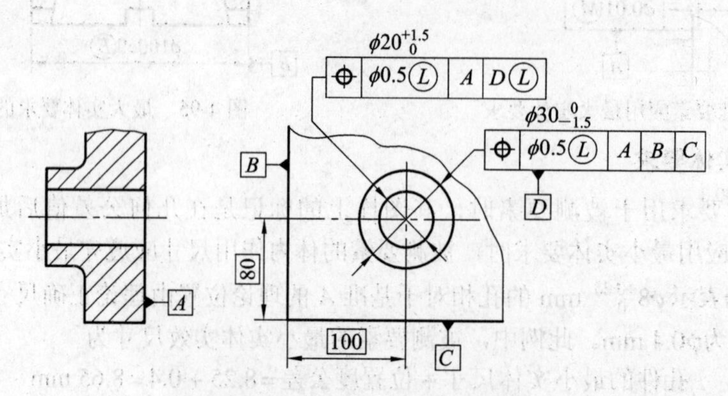

图 4-97 基准要素应用最小实体要求

在图 4-97 中，被测要素 $\phi 20^{+1.5}_{0}$ mm 的孔相对 *A*、*D* 基准面的位置度为 ϕ0.5 mm，公差

带的理论位置由两理论正确尺寸 80 和 100 所确定。基准 D 为凸缘外圆 $\phi30_{-1.5}^{\ 0}$ mm 的轴线。因基准本身也采用最小实体要求，故基准 D 也应遵守最小实体实效边界，该边界的尺寸为最小实体实效尺寸，即 28.5 mm−0.5 mm=28 mm。当基准要素凸缘尺寸为 ϕ28 mm、被测要素孔尺寸为 ϕ21.5 mm 时，孔的位置度公差为 ϕ0.5 mm；当被测要素孔偏离最小实体尺寸时，被测要素孔的位置度可获得补偿而增加；当基准要素凸缘的外径尺寸偏离最小实体尺寸时，实际轮廓可浮动，而这种浮动可间接补偿给被测要素孔的位置度公差。

4．可逆要求

在最大实体要求或最小实体要求中，仅允许尺寸公差补偿给几何公差。若需要尺寸公差与几何公差两者之间可以互相补偿，则可应用可逆要求。

可逆要求在图样上的标记符号为Ⓡ，但可逆要求须与最大实体要求或最小实体要求一起使用，即不会单独出现Ⓡ，常是与Ⓜ或Ⓛ一起使用，如ⓂⓇ或ⓁⓇ。可逆要求不用于基准要素。

图 4-98(a)所表示的为最大实体要求与可逆要求联用的示例。当轴的实际直径为ϕ20 mm 时，被测要素的垂直度误差可为ϕ0.2 mm，如图 4-98(b)所示；当轴各处的实际直径偏离最大实体尺寸ϕ20 mm、为最小实体尺寸ϕ19.9 mm 时，偏离量可补偿给垂直度的误差为ϕ0.1 mm，即垂直度的最大值为ϕ0.3 mm。如图 4-98(c)所示；当轴线相对于基准 D 的垂直度小于ϕ0.2 mm 时，可给尺寸公差以补偿，如当垂直度误差为ϕ0.1 mm 时，实际直径可做到ϕ20.1 mm；当垂直度误差为ϕ0 mm 时，实际直径可为ϕ20.2 mm，如图 4-98(d)所示。此时轴的实际轮廓仍在被测要素所遵守的最大实体实效边界内。

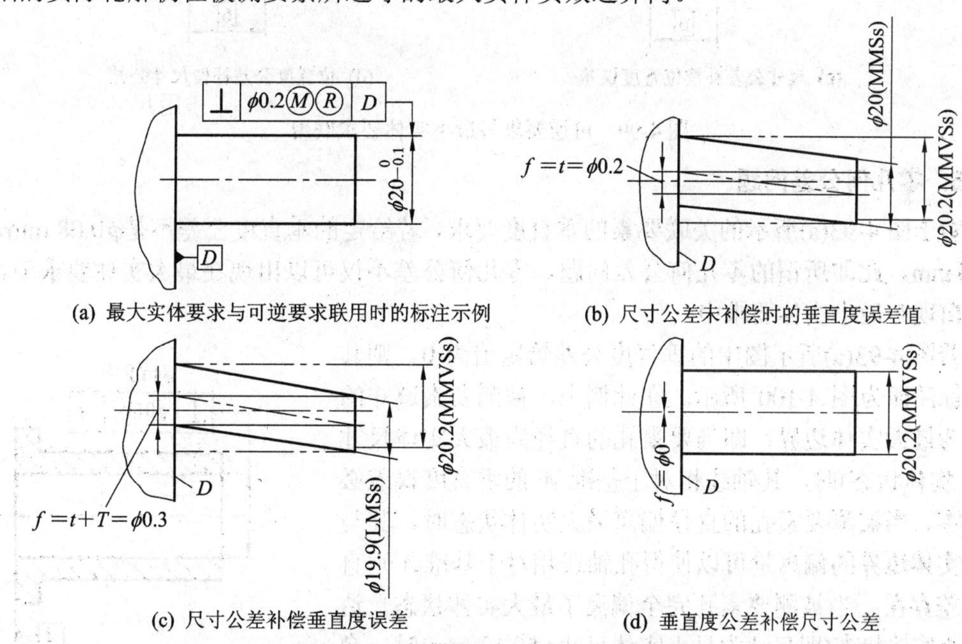

(a) 最大实体要求与可逆要求联用时的标注示例　(b) 尺寸公差未补偿时的垂直度误差值

(c) 尺寸公差补偿垂直度误差　(d) 垂直度公差补偿尺寸公差

图 4-98　可逆要求与最大实体要求联用

图 4-99(a)为可逆要求与最小实体要求联用的图样标注示例。当孔的实际直径为ϕ8.25 mm 时，其轴线的位置度可达ϕ0.4 mm，如图 4-99(b)所示。当孔的实际直径为最大实体尺寸ϕ8 mm 时，其轴线的位置度误差可为ϕ0.65 mm，如图 4-99(c)所示。当轴线的位置

度误差小于ϕ0.4 mm时，可将其剩余量补偿给尺寸，如当位置度误差为ϕ0.3 mm时，孔的实际直径可做到ϕ8.35 mm。当位置度误差为ϕ0.2 mm时，实际直径可为ϕ8.45 mm；而当位置度误差为ϕ0 mm 时，孔的实际直径可为ϕ8.65 mm，如图 4-99(d)所示。而此时被测要素仍为合格，因为被测要素未超出其最小实体实效边界。

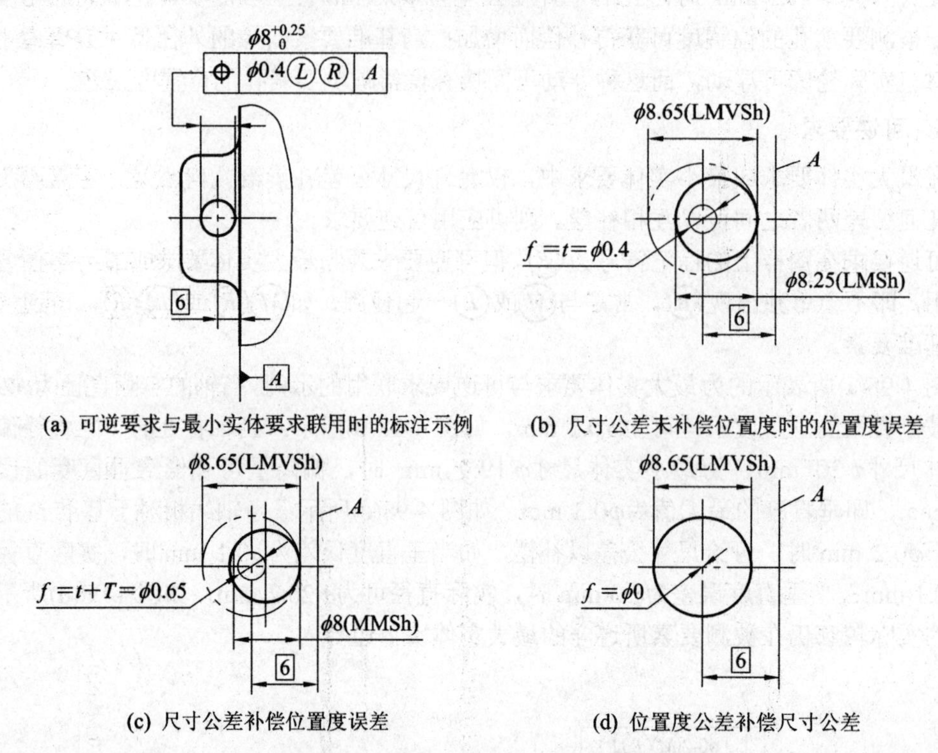

图 4-99　可逆要求与最小实体要求联用

5. 零几何公差问题

对于图 4-93(a)所示的关联要素的垂直度要求，若给定的垂直度公差不是ϕ0.08 mm，而是ϕ0 mm，此即所谓的零几何公差问题。零几何公差不仅可以出现在最大实体要求中，也可以出现在最小实体要求中。

若图 4-93(a)所示图中的垂直度公差给定值为 0，则其图样标注即为图 4-100 所示。在此例中，被测要素遵守的边界为最大实体边界，即当要素孔的直径为最大实体尺寸(最大实体状态)时，其轴线相对于基准 A 的垂直度误差必须为零。当被测要素孔的直径偏离最大实体状态时，其与最大实体边界的偏离量可以使得孔轴线相对于基准 A 垂直度误差存在；当被测要素孔完全偏离了最大实体状态、达到最小实体状态(即尺寸为最小实体尺寸ϕ50.13 mm)时，允许被测孔的轴线的垂直度误差为最大(ϕ0.13 mm)，即将全部尺寸公差变为垂直度误差。

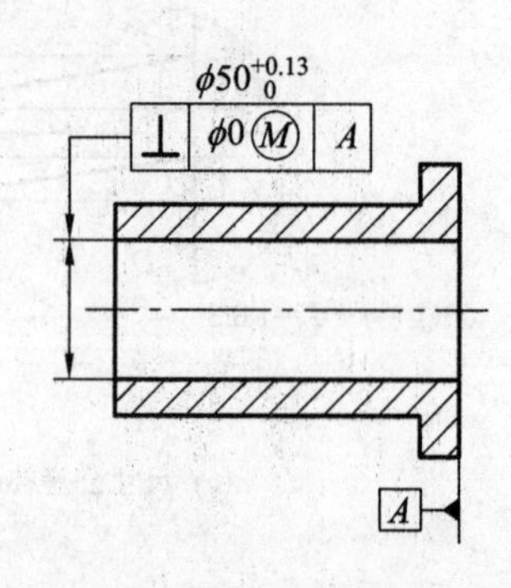

图 4-100　最大实体要求中的零几何公差图例

在图 4-100 中，因被测要素遵守的边界为最大实体边界，且分析的结果也与被测要素应用包容要求一样，故图 4-100 图例所示的情况可以视为包容要求的特例。

图 4-101(a)所示为最小实体要求中零件几何公差的图例。图中孔 $\phi39^{+1}_{0}$ mm 的轴线与外圆 $\phi51^{0}_{-0.5}$ mm 轴线的同轴度公差值为$\phi0$Ⓛ，即在最小实体状态下同轴度公差值为零，且对基准也应用了最小实体要求。

图 4-101(a)中的被测要素孔应遵守的边界为最小实体边界，对应的最小实体尺寸为$\phi40$ mm，而在该例中基准要素应遵守的边界为其最小实体边界。当基准圆柱面处于最小实体状态(即直径为ϕ 50.5 mm)时，其轴线不得有任何浮动。若此时被测孔也处于最小实体状态(即孔直径为$\phi40$ mm)，则被测孔轴线相对于基准轴线的同轴度误差为$\phi0$，如图 4-101(b)所示。

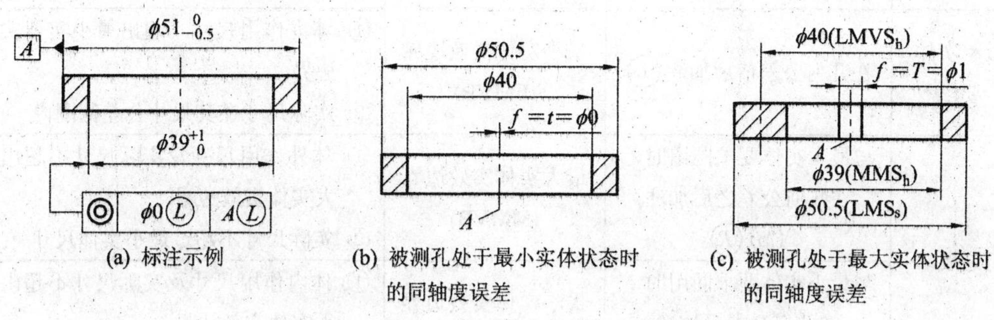

(a) 标注示例 (b) 被测孔处于最小实体状态时的同轴度误差 (c) 被测孔处于最大实体状态时的同轴度误差

图 4-101 最小实体要求中的零几何公差图例

当基准要素仍处于最小实体状态(直径为ϕ 50.5 mm)，被测孔偏离最小实体状态、达到最大实体状态(即孔直径为$\phi39$ mm)时，孔的直径偏离最小实体边界的量为 1 mm，此值可以补偿给被测要素，使得被测孔轴线的同轴度误差可为$\phi1$ mm，如图 4-101(c)所示。

若基准要素也偏离了最小实体状态，达到最大实体状态(即直径为ϕ 51 mm)，则其与其最小实体边界(其直径为ϕ 50.5 mm)的差值为 0.5 mm，即此时基准要素可以有ϕ 0.5 mm 的浮动区域。基准轴线的浮动，会使得被测孔的轴线相对于基准轴线的同轴度误差值发生改变，但两者均受各自的边界所控制。

4.4.3 独立原则

独立原则指被测要素的几何公差与被测要素的尺寸公差不发生关联。在图样标注时，无Ⓔ、Ⓜ、Ⓛ、Ⓡ等标记符号。图 4-86(a)所示为被测要素遵守独立原则的示例。

独立原则常用于非配合的零件，或对零件的尺寸精度要求低、而几何精度要求高的场合。这种情况下，应用独立原则后，可避免将尺寸公差补偿给几何公差，从而使零件的几何精度得以保证。应用独立原则后，对零件进行检测时，分别检测其实际尺寸是否在其尺寸公差范围内，及几何误差是否在其几何公差范围内。如对图 4-86(a)的零件进行检测时，只有分别判断了零件的实际直径在ϕ 29.9 mm～ϕ30 mm 内、零件轴线的直线度误差应不超过ϕ 0.05 mm，零件才算合格。

表 4-3 将公差原则所包含的要求与原则作一汇总，以便学习总结之用。在相关要求中，所要检测的对象均有两个，一个是被测要素的作用尺寸(体外作用尺寸或体内作用尺寸)，另一个是被测要素的实际尺寸。当被测要素遵守包容要求时，用光滑极限量规的通端体现

最大实体边界检验被测要素的体外作用尺寸的合格性；当被测要素遵守最大实体要求时，其体外作用尺寸合格性的检验用相应的功能量规。

表 4-3　公差原则汇总

要求(原则)名称	图样上的标注符号	所遵守的边界	应检测的对象
包容要求	在尺寸标注后加注Ⓔ	最大实体边界(MMB)	① 体外作用尺寸不超出最大实体边界 ② 实际尺寸在其尺寸公差范围内
最大实体要求	在几何公差值后加注Ⓜ	最大实体实效边界(MMVB)	① 体外作用尺寸不超出最大实体实效边界 ② 实际尺寸在其尺寸公差范围内
最小实体要求	在几何公差值后加注Ⓛ	最小实体实效边界(LMVB)	① 体内作用尺寸不超出最小实体实效边界 ② 实际尺寸在其尺寸公差范围内
可逆要求	与最大实体要求同用时，在几何公差之后加注ⓂⓇ	最大实体实效边界(MMVB)	① 体外作用尺寸及实际尺寸不超出最大实体实效边界 ② 实际尺寸不超过最小实体尺寸
	与最小实体要求同用时，在几何公差后加注ⓁⓇ	最小实体实效边界(LMVB)	① 体内作用尺寸及实际尺寸不超出最小实体实效边界 ② 实际尺寸不超过最大实体尺寸
独立原则	／	／	① 实际尺寸在其尺寸公差范围内 ② 几何误差不超出给定的几何公差

4.5　几何公差标注中的一些规定

在技术图样中，几何公差一般用框格方法表示。若用框格方法表示有困难，允许在技术要求中用文字说明。对于几何公差中的形状公差要求，只需两个框格，如图 4-4(a)的直线度要求：第一格用于放置形状公差符号，第二格用于放置形状公差值；而几何公差中的位置公差框格往往需要三个以上，如图 4-40(a)的平行度要求：第一格用于放置位置公差符号，第二格用于放置位置公差值及相关符号，第三格用于放置基准字母及相关符号，由于基准有可能不止一个，所以放置基准字母的框格可能会有多个。

基准符号的字母，用大写的拉丁字母表示，但不能用诸如 E、I、J、M、O、P、L、R、F 这些字母，以免与其他意义混淆。数字和字母的高度应与图样中常用数字的字体高度相同。几何公差的计量单位为 mm。

当给定的公差带为圆或圆柱面时，应在几何公差值前加注符号“ϕ”，如图 4-7(a)及图 4-42(a)等所示。当给定的公差带为球时，应在公差值前加注“$S\phi$”，如图 4-61(a)所示。

当某项公差应用于几个相同的要素时，应在公差框格的上方、被测要素的尺寸之前注明要素的个数，并在两者之间加上符号“×”，如图 4-102(a)。

需要对整个被测要素上的任意限定范围标注同样几何特征的公差时，可在公差值的后面加注限定范围的线性尺寸值，并在两者之间用斜线隔开，如图 4-102(b)所示。若是两项或两项以上同样几何特征的公差，可直接在整个要素公差框格的下方放置另一个公差框格，如图 4-102(c)所示。

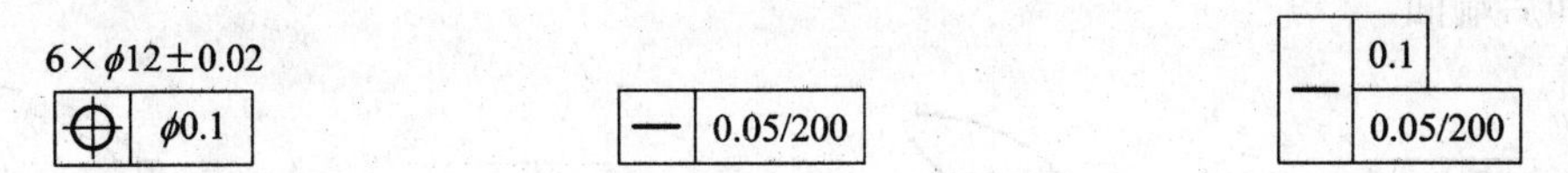

(a) 应用于多个要素的公差标注　(b) 任意限定范围的同样公差标注　(c) 两项及两项以上同样公差的标注

图 4-102　几何公差标注中的规定(一)

当几何公差涉及轮廓面时，框格的引出箭头可以指向轮廓引出线的水平线，引出线引自被测面，如图 4-103(a)所示。放置基准符号时，基准三角形也可以放置在轮廓引出线的水平线上，见图 4-103(b)。

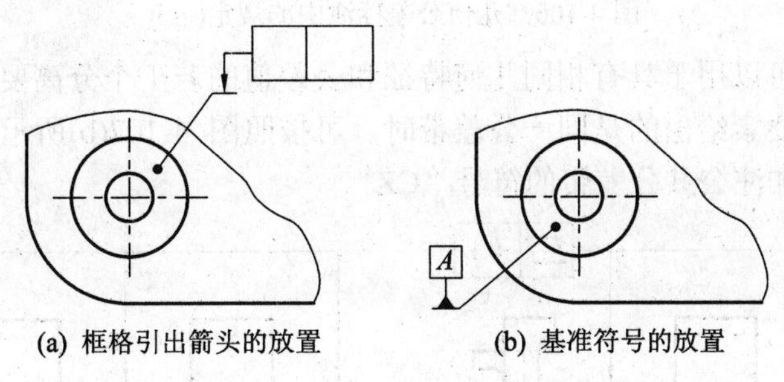

(a) 框格引出箭头的放置　(b) 基准符号的放置

图 4-103　几何公差标注中的规定(二)

如果给出的公差仅适用于要素的某一指定局部，则应采用粗点画线示出该局部的范围，并加注尺寸，如图 4-104(a)和图 4-104(b)所示；同样，如果只以要素的某一局部作基准，则应用粗点画线示出该部分并加注尺寸，如图 4-104(c)所示。

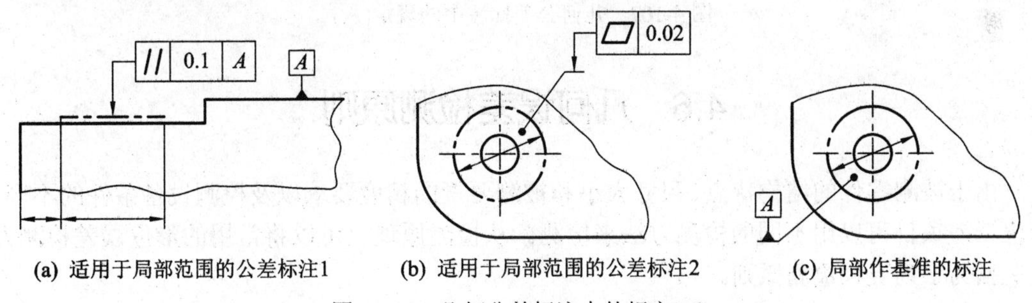

(a) 适用于局部范围的公差标注1　(b) 适用于局部范围的公差标注2　(c) 局部作基准的标注

图 4-104　几何公差标注中的规定(三)

以螺纹轴线为被测要素或基准要素时，默认为螺纹的中径圆柱的轴线，否则应另有说明，如用“MD”表示大径，用“LD”表示小径，如图 4-105 所示。以齿轮、花键轴线为被测要素或基准要素时，需说明所指的要素，如用“PD”表示节径，用“LD”表示小径。

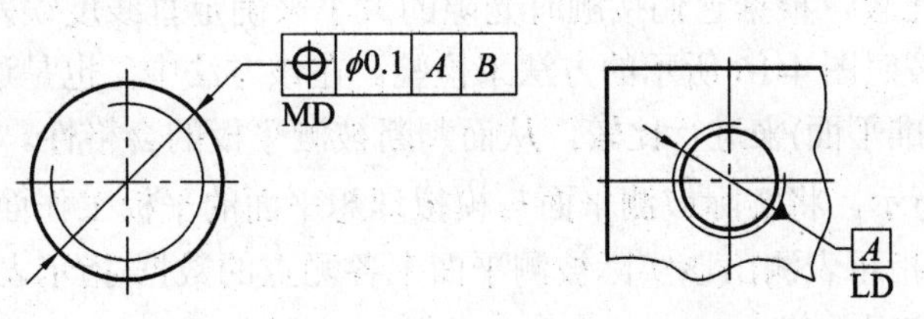

图 4-105　几何公差标注中的规定(四)

如果轮廓度特征适用于横截面的整周轮廓或由该轮廓所示的整周表面时，应采用“全周”符号表示，如图 4-106(a)和图 4-106(b)所示。“全周”符号并不包括整个工件的所有表面，只包括由轮廓和工程标注所表示的各个表面，如在图 4-106(b)中，整周表面便不包括前端面和后端面。

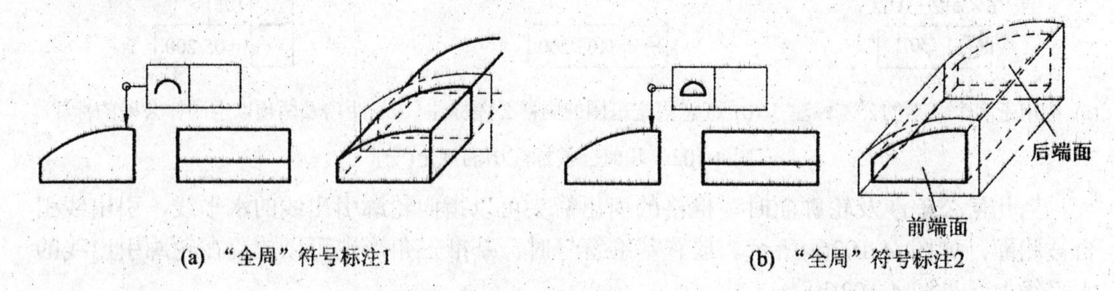

(a) “全周”符号标注1　　(b) “全周”符号标注2

图 4-106　几何公差标注中的规定(五)

一个公差框格可以用于具有相同几何特征和公差值的若干个分离要素，如图 4-107(a)所示；若干个分离要素给出的是同一公差带时，可按照图 4-107(b)所示标注，并在公差框格内公差值的后面加注公共公差带的符号“CZ”。

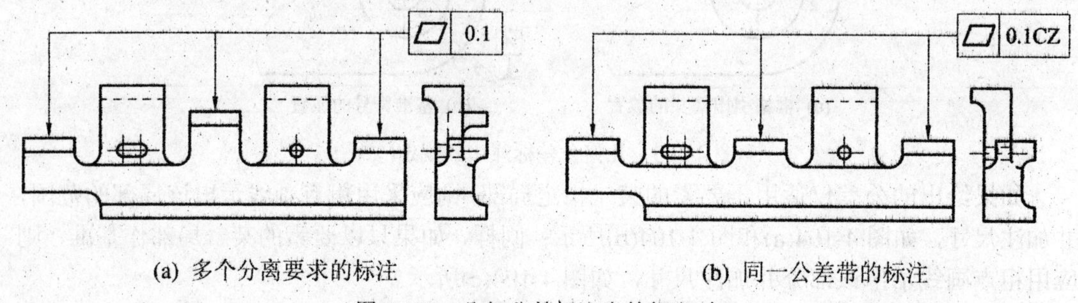

(a) 多个分离要求的标注　　(b) 同一公差带的标注

图 4-107　几何公差标注中的规定(六)

4.6　几何误差检测原则

由于被测零件的结构特点、尺寸大小和被测要素的精度要求以及检测设备条件的不同，形位误差项目可以用不同的检测方法来检测。从检测原理上可以将常用的形位误差检测方法概括为下列五种检测原则。

1. 与理想要素比较原则

与理想要素比较原则是指将实际被测要素与其理想要素作比较，在比较过程中获得比较结果，然后按此结果评定形位误差值。如图 4-9(a)所示，将实际被测直线与模拟理想直线的刀口尺刀刃相比较，根据它们接触时光隙的大小来确定直线度误差值。对于平面度误差的评定，也可以按照图 4-16 所示的方法来检验。在该方法中，也是通过对研将被测平面与检验平板(作为标准平面)来进行比较，从而判断被测平板的合格性。

再如图 4-19 所示，将实际被测平面与模拟理想平面的平板工作面相比较(平板工作面也是测量基准)，用指示表测出该实际被测平面上各测点的数据(指示表示值)，然后根据这些数据来确定平面度误差值。

2．测量坐标值原则

测量坐标值原则是指利用计量设备的坐标系测出实际被测要素上各测点在该坐标系的坐标值，再经过计算确定形位误差值。

如图 4-69 所示，将被测零件安放在坐标测量设备上，使得图 4-62(a)所示的零件的基准平面 C 和 B 分别与测量系统的 x 和 y 坐标轴方向一致；然后，测量出孔轴线实际位置的坐标值(x_0，y_0)，将该坐标值按 x、y 方向分别减去孔轴线对应的理论正确尺寸，可得到相应的偏差量 f_x 及 f_y，于是被测轴线的位置度误差值 f 可按下式求得：

$$f = 2\sqrt{{f_x}^2 + f_y^2}$$

但对于图 4-62(a)所示的位置度误差，因零件厚度的存在，故还需将被测零件翻转，再对其背面按照上述方法重复测量，然后取其中的误差较大值作为该零件的位置度误差。

3．测量特征参数原则

测量特征参数原则是指测量实际被测要素上具有代表性的参数，用它表示形位误差值。应用这种检测原则测得的形位误差值通常不是符合定义的误差值，而是近似值。

例如用图 4-28(a)所示的两点法测量圆柱面的圆度误差：先在同一横截面内的几个方向上测量直径，然后取相互垂直的两直径的差值中的最大值的一半作为该截面内的圆度误差值。这样评定出的圆度误差值不符合图 4-27(c)所示的定义，但因测量方便，在车间条件下常被采用。

4．测量跳动原则

跳动是按特定的测量方法来定义的位置误差项目。测量跳动原则是针对测量圆跳动和全跳动的方法而概括的检测原则。

参看图 4-76 所示的径向圆跳动测量示意图，图中将被测零件的基准圆柱面放置在 V 型架上。实际被测圆柱面绕基准轴线回转一周的过程中，被测圆柱面所具有的同轴度误差和圆度误差使位置固定的指示表测头沿被测圆周作径向移动，指示表最大示值与最小示值之差即为径向圆跳动的数值。在实际测量中，由于形状误差往往小于位置误差，故在零件的圆度误差可以忽略不计时，常用测量径向圆跳动的方法来评定同轴度误差。

对于图 4-77 所示的端面圆跳动测量示意图，实际被测端面绕基准轴线回转一周的过程中，位置固定的指示表的测头沿被测端面作轴向移动，指示表最大示值与最小示值之差即为端面圆跳动的数值。端面圆跳动的值包含了被测端面的垂直度误差和平面度误差。当平面度误差可以忽略不计时，常用评定端面圆跳动的方法来评定被测端面相对于基准轴线的垂直度误差。

5．控制边界原则

按包容要求或最大实体要求给出几何公差时，就给定了最大实体边界或最大实体实效边界，并要求被测要素的实际轮廓不得超出该边界。边界控制原则是指用光滑极限量规的通规来模拟最大实体边界，或用功能量规的检验部分模拟体现图样上给定的最大实体实效边界来检测实际被测要素。若被测要素的实际轮廓能被量规通过，则表示合格，否则不合格。

如对于图4-71(a)所示的位置度要求，对其应用最大实体要求后，可用图4-71(b)所示的功能量规进行检验。检验时若功能量规的基准测销和固定测销插入零件中，则将活动测销插入其余孔中。若测销均能插入零件和量规的对应孔中，零件的位置度要求即被判为合格。

4.7 几何公差应用

4.7.1 几何公差项目及几何公差基准的选择

几何公差项目的选择首先要能满足零件的功能要求，在此前提下应尽量选用易于检测的项目，之后再尽量选择有综合控制功能的项目，以减少图样上给出的形位公差项目及相应的形位误差检测项目。

例如，圆柱形零件可选圆度、圆柱度、轴线的直线度及素线的直线度等；平面零件可选平面度；窄长平面可选直线度；槽类零件可选对称度；阶梯轴、孔可选同轴度等。根据零件的不同功能要求，给出不同的几何公差项目。例如，对于圆柱形零件，当仅需顺利装配时，可选轴线的直线度；如果孔轴之间有相对运动，应均匀接触；或为保证密封性，应标注圆柱度公差以综合控制圆度、素线直线度和轴线直线度。又如，为保证机床工作台或刀架运动轨迹的精度，应对导轨提出直线度要求；对于安装齿轮轴的箱体孔，为保证齿轮的正确啮合，需要提出孔轴线的平行度要求；为使箱体、端盖等零件能使用螺栓孔顺利装配，应规定孔组位置度公差等。

确定形位公差特征项目时，还要考虑检测的方便性和经济性。例如，轴类零件可用径向全跳动控制圆柱度、同轴度。不过应注意，径向跳动是同轴度误差与圆柱面形状误差的综合结果，故当同轴度由径向跳动代替时，给出的跳动公差值应略大于同轴度公差值，否则就会要求过严。也可用端面全跳动代替端面对轴线的垂直度，因为全跳动检测既方便，又能较好地控制相应的形位误差。

若从设计角度考虑，公差项目中的基准应根据实际要素的功能要求及要素间的几何关系来选择基准。例如，旋转轴通常以与轴承配合的轴颈表面作为基准或以轴线作为基准。若从装配关系考虑，则应选择零件相互配合、相互接触的表面作为各自的基准，以保证零件的正确装配。若从加工、检测角度考虑，则应选择在工夹量具中定位的相应表面作为基准，并考虑这些表面作基准时应便于设计工具、夹具和量具，还应尽量使检测基准与设计基准统一。

当被测要素的方向需采用多基准定位时，可选用组合基准或三基面体系，也可从被测要素的使用要求考虑基准要素的顺序。

4.7.2 公差原则的选择

选用公差原则，主要是从被测要素的功能要求、零件尺寸大小和检测方便角度来考虑，并应充分利用给出的尺寸公差带。此外还应考虑存在用被测要素的几何公差补偿其尺寸公差的可能性。

按独立原则给出的几何公差值是固定的，不允许几何误差值超出图样上标注的几何公差值；而按相关要求给出的几何公差是可变的，在遵守给定边界的条件下，允许几何公差值增大。有时独立原则、包容要求和最大实体要求都能满足某种同一功能要求，但在选用它们时应注意到它们的经济性和合理性。独立原则、包容要求、最大实体要求的主要应用范围已分别在其相关章节中做过介绍。

对于保证最小壁厚不小于某个极限值和表面至理想中心的最大距离不大于某个极限值等功能要求，不可能应用最大实体要求来满足，也不适宜应用独立原则来满足，而应该选用最小实体要求来满足。

以独立原则与包容要求的选择为例，它们的应用可从以下几方面考虑：

(1) 首先从尺寸公差带的利用方面进行分析可以看出，孔或轴采用包容要求时，它的实际尺寸与形状误差之间可以相互调整(补偿)，从而使整个尺寸公差带得到充分利用、技术经济效益较高。但另一方面，包容要求所允许的几何误差的大小完全取决于实际尺寸偏离最大实体尺寸的数值。如果孔或轴的实际尺寸处处皆为最大实体尺寸或者趋近于最大实体尺寸，那么，它必须具有理想形状或者接近于理想形状才合格，而实际上极难加工出这样精确的形状。

(2) 从配合均匀性方面进行分析可知，按独立原则对孔或轴给出一定的形状公差和尺寸公差后，若尺寸公差数值小于按包容要求给出的尺寸公差数值，使得按独立原则加工的孔或轴的体外作用尺寸等于按包容要求确定的孔或轴最大实体边界尺寸(即最大实体尺寸)，则独立原则和包容要求都能满足指定的同一配合性质。由于采用独立原则时不允许形状误差值大于其形状公差值，而采用包容要求时则允许形状误差值达到尺寸公差数值，且孔与轴的配合均匀性与它们的形状误差的大小有着密切的关系，因此从保证配合均匀性来看，采用独立原则比采用包容要求好。

(3) 若从零件尺寸大小和检测方便角度来看，对于中、小型零件而言，按包容要求用最大实体边界控制形状误差便于使用光滑极限量规检验。但是，对于大型零件，就很难使用笨重的光滑极限量规检验了。在这种情况下，按独立原则的要求进行检测会比较容易实现。

以上对包容要求的分析也适用于最大实体要求。

4.7.3 几何公差值的选择

1. 几何公差的等级

GB/T 1184—1996 的附录中，为直线度、平面度、圆度、圆柱度、平行度、垂直度、倾斜度、同轴度、对称度、圆跳动和全跳动公差等几何公差项目分别规定了公差等级及对应的公差值。除过圆度和圆柱度外，几何公差等级一般分为 12 级，它们分别用阿拉伯数字 1，2，…，12 表示。其中 1 级最高，精度依次降低，即 12 级最低。此外，还规定了位置度公差值数系。GB/T 1184—1996 将圆度和圆柱度的公差等级分别规定成 13 级，它们也分别用阿拉伯数字 0，1，2，…，12 表示。其中 0 级最高，精度依次降低，即 12 级最低。

几何公差有其基本级。对于直线度、平面度、平行度、垂直度、倾斜度而言，其基本级为 6 级；对于圆度、圆柱度、同轴度、对称度及圆跳动而言，其基本级为 7 级。

表 4-4～表 4-7 列出了部分几何公差等级的应用场合，以供选择时作为参考。

表 4-4　直线度、平面度公差等级的应用举例

公差等级	应 用 举 例
5	1 级平板，2 级宽平尺，平面磨床的纵导轨、垂直导轨、立柱导轨及工作台，液压龙门刨床和六角车床床身导轨，柴油机进气、排气阀门导杆
6	普通机床导轨，如普通车床、龙门刨床、滚齿机、自动车床等的床身导轨和立柱导轨，柴油机壳体
7	2 级平板，机床主轴箱，摇臂钻床底座和工作台，镗床工作台，液压泵盖，减速器壳体结合面
8	机床传动箱体，交换齿轮箱体，车床溜板箱体，连杆分离面，汽车发动机缸盖与气缸体结合面，液压管件和法兰连接面
9	3 级平板，自动车床床身底面，摩托车曲轴箱体，汽车变速箱壳体，手动机械的支承面

表 4-5　圆度、圆柱度公差等级的应用举例

公 差 等 级	应 用 举 例
5	一般计量仪器主轴、测杆外圆柱面，陀螺仪轴颈，一般机床主轴轴颈及主轴轴承孔，柴油机、汽油机活塞、活塞销，与 6 级滚动轴承配合的轴颈
6	仪表端盖外圆柱面，一般机床主轴及前轴承孔，泵、压缩机的活塞、气缸，汽油发动机凸轮轴，纺机锭子，减速器转轴轴颈，高速船用柴油机、拖拉机曲轴主轴颈，与 6 级滚动轴承配合的外壳孔，与 0 级滚动轴承配合的轴颈
7	大功率低速柴油机的曲轴轴颈、活塞、活塞销、连杆和气缸，高速柴油机箱体轴承孔，千斤顶或压力油缸活塞，机车传动轴，水泵及通用减速器转轴轴颈，与 0 级滚动轴承配合的外壳孔
8	大功率低速发动机曲轴轴颈，压气机的连杆盖、连杆体，拖拉机的气缸、活塞，炼胶机冷铸轴辊，印刷机传墨辊，内燃机曲轴轴颈，柴油机凸轮轴轴承孔、凸轮轴，拖拉机、小型船用柴油机气缸套
9	空气压缩机缸体，液压传动筒，通用机械杠杆与拉杆用的套筒销，拖拉机的活塞环和套筒孔

表 4-6　平行度、垂直度、倾斜度、端面跳动公差等级的应用举例

公 差 等 级	应 用 举 例
4、5	普通车床导轨、重要支承面，机床主轴轴承孔对基准的平行度，精密机床重要零件，计量仪器、量具、模具的基准面和工作面，机床主轴箱箱体重要孔，通用减速器壳体孔，齿轮泵的油孔端面，发动机轴和离合器的凸缘，气缸支承端面，安装精密滚动轴承的壳体孔的凸肩
6、7、8	一般机床的基准面和工作面，压力机和锻锤的工作面，中等精度钻模的工作面，机床一般轴承孔对基准的平行度，变速器箱体孔，主轴花键对定心表面轴线的平行度，重型机械滚动轴承端盖，卷扬机、手动传动装置中的传动轴，一般导轨，主轴箱箱体孔，刀架、砂轮架、气缸配合面对基准轴线以及活塞销孔对活塞轴线的垂直度，滚动轴承内、外圈端面对基准轴线的垂直度
9、10	低精度零件，重型机械滚动轴承端盖，柴油机、煤气发动机箱体曲轴孔、曲轴轴颈，花键轴和轴肩端面，带式运输机法兰盘等端面对基准轴线的垂直度，手动卷扬机及传动装置中轴承孔端面，减速器壳体平面

表 4-7 同轴度、对称度、径向跳动公差等级的应用举例

公差等级	应用举例
5、6、7	这是应用范围较广的公差等级，用于形位精度要求较高、尺寸的标准公差等级≤IT8的零件。5 级常用于机床主轴轴颈、计量仪器的测杆、涡轮机主轴、柱塞油泵转子、高精度滚动轴承外圈及一般精度滚动轴承内圈。7 级用于内燃机曲轴、凸轮轴、齿轮轴、水泵轴、汽车后轮输出轴、电机转子、印刷机传墨辊的轴颈、键槽
8、9	常用于形位精度要求一般、尺寸的标准公差等级为 IT9 至 IT11 的零件。8 级用于拖拉机发动机分配轴轴颈，与 9 级精度以下齿轮相配的轴、水泵叶轮、离心泵体、棉花精梳机前后滚子，键槽等。9 级用于内燃机气缸套配合面，自行车中轴

2. 几何公差值的选用

在选用几何公差值时，应考虑到有关误差的特性。如被测要素为平面，基准要素也为平面时，平面的平面度误差往往小于其与基准平面的平行度误差，而平行度误差又小于与基准平面的尺寸误差。公差用于限定误差，故给定相关公差值时，也应遵循误差大小间的规律，即形状公差值应小于位置公差，而位置公差应小于尺寸公差：

$$t_{\text{形状}} < t_{\text{位置}} < T_{\text{尺寸}}$$

几何公差值 t 与主参数尺寸公差值 IT 之间也具有对应关系(主参数为从几何公差表中查取几何公差值时所使用的尺寸)，见表 4-8。

表 4-8 几何公差值与主参数尺寸公差值的大致对应关系

几何精度要求高时	$t\approx 25\%$IT
几何精度中等要求时	$t\approx 50\%$IT
几何精度要求低时	$t\approx 75\%$IT

若几何精度的公差等级已确定，也可从相关的表格中直接查取对应的几何公差值。几何公差值的相关表格见表 4-9～表 4-12。

表 4-9 直线度和平面度公差值(摘自 GB/T 1184—1996)

主参数 L /mm	公差等级											
	1	2	3	4	5	6	7	8	9	10	11	12
	公差值/μm											
≤10	0.2	0.4	0.8	1.2	2	3	5	8	12	20	30	60
＞10～16	0.25	0.5	1	1.5	2.5	4	6	10	15	25	40	80
＞16～25	0.3	0.6	1.2	2	3	5	8	12	20	30	50	100
＞25～40	0.4	0.8	1.5	2.5	4	6	10	15	25	40	60	120
＞40～63	0.5	1	2	3	5	8	12	20	30	50	80	150
＞63～100	0.6	1.2	2.5	4	6	10	15	25	40	60	100	200
＞100～160	0.8	1.5	3	5	8	12	20	30	50	80	120	250
＞160～250	1	2	4	6	10	15	25	40	60	100	150	300
＞250～400	1.2	2.5	5	8	12	20	30	50	80	120	200	400
＞400～630	1.5	3	6	10	15	25	40	60	100	150	250	500
＞630～1000	2	4	8	12	20	30	50	80	120	200	300	600

主参数 L 图例如下：

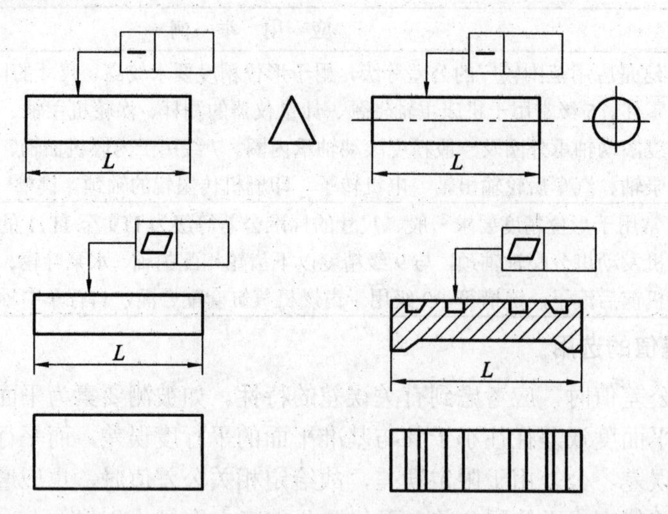

表 4-10　圆度和圆柱度公差值(摘自 GB/T 1184—1996)

主参数 $d(D)$ /mm	公差等级												
	0	1	2	3	4	5	6	7	8	9	10	11	12
	公差值/μm												
≤3	0.1	0.2	0.3	0.5	0.8	1.2	2	3	4	6	10	14	25
＞3～6	0.1	0.2	0.4	0.6	1	1.5	2.5	4	5	8	12	18	30
＞6～10	0.12	0.25	0.4	0.6	1	1.5	2.5	4	6	9	15	22	36
＞10～18	0.15	0.25	0.5	0.8	1.2	2	3	5	8	11	18	27	43
＞18～30	0.2	0.3	0.6	1	1.5	2.5	4	6	9	13	21	33	52
＞30～50	0.25	0.4	0.6	1	1.5	2.5	4	7	11	16	25	39	62
＞50～80	0.3	0.5	0.8	1.2	2	3	5	8	13	19	30	46	74
＞80～120	0.4	0.6	1	1.5	2.5	4	6	10	15	22	35	54	87
＞120～180	0.6	1	1.2	2	3.5	5	8	12	18	25	40	63	100
＞180～250	0.8	1.2	2	3	4.5	7	10	14	20	29	46	72	115
＞250～315	1.0	1.6	2.5	4	6	8	12	16	23	32	52	81	130
＞315～400	1.2	2	3	5	7	9	13	18	25	36	57	89	140
＞400～500	1.5	2.5	4	6	8	10	15	20	27	40	63	97	155

主参数 $d(D)$ 图例如下：

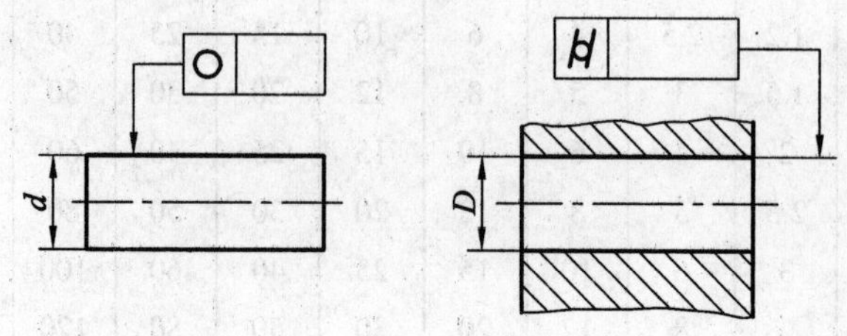

表 4-11　平行度、垂直度、倾斜度公差值(摘自 GB/T 1184—1996)

主参数 L、$d(D)$ /mm	公差等级 1	2	3	4	5	6	7	8	9	10	11	12
	公差值/μm											
≤10	0.4	0.8	1.5	3	5	8	12	20	30	50	80	120
>10～16	0.5	1	2	4	6	10	15	25	40	60	100	150
>16～25	0.6	1.2	2.5	5	8	12	20	30	50	80	120	200
>25～40	0.8	1.5	3	6	10	15	25	40	60	100	150	250
>40～63	1	2	4	8	12	20	30	50	80	120	200	300
>63～100	1.2	2.5	5	10	15	25	40	60	100	150	250	400
>100～160	1.5	3	6	12	20	30	50	80	120	200	300	500
>160～250	2	4	8	15	25	40	60	100	150	250	400	600
>250～400	2.5	5	10	20	30	50	80	120	200	300	500	800
>400～630	3	6	12	25	40	60	100	150	250	400	600	1000
>630～1000	4	8	15	30	50	80	120	200	300	500	800	1200

主参数 L，$d(D)$图例如下：

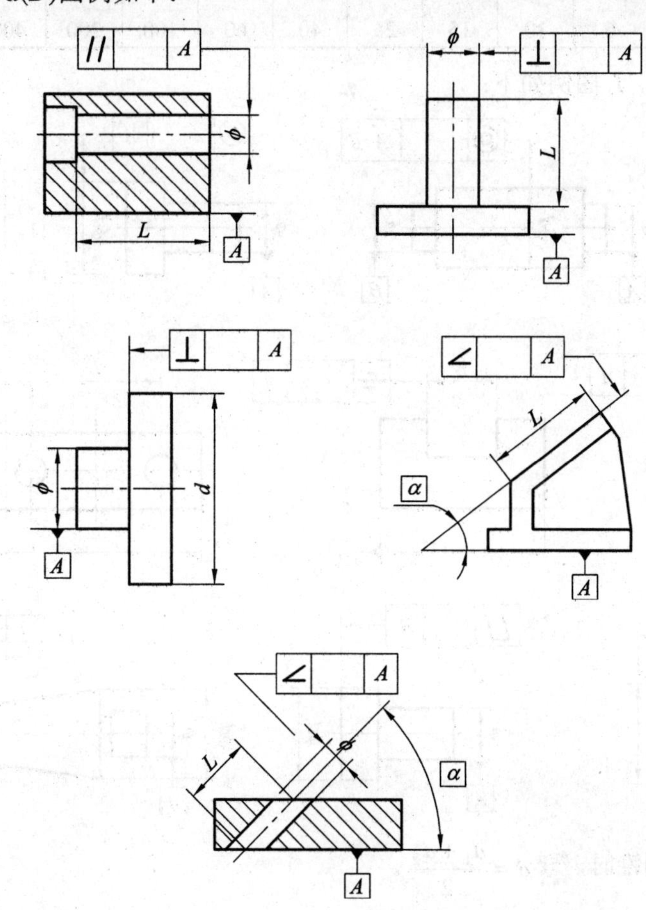

表 4-12　同轴度、对称度、圆跳动和全跳动公差值(摘自 GB/T 1184—1996)

主参数	公差等级											
$d(D)$，B，L	1	2	3	4	5	6	7	8	9	10	11	12
/mm	公差值/μm											
≤1	0.4	0.6	1	1.5	2.5	4	6	10	15	25	40	60
＞1～3	0.4	0.6	1	1.5	2.5	4	6	10	20	40	60	120
＞3～6	0.5	0.8	1.2	2	3	5	8	12	25	50	80	150
＞6～10	0.6	1	1.5	2.5	4	6	10	15	30	60	100	200
＞10～18	0.8	1.2	2	3	5	8	12	20	40	80	120	250
＞18～30	1	1.5	2.5	4	6	10	15	25	50	100	150	300
＞30～50	1.2	2	3	5	8	12	20	30	60	120	200	400
＞50～120	1.5	2.5	4	6	10	15	25	40	80	150	250	500
＞120～250	2	3	5	8	12	20	30	50	100	200	300	600
＞250～500	2.5	4	6	10	15	25	40	60	120	250	400	800
＞500～800	3	5	8	12	20	30	50	80	150	300	500	1000
＞800～1250	4	6	10	15	25	40	60	100	200	400	600	1200

主参数 $d(D)$、B、L 图例如下：

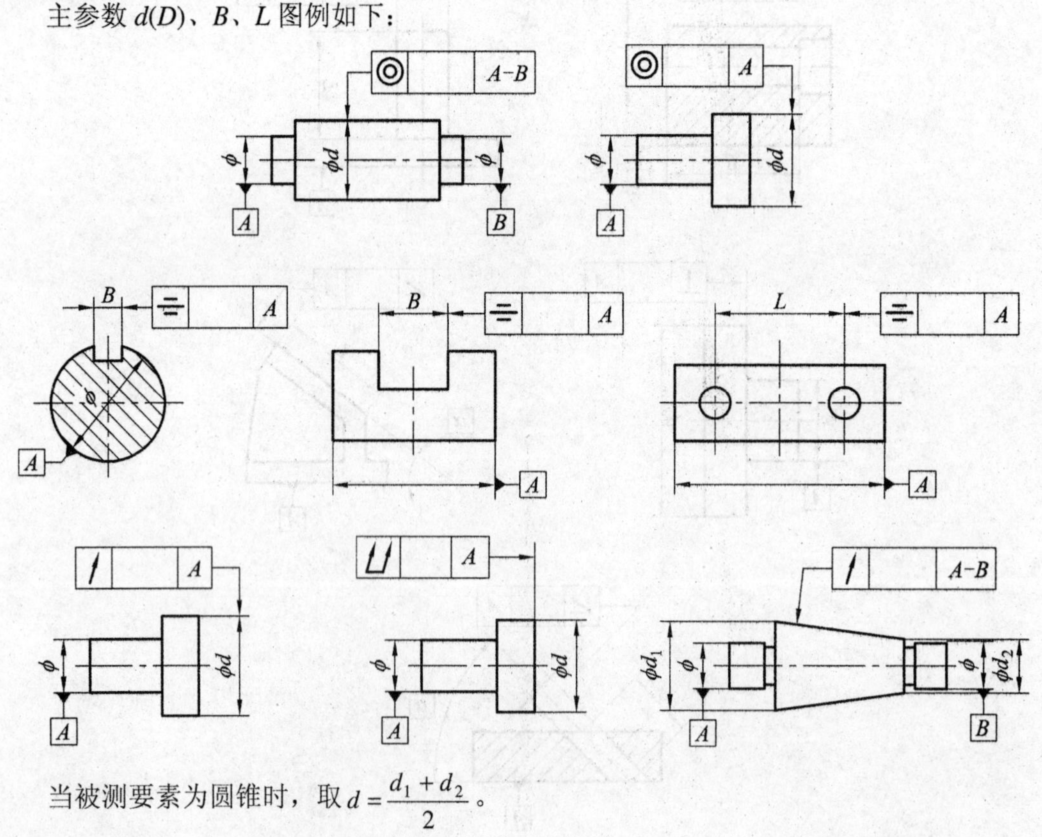

当被测要素为圆锥时，取 $d=\dfrac{d_1+d_2}{2}$。

对于已确定的几何公差值，常需要再根据零件的结构特点作适当的修改。如对于刚性较差的细长轴，其圆柱度误差不易控制；而跨度较大的孔或轴，其同轴度误差不易控制，对于此类情况，需较正常情况降低 1～2 级几何公差等级。

位置度公差值通常需要计算后再确定。当用螺栓或螺钉连接的两个零件时，被连接零件的位置度计算方法有下面两种。

(1) 若用螺栓连接的两零件上均为光孔，且孔径大于螺栓的直径，两者之间的最小间隙为 X_{min}，则位置度公差值为

$$t=X_{min} \tag{4-9}$$

(2) 若用螺栓连接的两个零件一个为光孔，另一个为螺孔，且孔径大于螺栓的直径，两者之间的最小间隙为 X_{min}，则位置度公差值为

$$t=0.5X_{min} \tag{4-10}$$

计算值经圆整后按照表 4-13 的数系来选取标准的公差值。若被连接零件之间需要调整，则位置度公差值应适当减小。

表 4-13　位置度数系

1	1.2	1.5	2	2.5	3	4	5	6	8
1×10^n	1.2×10^n	1.5×10^n	2×10^n	2.5×10^n	3×10^n	4×10^n	5×10^n	6×10^n	8×10^n

注：n 为整数。

3. 未注几何公差值的选用

图样上没有单独注出形位公差的要素也有形位精度要求，但要求偏低。同一要素的未注形位公差与尺寸公差的关系采用独立原则。

应当指出，由于诸如平行度、垂直度等方向公差能自然地用其公差带控制同一要素的形状误差，因此，对于注出方向公差的要素，就不必考虑该要素的未注形状公差。又由于位置公差能自然地用其公差带控制同一要素的形状误差和方向误差，因此，对于注出定位公差的要素，就不必考虑该要素的未注形状公差和未注方向公差。此外，要求采用的相关要求的要素的实际轮廓不得超出给定的边界，因此所有未对该要素单独注出的形位公差都应遵守这一边界。

GB/T 1184—1996 对未注形位公差作了如下规定：

(1) 直线度、平面度、垂直度、对称度和圆跳动的未注公差各分 H、K 和 L 三个公差等级(它们的数值分别见表 4-14～表 4-17)。其中 H 级最高，L 级最低。

(2) 圆度的未注公差值等于直径的尺寸公差值。圆柱度的未注公差可用圆柱面的圆度、素线直线度和相对素线间的平行度的未注公差三者综合代替。因为圆柱度误差由圆度、素线直线度和相对素线间的平行度误差等三部分组成，所以其中每一项误差可分别由各自的未注公差控制。

(3) 平行要素的平行度的未注公差值等于平行要素间距离的尺寸公差值，或者等于该要素的平面度或直线度未注公差值。且取值应取这两个公差值中的较大值，基准要素则应选取要求平行的两个要素中的较长者。如果这两个要素的长度相等，则其中任何一个要素都可作为基准要素。

(4) 同轴度未注公差值的极限可以等于径向圆跳动的未注公差值，且应选取要求同轴线的两要素中的较长者作为基准要素。如果这两个要素的长度相等，则其中任何一个要素都可作为基准要素。

(5) 倾斜度的未注公差可以采用适当的角度公差来代替。对于轮廓度和位置度要求而言，若不标注理论正确尺寸和形位公差，而标注坐标尺寸，则按坐标尺寸的规定处理。

未注形位公差值应由生产单位根据零件的特点和生产单位的具体工艺条件自行选定，并在有关技术文件中予以明确。采用 GB/T 1184—1996 规定的未注形位公差值时，应在图样上标题栏附近或技术要求中注出标准号和所选用公差等级的代号(中间用短横线“—”分开)。例如，选用 K 级时的标注为

未注形位公差按 GB/T1184—K

表 4-14　直线度和平面度的未注公差值(GB/T 1184—1996)　　mm

公差等级	基本长度范围					
	≤10	>10～30	>30～100	>100～300	>300～1000	>1000～3000
H	0.02	0.05	0.1	0.2	0.3	0.4
K	0.05	0.1	0.2	0.4	0.6	0.8
L	0.1	0.2	0.4	0.8	1.2	1.6

注：对于直线度，应按照其相应线的长度选取公差值；对于平行度，应按照其表面较长的一侧或圆表面的直径选择公差值。

表 4-15　垂直度未注公差值(GB/T 1184—1996)　　mm

公差等级	基本长度范围			
	≤100	>100～300	>300～1000	>1000～3000
H	0.2	0.3	0.4	0.5
K	0.4	0.6	0.8	1
L	0.6	1	1.5	2

注：取形成直角的两边中较长的一边作为基准要素，较短的一边作为被测要素；若两边的长度相等，可取其中的任意一边作为基准要素。

表 4-16　对称度未注公差值(GB/T 1184—1996)　　mm

公差等级	基本长度范围			
	≤100	>100～300	>300～1000	>1000～3000
H	0.5			
K	0.6		0.8	1
L	0.6	1	1.5	2

注：取应对称两要素中较长者作为基准要素，较短者作为被测要素；若两要素的长度相等，则可取其中的任一要素作为基准要素。

表 4-17　圆跳动未注公差值(GB/T 1184—1996)　　mm

公　差　等　级	圆　跳　动　公　差　值
H	0.1
K	0.2
L	0.5

注：本表也可用于同轴度的未注公差值。应以设计或工艺给出的支承面作为基准要素，否则应取同轴线两要素中较长者作为基准要素。若两要素的长度相等，则可取其中的任一要素作为基准要素。

习　题

1. 习题图 4-1 所示销轴的三种几何公差标注，它们的公差带有何不同？

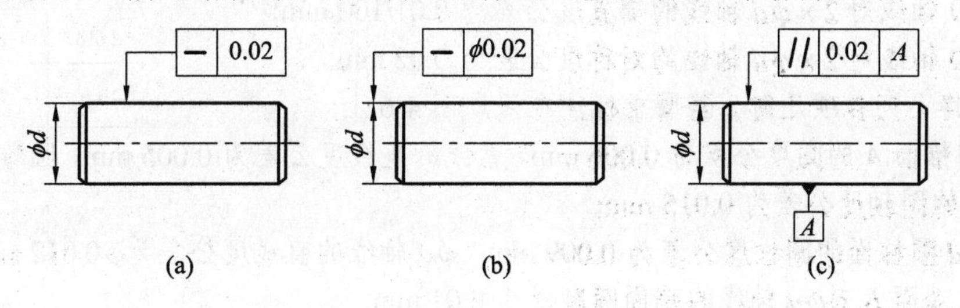

习题图 4-1

2. 习题图 4-2 所示的零件标注的位置公差项目不同，它们所要控制的位置误差区别何在？试加以分析说明。

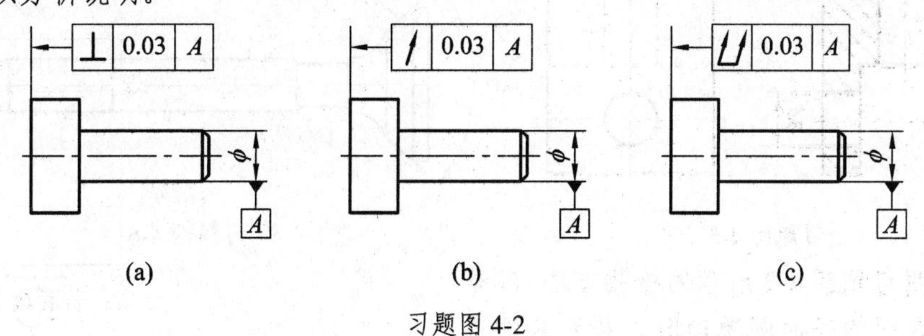

习题图 4-2

3. 习题图 4-3 所示的两种零件标注了不同的位置公差项目，它们的要求有何不同？

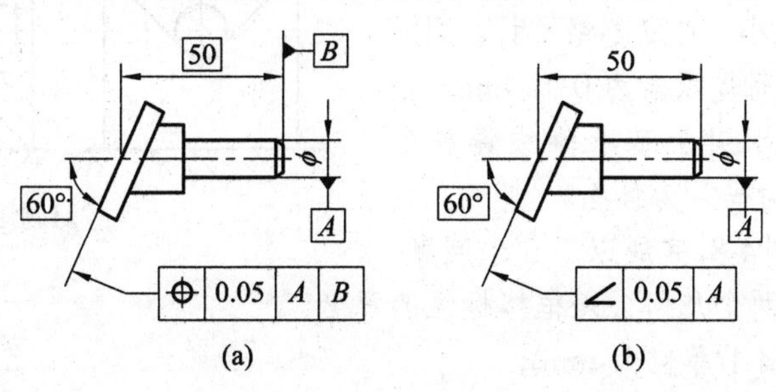

习题图 4-3

4. 试将下列各项几何公差要求标注在习题图4-4上：

(1) ϕ100h8 圆柱面对ϕ40H7 孔轴线的径向圆跳动公差为 0.018 mm；

(2) ϕ40H7 孔遵守包容要求、圆柱度公差为0.007 mm；

(3) 左、右两凸台端面对ϕ40H7 孔轴线的端面圆跳动公差均为 0.012 mm；

(4) 轮毂键槽对ϕ40H7 孔轴线的对称度公差为 0.02 mm。

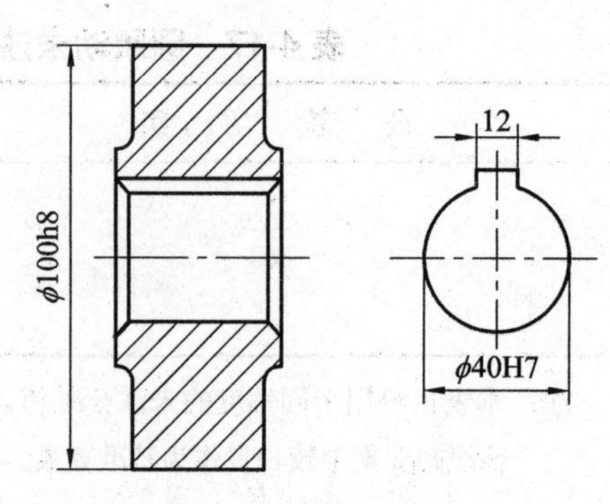

习题图 4-4

5. 试将下列各项几何公差要求标注在习题图 4-5 上：

(1) $2\times\phi d$ 轴线对其公共轴线的同轴度公差均为 0.02 mm；

(2) ϕD 轴线对 $2\times\phi d$ 轴线的垂直度公差为 0.01/100 mm；

(3) ϕD 轴线对 $2\times\phi d$ 轴线的对称度公差为 0.02 mm。

6. 试将下列各项几何公差要求标注在习题图 4-6 上：

(1) 圆锥面 A 的圆度公差为 0.006 mm，素线的直线度公差为 0.005 mm，圆锥面 A 轴线对ϕd 轴线的同轴度公差为 0.015 mm；

(2) ϕd 圆柱面的圆柱度公差为 0.009 mm，ϕd 轴线的直线度公差为ϕ0.012 mm；

(3) 右端面 B 对ϕd 轴线的端面圆跳动为 0.01 mm。

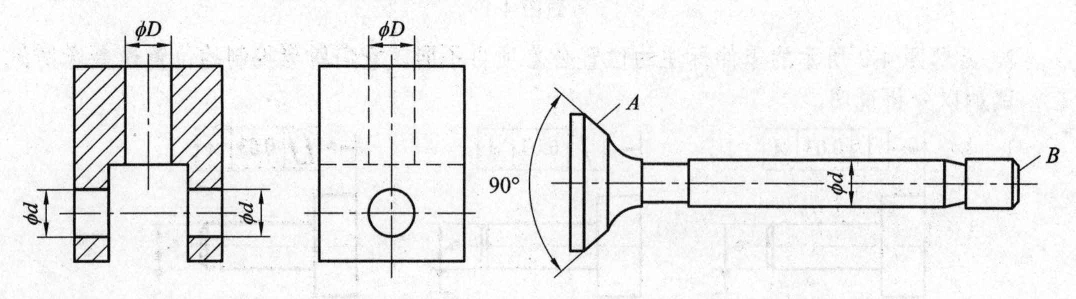

习题图 4-5

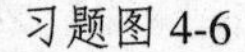
习题图 4-6

7. 按照习题图 4-7 所示的检测方法，测量被测实际表面的径向圆跳动时，指示表的最大与最小读数之差为 0.02 mm。由于被测实际表面的形状误差很小，可以忽略不计，因而有人说该圆柱面的同轴度误差为 0.01 mm，因为该圆柱面的轴线相对于基准轴线偏移了0.01 mm，这种说法对吗？为什么？

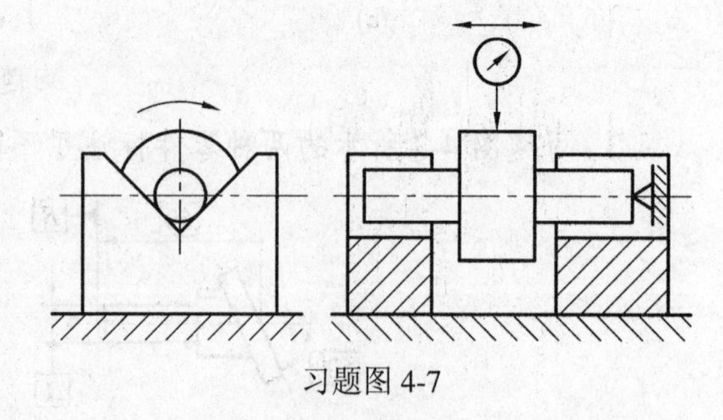
习题图 4-7

8. 试针对习题图4-8，完成以下三个问题：

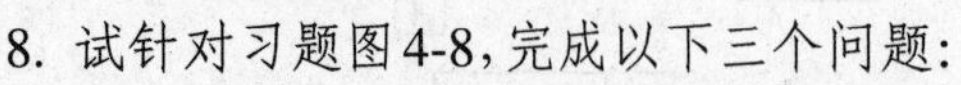
(1) 试说明图上两个几何公差框格标注的意义；

(2) 完成习题表 4-1(单位为 mm)；

(3) 若轴的实际尺寸为ϕ79.990 mm，轴的轴线对孔的轴线偏离了 0.009 mm，该零件是否合格？为什么？

习题表　4-1

	公差原则	理想边界名称	边界尺寸/mm	最大实体尺寸/mm	最小实体尺寸/mm	最大实体状态下的几何公差值/mm	最小实体状态下的几何公差值/mm	实际尺寸合格范围/mm
ϕ20H6 内孔								
ϕ80h7 外圆								

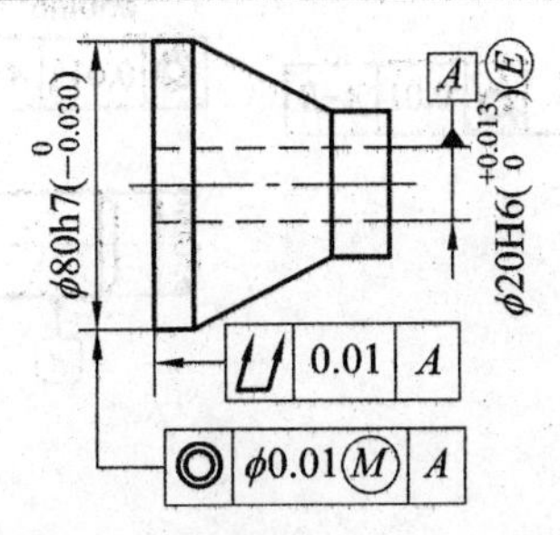

习题图 4-8

9. 图样上标注的孔尺寸为$\phi20^{+0.005}_{-0.034}$ Ⓔ mm，测得该孔的横截面形状正确，实际尺寸处处为 19.985 mm，轴线直线度误差为ϕ0.025。试述该孔的合格条件，并确定该孔的体外作用尺寸，按照合格条件判断该孔合格与否。

10. 试根据习题图 4-9 所示的三个图样的标注，完成习题表 4-2 的填写。

习题表　4-2

图号	最大实体尺寸/mm	最小实体尺寸/mm	采用的公差要求	边界名称及边界尺寸/mm	最大实体状态下的几何公差值/mm	最小实体状态下的几何公差值/mm	实际尺寸合格范围/mm
a							
b							
c							

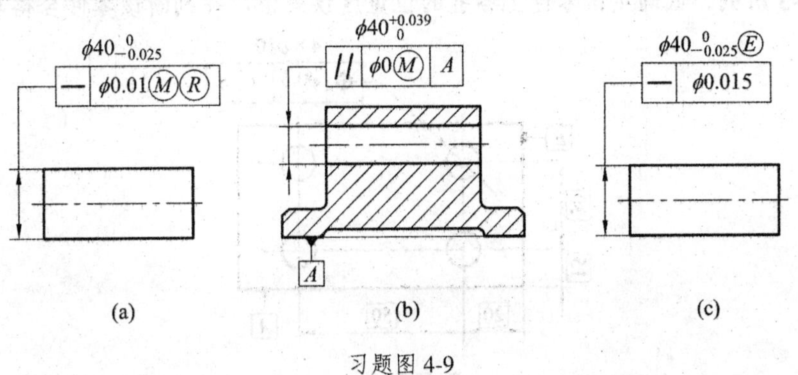

习题图 4-9

11. 试分别改正习题图 4-10 所示的六个图样上几何公差的标注错误，几何公差项目不允许更改。

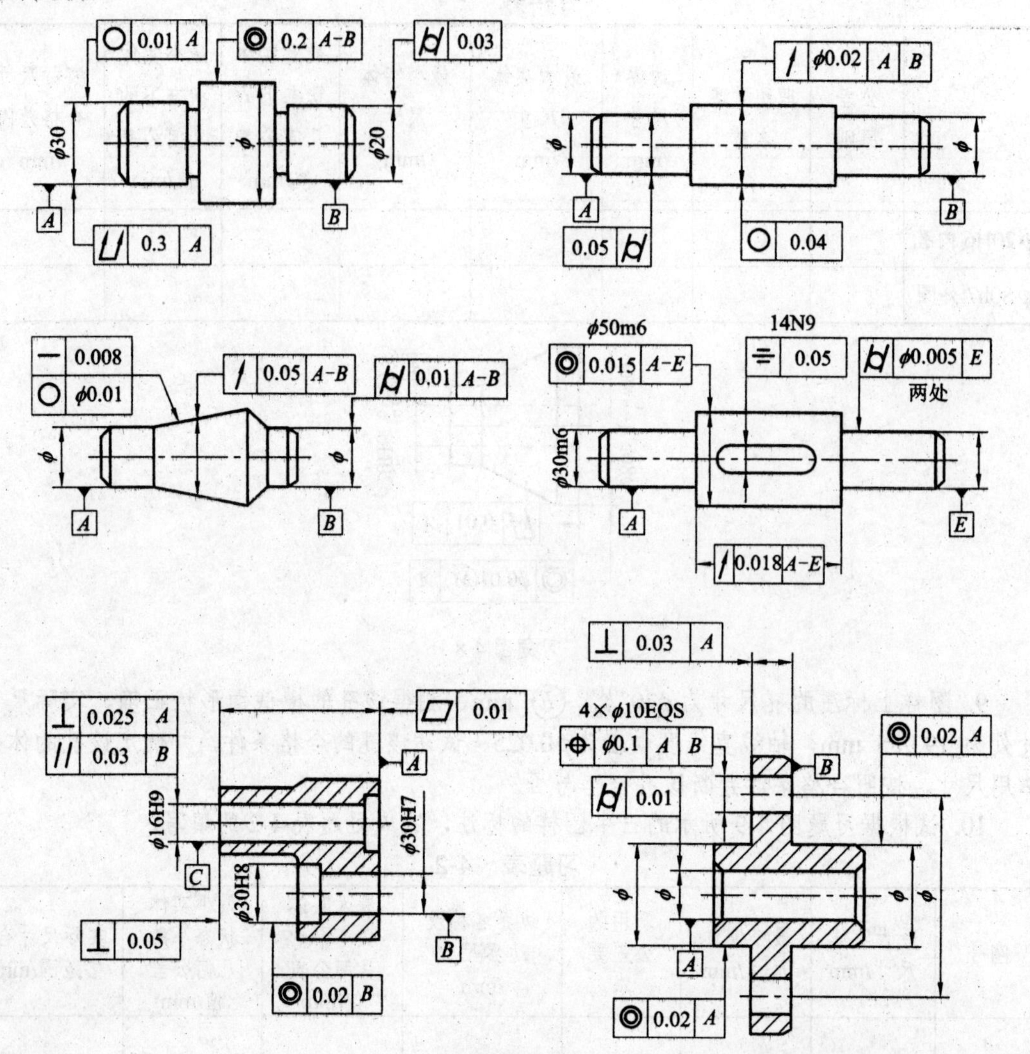

习题图 4-10

12. 用坐标法测量习题图 4-11 所示零件的位置度误差，测得各孔轴线的实际坐标尺寸如习题表 4-3 所列。试确定该零件上各孔的位置度误差值，并判断该零件合格与否。

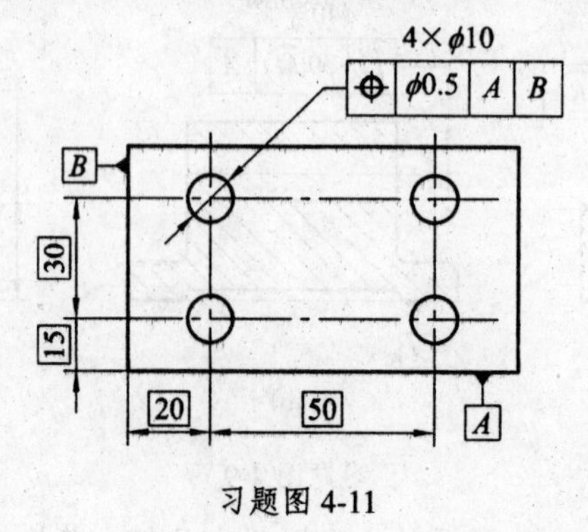

习题图 4-11

习题表 4-3

坐标值 \ 孔号	1	2	3	4
x/mm	20.10	70.10	19.90	69.85
y/mm	15.10	14.85	44.82	45.12

第5章 表面粗糙度及其评定

5.1 概　述

零件的表面结构反映的是零件表面的几何形状特征。无论零件是经过热加工获得的，还是经过冷加工获得的，其表面都存在一定的几何形状误差。由于产生的原因不同，误差的大小和对零件功能的影响也不尽相同。这些误差由三部分组成，即宏观的形状误差、微观的表面粗糙度及界于两者之间的表面波纹度。其中，微观的表面粗糙度比其他几何参数对零件功能的影响更为复杂。在表面粗糙度中，不同方面的特征参数对不同的功能要求，其敏感性也是不一样的，因此，零件的表面粗糙度是零件质量的重要表征之一。我国于20世纪60年代开始，陆续颁布了一系列表面粗糙度国家标准并不断修订。截至目前，现行的国家标准有：GB/T 3505—2009《产品几何技术规范(GPS)表面结构　轮廓法　术语、定义及表面结构参数》、GB/T 131—2006《产品几何技术规范(GPS)技术产品文件中表面结构的表示法》及GB/T 1031—2009《产品几何技术规范(GPS)　表面结构　轮廓法　表面粗糙度参数及其数值》。上述标准与早期的国家标准相比，技术内容上已有很大变化，某些标注示例已全部重新解释。

5.1.1　表面粗糙度的概念

表面粗糙度反映的是零件表面的微观几何形状特征。通过机械加工或者其他方法获得的零件表面，微观上总会存在较小间距的峰谷痕迹，如图5-1所示，表面粗糙度就是表述这些峰谷高低程度和间距状况的微观几何形状特性的指标。它通常是由于在机械加工过程中，刀具在工件表面留下的刻划痕迹、切屑分离时表面金属层的塑性变形以及工艺系统的高频振动等原因形成的。

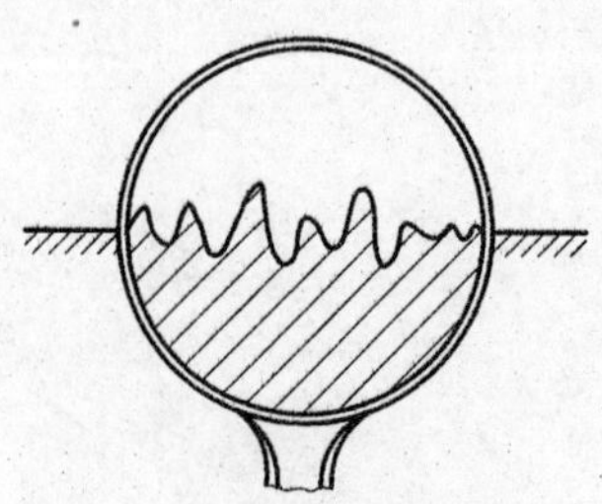

图5-1　表面粗糙度示意图

表面粗糙度和表面波纹度以及形状误差的划分方法，目前还没有统一的标准，通常可按波距(相邻两波峰或两波谷之间的距离)的大小来划分，也可按波距与波高的比值来划分。若按波距的大小来划分，波距小于 1 mm 的属于表面粗糙度，波距在 1 mm～10 mm 之间的属于表面波纹度，波距大于 10 mm 的属于形状误差。

5.1.2 表面粗糙度对零件使用功能的影响

表面粗糙度对零件使用功能的影响很大，主要体现在以下几个方面：摩擦系数、磨损、疲劳强度、冲击强度、耐腐蚀性、接触刚度、抗振性、间隙配合中的对中精度、过盈配合中的结合强度、对光的反射性能、流体阻力、镀层质量等。

(1) 摩擦和磨损方面。表面越粗糙，摩擦系数就越大，摩擦阻力也越大，零件配合表面的磨损也就越快。

(2) 配合性质方面。表面粗糙度影响配合性质的稳定性。对于间隙配合，粗糙的表面会因峰顶很快磨损而使间隙逐渐增大；对于过盈配合，因装配时表面的峰顶被剪切或挤平而使实际有效过盈减小，降低了连接强度。

(3) 疲劳强度方面。表面越粗糙，表面粗糙度的凹谷就越深，零件在交变应力作用下，在凹谷处的应力集中就越严重，这样很容易导致零件因抗疲劳强度的降低而失效。

(4) 耐腐蚀性方面。表面越粗糙，腐蚀性气体或液体越容易在粗糙度的凹谷处聚集，并通过表面微观凹谷渗入到金属内层，造成表面腐蚀。

(5) 接触刚度方面。表面越粗糙，表面间的实际接触面积就越小，致使单位面积上的压力越大，造成峰顶处的局部塑性变形加剧，接触刚度下降，从而影响机器的工作精度和平稳性。

此外，表面粗糙度还影响结合面的密封性、产品的外观和表面涂层的质量等。综上所述，为保证零件的使用功能和寿命，应对零件的表面粗糙度加以合理限制。

5.2 表面粗糙度的评定

5.2.1 有关表面粗糙度的常用术语

国家标准 GB/T 3505—2009《产品几何技术规范(GPS)表面结构 轮廓法 术语、定义及表面结构参数》规定了用轮廓法评定表面结构的术语及定义。这些术语中，既包括表面粗糙度的评定术语，也包括表面波纹度和原始轮廓的评定术语。下面主要介绍和表面粗糙度评定有关的术语，包括一般术语和几何参数术语。

1. 一般术语

1) 实际轮廓

物体(或零件)与周围介质分离的表面称为实际表面，一个指定平面与实际表面相交所得的轮廓称为实际轮廓，如图 5-2 所示。按相截方向的不同，它又可分为横向实际轮廓和纵向实际轮廓。在评定表面粗糙度时，除非特别指明，均指横向实际轮廓，即垂直于加工纹理方向的平面与实际表面相交所得的交线，在这条轮廓线上测得的表面粗糙度数值最大。

对车削、刨削等加工方法来说，这条轮廓线反映了切削刀痕及进给量引起的表面粗糙度。

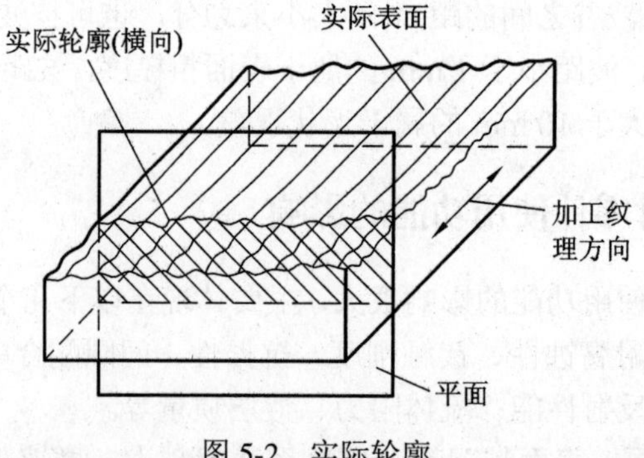

图 5-2 实际轮廓

需要说明的是，在测量表面结构参数时，应使用三种截止波长不同的滤波器将实际轮廓划分为粗糙度轮廓、波纹度轮廓和原始轮廓。表面粗糙度参数是在粗糙度轮廓上评定的。

2) 取样长度 l_r

取样长度是指用于判别具有表面粗糙度特征的一段基准线长度，如图 5-3 所示。标准规定，取样长度应按表面粗糙程度合理取值，其数值理论上等于区分粗糙度轮廓和波纹度轮廓的滤波器的截止波长值。这样规定的目的是既要限制和减弱表面波纹度对测量结果的影响，又要客观真实地反映零件表面粗糙度的实际情况。

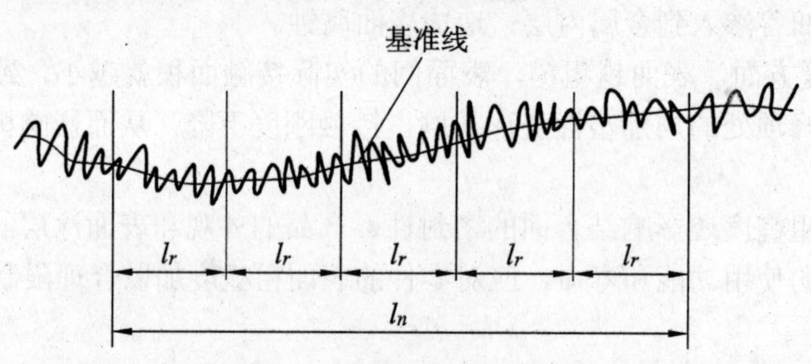

图 5-3 取样长度和评定长度

3) 评定长度 l_n

考虑到零件表面质量的不均匀性会导致在单一取样长度上测量的粗糙度数值不足以反映整个零件表面的全貌，为此，需要在实际轮廓上取几个取样长度，并取在各个取样长度上测得值的平均值作为测量结果。这时，所选的几段取样长度的总长称为评定长度 l_n，如图 5-3 所示。

一般情况下取 $l_n = 5l_r$。如被测表面均匀性较好，测量时可选用小于 $5l_r$ 的评定长度值；反之，均匀性较差的表面可选用大于 $5l_r$ 的评定长度值。如果评定长度内的取样长度个数不等于 5，那么在图样标注时，应在粗糙度参数代号后标注其个数。

4) 中线 m

按照标准中的定义，中线是指具有几何轮廓形状并划分轮廓的基准线。因此，在用轮廓法中线制评定表面粗糙度时，也将中线称为基准线。它是用来评定表面粗糙度参数大小的一条参考线，该线在整个取样长度内与实际轮廓走向一致。国家标准给定的基准线有如下两种：

(1) 轮廓最小二乘中线。如图 5-4 所示，在取样长度内，使轮廓上各点至一条假想线的距离的平方和为最小，即

$$\sum_{i=1}^{n}\left|z_i\right|^2 = \min$$

则这条假想线就是轮廓最小二乘中线。

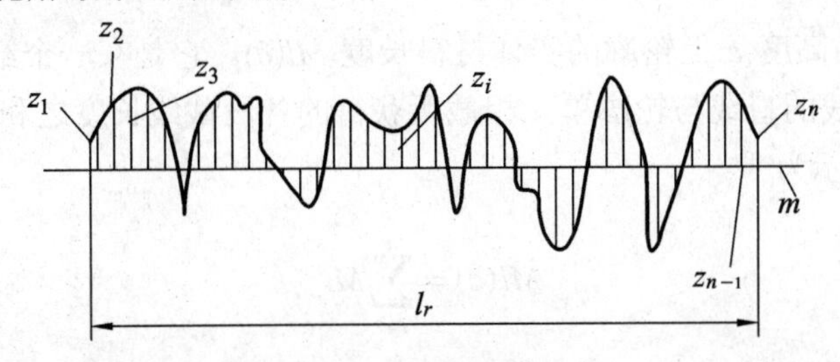

图 5-4　轮廓最小二乘中线

(2) 轮廓算术平均中线。如图 5-5 所示，在取样长度内，若一条假想线将实际轮廓分为上、下两部分，而且使这两部分与该线所围成区域的面积之和相等，即

$$\sum_{i=1}^{n} F_i = \sum_{i=1}^{n} F_i'$$

则这条假想线就是轮廓算术平均中线。

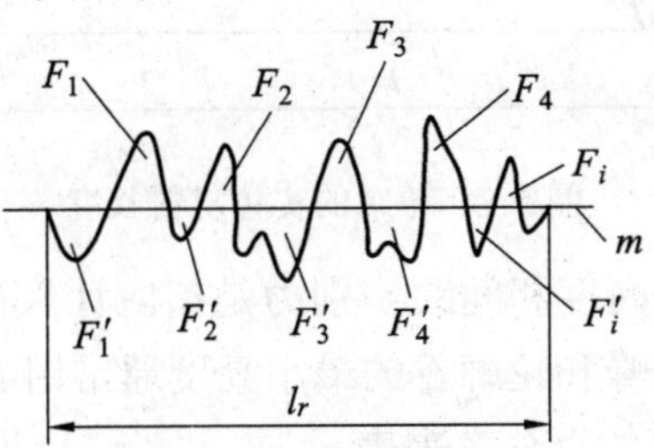

图 5-5　轮廓算术平均中线

标准规定：一般以最小二乘中线作为基准线。但因在实际轮廓图形上确定最小二乘中线的位置比较困难，而且通常要在带有计算机的测量系统中由相关的程序来确定，因此，可用轮廓算术平均中线代替最小二乘中线。这样便可以用图解法近似确定中线。通常轮廓算术平均中线也可用目测估定。

2．几何参数术语

(1) 轮廓单元。轮廓单元是指一个轮廓峰和与其相邻的一个轮廓谷的组合，如图 5-6 所示。

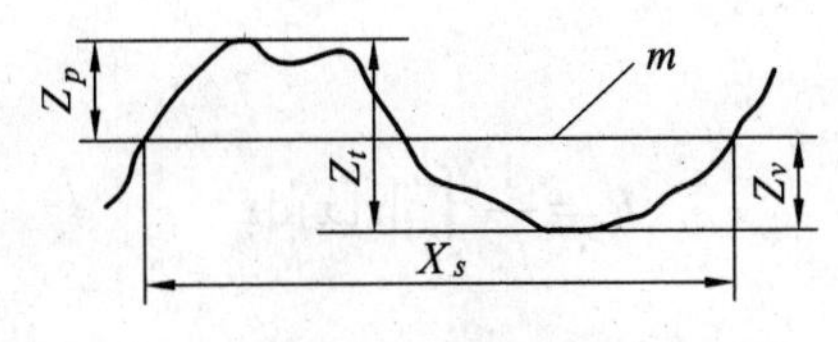

图 5-6　轮廓单元

(2) 轮廓峰高 Z_p。轮廓峰高是指轮廓峰的最高点距中线的距离，如图 5-6 所示。

(3) 轮廓谷深 Z_v。轮廓谷深是指轮廓谷的最低点距中线的距离，如图 5-6 所示。

(4) 轮廓单元高度 Z_t。轮廓单元高度是指一个轮廓单元的轮廓峰高与轮廓谷深之和，如图 5-6 所示。

(5) 轮廓单元宽度 X_s。轮廓单元宽度是指一个轮廓单元与中线相交线段的长度，如图 5-6 所示。

(6) 在水平截面高度 c 上轮廓的实体材料长度 $Ml(c)$。它是在一个给定水平截面高度 c 上用一条平行于中线的直线与轮廓单元相截所获得的各段截线长度之和，如图 5-7 所示。

$Ml(c)$用公式表示为

$$Ml(c) = \sum_{i=1}^{n} Ml_i$$

c 值为轮廓水平截面高度，即轮廓的峰顶线和平行于它并与轮廓相交的截线之间的距离。

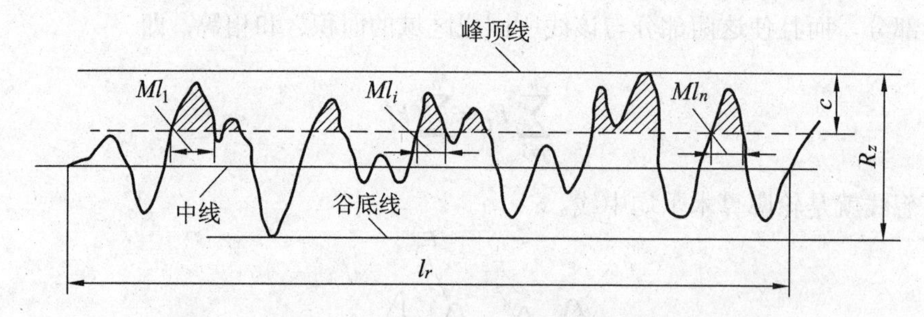

图 5-7　轮廓的实体材料长度

(7) 高度和间距辨别力。高度和间距辨别力是指应计入被评定轮廓的轮廓峰和轮廓谷的最小高度和最小间距。轮廓峰和轮廓谷的最小高度通常用 R_z 或任一幅度参数的百分率来表示；最小间距则以取样长度的百分率来表示。

5.2.2　表面粗糙度的评定参数

在标准中，将表面粗糙度的评定参数分为四类——幅度参数、间距参数、混合参数和曲线参数。下面主要介绍评定表面粗糙度的常用参数。

1．与高度特征有关的参数——幅度参数

1) 评定轮廓的算术平均偏差 R_a

R_a 是指在一个取样长度内，轮廓上各点纵坐标绝对值的算术平均值，如图 5-8 所示(图中的横坐标轴代表中线)。

R_a 用公式表示为

$$R_a = \frac{1}{l_r}\int_0^{l_r} |z(x)| \mathrm{d}x$$

其近似值为

$$R_a = \frac{1}{n}\sum_{i=1}^{n}|z_i|$$

式中，z_i 表示轮廓上各点的纵坐标。R_a 数值越大，表面越粗糙。

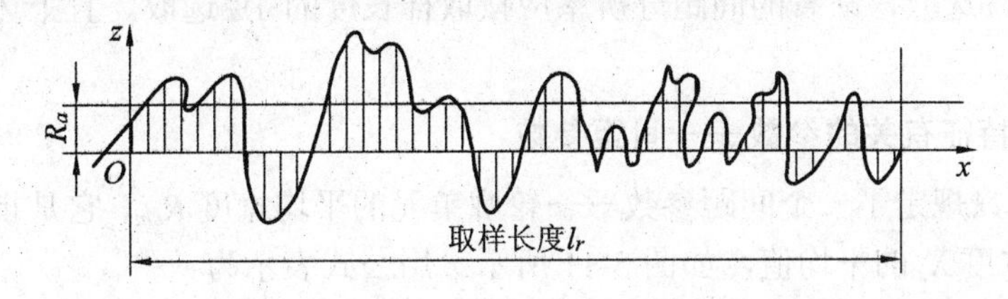

图 5-8　轮廓的算术平均偏差

2) 轮廓最大高度 R_z

R_z 是指在一个取样长度内，最大轮廓峰高与最大轮廓谷深之和，如图 5-9 所示。

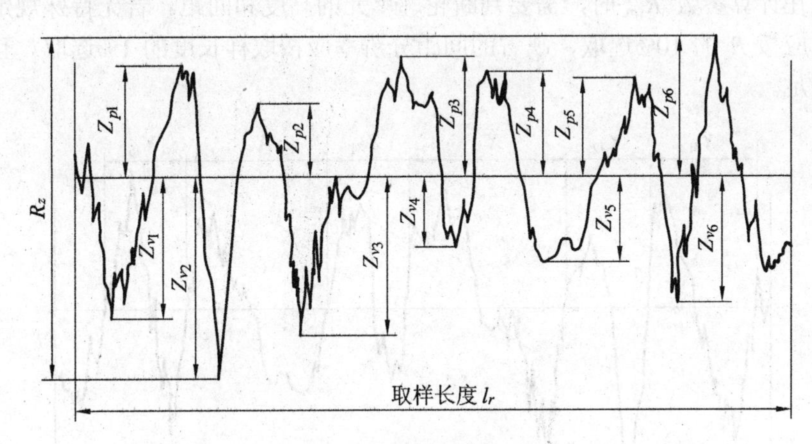

图 5-9　轮廓最大高度

3) 轮廓单元的平均高度 R_c

R_c 是指在一个取样长度内，轮廓单元高度 Z_t 的平均值，如图 5-10 所示。

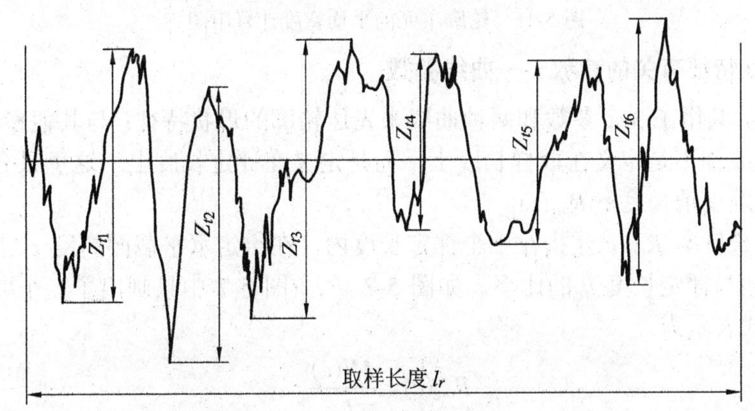

图 5-10　轮廓单元的平均高度计算用图

R_c 用公式表示为

$$R_c = \frac{1}{m}\sum_{i=1}^{m} Z_{t\,i}$$

在计算参数 R_c 时，需要判断轮廓单元的高度和间距。若无特殊规定，缺省的高度分辨率应按 R_z 的 10%选取，缺省的间距分辨率应按取样长度的 1%选取。且上述两个条件都应满足。

2．与间距特征有关的参数——间距参数

在标准中，只规定了一个间距参数——轮廓单元的平均宽度 R_{sm}，它是指在一个取样长度内轮廓单元宽度 X_s 的平均值，如图 5-11 所示。用公式表示为

$$R_{sm} = \frac{1}{m}\sum_{i=1}^{m} X_{s\,i}$$

同样，在计算参数 R_{sm} 时，需要判断轮廓单元的高度和间距。若无特殊规定，缺省的高度分辨率应按 R_z 的 10%选取，缺省的间距分辨率应按取样长度的 1%选取。且上述两个条件都应满足。

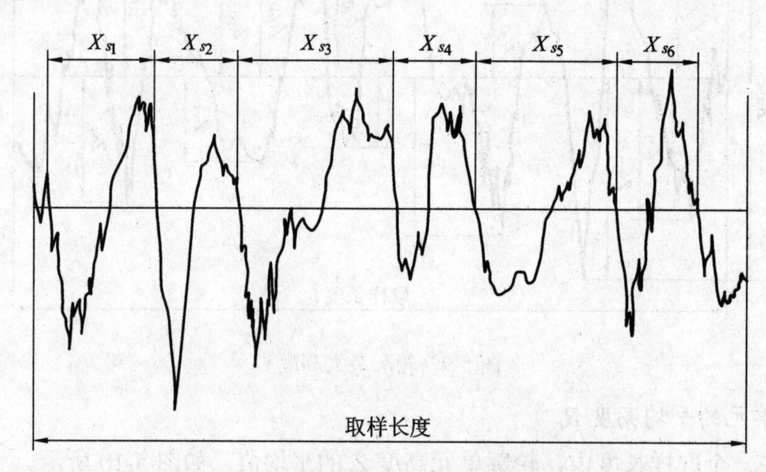

图 5-11　轮廓单元的平均宽度计算用图

3．与形状特征有关的参数——曲线参数

在标准中，共用了 3 个参数和两种曲线来表达轮廓的形状特征。与其他参数不同的是，这些参数和曲线都不是定义在取样长度上，而是定义在评定长度上。这里只介绍常用的一个参数——轮廓支承长度率 $R_{mr}(c)$。

轮廓支承长度率 $R_{mr}(c)$是指在一个评定长度内，在给定水平截面高度 c 上轮廓的实体材料长度 $Ml(c)$与评定长度 l_n 的比率，如图 5-7 所示(图 5-7 中只画出了一个取样长度上的 $Ml(c)$)。用公式表示为

$$R_{mr}(c) = \frac{Ml(c)}{l_n}$$

由图 5-7 可以看出，轮廓的实体材料长度 $Ml(c)$与轮廓的水平截面高度 c 有关。c 值不同，评定长度 l_n 内的实体材料长度 $Ml(c)$就不同，相应的轮廓支承长度率 $R_{mr}(c)$也不相同。

所以，轮廓的支承长度率 $R_{mr}(c)$应该对应于水平截面高度 c 给出。c 值多用轮廓最大高度 R_z 的百分数表示。

轮廓支承长度率 $R_{mr}(c)$与零件的实际轮廓形状有关，它是反映零件表面耐磨性能的指标。对于不同的实际轮廓形状，在相同的评定长度内给出相同的水平截面高度 c 时，$R_{mr}(c)$越大，则表示零件表面凸起的实体部分就越多，承载面积就越大，因而接触刚度就越高，耐磨性能就越好。图 5-12(a)的轮廓耐磨性能较好，图 5-12(b)的轮廓耐磨性能较差。

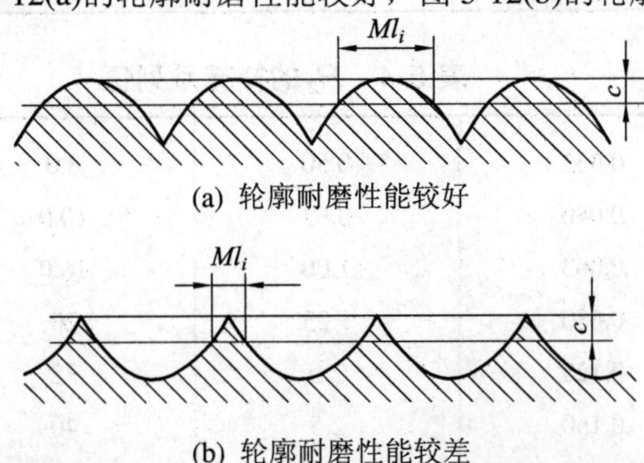

(a) 轮廓耐磨性能较好

(b) 轮廓耐磨性能较差

图 5-12　不同实际轮廓形状的实体材料长度

5.2.3　表面粗糙度的参数值

GB/T 1031—2009《产品几何技术规范(GPS)表面结构　轮廓法　表面粗糙度参数及其数值》中给出了表面粗糙度参数 R_a、R_z、R_{sm}、$R_{mr}(c)$的数值系列。其中，R_a、R_z 和 R_{sm} 三个参数既有基本系列，也有补充系列。同时，标准也给出了测量幅度参数 R_a 和 R_z 的推荐取样长度值。详见表 5-1～表 5-9。

表 5-1　轮廓的算术平均偏差 R_a 的数值　　μm

R_a	0.012	0.2	3.2	50
	0.025	0.4	6.3	100
	0.05	0.8	12.5	
	0.1	1.6	25	

表 5-2　R_a 的补充系列值　　μm

R_a	0.008	0.080	1.00	10.0
	0.010	0.125	1.25	16.0
	0.016	0.160	2.0	20
	0.020	0.25	2.5	32
	0.032	0.32	4.0	40
	0.040	0.50	5.0	63
	0.063	0.63	8.0	80

表 5-3　轮廓的最大高度 R_z 的数值　μm

R_z	0.025 0.05 0.1 0.2	0.4 0.8 1.6 3.2	6.3 12.5 25 50	100 200 400 800	1600

表 5-4　R_z 的补充系列值　μm

R_z	0.032	0.50	8.0	125
	0.040	0.63	10.0	160
	0.063	1.00	16.0	250
	0.080	1.25	20	320
	0.125	2.0	32	500
	0.160	2.5	40	630
	0.25	4.0	63	1000
	0.32	5.0	80	1250

表 5-5　轮廓单元的平均宽度 R_{sm} 的数值　mm

R_{sm}	0.006 0.0125 0.025 0.05	0.1 0.2 0.4 0.8	1.6 3.2 6.3 12.5

表 5-6　R_{sm} 的补充系列值　mm

R_{sm}	0.002	0.020	0.25	2.5
	0.003	0.023	0.32	4.0
	0.004	0.040	0.5	5.0
	0.005	0.063	0.63	8.0
	0.008	0.080	1.00	10.0
	0.010	0.125	1.25	
	0.016	0.160	2.0	

表 5-7　轮廓的支承长度率 $R_{mr}(c)$ 的数值　%

$R_{mr}(c)$	10	15	20	25	30	40	50	60	70	80	90

注：选用轮廓的支承长度率参数时，应同时给出轮廓截面高度 c 值。它可用微米或 R_z 的百分数表示。

R_z 的百分数系列如下：5%、10%、15%、20%、25%、30%、40%、50%、60%、70%、80%、90%。

表 5-8 R_a 参数值、取样长度 l_r、传输带截止波长值的对应关系

R_a/μm	l_r/mm	λ_s/mm	$\lambda_c(=l_r)$/mm	$l_n(l_n=5\times l_r)$/mm
≥0.008～0.02	0.08	0.0025	0.08	0.4
>0.02～0.1	0.25	0.0025	0.25	1.25
>0.1～2.0	0.8	0.0025	0.8	4.0
>2.0～10.0	2.5	0.008	2.5	12.5
>10.0～80.0	8.0	0.025	8.0	40.0

表 5-9 R_z 参数值、取样长度 l_r、传输带截止波长值的对应关系

Rz/μm	l_r/mm	λ_s/mm	$\lambda_c(=l_r)$/mm	$l_n(l_n=5\times l_r)$/mm
≥0.025～0.10	0.08	0.0025	0.08	0.4
>0.10～0.50	0.25	0.0025	0.25	1.25
>0.50～10.0	0.8	0.0025	0.8	4.0
>10.0～50.0	2.5	0.008	2.5	12.5
>50～320	8.0	0.025	8.0	40.0

需要说明的是，在测量 R_a 和 R_z 时，若按表 5-8 和表 5-9 选用取样长度，则此时的取样长度值的标注在图样上或技术文件中可省略。当有特殊要求时，应给出相应的取样长度值，并在图样上或技术文件中注出。另外，对于微观不平度间距较大的端铣、滚铣及其他大进给走刀量的加工表面，应按标准中规定的取样长度系列选取较大的取样长度值。

5.3 表面粗糙度的选用

表面粗糙度的选用包括两个内容：一是选择表面粗糙度的评定参数，二是选取评定参数的数值。选用时，既要遵守国家标准的有关规定，又要参考表面粗糙度的应用实例并按照类比法进行选用。

5.3.1 表面粗糙度评定参数的选择

如前所述，表面粗糙度对零件的使用功能的影响是多方面的，因此，在选择表面粗糙度评定参数时，所选参数应能充分合理地反映表面微观几何形状的真实情况。

表面粗糙度的幅度、间距、曲线三类评定参数中，最常采用的是幅度参数。对大多数表面来说，一般仅给出幅度特性评定参数即可反映被测表面粗糙度的特征。故 GB/T 1031—2009 规定，表面粗糙度参数应从幅度参数中选取。在幅度参数常用的参数值范围(R_a 为 0.025 μm～6.3 μm，R_z 为 0.1 μm～25 μm)内推荐优先选用 R_a。

R_a 参数最能反映表面微观几何形状高度方面的特性，R_a 值用触针式电动轮廓仪测量也比较简便，所以对于光滑表面和半光滑表面，普遍采用 R_a 作为评定参数。但由于受电动轮廓仪功能的限制，对于极光滑和极粗糙的表面，都不宜采用 R_a 作为评定参数。

R_z参数虽不如R_a参数反映的几何特性准确、全面，但R_z的概念简单，测量也很简便。R_z与R_a联用，可以评定某些不允许出现较大加工痕迹和受交变应力作用的表面，尤其当被测表面面积很小、不宜采用R_a评定时，常采用R_z参数评定。

间距参数R_{sm}和曲线参数$R_{mr}(c)$只有在幅度参数不能满足表面功能要求时，才附加选用。例如，对密封性要求高的表面，可规定R_{sm}；对耐磨性要求较高的表面可规定$R_{mr}(c)$。

5.3.2 表面粗糙度评定参数数值的选取

在零件设计时，应按国家标准 GB/T 1031—2009 规定的参数值系列选取表面粗糙度参数极限值，见表 5-1～表 5-7。选用表面粗糙度参数值总的原则是：在满足零件功能要求的前提下兼顾经济性，使参数的允许值尽可能大。

在实际应用中，由于表面粗糙度和零件的功能关系相当复杂，难以全面而精确地按零件表面功能要求确定其参数允许值，因此，常用类比法来确定。

具体选用时，可先根据经验及统计资料初步选定表面粗糙度参数值，然后再根据工作条件做适当调整。调整时应考虑以下几点：

(1) 同一零件上，工作表面的表面粗糙度数值应比非工作表面的小。

(2) 摩擦表面的表面粗糙度数值应比非摩擦表面的小；滚动摩擦表面的表面粗糙度数值应比滑动摩擦表面的小。

(3) 运动速度高、单位面积压力大的表面以及受交变应力作用的重要零件的圆角、沟槽表面的表面粗糙度数值都应该较小。

(4) 配合性质要求越稳定，其配合表面的表面粗糙度数值应越小；配合性质相同时，小尺寸结合面的表面粗糙度数值应比大尺寸结合面的小；同一公差等级时，轴的表面粗糙度数值应比孔的小。

(5) 表面粗糙度参数值应与尺寸公差及形状公差相协调。表 5-10 列出了在正常工艺条件下，表面粗糙度数值与尺寸公差及形状公差的对应关系，可供设计时参考。

一般来说，尺寸公差和形状公差小的表面，其表面粗糙度数值也较小，即尺寸公差等级小，表面粗糙度值要求也小。但尺寸公差等级大的表面，其表面质量要求不一定低。如医疗器械、机床手轮等的表面，对尺寸精度的要求并不高，但却要求光滑。

(6) 耐腐蚀性、密封性要求较高的表面以及要求外表美观的表面，表面粗糙度的数值应较小。

表 5-10　表面粗糙度参数值与尺寸公差、形状公差的关系

形状公差 t 占尺寸公差 T 的百分比 t/T /(%)	表面粗糙度参数值占尺寸公差的百分比	
	R_a/T/(%)	R_z/T/(%)
≈60	≤5	≤20
≈40	≤2.5	≤10
≈25	≤1.2	≤5

(7) 凡有关标准已对表面粗糙度要求做出规定的，如与滚动轴承配合的轴颈和外壳孔、键槽、花键、各级精度齿轮的主要表面等，都应按标准规定的表面粗糙度参数值选用。表 5-11 和表 5-12 列出了一些资料供设计时参考。

表 5-11　表面粗糙度的表面特征、经济加工方法及应用举例

表面微观特性		R_a/μm	R_z/μm	加工方法	应用举例
粗糙表面	可见刀痕	>20～40	>80～160	粗车、粗刨、粗铣、钻、毛锉、锯断	半成品粗加工过的表面，非配合的加工表面，如轴端面、倒角、钻孔、齿轮、带轮侧面，键槽底面，垫圈接触面等
	微见刀痕	>10～20	>40～80		
半光表面	可见加工痕迹	>5～10	>20～40	车、刨、铣、镗、钻、粗铰	轴上不安装轴承、齿轮处的非配合表面，紧固件的自由装配表面，轴和孔的退刀槽等
	微见加工痕迹	>2.5～5	>10～20	车、刨、铣、镗、磨、拉、粗刮、滚压	半精加工表面，箱体，支架，盖面，套筒等和其他零件结合而无配合要求的表面，需要发蓝的表面等
	不可见加工痕迹	>1.25～2.5	>6.3～10	车、刨、铣、镗、磨、拉、刮、滚压、铣齿	接近于精加工表面，箱体上安装轴承的镗孔表面，齿轮的工作面
光表面	可见加工痕迹	>0.63～1.25	>3.2～6.3	车、镗、磨、拉、刮、精铰、磨齿、滚压	圆柱销、圆锥销与滚动轴承配合的表面，卧式车床导轨面，内、外花键定位表面
	微见加工痕迹	>0.32～0.63	>1.6～3.2	精铰、精镗、磨、刮、滚压	要求配合性质稳定的配合表面，工作时受交变应力的重要零件，较高精度车床的导轨面
	不可见加工痕迹	>0.16～0.32	>0.8～1.6	精磨、珩磨、研磨、超精加工	精密机床主轴锥孔、顶尖圆锥面，发动机曲轴、凸轮轴工作表面，高精度齿轮齿面
极光表面	暗光泽面	>0.08～0.16	>0.4～0.8	精磨、研磨、普通抛光	精密机床主轴轴颈表面，一般量规工作表面，气缸套内表面，活塞销表面等
	亮光泽面	>0.04～0.08	>0.2～0.4	超精磨、精抛光、镜面磨削	精密机床主轴轴颈表面，滚动轴承的滚珠，高压液压泵中柱塞和与柱塞配合的表面
	镜状光泽面	>0.02～0.04	>0.1～0.2		
	雾状镜面	>0.01～0.02	>0.05～0.1	镜面磨削、超精研	高精度量仪、量块的工作表面，光学仪器中的金属镜面
	镜面	≤0.01	≤0.05		

表 5-12 表面粗糙度 R_a 的推荐选用值

应用场合		公差等级	公称尺寸/mm ≤50 轴	≤50 孔	>50～120 轴	>50～120 孔	>120～500 轴	>120～500 孔
经常装拆零件的配合表面		IT5	≤0.2	≤0.4	≤0.4	≤0.8	≤0.4	≤0.8
		IT6	≤0.4	≤0.8	≤0.8	≤1.6	≤0.8	≤1.6
		IT7	≤0.8		≤1.6		≤1.6	
		IT8	≤0.8	≤1.6	≤1.6	≤3.2	≤1.6	≤3.2
过盈配合	压入装配	IT5	≤0.2	≤0.4	≤0.4	≤0.8	≤0.4	≤0.8
		IT6～IT7	≤0.4	≤0.8	≤0.8	≤1.6	≤1.6	
		IT8	≤0.8	≤1.6	≤1.6	≤3.2	≤3.2	
	热装	—	≤1.6	≤3.2	≤1.6	≤3.2	≤1.6	≤3.2

应用场合	公差等级	轴	孔
滑动轴承的配合表面	IT6～IT9	≤0.8	≤1.6
	IT10～IT12	≤1.6	≤3.2
	液体湿摩擦条件	≤0.4	≤0.8

应用场合	密封结合	对中结合	其他
圆锥结合的工作面	≤0.4	≤1.6	≤6.3

应用场合	密封形式	速度/(m/s) ≤3	3～5	≥5
密封材料处的孔、轴表面	橡胶圈密封	0.8～1.6(抛光)	0.4～0.8(抛光)	0.2～0.4(抛光)
	毛毡密封	0.8～1.6(抛光)		
	迷宫式	3.2～6.3		
	涂油槽式	3.2～6.3		

应用场合	公差等级	径向跳动	2.5	4	6	10	16	25
精密定心零件的配合表面	IT5～IT8	轴	≤0.05	≤0.1	≤0.1	≤0.2	≤0.4	≤0.8
		孔	≤0.1	≤0.2	≤0.2	≤0.4	≤0.8	≤1.6

应用场合	带轮直径/mm ≤120	>120～315	>315
V 带和平带轮工作表面	1.6	3.2	6.3

应用场合	类型	有垫片	无垫片
箱体分界面(减速箱)	需要密封	3.2～6.3	0.8～1.6
	不需要密封	6.3～12.5	

5.4 表面粗糙度的标注

5.4.1 表面粗糙度的表示法

1. 表面粗糙度的符号

表面粗糙度的评定参数及其数值确定后，应按国家标准 GB/T 131—2006《产品几何技术规范(GPS)技术产品文件中表面结构的表示法》的规定，把表面粗糙度要求正确地标注在零件图上。图样上所标注的表面粗糙度符号见表 5-13。

表 5-13 表面粗糙度符号

符 号	意义及说明
 基本图形符号	基本图形符号由两条不等长的、与标注表面成60°夹角的直线构成。仅用于简化代号标注，没有补充说明时不能单独使用
 扩展图形符号	在基本图形符号上加一短横，表示指定表面是用去除材料的方法获得的，如通过机械加工获得的表面
 扩展图形符号	在基本图形符号上加一个圆圈，表示指定表面是用不去除材料的方法获得的，例如通过铸造、锻造获得的表面 该符号也可用于表示保持上道工序形成的表面，而不管这种状况是通过去除材料或不去除材料形成的
 完整图形符号	在上述三个符号的长边上均可加一横线，用于标注有关参数和说明
 工件轮廓各表面的图形符号	当在图样某个视图上构成封闭轮廓的各表面有相同的表面粗糙度要求时，可在完整图形符号的长边与横线的拐角处均加一圆圈，并标注在图样中工件的封闭轮廓线上，表示所有表面具有相同的表面粗糙度要求

2. 表面粗糙度完整图形符号的组成

1) 概述

表面粗糙度要求包括单一要求和补充要求。单一要求是指表面粗糙度的参数代号和数值；补充要求包括传输带、取样长度、加工工艺、表面纹理及方向、加工余量等。为了明确表面粗糙度要求，除了标注表面粗糙度的单一要求外，必要时还应标注补充要求。

在此，需要对传输带这一念做一介绍。前面已经提到，表面粗糙度参数是在粗糙度轮廓上评定的，而粗糙度轮廓是用两种截止波长不同的滤波器对实际轮廓进行滤波后得到的修正轮廓。两种滤波器中，一种为短波滤波器，其截止波长用 λ_s 表示，也称为 λ_s 轮廓滤波器，其作用是抑制比粗糙度更短的波的成分；另一种为长波滤波器，其截止波长用 λ_c 表示，也称为 λ_c 轮廓滤波器，其作用是抑制比粗糙度更长的波的成分。因此，粗糙度轮廓是由 λ_s 和 λ_c 轮廓滤波器来限定的，故而，把两种轮廓滤波器的波长范围 $\lambda_s - \lambda_c$ 称为传输带，其中，λ_c 的大小决定了取样长度的大小，即 $l_r = \lambda_c$。

2) 表面粗糙度要求的注写位置

在完整图形符号中，表面粗糙度的单一要求和补充要求应注写在图 5-13 中字母 a、b、c、d、e 所在的诸位置。

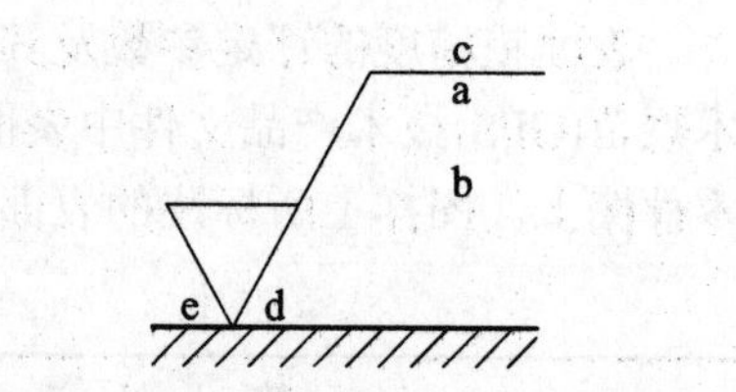

图 5-13　表面粗糙度要求的注写位置

(1) 位置 a。此处注写表面粗糙度参数代号、极限值和传输带或取样长度。为了避免误解，在参数代号和极限值间应插入空格。若评定长度不等于 5 个取样长度，还应在粗糙度参数代号后标出取样长度的个数。传输带或取样长度后应有一斜线“/”，之后是表面粗糙度参数代号，最后是数值。

示例 1：0.0025-0.8/R_z　6.3(传输带标注，若不标注传输带，则为默认传输带)。

示例 2：-0.8/R_z　6.3(取样长度标注，或称长波滤波器标注，λ_s 为默认值)。

示例 3：0.0025-/R_z4　6.3(短波滤波器标注，λ_c 为默认值，评定长度为 4 个取样长度)。

(2) 位置 b。此处注写第二个表面粗糙度要求，方法同上。如果要注写第三个或更多个表面粗糙度要求，图形符号应在垂直方向扩大，以空出足够的空间。扩大图形符号时，a 和 b 的位置随之上移。

(3) 位置 c。此处注写加工方法。在此位置上注写加工方法、表面处理、涂层或其他加工工艺要求等。如车、磨、电镀等。

(4) 位置 d。此处注写表面纹理和方向。在此位置上注写所要求的表面纹理和纹理的方向，如“=”、“X”、“M”等，见表 5-14。

(5) 位置 e。在此位置上注写所要求的加工余量，以毫米为单位给出数值。

3) 单向极限和双向极限的规定

在完整图形符号中，位置 a 和位置 b 所注写的粗糙度要求，可以是单向极限，也可以是双向极限。

如果是单向极限的要求，应区分是上限要求还是下限要求。当只标注参数代号、参数值和传输带时，它们应默认为参数的上限值；当参数代号、参数值和传输带作为参数的单向下限值标注时，应在首位加字母“L”。例如，L 0.008-0.8/R_a 0.32。

如果是双向极限的要求，应标注极限代号，上限值在上方用字母“U”表示，下限值在下方用字母“L”表示，如图 5-14(a)所示。如果同一参数具有双向极限要求，在不引起歧义的情况下，可以不加极限代号，如图 5-14(b)所示。

U R_z 1.6
L R_a 0.8

(a) 双向极限的要求

0.008-4/R_a 50
0.008-4/R_a 6.3

(b) 同一参数具有双向极限

图 5-14　双向极限值的标注

4) 极限值判断规则及其标注

表面粗糙度极限值判断规则是指表面粗糙度测得值与给定值相比较的规则，也就是表面粗糙度合格性的判断准则，它包括 16%规则和最大规则。

表 5-14　表面纹理的标注

符　号	解释和示例	
=	纹理平行于视图所在的投影面	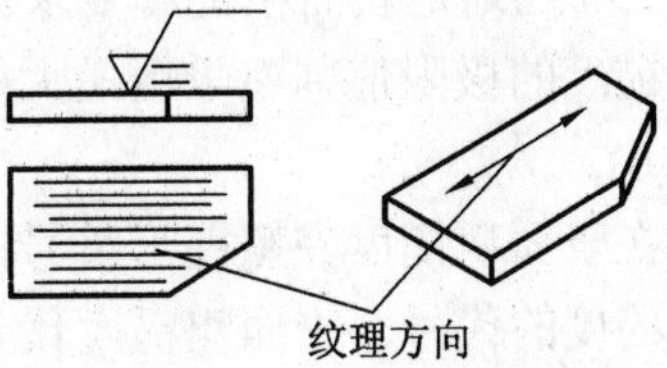 纹理方向
⊥	纹理垂直于视图所在的投影面	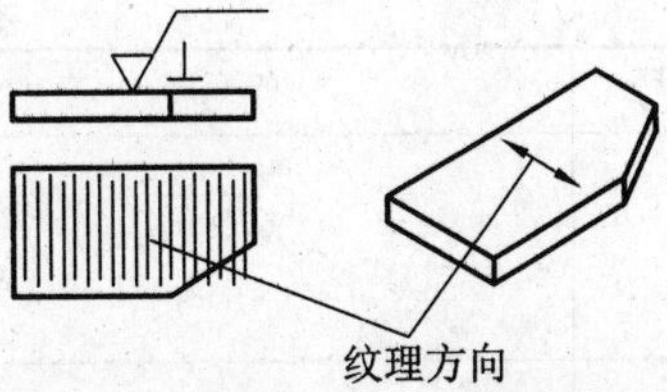 纹理方向
×	纹理呈两斜向交叉且与视图所在的投影面相交	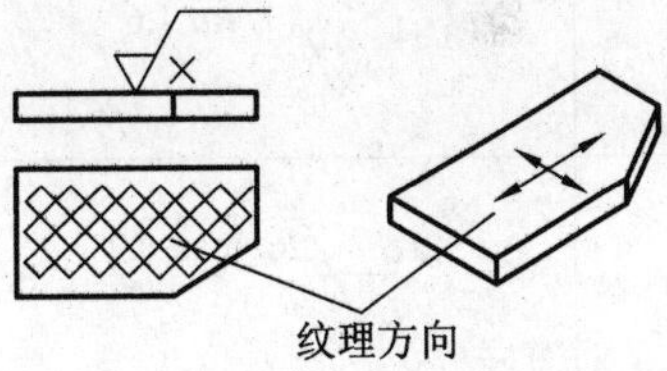 纹理方向
M	纹理呈多方向	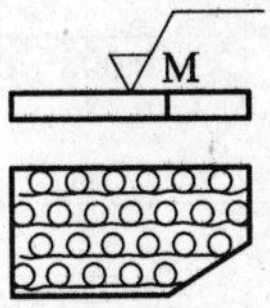
C	纹理呈近似同心圆且圆心与表面中心相关	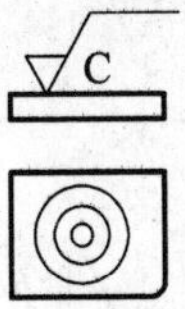
R	纹理呈近似放射状且与表面圆心相关	
P	纹理呈微粒、凸起，无方向	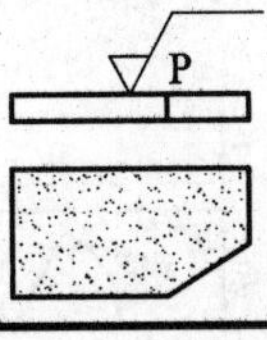

注：如果表面纹理不能清楚地用这些符号表示，必要时，可以在图样上加注说明。

16%规则：当参数的规定值为上限值时，如果所选参数在同一评定长度上的全部实测值中，大于规定值的个数不超过实测值总数的 16%，则该表面合格；当参数的规定值为下限值时，如果所选参数在同一评定长度上的全部实测值中，小于规定值的个数不超过实测值总数的 16%，则该表面合格。

最大规则：检验时，若参数的规定值为最大值，则在被检验表面的全部区域内测得的参数值一个也不应超过图样或技术产品文件中的规定值。

16%规则是表面粗糙度要求的默认规则，在表面粗糙度标注中没有特殊标记。如果表面粗糙度的极限值判断采用最大规则，则应在参数值前加上“max”(见表 5-15 中序号 3 和序号 6)。

在表面粗糙度完整图形符号的基础上，注上其他有关表面特征的信息后，即组成了表面粗糙度的代号。表面粗糙度代号的具体标注示例见表 5-15。

表 5-15　表面粗糙度代号

序号	代号	含义/解释
1	*Rz* 0.4	表示不允许去除材料，单向上限值，默认传输带，轮廓最大高度为 0.4 μm，评定长度为 5 个取样长度(默认)，“16%规则”(默认)
2	L *Ra* 1.6	表示去除材料，单向下限值，默认传输带，轮廓算术平均偏差为 1.6 μm，评定长度为 5 个取样长度(默认)，“16%规则”(默认)
3	*Rz* max 0.2	表示去除材料，单向上限值，默认传输带，轮廓最大高度的最大值为 0.2 μm，评定长度为 5 个取样长度(默认)，“最大规则”
4	0.008－0.8/*Ra* 3.2	表示去除材料，单向上限值，传输带 0.008 mm～0.8 mm，轮廓算术平均偏差为 3.2 μm，评定长度为 5 个取样长度(默认)，“16%规则”(默认)
5	－0.8/*Ra*3 3.2	表示去除材料，单向上限值，取样长度为 0.8 mm，(λ_s 的默认值为 0.0025 mm)，轮廓算术平均偏差为 3.2 μm，评定长度包含 3 个取样长度，“16%规则”(默认)
6	U *Ra* max 3.2 L *Ra* 0.8	表示不允许去除材料，双向极限值，两极限值均使用默认传输带，上限值：轮廓算术平均偏差为 3.2 μm，评定长度为 5 个取样长度(默认)，“最大规则”。下限值：轮廓算术平均偏差为 0.8 μm，评定长度为 5 个取样长度(默认)，“16%规则”(默认)

表面粗糙度符号及代号的书写比例和尺寸如图 5-15 所示。图中 h 为图样上的尺寸数字高度，$h_1 = 1.4h$；h_2 约为 h_1 的 2 倍。符号中的圆为正三角形的内切圆。

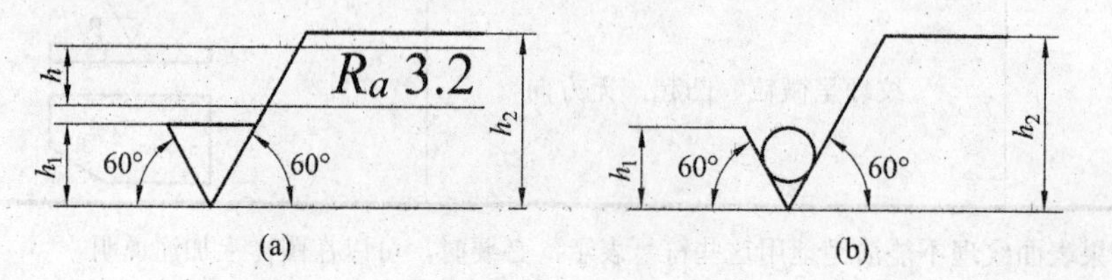

图 5-15　表面粗糙度符号及代号的书写比例

5.4.2　表面粗糙度的图样标注

标准规定，表面粗糙度要求每一表面一般只标注一次，并尽可能注在相应的尺寸及其公差的同一视图上。除非另有说明，所标注的表面粗糙度要求是对完工零件表面的要求。

1．表面粗糙度符号、代号的标注位置与方向

表面粗糙度的注写和读取方向应与尺寸的注写和读取方向一致，如图 5-16 所示。

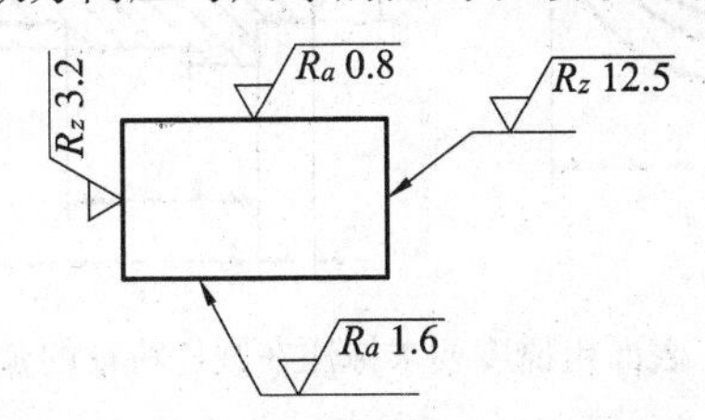

图 5-16　表面粗糙度要求的注写方向

1) 标注在轮廓线上或指引线上

表面粗糙度要求可标注在轮廓线上，其符号应从材料外指向并接触表面。必要时，表面粗糙度符号也可用带箭头或黑点的指引线引出标注，如图 5-17 所示。

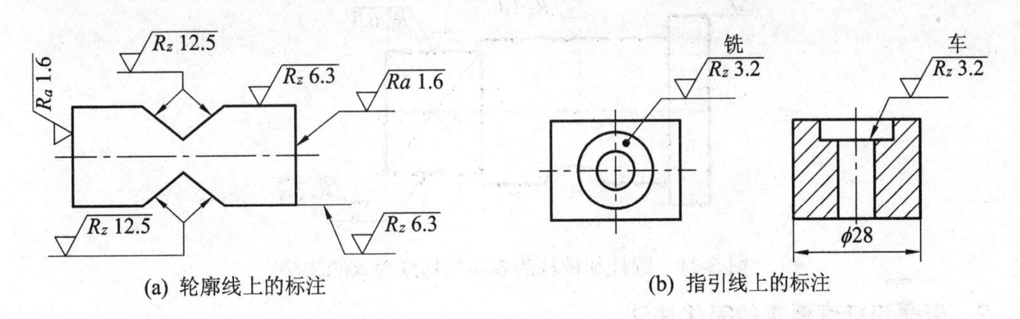

图 5-17　表面粗糙度在轮廓线和指引线上的标注

2) 标注在特征尺寸的尺寸线上

在不致引起误解时，表面粗糙度要求可以标注在给定的尺寸线上，如图 5-18 所示。

3) 标注在形位公差的框格上

表面粗糙度要求可标注在形位公差框格的上方，如图 5-19 所示。

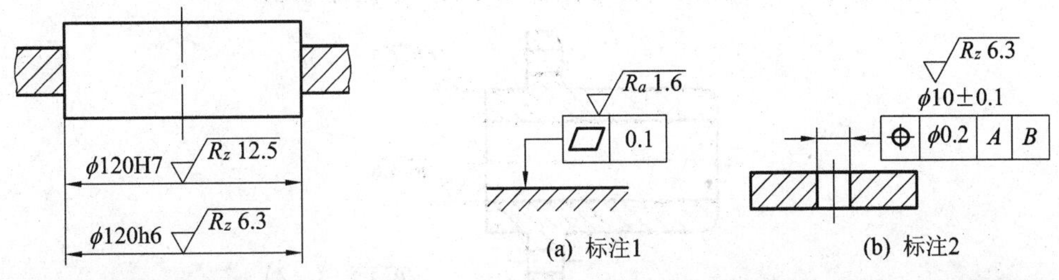

图 5-18　表面粗糙度要求标注在尺寸线上　　图 5-19　表面粗糙度要求标注在形位公差框格的上方

4) 标注在延长线上

表面粗糙度要求可以直接标注在延长线上，或用带箭头的指引线引出标注，如图 5-17(a)

和图 5-20 所示。

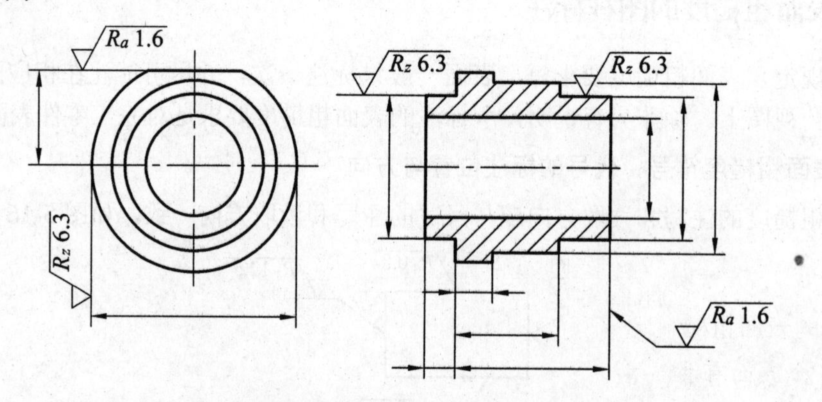

图 5-20　表面粗糙度要求标注在圆柱特征的延长线上

5) 标注在圆柱和棱柱表面上

圆柱和棱柱表面的表面粗糙度要求只标注一次(见图 5-20)。如果每个棱柱表面有不同的表面粗糙度要求，则应分别单独标注，如图 5-21 所示。

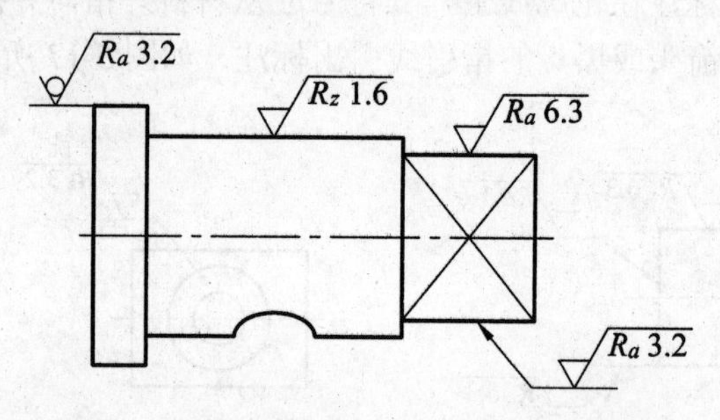

图 5-21　圆柱和棱柱的表面粗糙度要求的注法

2．表面粗糙度要求的简化注法

1) 有相同表面粗糙度要求的简化注法

如果在工件的多数(包括全部)表面有相同的表面粗糙度要求，则其表面粗糙度要求可统一标注在图样的标题栏附近。此时(除全部表面有相同要求的情况外)，表面粗糙度要求的符号后面应满足：

(1) 在圆括号内给出无任何其他标注的基本符号(见图 5-22)；

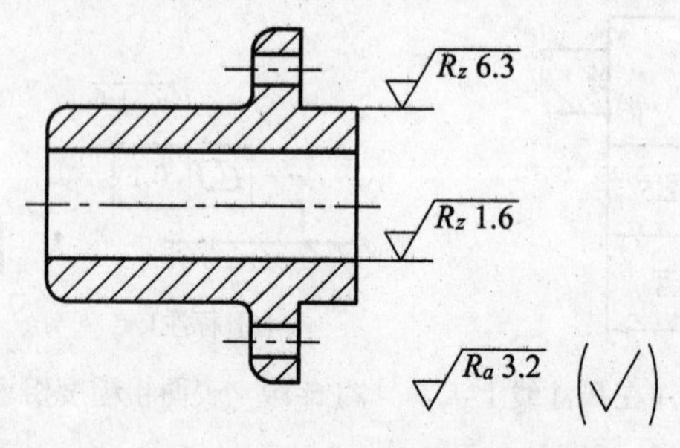

图 5-22　大多数表面有相同表面粗糙度要求的简化注法(一)

(2) 在圆括号内给出不同的表面粗糙度要求(见图 5-23)。

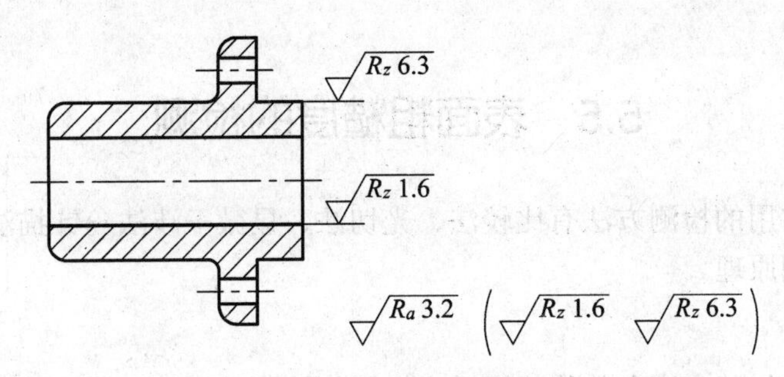

图 5-23　大多数表面有相同表面粗糙度要求的简化注法(二)

不同的表面粗糙度要求应直接标注在图形中(见图 5-22 和图 5-23)。

2) 多个表面有共同要求的注法

当多个表面具有相同的表面粗糙度要求或图纸空间有限时，可以采用简化注法。

(1) 使用带字母的完整符号的简化注法。此方法可用带字母的完整符号，以等式的形式，在图形或标题栏附近，对有相同表面粗糙度要求的表面进行简化标注，如图 5-24 所示。

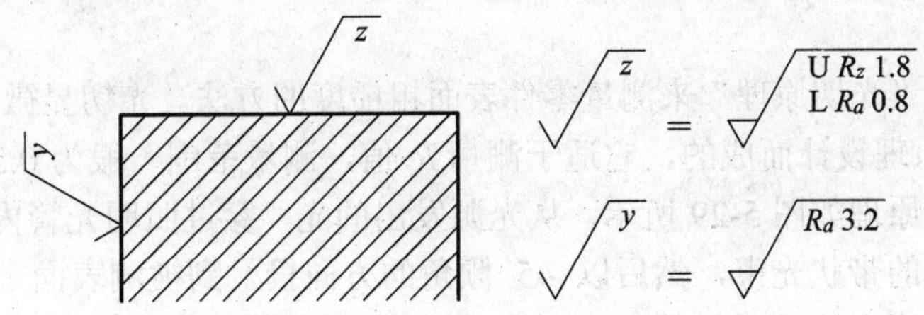

图 5-24　在图纸空间有限时的简化注法

(2) 只使用表面粗糙度符号的简化注法。此法可用表面粗糙度的基本图形符号和扩展图形符号，以等式的形式给出对多个表面共同的表面粗糙度要求，如图 5-25～图 5-27 所示。

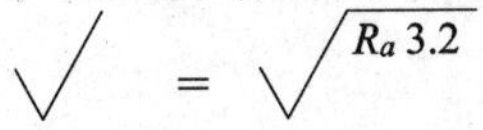

$\sqrt{\ }$ = $\sqrt{Ra\ 3.2}$　　　(要求去除材料) = Ra 3.2　　　(不允许去除材料) = Ra 3.2

图 5-25　未指定工艺方法的多个表面粗糙度要求的简化注法

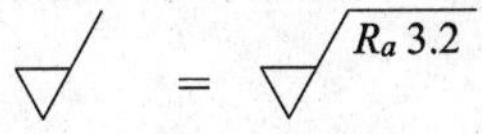

图 5-26　要求去除材料的多个表面粗糙度要求的简化注法

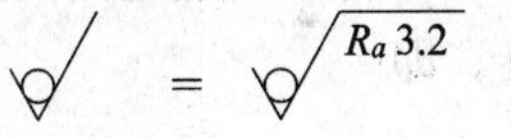

图 5-27　不允许去除材料的多个表面粗糙度要求的简化注法

3) 两种或多种工艺获得的同一表面的注法

由几种不同的工艺方法获得的同一表面，当需要明确每种工艺方法的表面粗糙度要求时，可按图 5-28 进行标注。

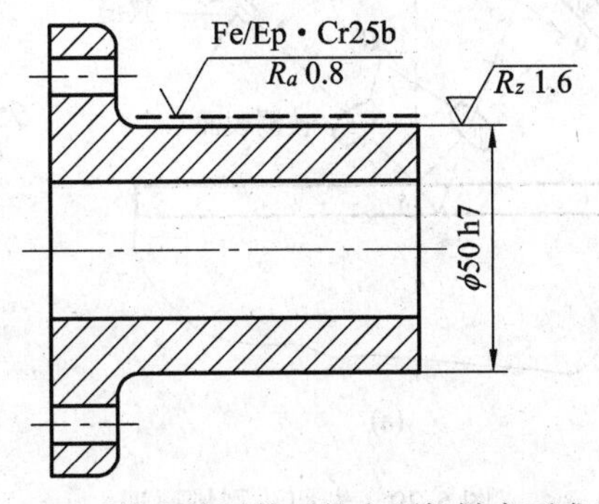

图 5-28　同时给出镀覆前后的表面粗糙度要求的注法

5.5 表面粗糙度的检测

表面粗糙度常用的检测方法有比较法、光切法、显微干涉法、针描法和印模法等。下面分别介绍其检测原理。

1. 比较法

比较法是用已知其高度参数值的粗糙度样板与被测表面相比较，或通过人的感官借助放大镜、显微镜来判断被测表面粗糙度的一种检测方法。比较时，所用的粗糙度样板的材料、形状和加工方法应尽可能与被测表面相同。这样可以减少误差，提高判断准确性。当大批量生产时，也可从加工零件中挑选出样品，经检定后作为表面粗糙度样板。

比较法具有简单易行的优点，适合于在车间使用；缺点是评定的可靠性在很大程度上取决于检验人员的经验，仅适用于评定表面粗糙度要求不高的工件。

2. 光切法

光切法是利用“光切原理”来测量零件表面粗糙度的方法。光切显微镜(又称双管显微镜)就是应用这一原理设计而成的，它适于测量 R_z 值，测量范围一般为 0.5 μm～60 μm。

光切法的测量原理如图 5-29 所示。从光源发出的光，穿过照明光管内的聚光镜、狭缝和物镜后变成扁平的带状光束，然后以 45°倾角的方向投射到被测表面上，再经被测表面反射后，通过与照明光管成 90°的观察光管内的物镜，在目镜视场中可以看到一条狭亮的光带，这条光带就是扁平光束与被测表面相交的交线，亦即被测表面在 45°斜向截面上的实际轮廓线的影像(已经过放大)。此轮廓线的波峰 s 与波谷 s' 通过物镜分别成像在分划板上的 a 和 a' 点，两点之间的距离 h' 即是峰谷影像的高度差。从 h' 可以求出被测表面的峰谷高度 h。即

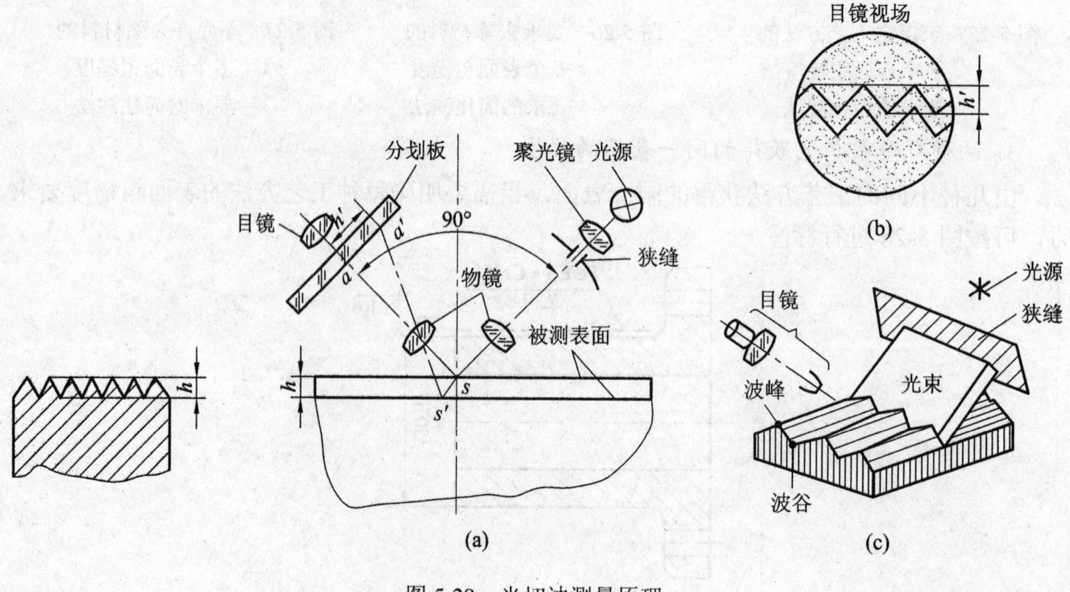

图 5-29 光切法测量原理

$$h = \frac{h'}{V}\cos 45^\circ$$

式中，V 为物镜的放大倍数，可通过仪器所附的一块“标准玻璃刻度尺”来确定。目镜中影像高度 h' 可用测微目镜千分尺测出。

光切显微镜的外形结构如图 5-30 所示。整个光学系统装在一个封闭的壳体 7 内，其上装有目镜 11 和可换物镜组 10；可换物镜组有四组，可按被测表面粗糙度参数值的大小选用，并由手柄 8 借助弹簧力紧固；被测工件安放到工作台 9 上，并使其加工纹理方向与扁平光束垂直；松开锁紧旋手 5，转动粗调螺母 4，可使横臂 3 连同壳体 7 沿立柱 2 上下移动，进行显微镜的粗调焦；旋转微调手轮 6，可进行显微镜的精细调焦；随后，在目镜视场中可看到清晰的狭亮波状光带；转动目镜千分尺 13，分划板上的十字线就会移动，就可测量影像高度 h'。

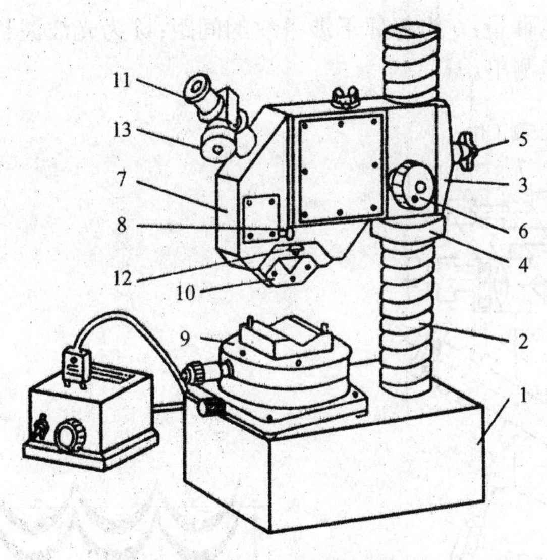

图 5-30　光切显微镜外形结构

测量时，先调节目镜千分尺，使目镜中十字线的水平线与光带平行，然后旋转目镜千分尺，使水平线与光带的最高点和最低点先后相切，并记下两次读数差 a。由于读数是在测微目镜千分尺轴线(与十字线的水平线成 45°)方向测得的(如图 5-29 所示)，因此两次读数差 a 与目镜中影像高度 h' 的关系为

$$h' = a \cdot \cos 45^\circ$$

从而可以推导出

$$h = \frac{h'}{V}\cos 45^\circ = \frac{a \cdot \cos 45^\circ}{V}\cos 45^\circ = \frac{a}{2V}$$

需要说明的是，测量 a 值时，应选择两条光带边缘中比较清晰的一条进行测量，不要“跨带测量”，以免把光带宽度测量进去。

3. 显微干涉法

干涉法是利用光波干涉原理测量表面粗糙度的一种方法。干涉显微镜就是采用光波干涉原理制成的，它通常用于测量极光滑表面的 R_z 值，其测量范围为 0.025 μm～0.8 μm。

干涉显微镜的光学系统原理如图 5-31(a)所示。具体步骤为：由光源 1 发出的光线经 2、3 组成的聚光滤色组聚光滤色，再经光栏 4 和透镜 5 至分光镜 7 分为两束光：一束经补偿镜 8、物镜 9 到平面反射镜 10，被 10 反射又回到分光镜 7，再由分光镜 7 经聚光镜 11 到反射镜 16，然后由反射镜 16 进入目镜 12；另一束光线向上经物镜 6 射向被测工件表面，由被测工件表面反射回来，通过分光镜 7、聚光镜 11 到反射镜 16，再由反射镜 16 反射也进入目镜 12。在目镜 12 的视场内可以看到这两束光线因光程差而形成的干涉条纹。若被测工件表面为理想平面，则干涉条纹为一组等距平直的平行光带；若被测工件表面粗糙不平，则干涉条纹就会弯曲，如图 5-31(b)所示。根据光波干涉原理，光程差每增加半个波长，就形成一条干涉带，故被测工件表面的不平高度(峰、谷高度差)h 为

$$h=\frac{a}{b}\times\frac{\lambda}{2}$$

式中，a 为干涉条纹的弯曲量；b 为相邻干涉条纹的间距；λ 为光波波长(绿色光 λ=0.53 μm)。a、b 值可利用测微目镜测出。

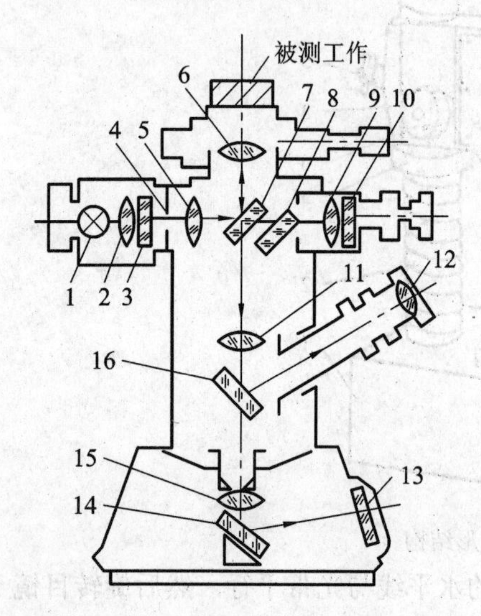

(a) 干涉显微镜的光学系统原理图

(b) 干涉条纹

图 5-31　干涉法测量原理

4．针描法

针描法又称触针法，是一种接触测量表面粗糙度的方法。电动轮廓仪(又称表面粗糙度检查仪)就是利用针描法来测量表面粗糙度的。该仪器由传感器、驱动器、指示表、记录器和工作台等主要部件组成，如图 5-32 所示。传感器端部装有金刚石触针，如图 5-33 所示。

测量时，将触针搭在工件上，与被测表面垂直接触，然后利用驱动器以一定的速度拖动传感器。由于被测表面粗糙不平，因此迫使触针在垂直于被测表面的方向上产生上下移动。这种机械的上下移动通过传感器转换成电信号，再经电子装置将该电信号加以放大、相敏检波和功率放大后，推动自动记录装置，直接描绘出被测轮廓的放大图形。按此图形进行数据处理，即可得到 R_z 值或 R_a 值；或者把信号进行滤波和积分计算后，由指示表直接读出 R_a 值。这种仪器适用于测量 0.025 μm～5 μm 的 R_a 值。有些型号的仪器还配有各种附

件，以适应平面、内外圆柱面、圆锥面、球面、曲面以及小孔、沟槽等工件的表面测量。

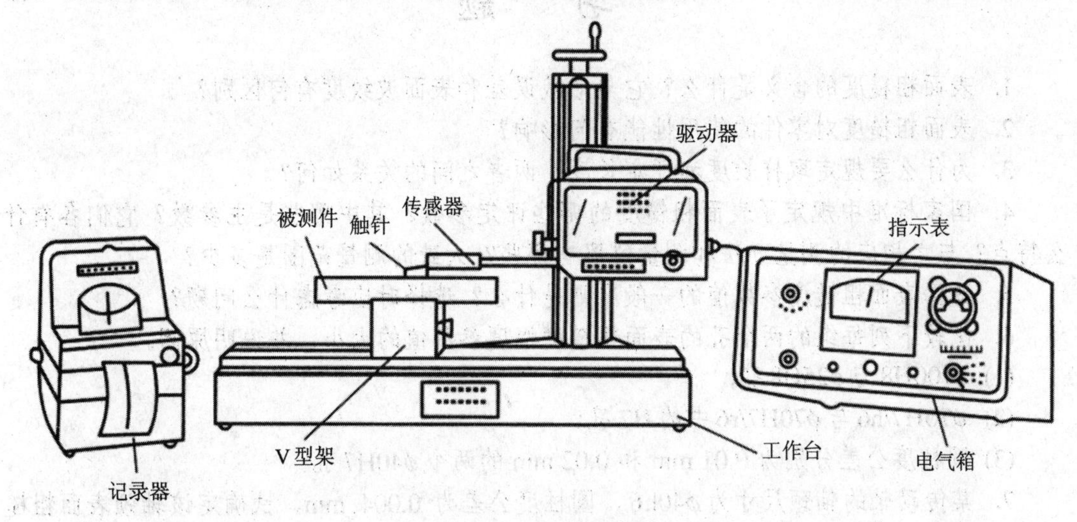

图 5-32　电动轮廓仪

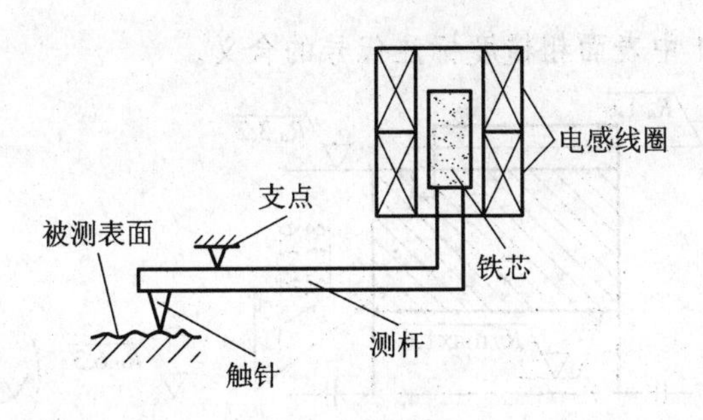

图 5-33　传感器

针描法测量迅速方便，测量精度高，并能直接读出参数值，故获得广泛应用。用光切法与光波干涉法测量表面粗糙度，虽有不接触零件表面的优点，但一般只能测量 R_z 值，且测量过程比较繁琐，测量误差也比较大。针描法操作方便，测量结果可靠，但触针与被测工件表面接触时会留下划痕，这一点，对一些重要的表面(如光栅刻画面等)是不允许的。此外，因受触针圆弧半径大小的限制，针描法不能测量粗糙度值要求很小的表面，否则会产生大的测量误差。随着激光技术的发展，近年来，很多国家都在研究利用激光测量表面粗糙度，如激光光斑法等。

5．印模法

印模法是一种非接触式间接测量表面粗糙度的方法。其原理是利用某些塑性材料做成块状印模贴在零件表面上，再将零件表面轮廓印制在印模上，然后对印模进行测量，得出粗糙度参数值。

印模法适用于大型笨重零件和难以用仪器直接测量或样板比较的表面的粗糙度测量，如深孔、盲孔、凹槽、内螺纹等。由于印模材料不能完全充满被测表面微小不平度的谷底，所以测得印模的表面粗糙度参数值比零件实际参数值要小。因此，对印模所得出的表面粗糙度测量结果需要凭经验进行修正。

习　题

1. 表面粗糙度的含义是什么？它与形状误差和表面波纹度有何区别？

2. 表面粗糙度对零件的使用性能有何影响？

3. 为什么要规定取样长度和评定长度？两者之间的关系如何？

4. 国家标准中规定了表面粗糙度的哪些评定参数？其中哪些是主参数？它们各有什么特点？与之相应的测量方法和测量仪器有哪些？大致的测量范围是多少？

5. 选择表面粗糙度参数值的一般原则是什么？选择时应考虑什么问题？

6. 比较下列每组的两个孔的表面粗糙度幅度参数值的大小，并说明原因。

(1) ϕ100H8 与 ϕ25H8 孔；

(2) ϕ70H7/h6 与 ϕ70H7/r6 中的 H7 孔；

(3) 圆柱度公差分别为 0.01 mm 和 0.02 mm 的两个 ϕ40H7 孔。

7. 某传动轴的轴颈尺寸为 ϕ40h6，圆柱度公差为 0.004 mm，试确定该轴颈表面粗糙度的 R_a 值。

8. 解释习题图 5-1 中表面粗糙度标注代号的含义。

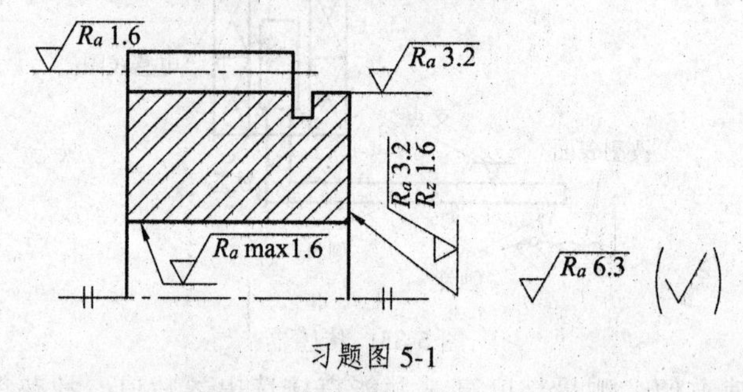

习题图 5-1

9. 试将下列表面粗糙度要求标注在习题图 5-2 上。

(1) 用去除材料的方法获得表面 a 和 b，要求表面粗糙度参数 R_a 的上限值为 1.6 μm；

(2) 用任何方法加工$\phi\, d_1$和$\phi\, d_2$圆柱面，要求表面粗糙度参数 R_z 的上限值为 6.3 μm，下限值为 3.2 μm；

(3) 其余各表面用去除材料的方法获得，要求 R_a 的上限值均为 12.5 μm。

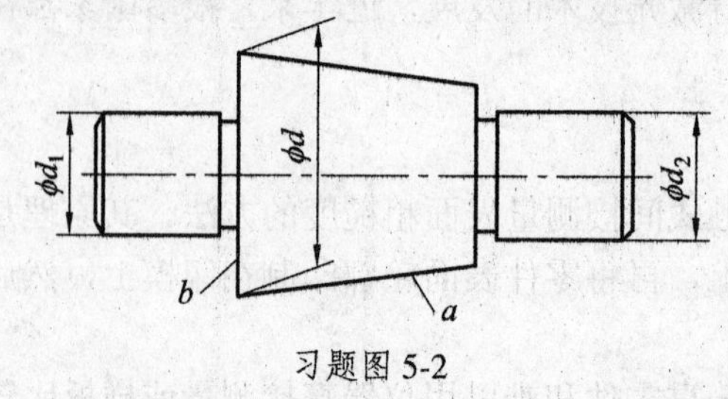

习题图 5-2

第6章 量规设计基础

6.1 光滑极限量规设计

6.1.1 极限尺寸判断原则

单一要素的孔和轴遵守包容要求时，要求其被测要素的体外作用尺寸不超越最大实体边界，而实际要素局部实际尺寸不得超越最小实体尺寸。从检验角度出发，在国家标准“极限与配合”中规定了极限尺寸判断原则(即泰勒原则)，它是光滑极限量规设计的重要依据，现叙述如下：

(1) 孔或轴的体外作用尺寸不允许超过最大实体尺寸，即对于孔，其体外作用尺寸应不小于下极限尺寸；对于轴，则应不大于上极限尺寸。

(2) 任何位置上的实际尺寸不允许超过最小实体尺寸，即对于孔，其实际尺寸应不大于上极限尺寸；对于轴，其实际尺寸应不小于下极限尺寸。

由上述的极限尺寸判断原则可知，孔和轴尺寸的合格性，应是体外作用尺寸和实际尺寸两者的合格性。体外作用尺寸由最大实体尺寸控制。最大实体边界即为体外作用尺寸的界限，而实际尺寸由最小实体尺寸控制。

6.1.2 光滑极限量规的检验原理

依照极限尺寸判断原则设计的量规，称为光滑极限量规。检验孔用的光滑极限量规称为塞规，检验轴用的光滑极限量规叫环规或卡规。光滑极限量规由通规(通端)和止规(止端)所组成，通规和止规是成对使用的。图 6-1 所示为用塞规检验孔的示例。其中图 6-1(a)为被检孔，图 6-1(b)为用塞规的通端和止端分别检验孔的示意图。图 6-2 所示为用环规检验轴的示例。其中图 6-2(a)为被检轴，图 6-2(b)为用环规的通、止端分别检验轴的示意图。量规的通端按最大实体尺寸制造(孔为 $D_{\min}$、轴为 $d_{\max}$)，用来模拟最大实体边界；止端按最小实体尺寸制造(孔为 $D_{\max}$、轴为 $d_{\min}$)。检测时，通规若通过被检的轴、孔，则表示工件的体外作用尺寸没有超出最大实体边界(即 $D_{fe} \geqslant D_{\min}$；$d_{fe} \leqslant d_{\max}$)；若止规不通过，则说明该工件实际尺寸也没有超过最小实体尺寸(即 $D_a \leqslant D_{\max}$；$d_a \geqslant d_{\min}$)，故零件合格。

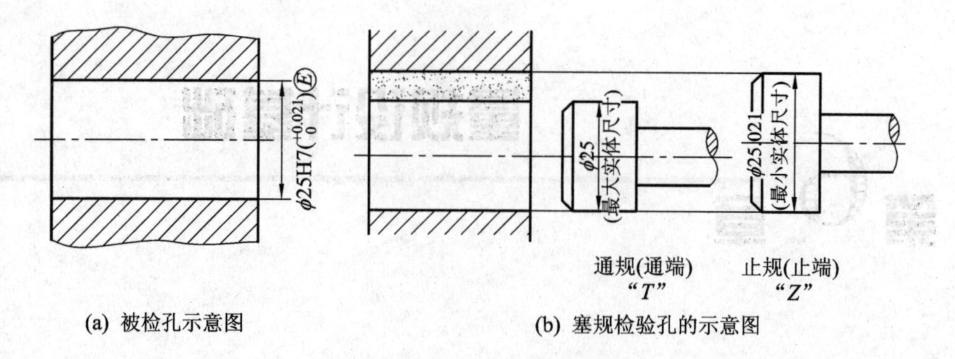

(a) 被检孔示意图　　(b) 塞规检验孔的示意图

图 6-1　用塞规检验孔示意图

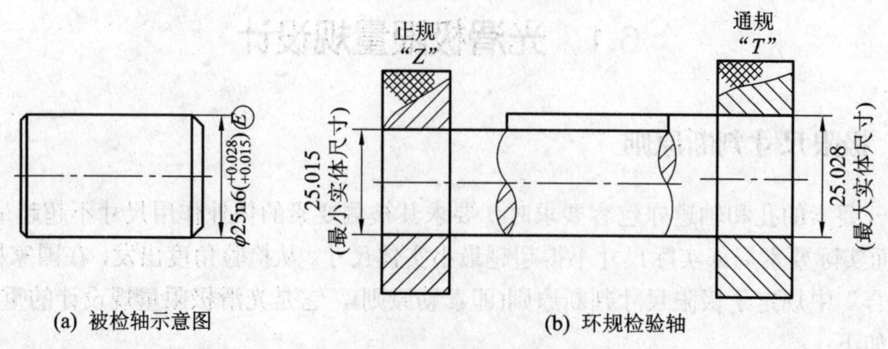

(a) 被检轴示意图　　(b) 环规检验轴

图 6-2　用环规检验轴示意图

通规体现的是最大实体边界，故理论上通规应为全形规，即除其尺寸为最大实体尺寸外，其轴向长度还应与被检工件的长度相同。若通规不是全形规，会造成检验错误。图 6-3 所示为用通规检验轴的示例，轴的体外作用尺寸已超出了最大实体尺寸，应该为不合格件，故通规不通过才是正确的，但不全形的卡规通端却能通过，造成了误判。

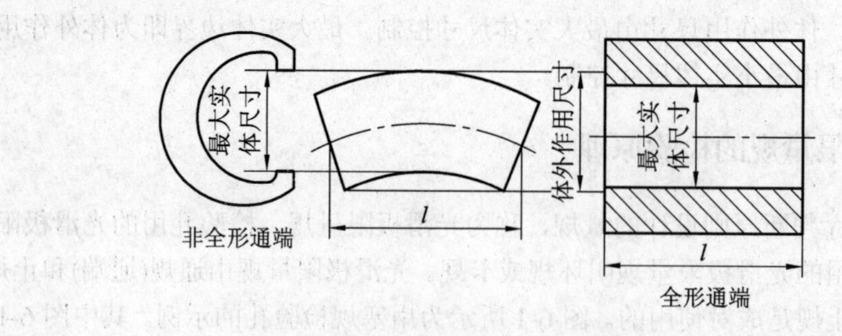

图 6-3　通规形状对检验的影响

止规用于检验工件任何位置上的实际尺寸，其理论的形状应为不全形(两点式)，否则，也会造成检验错误。图 6-4 所示为形状不同的止规对检验结果的影响，图中轴在 $I—I$ 位置上的实际尺寸已超出了最小实体尺寸(轴的下极限尺寸)，故正确的检验情况是止规应在该位置上通过，从而判断出该轴为不合格，但用全形的止规检验时，因其他部位的阻挡，却通不过该轴，造成误判。所以，符合极限尺寸判断原则的通端形式应为全形规，而止端则应为点状，即非全形规。

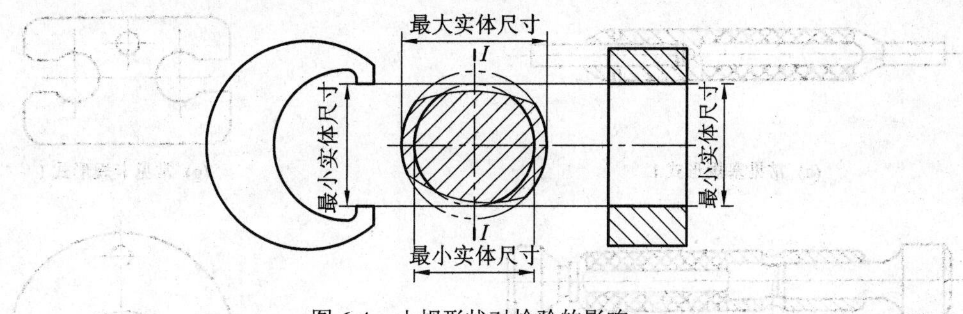

图 6-4　止规形状对检验的影响

在实际中，为了便于使用和制造，通规和止规常偏离其理想形状，如检验曲轴类零件的轴颈尺寸时，由于全形的通规无法套到被检部位，因而只能改用不全形的卡规。对大尺寸的检验，因全形的通规会笨重得无法使用，也只能用不全形的通规。在小尺寸的检验中，若将止规做成不全形的两点式，则这样的止规不仅使用中强度低，耐磨性差，而且制造也不方便，因此小尺寸的止规也常按全形制造，只是轴向长度短些。这种对量规理论形状的偏离是有前提的，即通规不是全形规时，应由加工工艺等手段保证工件的体外作用尺寸不超出最大实体尺寸，同时在使用不全形的通规进行检验时，也应注意正确的操作方法，使得检验正确。同理，在使用偏离两点式的止规时，也应有相应的保证措施。国家标准 GB/T 1957—2006《光滑极限量规》中列出了不同尺寸范围下通规、止规的形式，如图 6-5 所示。图 6-6 为常见量规的结构形式，其中图 6-6(a)～图 6-6(f)为常见塞规的形式，图 6-6(g)～图 6-6(k)为常见卡规的形式。

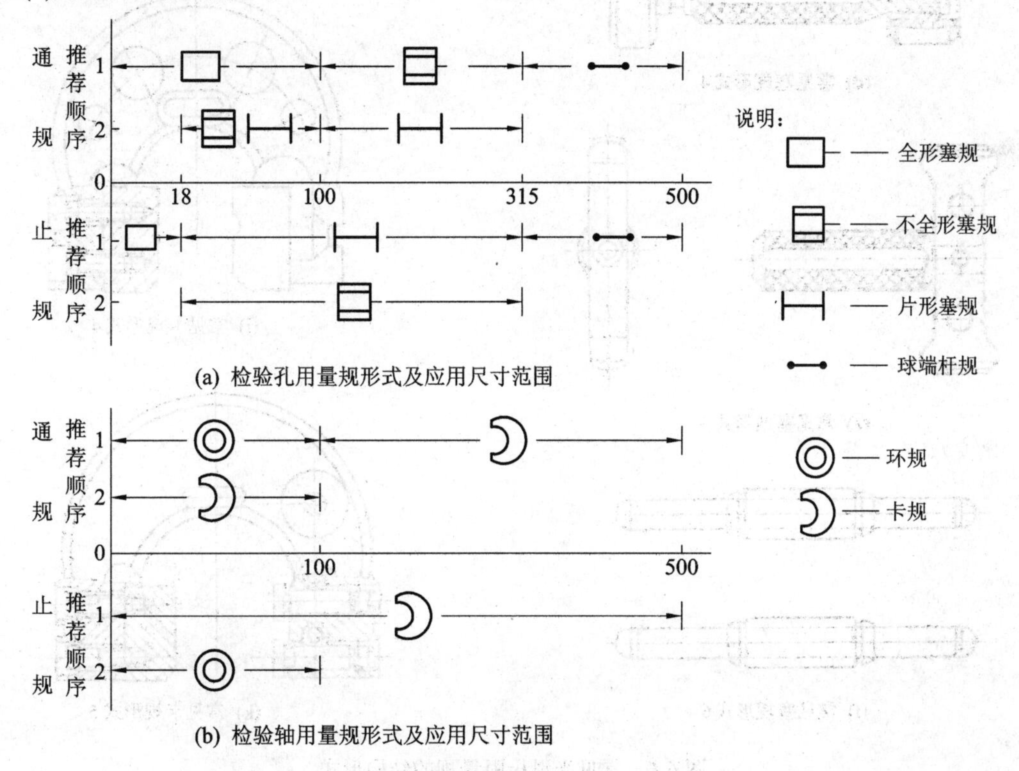

图 6-5　量规形式及应用尺寸范围

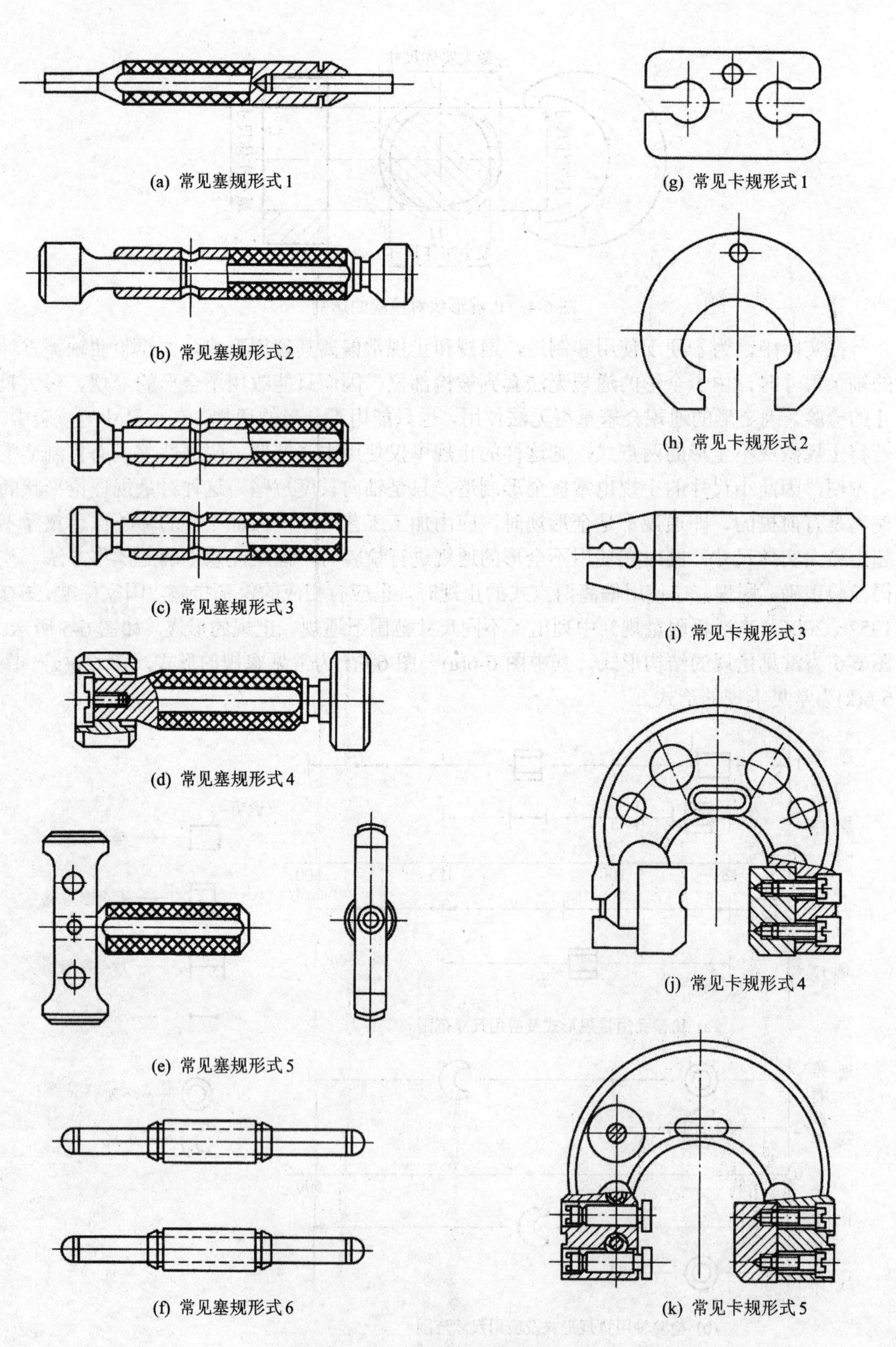

图 6-6　常见光滑极限量规的结构形式

6.1.3 光滑极限量规的分类

光滑极限量规可分为工作量规、验收量规和校对量规。

(1) 工作量规指工件在加工过程中用于检验工件的量规，一般就是加工时操作者手中所使用的量规。应该以新量规或磨损量小的量规为工作量规，这样既可以促使操作者提高加工精度，也能保证工件的合格率。

(2) 验收量规指验收者所使用的量规。为了使更多的合格件得以验收，并减少验收纠纷，应该使用磨损量大且已接近磨损极限的通规和接近最小实体尺寸的止规作为验收量规。

(3) 校对量规是用于校对环规的。因环规的工作尺寸属于孔尺寸，不易用一般量具测量，故规定了校对量规。校对量规有三种，分别检验制造中的环规的止端、通端尺寸以及使用中的通端的磨损量是否合格。对于同属于孔尺寸的卡规，常用量块对其进行校对。

6.1.4 工作量规的设计

量规是用于检验工件的，但量规本身也是被制造出来的，故有制造误差，因此须对量规的通端和止端规定相同的制造公差 T。其公差带均位于被检工件的尺寸公差带内，以避免将不合格工件判为合格(称为误收)。光滑极限量规的通规和止规制造公差带相对于被检工件公差带的位置如图 6-7 所示。图中将止端公差带紧靠在最小实体尺寸线上，而通端公差带距最大实体尺寸线有一段距离。这是因为通端检测时频繁通过工件，容易磨损，为了保证其有合理的使用寿命，必须给出一定的最小备磨量，其大小就是上述距离值，它由图中通规公差带中心与工件最大实体尺寸之间的距离 Z 的大小确定。Z 为通端位置要素值。

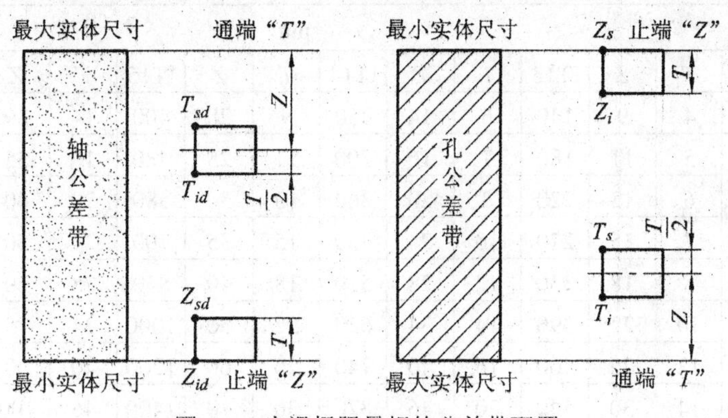

图 6-7 光滑极限量规的公差带配置

由图 6-7 所示的几何关系，可以得出工作量规的上、下偏差的计算公式，列于表 6-1。

表 6-1 工作量规极限偏差计算公式

	检验孔用量规(塞规)	检验轴用量规(卡规或环规)
通端上偏差	$T_s = \mathrm{EI} + Z + T/2$	$T_{sd} = \mathrm{es} - Z + T/2$
通端下偏差	$T_i = \mathrm{EI} + Z - T/2$	$T_{id} = \mathrm{es} - Z - T/2$
止端上偏差	$Z_s = \mathrm{ES}$	$Z_{sd} = \mathrm{ei} + T$
止端下偏差	$Z_i = \mathrm{ES} - T$	$Z_{id} = \mathrm{ei}$

通规使用一段时间后，其尺寸由于磨损超过了被检工件的最大实体尺寸(通规的磨损极

限)，通规即报废。而止端因检测不应通过工件，故不需要备磨量。T和Z的值均与被检工件尺寸公差大小有关，其值分别列于表 6-2 中。

表 6-2　IT6～IT16 级工作量规制造公差和位置要素值(GB/T 1957—2006)

工件公称尺寸 D /mm	IT6			1T7			1T8			1T9			1T10			1T11		
	μm																	
	IT6	T	Z	IT7	T	Z	IT8	T	Z	IT9	T	Z	IT10	T	Z	IT11	T	Z
～3	6	1	1	10	1.2	1.6	14	1.6	2	25	2	3	40	2.4	4	60	3	6
>3～6	8	1.2	1.4	12	1.4	2	18	2	2.6	30	2.4	4	48	3	5	75	4	8
>6～10	9	1.4	1.6	15	1.8	2.4	22	2.4	3.2	36	2.8	5	58	3.6	6	90	5	9
>10～18	11	1.6	2	18	2	2.8	27	2.8	4	43	3.4	6	70	4	8	110	6	11
>18～30	13	2	2.4	21	2.4	3.4	33	3.4	5	52	4	7	84	5	9	130	7	13
>30～50	16	2.4	2.8	25	3	4	39	4	6	62	5	8	100	6	11	160	8	16
>50～80	19	2.8	3.4	30	3.6	4.6	46	4.6	7	74	6	9	120	7	13	190	9	19
>80～120	22	3.2	3.8	35	4.2	5.4	54	5.4	8	87	7	10	140	8	15	220	10	22
>120～180	25	3.8	4.4	40	4.8	6	63	6	9	100	8	12	160	9	18	250	12	25
>180～250	29	4.4	5	46	5.4	7	72	7	10	115	9	14	185	10	20	290	14	29
>250～315	32	4.8	5.6	52	6	8	81	8	11	130	10	16	210	12	22	320	16	32
>315～400	36	5.4	6.2	57	7	9	89	9	12	140	11	18	230	14	25	360	18	36
>400～500	40	6	7	63	8	10	97	10	14	155	12	20	250	16	28	400	20	40

工件公称尺寸 D /mm	IT12			IT13			IT14			IT15			IT16		
	μm														
	IT12	T	Z	IT13	T	Z	IT14	T	Z	IT15	T	Z	IT16	T	Z
～3	100	4	9	140	6	14	250	9	20	400	14	30	600	20	40
>3～6	120	5	11	180	7	16	300	11	25	480	16	35	750	25	50
>6～10	150	6	13	220	8	20	360	13	30	580	20	40	900	30	60
>10～18	180	7	15	270	10	24	430	15	35	700	24	50	1100	35	75
>18～30	210	8	18	330	12	28	520	18	40	840	28	60	1300	40	90
>30～50	250	10	22	390	14	34	620	22	50	1000	34	75	1600	50	110
>50～80	300	12	26	460	16	40	740	26	60	1200	40	90	1900	60	130
>80～120	350	14	30	540	20	46	870	30	70	1400	46	100	2200	70	150
>120～180	400	16	35	630	22	52	1000	35	80	1600	52	120	2500	80	180
>180～250	460	18	40	720	26	60	1150	40	90	1850	60	130	2900	90	200
>250～315	520	20	45	810	28	66	1300	45	100	2100	66	150	3200	100	220
>315～400	570	22	50	890	32	74	1400	50	110	2300	74	170	3600	110	250
>400～500	630	24	55	970	36	80	1550	55	120	2500	80	190	4000	120	280

通规、止规的极限尺寸可由被检工件的实体尺寸与通规、止规的上、下偏差的代数和求得。在图样标注中，为了有利于制造，量规通、止端工作尺寸的标注推荐采用“入体原则”，即塞规按基本偏差 h 对应的公差带标注上、下偏差；卡规(环规)按基本偏差 H 对应的公差带标注上、下偏差。

例 6-1 试设计检验ϕ25H7/n6配合中孔、轴用的工作量规。

解 (1) 确定量规的形式。参考图 6-5，检验 ϕ25H7 的孔用塞规，检验 ϕ25n6 的轴用卡规。

(2) 由表 2-1、表 2-6、表 2-7 可查得ϕ25H7 的孔、ϕ25n6 的轴的尺寸标注分别为

$$孔为\phi25H7(^{+0.021}_{0})；轴为\phi25n6(^{+0.028}_{+0.015})$$

(3) 由表 6-1 所列几何关系求得量规通端、止端的偏差及其尺寸，见表 6-3。

表 6-3 工作量规极限偏差及尺寸计算结果 mm

	$\phi25H7(^{+0.021}_{0})$ 孔用塞规		$\phi25n6(^{+0.028}_{+0.015})$ 轴用卡规	
	通规	止规	通规	止规
量规公差带参数 (由表 6-2 查得)	$Z = 0.0034$　$T = 0.0024$		$Z = 0.0024$　$T = 0.002$	
公称尺寸	25	25.021	25.028	25.015
量规公差带上偏差	+0.0046	+0.021	+0.0266	+0.017
量规公差带下偏差	+0.0022	+0.0186	+0.0246	+0.015
量规上极限尺寸	25.0046	25.021	25.0266	25.017
量规下极限尺寸	25.0022	25.0186	25.0246	25.015
通规的磨损极限	25	—	25.028	—
尺寸标注	$\phi25.0046^{\ 0}_{-0.0024}$	$\phi25.021^{\ 0}_{-0.0024}$	$\phi25.0246^{+0.002}_{\ 0}$	$\phi25.015^{+0.002}_{\ 0}$

(4) 塞规、卡规的公差带图见图 6-8 所示：

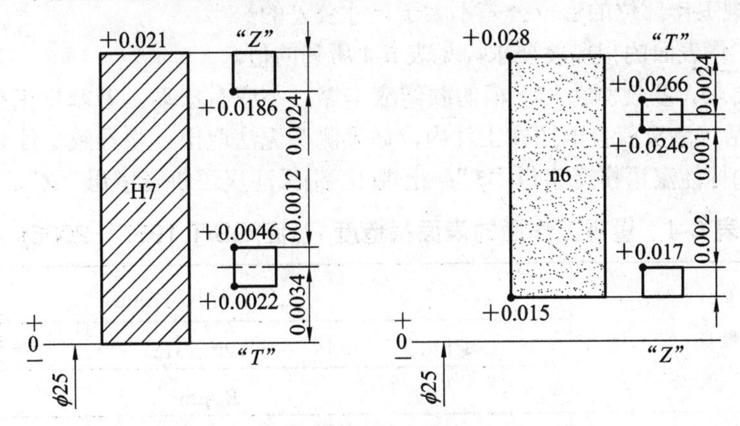

图 6-8 ϕ25H7/n6 孔、轴用量规公差带图

(5) 塞规、卡规的工作图分别见图 6-9 及图 6-10 所示。

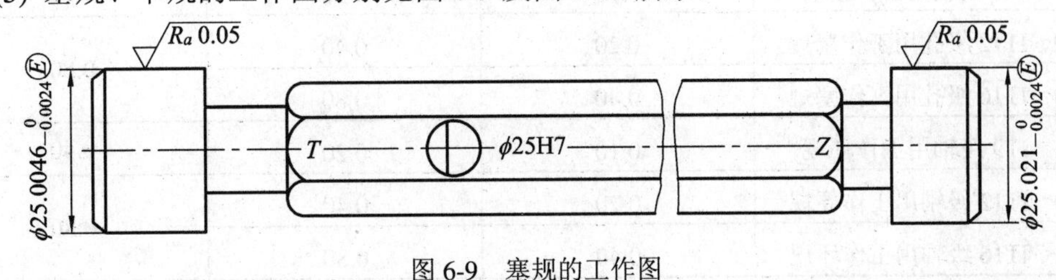

图 6-9 塞规的工作图

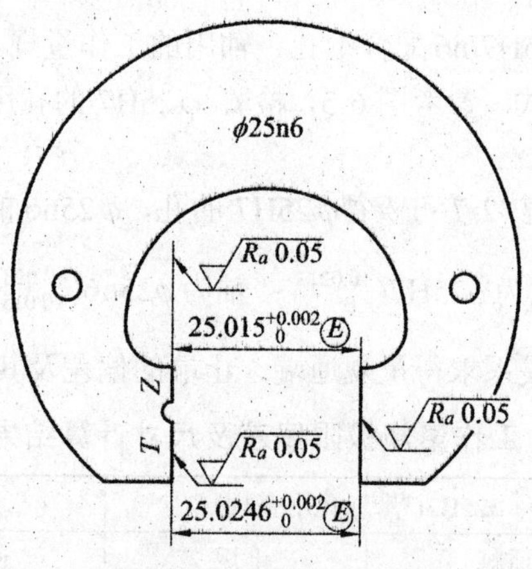

图 6-10 卡规的工作图

6.1.5 量规的主要技术条件

(1) 外观要求。量规的工作表面不应有锈迹、毛刺、黑斑、划痕等明显影响外观和影响使用质量的缺陷。其他表面不应有锈蚀和裂纹。

(2) 材料要求。量规要体现精确尺寸，故要求用于制造量规的材料的线膨胀系数要小，并要经过一定的稳定性处理后使其内部组织稳定；同时，量规的工作表面还应耐磨，以用于提高尺寸的稳定性并延长使用寿命，所以制造量规的材料通常为合金工具钢、碳素工具钢、渗碳钢及其他耐磨性好的材料；且量规工作表面的硬度不应小于 700*HV*(或 60*HRC*)。

(3) 量规工作部位的形位公差要求。量规工作表面的形位公差与尺寸公差之间应遵守包容要求。量规工作部位的形位公差不大于尺寸公差的一半。

(4) 量规工作表面的粗糙度要求。见表 6-4 所列的值。

(5) 其他要求。塞规测头与手柄的联结应牢靠，不应有松动。若塞规正在检验时测头与手柄脱开的话，测头就会卡留在工件内，如果测头无法取出，将导致工件的报废。

通规(通端)标注汉语拼音字母“*T*”；止规(止端)标注汉语拼音字母“*Z*”。

表 6-4 量规工作面的表面粗糙度 R_a 值(GB/T 1957—2006)

<table>
<tr><th rowspan="3">工作量规</th><th colspan="3">工件公称尺寸/mm</th></tr>
<tr><th>≤120</th><th>＞120～315</th><th>＞315～500</th></tr>
<tr><th colspan="3">R_a/μm</th></tr>
<tr><td>IT6 级孔用工作塞规</td><td>0.05</td><td>0.10</td><td>0.20</td></tr>
<tr><td>IT7～IT9 级孔用工作塞规</td><td>0.10</td><td>0.20</td><td>0.40</td></tr>
<tr><td>IT10～IT12 级孔用工作塞规</td><td>0.20</td><td>0.40</td><td rowspan="2">0.80</td></tr>
<tr><td>IT13～IT16 级孔用工作塞规</td><td>0.40</td><td>0.80</td></tr>
<tr><td>IT6～IT9 级轴用工作环规</td><td>0.10</td><td>0.20</td><td>0.40</td></tr>
<tr><td>IT10～IT12 级轴用工作环规</td><td>0.20</td><td>0.40</td><td rowspan="2">0.80</td></tr>
<tr><td>IT13～IT16 级轴用工作环规</td><td>0.40</td><td>0.80</td></tr>
</table>

6.1.6　光滑极限量规的结构

在 GB/T 10920—2008《螺纹量规和光滑极限量规　型式与尺寸》中，对于孔、轴的光滑极限量规的结构及尺寸、适用范围等均作了详细的规定，设计时可参阅该标准及其他相关的资料。

6.2　功能量规设计

6.2.1　基本概念

1．功能量规的用途

遵守相关要求的关联被测要素，要求该要素的实体不得超越给定的理想边界(实效边界或最大实体边界)。功能量规模拟的是被测要素的理想边界，当关联被测要素的体外作用尺寸未超过其给定的理想边界时，功能量规应通过工件的被检部位，从而判定零件为合格，所以功能量规只有通规，且为全形规。常见的遵守相关要求的位置公差(如平行度、垂直度、倾斜度、对称度、位置度等)均可用功能量规进行检验。如图 6-11(a)所示的零件，有一同轴度要求，欲判断其合格性，可用图 6-11(b)及图 6-11(c)所示的功能量规检验。图 6-11(b)表示用依次检验的方式对工件进行检验；而图 6-11(c)则为用共同检验的方式对工件进行检验。当被测要素的体外作用尺寸没有超过实效边界时，该功能量规应该通过被检工件。

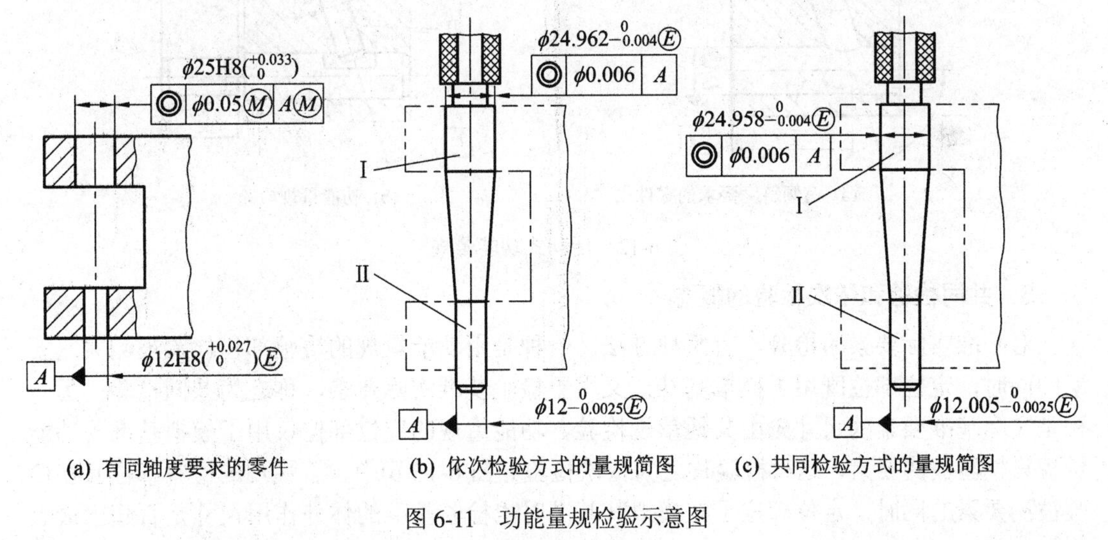

(a) 有同轴度要求的零件　　(b) 依次检验方式的量规简图　　(c) 共同检验方式的量规简图

图 6-11　功能量规检验示意图

通常，被测要素和基准要素本身尺寸经检测合格后，才用功能量规检验位置公差合格与否。

2．功能量规的组成

位置公差是相对于基准而对关联被测要素提出来的几何要求。功能量规用于判断位置公差要求的合格性，它至少应有两个部位，一个是用于体现和模拟基准要素的，称之为定位部位；另一个是用于检验关联被测要素相对于基准的位置要求的，称之为检验部位。如

图 6-11(b)及图 6-11(c)所示，功能量规的部位Ⅰ是用于检验被测要素的，称之为检验部位；部位Ⅱ是用于模拟或检验基准要素的，称之为定位部位。

功能量规又分为固定式和活动式。固定式是指检验部位与定位部位做成一体，不能分开。图 6-11(b)及图 6-11(c)所示的功能量规即为固定式；活动式是指量规的检验部位或定位部位相对于量规体是可以拆开的，以便于对工件进行检验。活动式量规比固定式量规多了一个导向部位。图 6-12(a)为一个有倾斜度要求的零件，用图 6-12(b)所示的功能量规进行检验，该量规即为活动式量规。检验时，先将活动检验部位Ⅱ从导向槽中抽出，将零件装在量规体上的定位部位Ⅰ上，然后把检验部位Ⅱ插入导向槽送入被检孔，若该零件的倾斜度符合要求，活动检验部位可通过导向槽在被检孔全长上穿过。这里检验部位Ⅱ上端直径为 d_G 的圆柱部分即为导向部位。图示功能量规的导向部位的直径与检验部位的直径 d_I 不相等，故为有台阶式；若导向部位的直径与检验部位的直径相同，则是无台阶式。

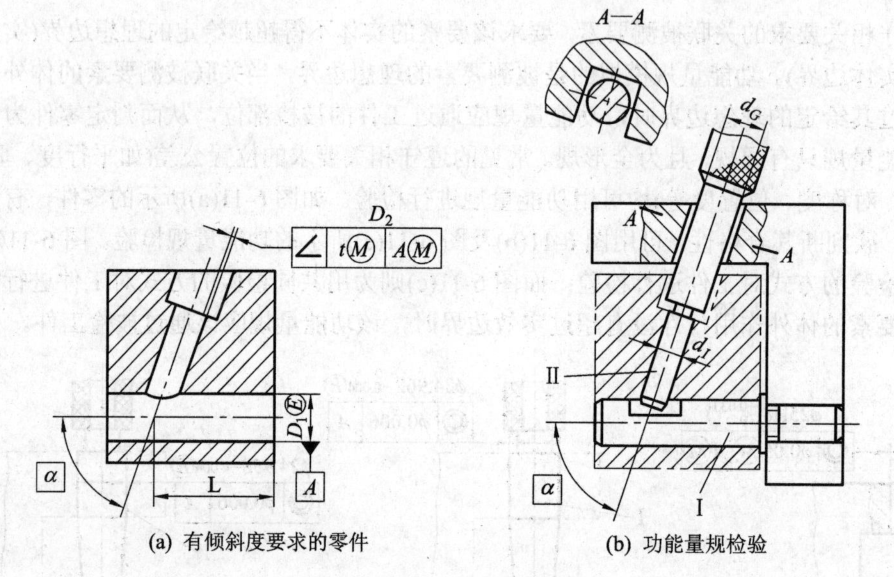

(a) 有倾斜度要求的零件　　(b) 功能量规检验

图 6-12　活动式功能量规

3．共同检验和依次检验的概念

对基准实际要素的检验，有两种方法，一种是用功能量规的检验部位检验被测关联要素的同时，定位部位既用于模拟基准，又用于检验基准实际要素，称之为共同检验；另一种是实际基准要素的尺寸先由其他量规检验，功能量规的定位部位仅用于模拟基准，功能量规只检验被测要素，这种检验称之为依次检验。图 6-12(b)中，若量规的检验部位Ⅱ在检验被测要素的同时，定位部位Ⅰ在模拟其基准时也检验基准的体外作用尺寸是否超出最大实体边界，则为共同检验；若定位部位仅用于模拟基准，则为依次检验。

需要指出的是，基准实际要素按共同检验或按依次检验时，量规定位部位的公差带设置是不同的。

4．综合公差 T_t

综合公差 T_t 是用于确定功能量规公差带大小及位置的主要依据。被测要素(或基准要素)本身的几何公差 t 与其尺寸公差 T 之和，称为综合公差 T_t。当被测要素遵守包容要求时，

综合公差 T_t 等于尺寸公差 T；当被测要素遵守最大实体要求时，综合公差 T_t 等于尺寸公差 T 与形位公差 t 之和。

6.2.2 功能量规检验部位的设计

1．形状和工作尺寸的确定

检验部位用于检验关联被测要素，因此它模拟的是关联被测要素的理想边界，故其形状应与被测要素的边界形状相对应。其工作尺寸等于给定的理想边界尺寸，即被测要素遵守包容要求时，量规检验部位模拟最大实体边界，其工作尺寸为最大实体尺寸；被测要素遵守最大实体要求时，检验部位模拟最大实体实效边界，其工作尺寸为最大实体实效尺寸。检验部位的长度应不小于被测要素的长度。

被测要素为成组要素时，也就有对应的成组的检验部位。这时除要确定检验部位的形状和工作尺寸外，还要确定各检验部位之间的理论正确位置，该理论正确位置应与图样上成组被测要素之间的理论正确位置相一致。

位置量规上检验部位和定位部位之间的定位尺寸，应和图样上给定理论正确尺寸完全相同。

2．公差带的设置

功能量规检验部位虽然模拟被测要素的理想边界和相对于基准的理论位置，但它又是被制造出来的，故存在制造误差，因此应对检验部位规定制造公差 T_I。此外，检验部位要经常通过被测表面，会产生磨损，因此还要考虑给出磨损允许量(备磨量)W_I。这两者之和相对于关联被测要素的综合公差 T_t 及检验部位的工作尺寸(所模拟的边界的尺寸)应有确定的位置。考虑到防止将超差零件判为合格(误收)，故检验部位的制造公差 T_I 和磨损允许量 W_I 均内缩于综合公差 T_t 内，其相对于检验部位工作尺寸的位置，由基本偏差 F_I 确定。

功能量规的基本偏差，是用于确定检验部位或定位部位尺寸公差带对于相应部位工作尺寸位置的那个极限偏差，当检验或定位部位为外表面时是下偏差；为内表面时是上偏差，如图 6-13 所示。

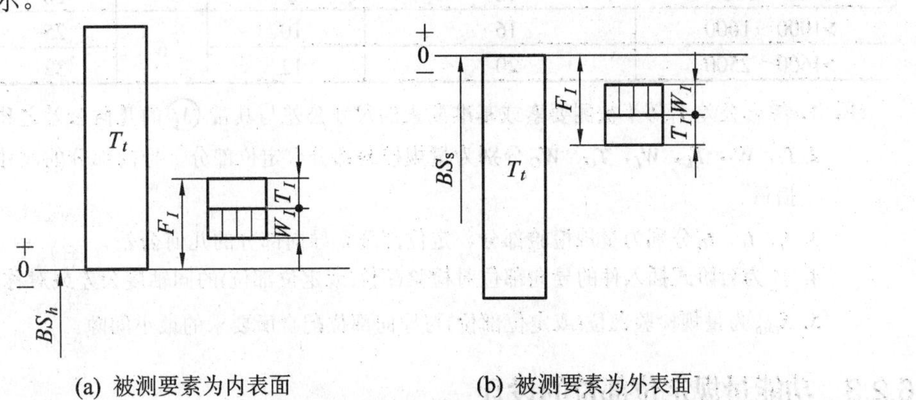

图 6-13 功能量规检验部位尺寸公差带配置示意图

图 6-13 中，BS_h、BS_s 分别表示被测要素内、外表面应遵守的边界尺寸，即当采用包容要求时，它们代表最大实体尺寸；当采用最大实体要求时，它们代表最大实体实效尺寸。

若被测要素为内表面，功能量规的检验部位为外表面，则检验部位的工作尺寸按“入体原则”确定，即

$$d_I = (BS_h + F_I)_{-T_I}^{\ 0} \tag{6-1}$$

对应的磨损极限为

$$d_{IW} = (BS_h + F_I) - (T_I + W_I) \tag{6-2}$$

若被测要素为外表面，功能量规的检验部位为内表面，则检验部位的工作尺寸也按照“入体原则”确定，即

$$D_I = (BS_s - F_I)_{\ 0}^{+T_I} \tag{6-3}$$

对应的磨损极限为

$$D_{IW} = (BS_s - F_I) + (T_I + W_I) \tag{6-4}$$

功能量规检验部位的制造公差 T_I 及磨损允许量 W_I 可由表 6-5 查得，基本偏差 F_I 由表 6-6 给出。

表 6-5　功能量规各工作部位尺寸公差、几何公差、允许磨损量及最小间隙　μm

综合公差	检验部位		定位部位		导向部位			t_I、t_L、t_G	t'_G
T_t	T_I	W_I	T_L	W_L	T_G	W_G	S_{min}		
≤16	1.5							2	
>16～25	2							3	
>25～40	2.5							4	
>40～63	3							5	
>63～100	4				2.5		3	6	2
>100～160	5				3			8	2.5
>160～250	6				4		4	10	3
>250～400	8				5			12	4
>400～630	10				6		5	16	5
>630～1000	12				8			20	6
>1000～1600	16				10		6	25	8
>1600～2500	20				12			32	10

注：1. 综合公差 T_t 等于被测要素或基准要素的尺寸公差与其带Ⓜ的几何公差之和。

2. T_I、W_I，T_L、W_L，T_G、W_G 分别为量规检验部分、定位部分、导向部分的尺寸公差、允许磨损量。

3. t_I、t_L、t_G 分别为量规检验部分、定位部分、导向部分的几何公差。

4. t'_G 为台阶式插入件的导向部位对检验部位(或定位部位)的同轴度公差或对称度公差。

5. S_{min} 为量规检验部位(或定位部位)与导向部位配合所要求的最小间隙。

6.2.3　功能量规定位部位的设计

1．形状和工作尺寸的确定

功能量规的定位部位用于体现和模拟基准要素，在共同检验时还要对基准要素进行检

验。因此定位部位应与所体现的基准要素的理想形状相一致，其工作尺寸也应与基准要素的实际理想边界尺寸相同。如基准为平面时，定位部位也为平面，且平面的长、宽应不小于基准要素的相应尺寸；又如当基准要素为轴线，且基准本身遵守包容要求时，量规定位部位的工作尺寸为最大实体尺寸，定位部位的形状即最大实体边界所在的圆柱面，且定位部位的轴向长度不小于基准本身的轴向长度。

当基准为成组要素时，量规定位部位也为成组部分。这时除要确定各个定位部位的形状和工作尺寸外，还要确定各定位部位之间的位置尺寸，这些位置尺寸应与图样上成组基准要素间位置的理论正确尺寸相一致。

当用功能量规检验基准遵守独立原则的工件时，量规定位部位可采用锥形或可胀式，以保证准确定位。

2．公差带的确定

当对基准要素作共同检验时，基准要素也视为被测要素，功能量规的定位部位的尺寸公差带位置与检验部位相同，如图 6-13 所示。

当对基准要素作依次检验时，功能量规的定位部位仅用于模拟基准，而不检验基准要素。故设置定位部位公差带位置时，只要基准合格，功能量规的定位部位就能通过，因此定位部位公差带未内缩于基准要素的公差带内时，其公差带与基准要素的综合公差带间的位置关系如图 6-14 所示。此时相当于定位部位相对于基准要素公差带的基本偏差 $F_L=0$。

若基准为内表面，功能量规对应的定位部位为外表面，则其工作尺寸表示为

$$d_L = BS_h {}^{\ \ 0}_{-T_L} \tag{6-5}$$

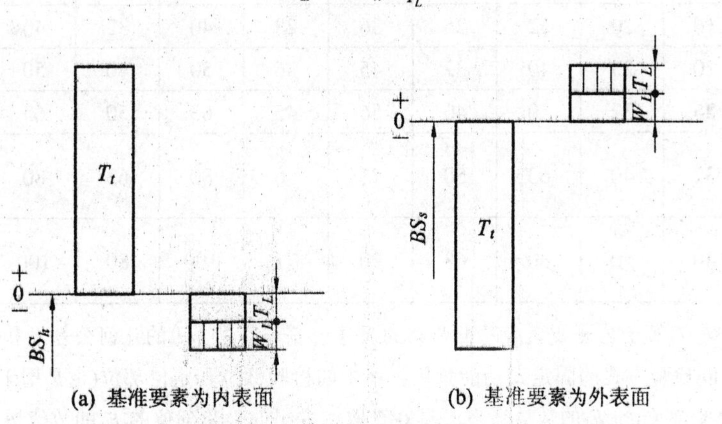

(a) 基准要素为内表面　　(b) 基准要素为外表面

图 6-14　依次检验时功能量规定位部位尺寸公差带配置图

对应的磨损极限为

$$d_{LW} = BS_h - (T_L + W_L) \tag{6-6}$$

若基准为外表面、功能量规对应的定位部位为内表面，则其工作尺寸表示为

$$D_L = BS_s {}^{+T_L}_{\ \ 0} \tag{6-7}$$

对应的磨损极限为

$$D_{LW} = BS_s + (T_L + W_L) \tag{6-8}$$

功能量规定位部位的制造公差 T_L、磨损允许量 W_L 可由表 6-5 查得。

表 6-6 功能量规检验部位的基本偏差 F_I 数值 μm

序号	0	1		2		3		4		5	
基准类型	无基准	无基准(成组被测要素) 一个平表面		一个中心要素 两个平表面		一个平表面和一个中心要素 三个平表面 一个成组中心要素		两个平表面和一个中心要素 两个中心要素 一个平表面和一个成组中心要素		一个平表面和两个成组中心要素 两个平表面和一个成组中心要素 一个中心要素和一个成组中心要素	
综合公差 T_t	固定式	固定式	活动式	固定式	活动式	固定式	活动式	固定式	活动式	固定式	活动式
≤16	3	4	—	5	—	5	—	6	—	7	—
>16～25	4	5	—	6	—	7	—	8	—	9	—
>25～40	5	6	—	8	—	9	—	10	—	11	—
>40～63	6	8	—	10	—	11	—	12	—	14	—
>63～100	8	10	16	12	18	14	20	16	20	18	22
>100～160	10	12	20	16	22	18	25	20	25	22	28
>160～250	12	16	25	20	28	22	32	25	32	28	36
>250～400	16	20	32	25	36	28	40	32	40	36	45
>400～630	20	25	40	32	45	36	50	40	50	45	56
>630～1000	25	32	50	40	56	45	63	50	63	56	71
>1000～1600	32	40	63	50	71	56	80	63	80	71	90
>1600～2500	40	50	80	63	90	71	100	80	100	90	110

注：1. 综合公差 T_t 等于被测要素或基准要素的尺寸公差与其带 Ⓜ 的几何公差之和。

2. 对于共同检验方式的固定式功能量规，单个的检验部位和定位部位(也是用于检验实际基准要素的检验部位)的 F_I 的数值皆按序号 0 查取；成组的检验部位的 F_I 的数值按序号 1 查取。

3. 用于检验单一要素孔、轴的轴线直线度量规的 F_I 的数值按序号 0 查取。

4. 对于依次检验方式的功能量规，检验部分的 F_I 的数值按被测零件的图样上所标注被测要素的基准类型选取。

6.2.4 功能量规导向部位的设计

活动式功能量规有一个起引导作用的导向部位，以便使活动的量规的工作部分(定位部位或检验部位)能正确地导入其工作位置，且导向部位应有一定的间隙，以使导向顺利。根据量规结构的要求，导向部位的工作尺寸可以与活动的量规工作部分工作尺寸相同(即无台阶式导向部位)，也可以不同(即台阶式导向部位)。根据有台阶和无台阶的区分，量规导向部位的公差带位置是不同的。图 6-15 为无台阶式导向部位的公差带图，$S_{\min}$ 为导向部位的最小间隙；T_G 为导向部位的尺寸制造公差；W_G 为导向部位所允许的最大磨损量，它们的具体值可在表 6-5 中查出。$D_{GB}(d_{GB})$、$D_G(d_G)$和 $D_{GW}(d_{GW})$分别代表导向部位内(外)表面的工作尺寸、极限尺寸和磨损极限。图 6-15 所示的无台阶式导向部位的公差带图中，图 6-15(a)所示为导向部位为外表面，导向部位的尺寸标注表示为

$$d_G=(d_{GB}-S_{\min})_{-T_G}^{\ 0} \tag{6-9}$$

对应的磨损极限为

$$d_{GW}=(d_{GB}-S_{\min})-(T_G+W_G) \tag{6-10}$$

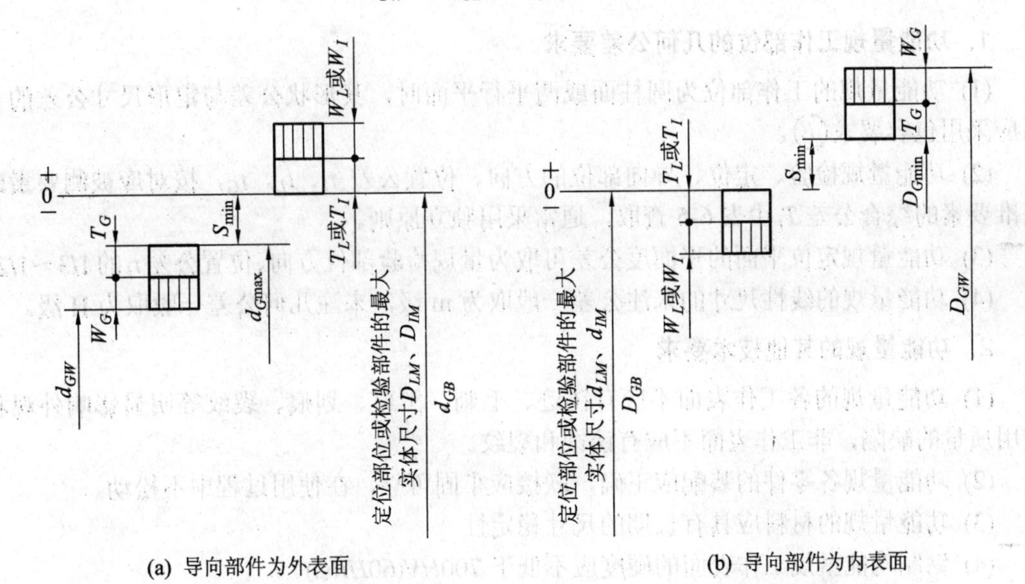

(a) 导向部件为外表面　　　　(b) 导向部件为内表面

图 6-15　无台阶式导向部位尺寸公差带配置图

图 6-15(b)所示为内表面为导向部位的无台阶式导向部位的公差带配置图，其导向部位的尺寸标注表示为

$$D_G=(D_{GB}+S_{\min})_{\ 0}^{+T_G} \tag{6-11}$$

对应的磨损极限为

$$D_{GW}=(D_{GB}+S_{\min})+(T_G+W_G) \tag{6-12}$$

图 6-16 所示为有台阶式的导向部位的公差带配置图，其中导向部位的工作尺寸由设计者自行确定。对于导向部位的外表面(轴销)，其尺寸表示为

$$d_G=(d_{GB}-S_{\min})_{-T_G}^{\ 0} \tag{6-13}$$

对应的磨损极限为

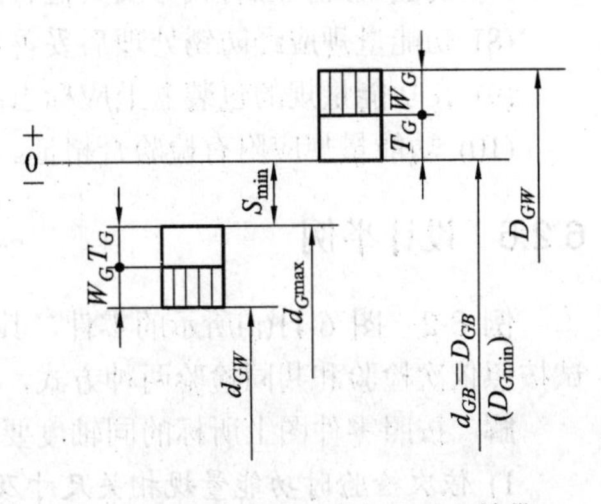

图 6-16　台阶式导向部位尺寸公差带

$$d_{GW} = (d_{GB} - S_{\min}) - (T_G + W_G) \tag{6-14}$$

对于导向部位的内表面(孔)，其尺寸表示为

$$D_G = D_{GB}\ {}^{+T_G}_{0} \tag{6-15}$$

对应的磨损极限为

$$D_{GW} = D_{GB} + (T_G + W_G) \tag{6-16}$$

应当指出，当被测要素的综合公差 T_t 小于等于 63 μm 时，位置量规不要做成活动式的，以免制造上出现困难。

6.2.5 功能量规的主要技术要求

1．功能量规工作部位的几何公差要求

(1) 功能量规的工作部位为圆柱面或两平行平面时，其形状公差与定形尺寸公差的关系应采用包容要求Ⓔ。

(2) 功能量规检验、定位、导向部位的方向、位置公差 t_I、t_L、t_G，按对应被测要素或基准要素的综合公差 T_t 由表 6-5 查取，通常采用独立原则。

(3) 功能量规定位平面的平面度公差可取为量规检验部位方向、位置公差 t_I 的 1/3～1/2。

(4) 功能量规的线性尺寸的未注公差一般取为 m 级，未注几何公差一般取为 H 级。

2．功能量规的其他技术要求

(1) 功能量规的各工作表面不应有锈迹、毛刺、黑斑、划痕、裂纹等明显影响外观和使用质量的缺陷，非工作表面不应有锈蚀和裂纹。

(2) 功能量规各零件的装配应正确，联接应牢固可靠，在使用过程中不松动。

(3) 功能量规的材料应具有长期的尺寸稳定性。

(4) 钢制功能量规工作表面的硬度应不低于 700*HV*(60*HRC*)。

(5) 功能量规应经稳定性处理。

(6) 功能量规工作表面的表面粗糙度 R_a 值应不大于 0.2 μm，非工作表面的 R_a 值应不大于 3.2 μm(用不去除材料获得的表面除外)。

(7) 功能量规上应有代号及其他有关标志。

(8) 功能量规应经防锈处理后妥善包装。

(9) 在功能量规的包装盒上应标志：(a) 制造厂名及商标；(b) 代号；(c) 制造年月。

(10) 功能量规应附有检验合格证。

6.2.6 设计举例

例 6-2 图 6-11(a)所示的零件，其上标注有被测要素相对于基准要素的同轴度要求，试按照依次检验和共同检验两种方式，分别设计相应的功能量规。

解 按照零件图上所标的同轴度要求，依次检验与共同检验的功能量规均采用固定式。

1) 依次检验时功能量规相关尺寸及几何公差的确定

(1) 检验部位的工作尺寸及磨损极限的确定。

由图 6-11(a)可知：被测要素的综合公差

$$T_t = T + t = 0.033 + 0.05 = 0.083 \text{ mm}$$

被测要素的边界尺寸

$$BS_h = \phi 25 - 0.05 = \phi 24.95 \text{ mm}$$

由表 6-5 可查得检验部位的制造公差 $T_I = 0.004$ mm，磨损允许值 $W_I = 0.004$ mm。

由表 6-6 的注 4 可查得依次检验时检验部位的基本偏差 $F_I = 0.012$ mm。

① 检验部位工作尺寸的确定。由公式(6-1)有

$$d_I = (BS_h + F_I)_{-T_I}^{\ 0} = (24.95 + 0.012)_{-0.004}^{\ 0} = 24.962_{-0.004}^{\ 0} \text{ mm}$$

② 检验部位磨损极限的确定。由公式(6-2)有

$$d_{IW} = (BS_h + F_I) - (T_I + W_I) = 24.962 - (0.008) = 24.954 \text{ mm}$$

(2) 定位部位工作尺寸及磨损极限的确定。

由图 6-11(a)可知：基准要素遵守包容要求，其综合公差即其尺寸公差，故 $T_t = 0.027$ mm；基准要素的边界尺寸即其最大实体尺寸，即 $BS_h = \phi 12$ mm。

由表 6-5 可知定位部位的制造公差 $T_L = 0.0025$ mm，磨损允许值 $W_L = 0.0025$ mm。

依次检验时，定位部位仅用作模拟基准，不用来检验基准要素的体外作用尺寸(由光滑极限量规检验)，故定位部位的基本偏差 $F_L = 0$ mm。

① 定位部位工作尺寸的确定。由公式(6-5)有

$$d_L = BS_h{}_{-T_L}^{\ 0} = 12_{-0.0025}^{\ 0} \text{ mm}$$

② 定位部位磨损极限的确定。由公式(6-6)有

$$d_{LW} = BS_h - (T_L + W_L) = 12 - 0.005 = 11.995 \text{ mm}$$

(3) 检验部位相对于定位部位同轴度公差的确定。

因被测要素的综合公差 $T_t = 0.083$ mm，故由表 6-5 可查得检验部位相对于定位部位的同轴度公差 $t_I = 0.006$ mm。

依次检验用的功能量规的标注如图 6-11(b)所示。

2) 共同检验时功能量规相关尺寸及几何公差的确定

(1) 检验部位工作尺寸及磨损极限的确定。

由前所述，被测要素的综合公差 $T_t = 0.083$ mm，边界尺寸 $BS_h = \phi 24.95$ mm；检验部位的制造公差 $T_I = 0.004$ mm，磨损允许值 $W_I = 0.004$ mm。

由表 6-6 注 2 可查得共同检验时检验部位的基本偏差 $F_I = 0.008$ mm。

① 检验部位工作尺寸的确定。由公式(6-1)有

$$d_I = (BS_h + F_I)_{-T_I}^{\ 0} = (24.95 + 0.008)_{-0.004}^{\ 0} = 24.958_{-0.004}^{\ 0} \text{ mm}$$

② 检验部位磨损极限的确定。由公式(6-2)有

$$d_{IW} = (BS_h + F_I) - (T_I + W_I) = 24.958 - (0.008) = 24.950 \text{ mm}$$

(2) 定位部位工作尺寸及磨损极限的确定。

由前所述，基准要素的综合公差 $T_t = 0.027$ mm，边界尺寸 $BS_h = \phi 12$ mm；定位部位的制造公差 $T_l = 0.0025$ mm，磨损允许值 $W_l = 0.0025$ mm。

共同检验时，定位部位不仅用作模拟基准，也要检验基准要素，故定位部位的基本偏差 F_L 由表 6-6 注 2 可查得 $F_L = 0.005$ mm。

① 定位部位工作尺寸的确定。由公式(6-1)有

$$d_L = (BS_h + F_L)_{-T_l}^{\ 0} = (12 + 0.005)_{-0.0025}^{\ \ 0} = 12.005_{-0.0025}^{\ \ 0} \ \text{mm}$$

② 定位部位磨损极限的确定。由公式(6-2)有

$$d_{LW} = (BS_h + F_L) - (T_L + W_L) = 12.005 - (0.005) = 12 \ \text{mm}$$

(3) 检验部位相对于定位部位同轴度公差的确定。

因被测要素的综合公差 $T_t = 0.083$ mm，故由表 6-5 可查得检验部位相对于定位部位的同轴度公差 $t_l = 0.006$ mm。

共同检验用的功能量规的标注如图 6-11(c)所示。

习　题

1. 光滑极限量规的通规和止规分别检验工件的什么尺寸？工作量规的公差带是如何设置的？
2. 什么是极限尺寸判断原则？
3. 试设计检验配合ϕ40H8/f7 中孔和轴的工作量规。
4. 功能量规由几部分组成？
5. 功能量规中，依次检验与共同检验的含义是什么？
6. 习题图 6-1 中所示的零件有一垂直度要求。试一设计功能量规，以便对其进行检验。
7. 习题图 6-2 中所示的零件有一平行度要求。试一设计功能量规，以便对其进行检验。

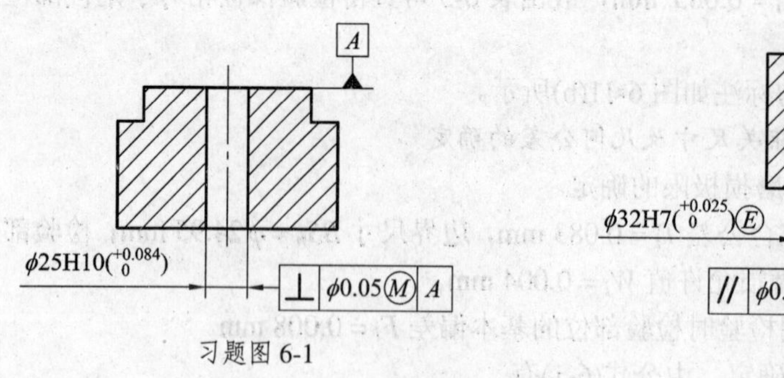

习题图 6-1

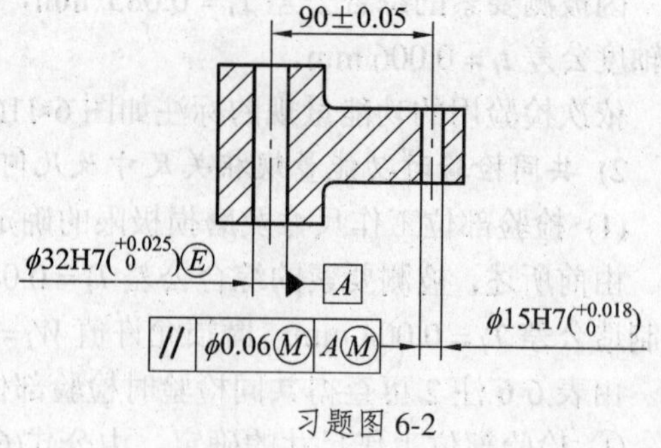

习题图 6-2

第7章 标准件及非圆柱结合的公差与检测

7.1 键联结的公差与检测

键联结广泛应用在机器中，起到传递扭矩和导向的作用。键联结分为单键联结与花键联结。单键联结又分为平键、半圆键、切向键和楔形键联结。平键联结制造简单，拆装方便，故应用广泛。与单键联结相比较，花键联结的强度高，承载能力强。花键联结可分为矩形花键联结与渐开线花键联结。

鉴于篇幅限制，本节仅介绍平键联结与矩形花键联结的公差与检测。

7.1.1 平键联结的公差与检测

1. 平键联结的公差与配合

平键联结如图7-1所示，其由键、轴键槽和轮毂键槽(孔键槽)等三部分组成，并通过键的侧面和轴键槽及轮毂键槽的侧面相互接触来传递转矩或导向。在平键联结中，键和轴键槽、轮毂键槽的宽度 b 是配合尺寸，而键的顶部表面与轮毂键槽的底部表面之间留有一定的间隙。因此在平键联结中，键宽 b 应规定较严格的公差；而键的高度 h 和长度 L 以及轴键槽的深度 t_1 和长度 L、轮毂键槽的深度 t_2 皆是非配合尺寸，应给予较松的公差。

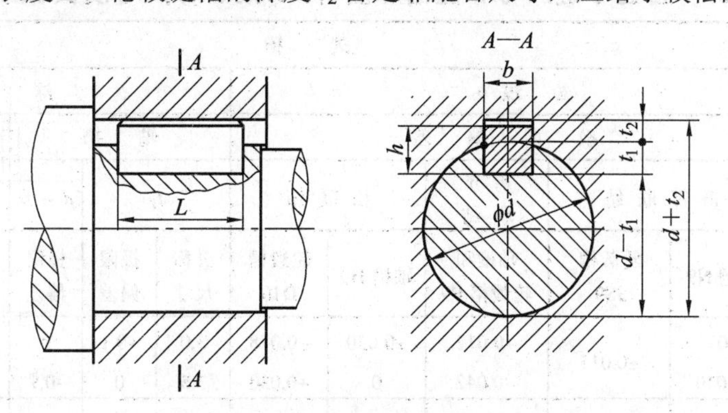

图7-1 平键联结及其几何参数

普通平键联结中，键为标准件，且键宽尺寸 b 为轴尺寸(对应的轴键槽宽尺寸 b 与轮毂槽宽尺寸 b 则为孔尺寸)，故键宽尺寸的配合采用基轴制。按照不同的应用需求，将平键联结的配合分为松联结、正常联结、紧密联结。其公差带的配置见图7-2，各种联结的应用场合见表7-1所示。

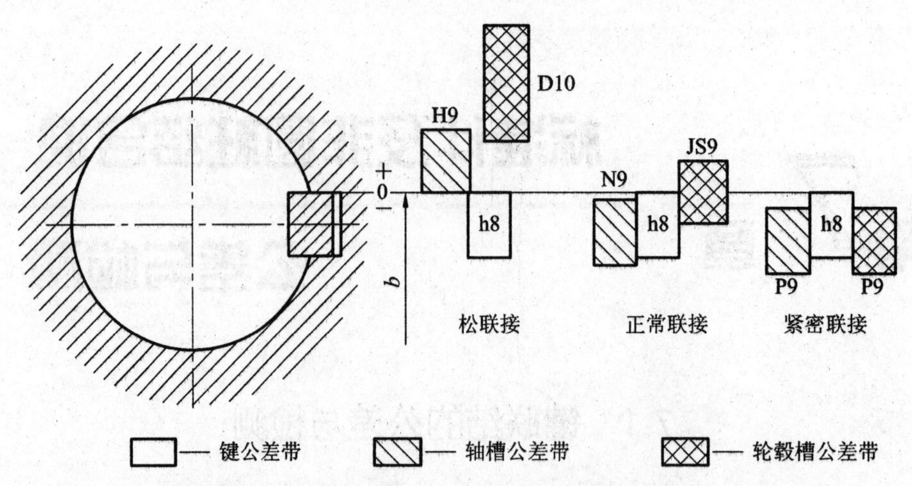

图 7-2　平键宽度尺寸 b 处的公差带配置示意图

对于非配合尺寸，普通平键高度的公差带一般采用 h11；平键长度 L 的公差带采用 h14；轴槽长度的公差带采用 H14。GB/T 1095—2003 对轴槽深度 t_1 和轮毂槽深度 t_2 的极限偏差作了专门规定，见表 7-2。为了便于测量，在图样上对轴槽深度和轮毂槽深度分别标注"$d-t_1$"和"$d+t_2$"(d 为孔、轴的公称尺寸)，其极限偏差也列于表 7-2 中。

表 7-1　平键的三种联结形式及其应用

配合种类	尺寸 b 的公差带			应　用
	键	轴槽	轮毂槽	
松联接	h8	H9	D10	用于导向平键，轮毂可在轴上移动
正常联接		N9	JS9	键在轴键槽中和轮毂键槽中均固定，用于载荷不大的场合
紧密联接		P9	P9	键在轴键槽中和轮毂键槽中均牢固地固定，用于载荷较大，有冲击和双向转矩的场合

表 7-2　普通平键尺寸和键槽深度 t_1、t_2 的公称尺寸及其极限偏差　　mm

键尺寸 $b\times h$	键　槽											
	宽　度 b						深　度					
	公称尺寸	极　限　偏　差					轴　槽			轮　毂　槽		
		正常联结		紧密联结	松联结		t_1		$d-t_1$	t_2		$d+t_2$
		轴槽 N9	轮毂槽 JS9	轴槽和轮毂槽 P9	轴槽 H9	轮毂槽 D10	公称尺寸	极限偏差	极限偏差	公称尺寸	极限偏差	极限偏差
5×5	5	0	±0.015	−0.012	+0.030	+0.078	3.0	+0.1	0	2.3	+0.1	+0.1
6×6	6	-0.030		−0.042	0	+0.030	3.5	0	-0.1	2.8	0	0
8×7	8	0	±0.018	−0.015	+0.036	+0.098	4.0			3.3		
10×8	10	-0.036		−0.051	0	+0.040	5.0			3.3		
12×8	12						5.0	+0.2	0	3.3	+0.2	+0.2
14×9	14	0	±0.0215	−0.018	+0.043	+0.120	5.5	0	−0.2	3.8	0	0
16×10	16	-0.043		−0.061	0	+0.050	6.0			4.3		
18×11	18						7.0			4.4		

2．平键的几何公差与表面粗糙度要求

不论是传递扭矩，还是导向，均是通过平键的侧面来完成，因此对平键联结还需提出几何公差要求。一般规定的是对称度要求，包括轴槽对轴的轴线和轮毂槽对孔的轴线的对称度要求。根据不同的使用要求，可按照 GB/T 1184—1996 中对称度公差的 7～9 级选取。对称度公差要求可以采用独立原则，也可以采用相关要求。图 7-3(a)所示为采用独立原则的标注示例；图 7-3(b)所示为采用最大实体要求的标注示例。

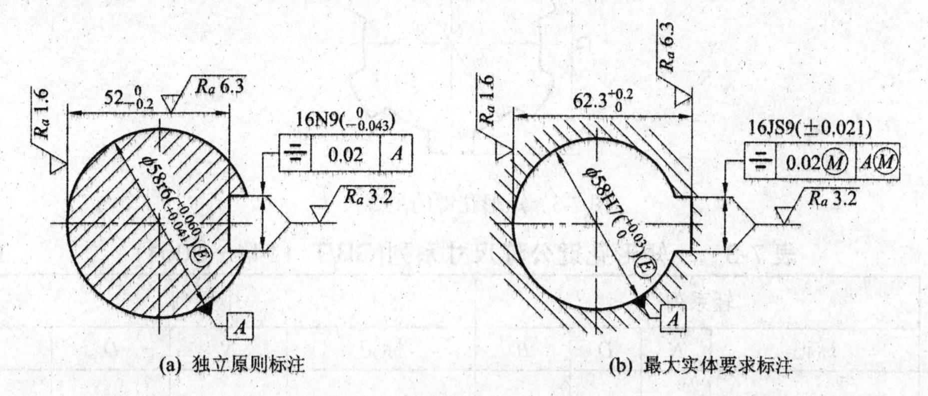

图 7-3　键槽尺寸和公差的标注

键槽两侧面及底面的表面粗糙度要求可采用 R_a 进行标注，一般键槽侧面的 R_a 上限值为 1.6 μm～3.2 μm；键槽底面的 R_a 上限值为 6.3 μm。

3．平键的检测

当键槽的对称度公差采用独立原则，且为单件、小批量生产时，可按照第 4 章图 4-58 所示的方法对轴槽的对称度进行测量，然后按照式(4-6)及式(4-7)计算对称度误差，取值大者作为评判对象。

对成批、大量生产或对称度采用相关要求时，应采用专用量规进行检验。图 7-4(a)所示为检验采用相关要求的轴槽所用的对称度量规；图 7-4(b)为检验采用相关要求的轮毂槽的对称度量规，如图 7-3(b)所示的轮毂槽的对称度要求即可采用该量规进行检验。

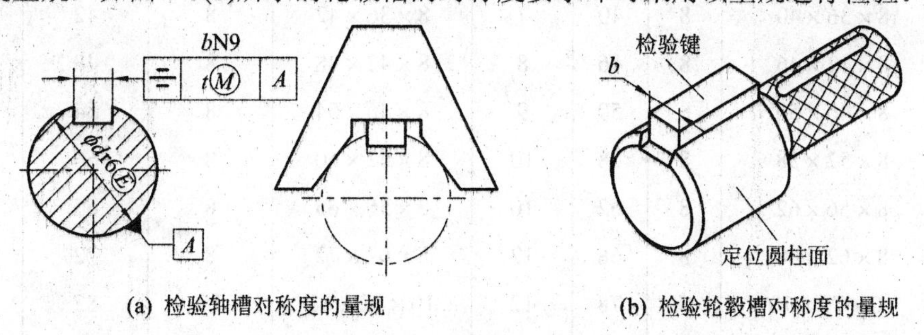

图 7-4　检验键槽对称度的量规

7.1.2　矩形花键联结的公差与检测

1．矩形花键的主要配合尺寸及定心方式

花键的联结由内花键(花键孔)和外花键(花键轴)构成。GB/T 1144—2001 规定矩形花键的主要尺寸有小径 d、大径 D 和键宽(或键槽宽)B，如图 7-5 所示。键数规定为偶数，有 6、

8、10三种，以便于加工和检测。按照承载能力，公称尺寸分为轻系列和中系列两个规格，同一小径的轻系列和中系列的键数、键宽均相同，仅大径不同。轻、中系列的矩形花键的尺寸见表7-3。

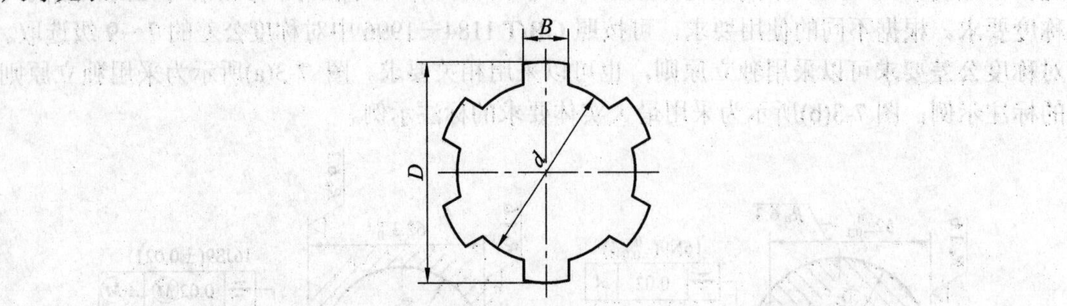

图7-5　矩形花键的主要尺寸

表7-3　　矩形花键公称尺寸系列(GB/T 1144—2001)　　mm

d	轻系列				中系列			
	标记	N	D	B	标记	N	D	B
11	—	—	—	—	6×11×14	6	14	3
13	—	—	—	—	6×13×16	6	16	3.5
16	—	—	—	—	6×16×20	6	20	4
18	—	—	—	—	6×18×22	6	22	5
21	—	—	—	—	6×21×25	6	25	6
23	6×23×26	6	26	6	6×23×28	6	28	6
26	6×26×30	6	30	6	6×26×32	6	32	6
28	6×28×32	6	32	7	6×28×34	6	34	7
32	8×32×36	8	36	6	8×32×38	8	38	6
36	8×36×40	8	40	7	8×36×42	8	42	7
42	8×42×46	8	46	8	8×42×48	8	48	8
46	8×46×50	8	50	9	8×46×54	8	54	9
52	8×52×58	8	58	10	8×52×60	8	60	10
56	8×56×62	8	62	10	8×56×65	8	65	10
62	8×62×68	8	68	12	8×62×72	8	72	12
72	10×72×78	10	78	12	10×72×82	10	82	12
82	10×82×88	10	88	12	10×82×92	10	92	12
92	10×69×98	10	98	14	10×92×102	10	102	14
102	10×102×108	10	108	16	10×102×112	10	112	16
112	10×112×120	10	120	18	10×112×125	10	125	18

在花键联结中，大径 D、小径 d 和键宽 B 均要参与配合，以保证内、外花键的同心(即

定心)、联结强度及传递扭矩的可靠性；对于要求轴向滑动的联结，还应保证导向精度。但是用三个尺寸同时保证内、外花键同心，在实际中有困难，也无必要，因此常由其中的一个尺寸保证内、外花键的同心，即保证一个尺寸处的配合精度，另外两个尺寸处采用较大间隙的配合，以避免相互干涉。因此就有小径定心、大径定心和键宽定心三种定心方式，如图 7-6 所示。GB/T 1144—2001 规定矩形花键联结采用小径定心。这是因为随着科学技术的发展，现代工业对机械零件的质量要求不断提高，对花键联结的机械强度、硬度、耐磨性和精度的要求都提高了。例如，工作时每小时相对滑动 15 次以上的内、外花键，要求硬度在 40*HRC* 以上；相对滑动频繁的内、外花键，则要求硬度为 56*HRC*～60*HRC*，这样在内、外花键制造时需热处理(淬火)来提高硬度和耐磨性。为了保证定心表面的精度要求，淬硬后该表面需进行磨削加工。从加工工艺性看，小径便于磨削(内花键小径表面可在内圆磨床上磨削，外花键小径表面可用成形砂轮磨削)，且通过磨削可达到高精度要求，所以矩形花键联结采用小径定心可以获得更高的定心精度，并能保证和提高花键的表面质量。

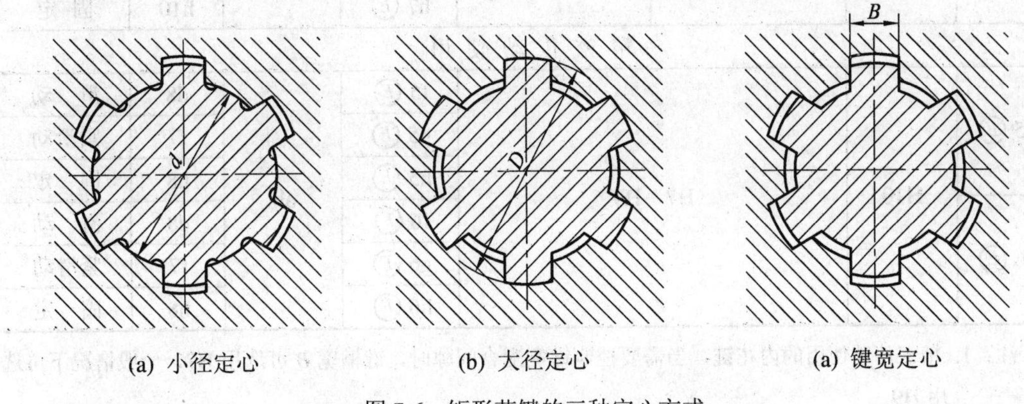

(a) 小径定心　　(b) 大径定心　　(a) 键宽定心

图 7-6　矩形花键的三种定心方式

无论采用何种定心方式，键和键槽两侧面的宽度 *B* 应具有足够的精度，因为不论是传递扭矩或是导向，均是靠键侧面来完成。

2．矩形花键的配合种类及相应的公差带

GB/T 1144—2001 规定的矩形花键装配型式分为滑动、紧滑动、固定三种。其中滑动联接的间隙较大；紧滑动联接的间隙次之；固定联接的间隙最小。按精度的高低，这三种装配型式各分为一般用途和精密传动使用两种。内、外花键的定心小径、非定心大径和键宽(键槽宽)的尺寸公差带与装配型式见表 7-4，这些尺寸公差带均取自 GB/T 1801—2009。为了减少花键拉刀和花键塞规的品种、规格，花键联结采用基孔制配合。由于花键几何误差的影响，三种装配型式指明的配合均分别比各自的配合代号所表示的配合紧。此外，大径为非定心直径，所以内、外花键大径表面的配合采用较大间隙的间隙配合。

花键尺寸公差带选用的一般原则是：定心精度要求高或传递转矩大时，应选用精密传动用的尺寸公差带；反之，可选用一般用的尺寸公差带。内、外花键在工作中只传递转矩而无相对轴向移动时，一般选用配合间隙最小的固定联接。除传递转矩外，内、外花键之间还有相对轴向移动时，应选用滑动或紧滑动联接。若移动频繁、移动距离长，则应选用

配合间隙较大的滑动联接，以保证运动灵活及配合面间有足够的润滑油层。为保证定心精度要求、或为使工作表面载荷分布均匀以及为减小反向所产生的空程和冲击，对定心精度要求高、传递转矩大或运转中需经常反转等的联接，应选用配合间隙较小的紧滑动联接。表 7-5 推荐了几种配合，以供设计应用时参考。

表 7-4 矩形花键的装配型式及相应的公差带

内花键				外花键			装配型式
小径 d	大径 D	键槽宽 B		小径 d	大径 D	键宽 B	
		拉削后不热处理	拉削后热处理				
一般用途							
H7 Ⓔ	H10	H9	H11	f7 Ⓔ	all	d10	滑动
				g7 Ⓔ		f9	紧滑动
				h7 Ⓔ		h10	固定
精密传动使用							
H5 Ⓔ	H10	H7，H9		f5 Ⓔ	all	d8	滑动
				g5 Ⓔ		f7	紧滑动
				h5 Ⓔ		h8	固定
H6 Ⓔ				f6 Ⓔ		d8	滑动
				g6 Ⓔ		f7	紧滑动
				h6 Ⓔ		h8	固定

注：1. 精密传动使用的内花键，当需要控制键侧配合间隙时，键槽宽 B 可选用 H7，一般情况下可选用 H9。

2. 小径 d 的公差带为 H6 Ⓔ或 H7 Ⓔ的内花键时，允许与提高一级的外花键配合。

表 7-5 推荐的矩形花键配合

应用	固定联结		滑动联结	
	配合	特征及应用	配合	特征及应用
精密传动用	H5/h5	紧固程度较高，可传递大扭矩	H5/g5	可滑动程度较低，定心精度高，传递扭矩大
	H6/h6	传递中等扭矩	H6/f6	可滑动程度中等，定心精度较高，传递中等扭矩
一般用	H7/h7	紧固程度较低，传递扭矩较小，可经常拆卸	H7/f7	移动频率高，移动长度大，定心精度要求不高

3. 矩形花键的几何公差及表面粗糙度要求

矩形花键的几何误差对花键联结的质量有很大的影响，如图 7-7 所示，花键联结采用小径定心时，假设内、外花键各部分的实际尺寸合格，内花键(粗实线)定心表面和键槽侧面的形状和位置都正确，而外花键(细实线)各键不等分或不对称，则会造成它与内花键干涉，从而使该内花键与外花键装配后不能获得配合代号表示的配合性质，甚至可能无法装配，并且使键(键槽)侧面受载不均匀。同样地，内花键若存在分度误差，也会造成它与外花键干涉。因此，对内、外花键必须分别规定几何公差，以保证花键联结精度和强度的要求。

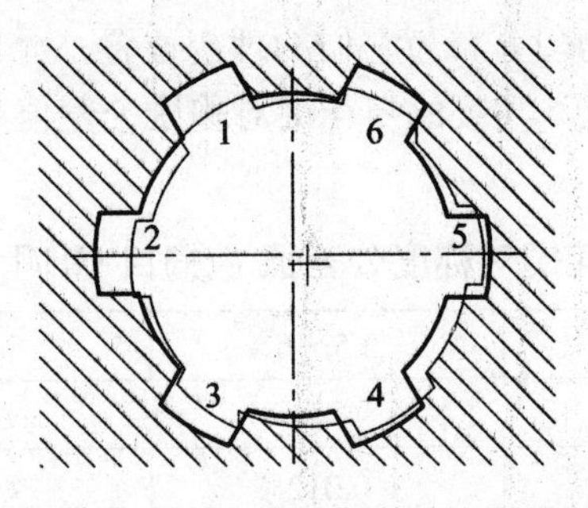

图 7-7　几何误差对花键联结的影响

为了保证内、外花键小径定心表面的配合性质，GB/T 1144—2001 规定该表面的形状公差与尺寸公差的关系采用包容要求Ⓔ。

除了小径定心表面的形状误差以外，还有内、外花键的方向、位置误差影响装配和精度，包括键(键槽)两侧面的中心平面对小径定心表面轴线的对称度误差、键(键槽)的分度差及键(键槽)侧面对小径定心表面轴线的平行度误差和大径表面轴线对小径定心表面轴线的同轴度误差。其中，以花键的对称度误差和分度误差的影响最大。因此，花键的对称度误差和分度误差通常用位置度公差予以综合控制，位置度公差值见表 7-6。该位置度公差与键(键槽)宽度公差及小径定心表面尺寸公差的关系皆采用最大实体要求，如图 7-8 所示，且用花键量规检验。

表 7-6　矩形花键位置度公差值 t_1(摘自 GB/T 1144—2001)　　mm

键槽宽或键宽 B		3	3.5～6	7～10	12～18
		t_1			
键槽宽		0.010	0.015	0.020	0.025
键宽	滑动、固定	0.010	0.015	0.020	0.025
	紧滑动	0.006	0.010	0.013	0.016

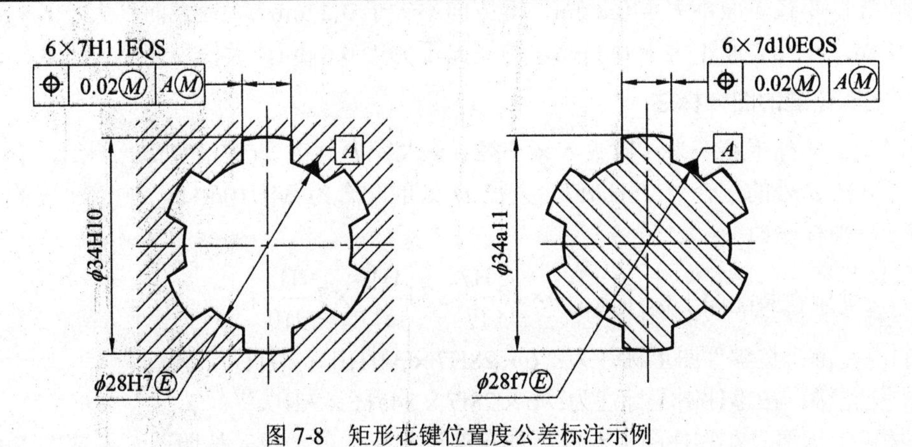

图 7-8　矩形花键位置度公差标注示例

在单件小批生产时，可采用单项测量，键(键槽)两侧面的中心平面对小径定心表面轴线的对称度公差和分度公差及对称度公差值见表 7-7。该对称度公差与键(键槽)宽度公差及小径定心表面尺寸公差的关系皆采用独立原则，如图 7-9 所示。花键分度公差如下确定：花键各键(键槽)沿 360°圆周均匀分布为它们的理想位置，允许它们偏离理想位置的最大值的两倍为花键均匀分布公差值，其数值与花键对称度公差值相同，故花键分度公差在图样上不必注出。

表 7-7　矩形花键对称度公差值 t_2(摘自 GB/T 1144—2001)　　mm

键槽宽或键宽 *B*	3	3.5～6	7～10	12～18
	t_2			
一般用途	0.010	0.012	0.015	0.018
精密传动用途	0.006	0.008	0.009	0.011

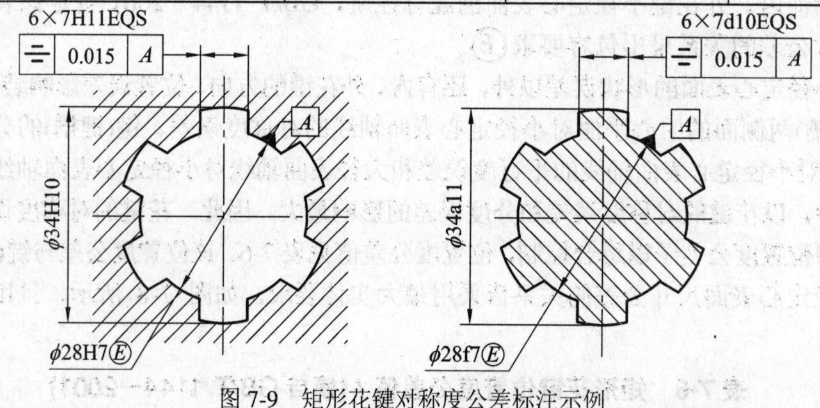

图 7-9　矩形花键对称度公差标注示例

对于较长的花键，可按照产品性能自行规定键(键槽)侧面对小径定心表面轴线的平行度公差。

由于内、外花键大径表面分别按照 H10 和 a11 加工，且其大径表面之间的间隙很大，故大径表面轴线对小径定心表面轴线的同轴度误差可用此间隙作补偿。

矩形花键的表面质量可用轮廓算术平均偏差 R_a 的上限值进行控制，规定如下：

内花键：小径表面不大于 0.8 μm，键侧面不大于 3.2 μm，大径表面不大于 6.3 μm。

外花键：小径表面不大于 0.8 μm，键侧面不大于 0.8 μm，大径表面不大于 3.2 μm。

4．矩形花键的图样标注

矩形花键的标示顺序为：键数 *N* × 小径 *d* × 大径 *D* × 键宽(键槽宽)*B*。例如，若花键数 *N* 为 6、小径 *d* 处的配合为 28H7/f7、大径 *D* 处的配合为 34H10/a11、键宽 *B* 处的配合为 7H11/d10，则标注如下：

(1) 花键副在装配图上标注为：$6\times28\dfrac{\mathrm{H7}}{\mathrm{f7}}\times34\dfrac{\mathrm{H10}}{\mathrm{a11}}\times7\dfrac{\mathrm{H11}}{\mathrm{d10}}$；

(2) 内花键，在零件图上标注为：6 × 28H7 × 34H10 × 7H11；

(3) 外花键，在零件图上标注为：6 × 28f7 × 34a11 × 7d10。

除按照上述要求在零件图上对内、外花键进行标注外，也需按照图 7-8 或图 7-9 的示例标注几何公差要求及花键各表面的表面粗糙度要求。

5. 矩形花键的检测

花键的检测可分为单项检测和综合检测。单项检测就是对花键的单项参数，如小径、大径、键宽(键槽宽)等尺寸和位置误差分别测量或检验。当花键小径定心表面采用包容要求，且各键(键槽)的对称度公差及花键各部位均遵守独立原则时，一般应采用单项检测。

采用单项检测时，小径定心表面应采用光滑极限量规检验。大径、键宽的尺寸在单件、小批生产时使用普通计量器具测量，而在批量生产中，可用专用极限量规来检验。图 7-10 是检验花键各要素极限尺寸用的量规。图 7-10(a)为用于检验内花键小径的光滑极限量规(塞规)；图 7-10(b)为检验内花键大径的板式塞规；图 7-10(c)为检验内花键槽宽的板式塞规；图 7-10(d)为检验外花键大径的光滑极限量规(卡规)；图 7-10(e)为检验外花键小径的卡规；图 7-10(f)为检验外花键键宽的卡规。

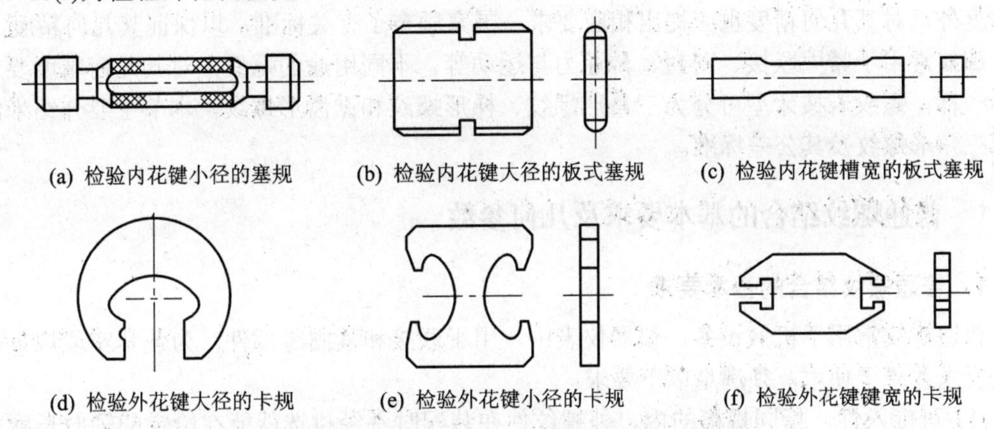

(a) 检验内花键小径的塞规　(b) 检验内花键大径的板式塞规　(c) 检验内花键槽宽的板式塞规

(d) 检验外花键大径的卡规　(e) 检验外花键小径的卡规　(f) 检验外花键键宽的卡规

图 7-10　检验花键用的极限量规(塞规和卡规)

很少对花键的位置误差进行单项测量，一般只在分析花键工艺误差，如花键刀具、花键量规的误差或者进行首件检测时才进行测量。若需分项测量位置误差时，也都是使用普通的计量器具进行测量，如可用光学分度头或万能工具显微镜来测量。

综合检验指对花键的尺寸、几何误差按最大实体实效边界进行控制，并用花键量规进行检验。花键量规是专门检验内、外花键的功能量规。

当花键小径定心表面采用包容要求、各键(键槽)位置度公差与键宽(键槽宽)的尺寸公差关系采用最大实体要求，且该位置度公差与小径定心表面(基准)尺寸公差的关系也采用最大实体要求时(如图 7-8 所示)，应采用综合检验。

花键量规均为全形通规，如图 7-11 所示。其中图(a)为检验内花键所用的花键塞规；图(b)为检验外花键用花键环规。花键量规的作用是检验内、外花键的实际尺寸和几何误差的综合结果，即同时检验花键的小径、大径、键宽(键槽宽)表面的实际尺寸和几何误差以及各键(键槽)的位置误差、大径对小径的同轴度误差等综合结果。对于小径、大径和键宽(键槽宽)的实际尺寸是否超越各自的最小实体尺寸，则采用相应的单项止端量规(或其他计量器具)来检验。

综合检验内、外花键时，若花键量规通过，单项止端量规不通过，则花键合格；若花键量规不通过，花键为不合格。

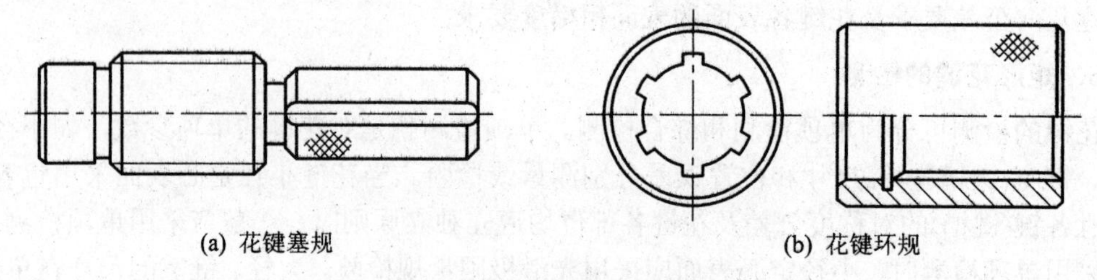

图 7-11 花键塞规与花键环规

7.2 普通螺纹结合的公差与检测

螺纹是机器上常见的结构要素，对机器的质量有着重要影响。螺纹除要在材料上保证其强度外，对其几何精度也应提出相应要求。国家颁布了有关标准，以保证其几何精度。

螺纹常用于紧固联接、密封、传递力与运动等。不同用途的螺纹，对其几何精度要求也不一样。螺纹若按牙型可分为三角形螺纹、梯形螺纹和锯齿形螺纹。本节主要介绍米制普通三角形螺纹及其公差标准。

7.2.1 普通螺纹结合的基本要求及几何参数

1．普通螺纹结合的基本要求

普通螺纹常用于机械设备、仪器仪表中，用于联接和紧固零部件。为使其实现规定的功能要求并便于使用，须满足以下要求：

(1) 可旋入性，指同规格的内、外螺纹件在装配时不经挑选就能在给定的轴向长度内全部旋合。

(2) 联接可靠性，指用于联接和紧固时，应具有足够的联接强度和紧固性，以确保机器或装置的使用性能。

2．普通螺纹的几何参数

1) 普通螺纹的基本牙型

普通螺纹的基本牙型是指国家标准 GB/T 192—2003 中所规定的具有螺纹公称尺寸的牙型，如图 7-12 所示。基本牙型定义在螺纹的轴剖面上。

基本牙型是指按规定将原始三角形削去一部分后获得的牙型。内、外螺纹的大径、中径、小径的公称尺寸都定义在基本牙型上。

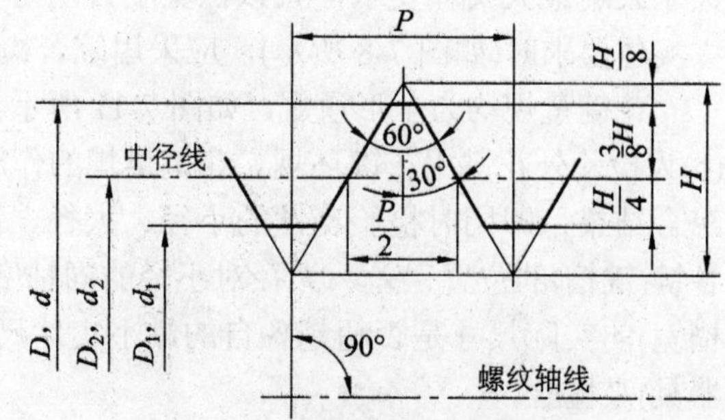

图 7-12 普通螺纹的牙型及参数

2) 普通螺纹的几何参数

(1) 原始三角形高度 H。原始三角形高度为原始三角形的顶点到底边的距离。原始三角形为一等边三角形，H 与螺纹螺距 P 的几何关系为(见图 7-12)：

$$H=\frac{\sqrt{3}}{2}\times P$$

(2) 大径 $D(d)$。螺纹的大径指在基本牙型上，与外螺纹牙顶(内螺纹牙底)相重合的假想圆柱的直径，如图 7-12 所示，即原始三角形顶部 $H/8$ 削平处所在圆柱的直径。内、外螺纹的大径分别用 D、d 表示。外螺纹的大径又称外螺纹的顶径。螺纹大径的公称尺寸即为内、外螺纹的公称直径。

(3) 小径 $D_1(d_1)$。螺纹的小径指在螺纹基本牙型上，与内螺纹牙顶(外螺纹牙底)相重合的假想圆柱的直径，其位置在螺纹原始三角形牙型根部 $2H/8$ 削平处。内、外螺纹的小径分别用 D_1、d_1 表示。内螺纹的小径又称内螺纹的顶径。

(4) 中径 $D_2(d_2)$。螺纹牙型的沟槽与凸起宽度相等的地方所在的假想圆柱的直径称为中径。内、外螺纹中径分别用 D_2、d_2 表示。

(5) 螺距 P。在螺纹中径圆柱面的母线(即中径线)上，相邻两同侧牙侧面间的一段轴向长度称为螺距 P，如图 7-12 所示。国家标准中规定了普通螺纹的直径与螺距系列，如表 7-8 所列。

表 7-8　普通螺纹的公称直径和螺距(摘自 GB/T 193—2003)　mm

公称直径 $D(d)$			螺距 P				
第一系列	第二系列	第三系列	粗 牙	细 牙			
10			1.5	1.25	1	1.75	
		11	(1.5)		1	1.75	
12			1.75	1.5	1.25	1	
	14		2	1.5	1.25	1	
		15	1.5			1	
16			2	1.5		1	
		17	1.5			1	
	18		2.5	2	1.5	1	
20			2.5	2	1.5	1	
	22		2.5	2	1.5	1	
24			3	2	1.5	1	
	27		3	2	1.5	1	
30			3.5	(3)	2	1.5	1

注：括号内的螺距尽可能不用。

(6) 单一中径。单一中径是指螺纹的牙槽宽度等于基本螺距一半处所在的假想圆柱的直径，如图 7-13 所示。当无螺距偏差 ΔP 时，单一中径与中径一致。单一中径代表螺纹中径的实际尺寸。

(7) 牙型角 α。螺纹的牙型角是指在螺纹牙型上，相邻两个牙侧面的夹角，如图 7-12

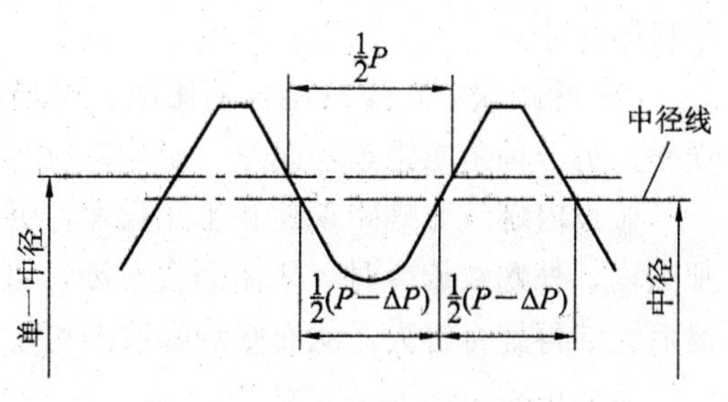

图 7-13　螺纹的单一中径与中径

所示。米制普通螺纹的基本牙型角为 60°。

(8) 牙型半角 $\alpha/2$。螺纹的牙型半角指在螺纹牙型上，牙侧与螺纹轴线垂直线间的夹角，如图 7-12 所示。米制普通螺纹的基本牙型半角为 30°。

(9) 螺纹的接触高度。螺纹的接触高度是指在两个相互旋合螺纹的牙型上，牙侧重合部分在螺纹径向的距离，如图 7-14(a)所示。

(10) 螺纹的旋合长度。螺纹的旋合长度是指两个相互旋合的螺纹上，沿螺纹轴线方向相互旋合部分的长度，如图 7-14(b)所示。

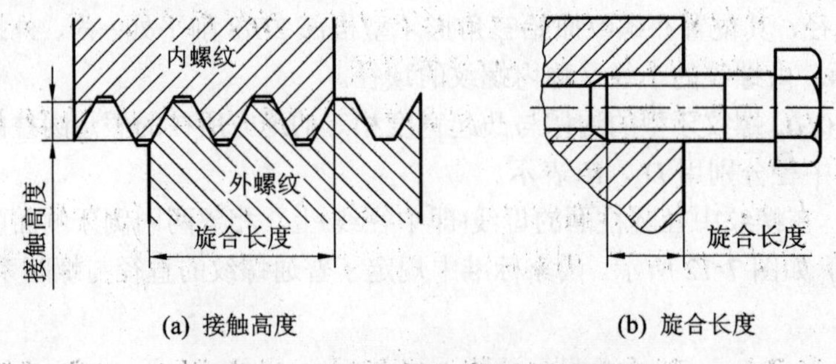

图 7-14　螺纹的接触高度与旋合长度

在实际设计中，若已知普通螺纹的公称直径(大径)和螺距 P，则需要求中径或小径时，可按照下式计算：

中径：
$$D_2(d_2)=D(d)-2\times\frac{3}{8}H=D(d)-0.6495P$$

小径：
$$D_1(d_1)=D(d)-2\times\frac{5}{8}H=D(d)-1.0825P$$

3．普通螺纹参数误差对螺纹结合的影响

(1) 螺纹直径误差对螺纹结合的影响。螺纹在加工过程中，不可避免地会有加工误差，对螺纹的结合造成影响。就螺纹中径而言，若外螺纹的中径比内螺纹的中径大，内、外螺纹将因干涉而无法旋合，从而影响螺纹的可旋合性；若外螺纹的中径与内螺纹的中径相比太小，又会使螺纹结合过松，同时影响接触高度，降低螺纹联接的可靠性。

螺纹的大径、小径对螺纹结合的影响与螺纹中径的情况有所区别。为了使实际的螺纹结合避免在大小径处发生干涉而影响螺纹的可旋合性，因此在制定螺纹公差时，应保证在大径、小径的结合处留有一定量的间隙。

为了保证螺纹的互换性，普通螺纹公差标准中对中径和顶径规定了公差，对底径规定了极限尺寸。

(2) 螺距误差对螺纹结合的影响。普通螺纹的螺距误差可分为两种，一种是单个螺距误差，另一种是螺距累积误差。影响螺纹可旋合性的，主要是螺距累积误差。

假设内螺纹无螺距误差和半角误差，并假设外螺纹无半角误差但存在螺距累积误差，那么内、外螺纹旋合时，牙侧面会干涉，且随着旋进牙数的增加，牙侧的干涉量会增大，最后无法再旋合进去，从而影响螺纹的可旋合性，如图 7-15 所示。

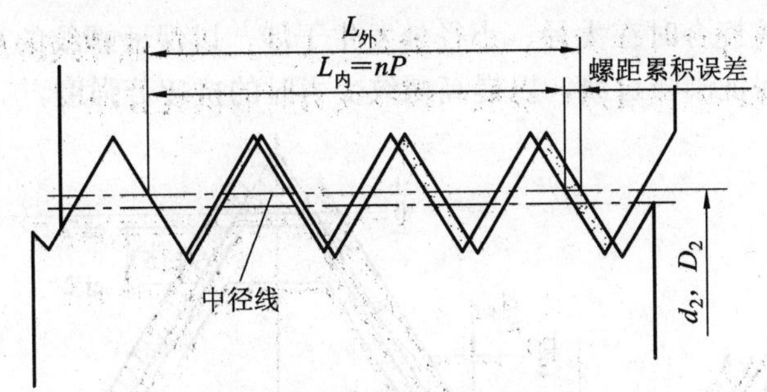

图 7-15 螺距累积误差示意图

(3) 螺纹牙型半角误差对螺纹结合的影响。螺纹牙型半角误差等于实际牙型半角与其理论牙型半角之差。螺纹牙型半角误差分两种，一种是螺纹的左、右牙型半角不相等，如图 7-16(a)所示。车削螺纹时，若车刀未装正，便会造成这种结果。另一种是螺纹的左、右牙型半角相等，但不等于 30°，如图 7-16(b)所示。这是由于螺纹加工刀具的角度不等于 60°所致。不论哪种牙型半角误差，都会对螺纹的旋合有影响。

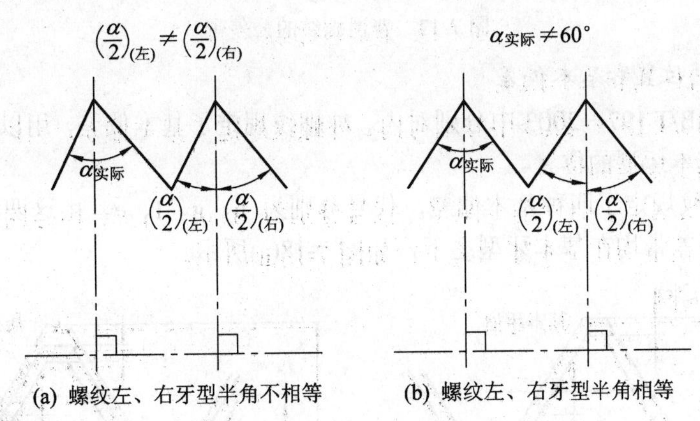

(a) 螺纹左、右牙型半角不相等　　(b) 螺纹左、右牙型半角相等

图 7-16 螺纹的牙型半角误差示意

7.2.2 普通螺纹的公差与配合

要保证螺纹的互换性，必须对螺纹的精度提出要求。对于普通螺纹，国家颁布了 GB/T 197—2003《普通螺纹公差》标准，此标准规定了供选用的螺纹公差带及具有最小保证间隙(包括最小间隙为零)的螺纹配合、旋合长度及精度等级。

对螺纹的牙型半角误差及螺距累积误差应加以控制，因为两者对螺纹的互换性都有影响。但国家标准中没有直接对普通螺纹的牙型半角误差和螺距累积误差分别制定极限误差或公差，而是用中径公差综合控制。

1. 普通螺纹公差带的特点

普通螺纹的公差带是由基本偏差决定其位置、公差等级决定其大小的。普通螺纹的公差带是沿着螺纹的基本牙型分布的，如图 7-17 所示。图中 ES(es)、EI(ei)分别为内(外)螺纹的上、下偏差，TD_2(Td_2)分别为内(外)螺纹的中径公差。由图可知，除对内、外螺纹的中径规定了公差外，对外螺纹的顶径(外螺纹大径)和内螺纹的顶径(内螺纹小径)也规定了公差，对外螺纹的小径规定了上极限尺寸，对内螺纹的大径规定了下极限尺寸，这样由于有保证间隙，可以避免螺纹旋合时在大径、小径处发生干涉，以保证螺纹的互换性。同时对外螺纹的小径处由刀具保证圆弧过渡，以提高螺纹受力时的抗疲劳强度。

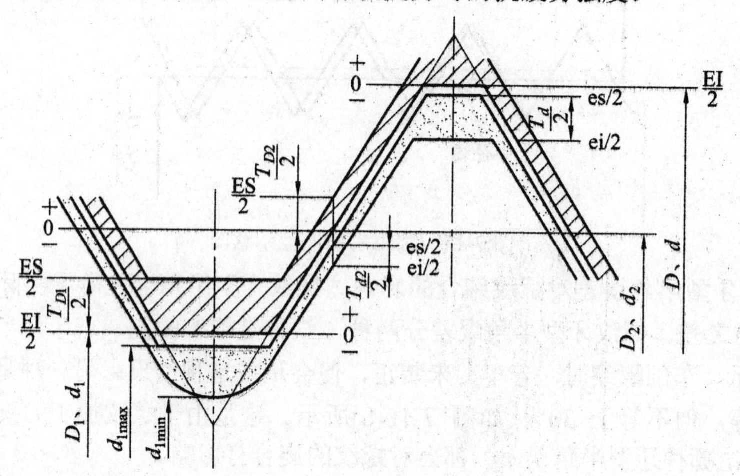

图 7-17　普通螺纹的公差带

1) 公差带的位置和基本偏差

国家标准 GB/T 197—2003 中分别对内、外螺纹规定了基本偏差，用以确定内、外螺纹公差带相对于基本牙型的位置。

(1) 对外螺纹规定了四种基本偏差，代号分别为 h、g、f、e。由这四种基本偏差所决定的外螺纹的公差带均在基本牙型之下，如图 7-18(a)所示。

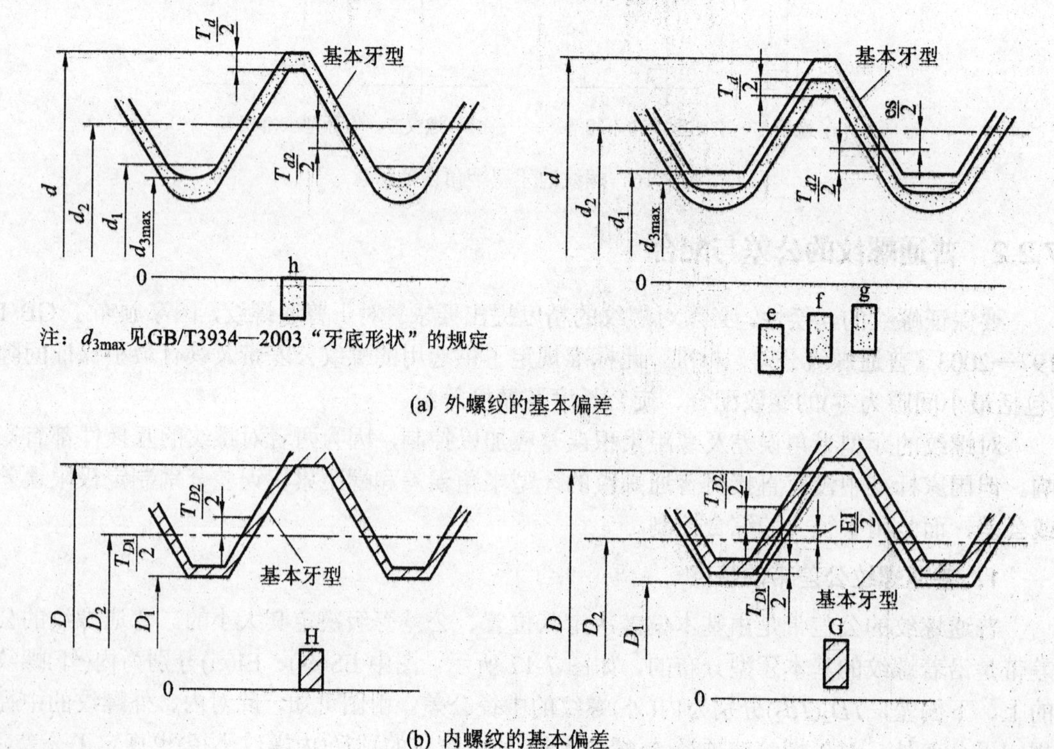

(a) 外螺纹的基本偏差

(b) 内螺纹的基本偏差

图 7-18　内、外螺纹的基本偏差

(2) 对内螺纹规定了两种基本偏差，代号分别为H、G。由这两种基本偏差所决定的内螺纹的公差带均在基本牙型之上，如图7-18(b)所示。

内外螺纹基本偏差的含义和代号取自《极限与配合》标准中相对应的孔和轴，但内、外螺纹的基本偏差值系由经验公式计算而来，并经过一定的处理。除H、h两个所对应的基本偏差值为0外，其余基本偏差代号所对应的基本偏差值均与其基本螺距有关。

规定诸如G、g、f、e这些基本偏差，主要是考虑到应给螺纹配合留有最小保证间隙，以及为一些有表面镀涂要求的螺纹提供镀涂层余量，或为一些高温条件下工作的螺纹提供热膨胀余地。内、外螺纹的基本偏差值见表7-9。

表7-9　内、外螺纹的基本偏差(摘自GB/T 197—2003)　μm

螺距 P/ mm	内螺纹 D_2、D_1		外螺纹 d_2、d			
	G	H	e	f	g	h
	EI		es			
0.75	+22	0	−56	−38	−22	0
0.8	+24	0	−60	−38	−24	0
1	+26	0	−60	−40	−26	0
1.25	+28	0	−63	−42	−28	0
1.5	+32	0	−67	−45	−32	0
1.75	+34	0	−71	−48	−34	0
2	+38	0	−71	−52	−38	0
2.5	+42	0	−80	−58	−42	0
3	+48	0	−85	−63	−48	0

2) 公差带的大小和公差等级

国家标准规定了内、外螺纹的公差等级，它的含义和孔、轴公差等级相似，但有自己的系列和数值，见表7-10。普通螺纹公差带的大小由公差值决定。公差值除与公差等级有关外，还与基本螺距有关。考虑到内、外螺纹加工的工艺等价性，在公差等级和螺距的基本值均一样的情况下，内螺纹的公差值要比外螺纹的公差值大32%。螺纹的公差值是由经验公式计算而来。一般情况下，螺纹的6级公差为常用公差等级。

表7-10　螺纹的公差等级

螺纹直径	公差等级	螺纹直径	公差等级
内螺纹小径 D_1	4、5、6、7、8	外螺纹中径 d_2	3、4、5、6、7、8、9
内螺纹中径 D_2	4、5、6、7、8	外螺纹大径 d	4、6、8

普通螺纹中径和顶径的公差见表7-11、表7-12。

表 7-11　内、外螺纹中径公差(摘自 GB/T 197—2003)　μm

公称直径/mm		螺距 P/mm	内螺纹中径公差 T_{D2}				外螺纹中径公差 T_{d2}			
			公差等级							
>	≤		5	6	7	8	5	6	7	8
5.6	11.2	0.75	106	132	170	—	80	100	125	—
		1	118	150	190	236	90	112	140	180
		1.25	125	160	200	250	95	118	150	190
		1.5	140	180	224	280	106	132	170	212
11.2	22.4	0.75	112	140	180	—	85	106	132	—
		1	125	160	200	250	95	118	150	190
		1.25	140	180	224	280	106	132	170	212
		1.5	150	190	236	300	112	140	180	224
		1.75	160	200	250	315	118	150	190	236
		2	170	212	265	335	125	160	200	250
		2.5	180	224	280	355	132	170	212	265
22.4	45	1	132	170	212	—	100	125	160	200
		1.5	160	200	250	315	118	150	190	236
		2	180	224	280	355	132	170	212	265
		3	212	265	335	425	160	200	250	315

表 7-12　内、外螺纹顶径公差 T_{D1}、T_d (摘自 GB/T 197—2003)　μm

公差项目	内螺纹顶径(小径)T_{D1}				外螺纹顶径(大径)T_d		
公差等级 / 螺距/mm	5	6	7	8	4	6	8
0.75	150	190	236	—	90	140	—
0.8	160	200	250	315	95	150	236
1	190	236	300	375	112	180	280
1.25	212	265	335	425	132	212	335
1.5	236	300	375	475	150	236	375
1.75	265	335	425	530	170	265	425
2	300	375	475	600	180	280	450
2.5	355	450	560	710	212	335	530
3	400	500	630	800	236	375	600

2．螺纹旋合长度、螺纹公差带及配合的选用

(1) 螺纹旋合长度。螺纹的旋合长度分短旋合长度(以 S 表示)、中等旋合长度(以 N 表示)、长旋合长度(以 L 表示)三种。一般使用的旋合长度是螺纹公称直径的 0.5～1.5 倍，故将此范围内的旋合长度作为中等旋合长度，小于(或大于)这个范围的便是短(或长)旋合长度。之所以区分，是因为其和螺纹公差带的选用有关。

(2) 螺纹的公差带及选择。螺纹的基本偏差和公差等级相组合可以组成许多公差带，给使用和选择提供了条件。但实际上并不能用这么多的公差带，一是因为这样一来，定值的量具和刃具规格必然增多，造成经济和管理上的困难，二是有些公差带在实际使用中效果不太好。因此，须对公差带进行筛选，国家标准对内、外螺纹公差带的筛选结果见表 7-13。

表 7-13 普通螺纹的选用公差带

精度等级	内螺纹公差带			外螺纹公差带		
	S	N	L	S	N	L
精密级	4H	5H	6H	(3h4h)	*4h	(5h4h)
中等级	*5H (5G)	*6H（方框） (6G)	*7H (7G)	(5h6h) (5g6g)	*6e *6f *6g（方框） *6h	(7e6e) (7g6g) (7h6h)
粗糙级	—	7H (7G)	8H (8G)	—	(8h) 8g	(9e8e) (9g8g)

注：1. 大量生产的精制紧固螺纹，推荐采用带方框的公差带。

2. 带星号＊的公差带应优先选用，不带星号＊的公差带其次选用，加括号的公差带尽量不用。

选用公差带时可参考表中的注解。除非特殊需要，一般不要选用表 7-13 规定以外的公差带。

须注意，螺纹公差带的写法是公差等级在前，基本偏差代号在后，这与光滑圆柱体公差带的写法不同。外螺纹的基本偏差代号是小写的，而内螺纹的是大写的。表 7-13 中有些螺纹的公差带是由两个公差带代号组成的，其中前面一个公差带代号为中径公差带，后面一个为顶径公差带(对外螺纹是大径公差带，对内螺纹是小径公差带)。当顶径与中径公差带相同时，合写为一个公差带代号。

(3) 精度等级和旋合长度。从表 7-13 中可以看出，同一精度等级而旋合长度不同的螺纹，中径公差等级相差一级，如中等级的 S、N、L 分别为 5、6、7 级。这是因为同一精度等级代表了加工难易程度的加工误差(即实际中径误差、牙型半角误差和单个螺距误差)的控制水平相同，但同一级的螺纹用于短旋合和长旋合而产生的螺距累积误差是不相同的，后者要大些。这是因为螺距累积误差值随螺距的增多而增大，这就必然导致其中径当量也要随旋合长度的增加而增加。为了保证螺纹的互换性、控制中径误差，在规定中径公差时，显然也要符合螺距累积误差随旋合长度的增加而逐渐增大的规律。这就是在表 7-13 中，中径公差对虽然属于同一级精度，但旋合长度不同的螺纹采取了公差等级相差一级的原因。换言之，普通螺纹的精度是由旋合长度和限定尺寸误差的公差带两者所构成的，如图 7-19 所示。

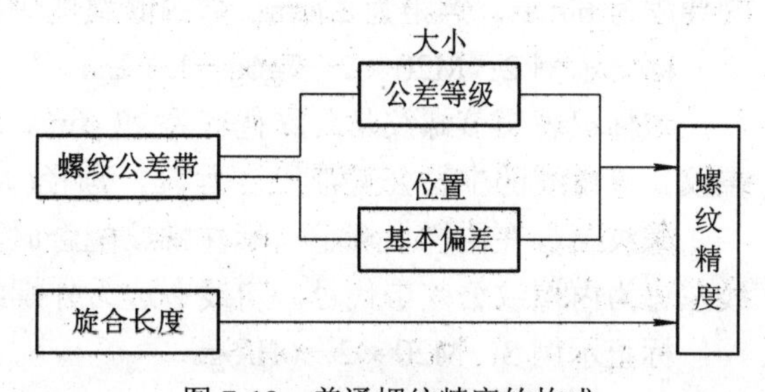

图 7-19 普通螺纹精度的构成

表 7-13 对螺纹精度规定了三个等级，即精密级、中等级和粗糙级。它代表了螺纹的不

同的加工难易程度，同一级则意味着有相同的加工难易程度。

选择螺纹精度的一般原则是：精密级用于配合性质要求稳定及保证定位精度的场合；中等级广泛用于一般的联接螺纹，如用在一般的机械、仪器和构件中；粗糙级用于不重要的螺纹及制造困难的螺纹(如在较深盲孔中加工螺纹)，也用于使用环境较恶劣的螺纹(如建筑用螺纹)。通常使用的螺纹是中等旋合长度的6级公差的螺纹。

(4) 配合的选用。表7-13所列的内、外螺纹公差带可以组成许多供选用的配合。但从保证螺纹的使用性能和保证一定的牙型接触高度考虑，选用的配合最好是H/g，H/h，G/h。如为了便于装拆，提高效率，可选用H/g或G/h的配合。原因是G/h或H/g配合所形成的最小极限间隙可用来对内、外螺纹的旋合起引导作用，表面需要镀涂的内(外)螺纹，完工后的实际牙型也不得超过H(h)基本偏差所限定的边界。单件小批生产的螺纹，则宜选用H/h配合。

3. 普通螺纹的图样标记

单个普通螺纹的图样标记可用下列的框图表示：

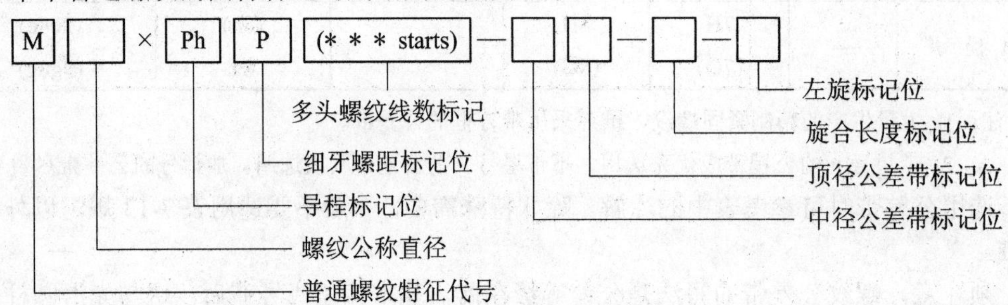

标注时，粗牙螺纹的螺距不写出。当螺纹为多头螺纹时，须在导程标记位写出导程值，且在多头螺纹线数标记位用英文写出线数。如双头螺纹写为“two Starts”，三头螺纹写为“three Starts”，四头螺纹写为“four Starts”，单线螺纹不用写。当螺纹的中径公差带与顶径公差带代号相同时，合写为一个。当公称直径≥1.6 mm、内螺纹的公差带为6H，外螺纹的公差带为6g时，公差带代号不用写。当螺纹的旋合长度为短旋合长度或长旋合长度，须在旋合长度标记位写上“S”或“L”。指定旋合长度的值时，应写出具体值，中等旋合长度不用写。当螺纹为左旋时，在左旋标记位写“LH”，右旋螺纹不用写。

标记示例1：M14 × Ph6P2(three Starts)—7H—L—LH。

该标记表明该螺纹是公称直径为14 mm的三头左旋、且为长旋合长度的内螺纹；螺纹的导程为6 mm，螺距为2 mm；该内螺纹的中径公差带和顶径公差带代号相同，为7H。

标记示例2：M20 × 2—7g6g—L—LH。

该标记表明该螺纹是公称直径为20 mm、螺距为2 mm的细牙左旋、长旋合长度的外螺纹。该螺纹的中径公差带代号为7g，顶径(大径)的公差带代号为6g。

螺纹配合在图样上标记：标注螺纹配合时，内、外螺纹的公差带代号用斜线隔开，斜线左边为内螺纹公差带代号，斜线右边为外螺纹公差带代号。

标记示例3：M20 × 2—6H/6g。

4. 普通螺纹的表面粗糙度要求

螺纹牙型的表面粗糙度质量主要由中径公差等级确定。表7-14列出了螺纹牙侧表面的轮廓算术平均偏差 R_a 的推荐值。

表 7-14　螺纹牙侧表面的 R_a 值

公差等级 / 工件	螺纹中径公差等级		
	4、5	6、7	7、8、9
	R_a/μm		
螺栓、螺钉、螺母	≤1.6	≤3.2	3.2～6.3
轴及套筒上的螺纹	0.8～1.6	≤1.6	≤3.2

7.2.3　普通螺纹的检测简介

1．螺纹件的综合检验

对螺纹进行综合检验时，使用的是螺纹量规和光滑极限量规，它们都由通规(通端)和止规(止端)组成。光滑极限量规用于检验内、外螺纹顶径尺寸的合格性；螺纹量规的通规用于检验内、外螺纹的作用中径及底径的合格性；螺纹量规的止规用于检验内、外螺纹单一中径的合格性。螺纹的作用中径是指由螺纹中径本身误差、牙型半角误差、螺距累积误差综合形成的一个直径尺寸，它的大小影响螺纹件的旋合性。

螺纹量规是按极限尺寸判断原则设计的。螺纹通规体现的是最大实体牙型边界，具有完整的牙型，并且其长度应等于被检螺纹的旋合长度，以用于正确地检验作用中径。若被检螺纹的作用中径未超过螺纹的最大实体牙型中径，且被检螺纹的底径也合格，那么螺纹通规就会在旋合长度内与被检螺纹顺利旋合。

螺纹量规的止规用于检验被检螺纹的单一中径。为了避免牙型半角误差及螺距累积误差对检验的影响，止规的牙型常做成截短型牙型，以使止端只在单一中径处与被检螺纹的牙侧接触，并且止端的牙扣只做出几牙。

图 7-20 表示检验外螺纹的示例。检验时，用卡规先检验外螺纹顶径的合格性，再用螺纹量规(检验外螺纹的称为螺纹环规)的通端检验。若外螺纹的作用中径合格，且底径(外螺纹小径)没有大于其上极限尺寸，则通端应能在旋合长度内与被检螺纹旋合；若被检螺纹的单一中径合格，则螺纹环规的止端不应通过被检螺纹，但允许旋进最多 2～3 牙。

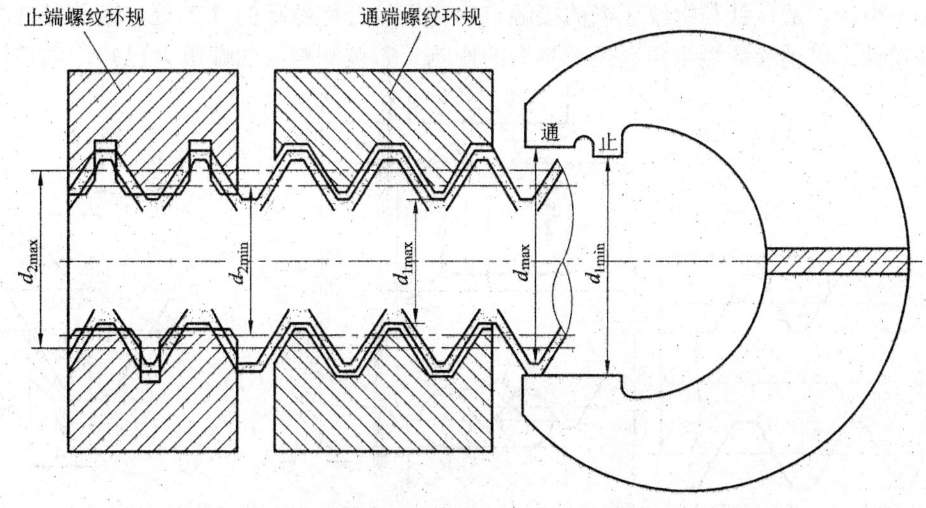

图 7-20　外螺纹的综合检验示意图

图 7-21 为检验内螺纹的示意图。先用光滑极限量规(塞规)检验内螺纹顶径的合格性，再用螺纹量规(螺纹塞规)的通端检验内螺纹的作用中径和底径。若作用中径合格且内螺纹的大径不小于其下极限尺寸，则通规应在旋合长度内与内螺纹旋合；若内螺纹的单一中径合格，则螺纹塞规的止端就不应通过，但允许旋进最多 2～3 牙。

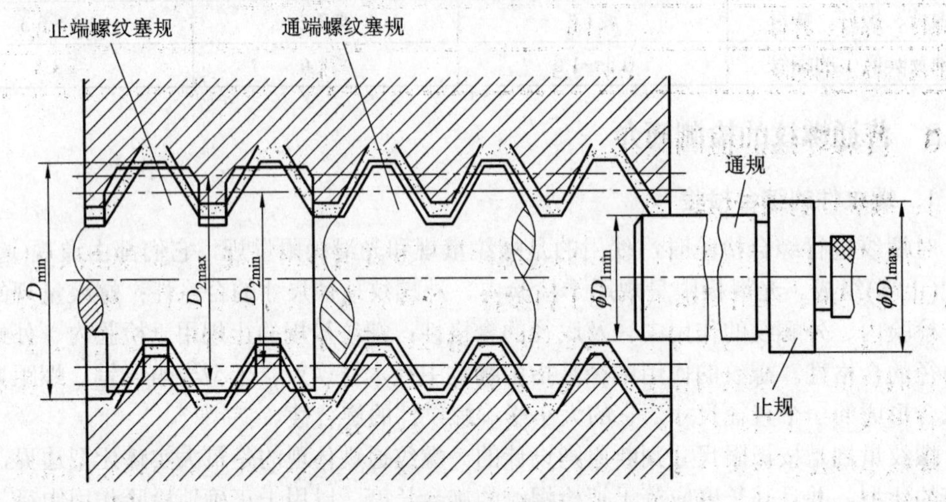

图 7-21 内螺纹的综合检验示意图

结合上面的叙述，可以总结为：不论是检验外螺纹，还是内螺纹，螺纹量规的通规用于检验螺纹的作用中径及底径时，若作用中径及底径合格，则螺纹通规应通过；螺纹的止规用于检验螺纹的单一中径时，若单一中径合格，则止规不应通过。

2．螺纹件的单项测量

(1) 使用量针测量单一中径。量针测量具有精度高、方法简单的特点。量针测量又分为单针法和三针法。单针法常用于大直径螺纹的测量，如图 7-22 所示；三针法测量的示意图见图 7-23。先根据被测螺纹的螺距 P 选用合适直径的量针，并按照图示方法将量针放置在被测螺纹的牙槽内，再将量针、被测螺纹放在两测头间，读取 M 值。因测量的是被测螺纹的单一中径，故量针与螺纹牙槽的接触点应在螺纹公称螺距的 1/2 处，因此应选取最佳的直径量针，以消除牙型半角误差对测量的影响。若被测螺纹的螺距 P 已知，则最佳量针

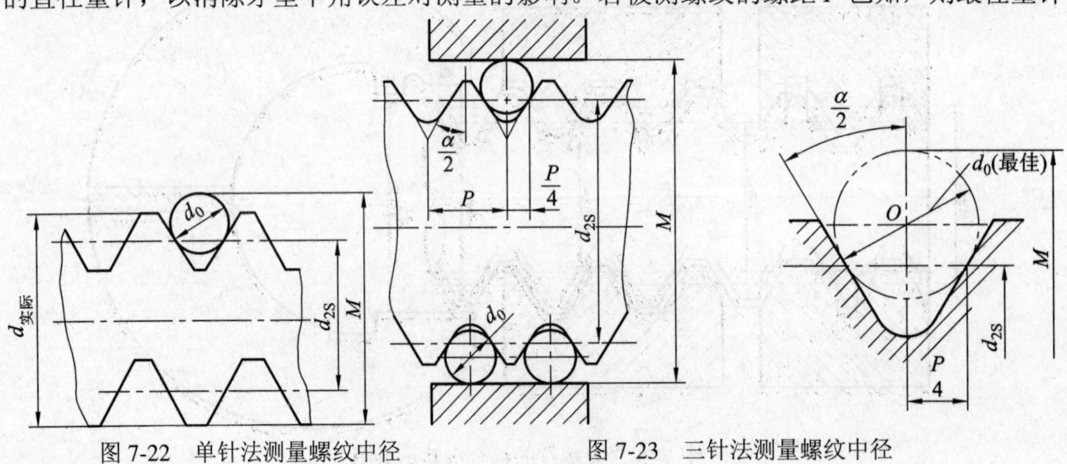

图 7-22 单针法测量螺纹中径　　图 7-23 三针法测量螺纹中径

的直径为

$$d_{0(最佳)} = \frac{1}{\sqrt{3}}P$$

故三针法测量的单一中径值为

$$d_{2s} = M - \frac{3}{2}d_{0(最佳)}$$

(2) 用中径千分尺测量外螺纹中径。螺纹千分尺是生产车间测量低精度外螺纹中径的常用量具。它的构造与普通外径千分尺相似，只是在测微螺杆端部和测量砧上分别安装了可更换的锥形测头1和对应的V形槽测头2，如图7-24所示。对应不同螺距范围有不同的测头组合，测量时需选取合适的测头。螺纹千分尺的读数方法与普通千分尺相同。

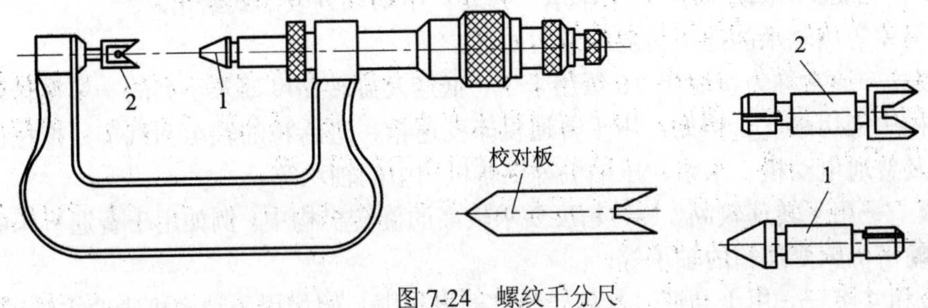

图7-24　螺纹千分尺

7.3　滚动轴承的公差与配合

7.3.1　概述

1. 滚动轴承简介

滚动轴承是机械制造业中广泛应用的一种标准部件，一般由专业厂大量生产。滚动轴承在机器中的作用是支撑旋转体并保证旋转体一定的回转精度，所以滚动轴承应有一定的尺寸精度、旋转精度及合理的游隙。

按照滚动轴承所能承受的载荷方向或公称接触角的不同，可将其分为向心轴承和推力轴承；按滚动体的种类不同，可分为球轴承和滚子轴承。

以最基本的向心球轴承为例，其基本结构包括外圈、内圈、滚动体和保持架，如图7-25所示。公称内径为d的轴承内圈与轴颈配合；公称外径为D的轴承外圈与外壳孔配合，属于典型的光滑圆柱连接。它的结构特点和功能要求决定了其公差配合与一般的光滑圆柱连接有所不同。

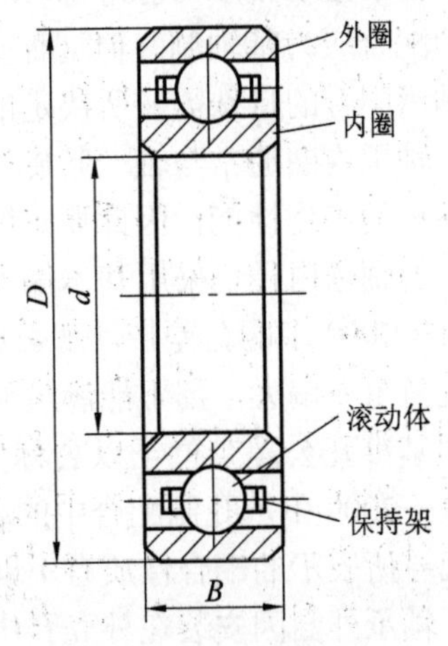

图7-25　滚动轴承结构

通常，滚动轴承工作时，内圈与轴颈一起旋转，外圈在外壳孔中固定不动，即内圈和外圈以一定的速度作相对转动。对滚动轴承的要求是转动平稳、旋转精度高和噪音小。其工作性能和使用寿命主要取决于轴承本身的制造精度，同时还与轴颈和外壳孔的精度、表面质量以及安装等因素有关。

2. 滚动轴承的精度

1) 公差等级

在 GB/T 307.3—2005《滚动轴承　通用技术规则》中，规定了滚动轴承的公差等级划分方法。标准按照滚动轴承的尺寸公差大小与旋转精度划分公差等级，向心轴承分为 0、6、5、4、2 五级，其中 0 级精度最低，2 级精度最高；而圆锥滚子轴承分为 0、6X、5、4、2 五级，其中 0 级精度最低，2 级精度最高；推力轴承分为 0、6、5、4 四级，0 级精度最低，4 级精度最高。各公差等级的公差值在 GB/T 307.1—2005《滚动轴承　向心轴承　公差》和 GB/T 307.4—2002《滚动轴承　推力轴承　公差》中均以列表形式给出。

关于各公差等级轴承的选用情况的说明如下。

(1) 0 级——通常称为普通级。0 级用于中、低速及旋转精度要求不高的一般旋转机构中，它在机械中应用最广。例如，用于普通机床变速箱、进给箱的轴承和汽车、拖拉机变速箱的轴承及普通电动机、水泵、压缩机等旋转机构中的轴承等。

(2) 6 级——用于转速较高、旋转精度要求较高的旋转机构中。例如用于普通机床的主轴后轴承、精密机床变速箱的轴承等。

(3) 5 级和 4 级——用于高速、高旋转精度的机构中。例如用于精密机床的主轴轴承、精密仪器仪表的主要轴承等。

(4) 2 级——用于转速很高、旋转精度要求也很高的机构中。例如用于磨齿机、精密坐标镗床的主轴轴承和高精度仪器仪表及其他高精度精密机械的主要轴承。

2) 内径、外径公差带及其特点

滚动轴承的内圈和外圈均为薄壁零件，缺点是刚性差、易变形。针对这种特点，国家标准对其内径和外径规定了单一平面平均直径偏差(Δ_{dmp}和 Δ_{Dmp})、单一平面直径变动量(V_{dsp}和 V_{Dsp})和平均直径变动量(V_{dmp}和 V_{Dmp})。

由于滚动轴承为标准部件，因此轴承内径与轴颈的配合应为基孔制，轴承外径与外壳孔的配合应为基轴制。但这种基孔制与基轴制与普通光滑圆柱结合又有所不同，这是由滚动轴承配合的特殊需要所决定的。

轴承内圈通常与轴一起旋转，为防止内圈和轴颈的配合产生相对滑动而磨损，从而影响轴承的工作性能，因此要求配合面间具有一定的过盈，但过盈量不能太大。如果作为基准孔的轴承内径仍采用基本偏差代号为 H 的公差带，轴颈也选用极限与配合国家标准 GB/T 1801—2009 中的公差带，那么在配合时，若选过渡配合，则过盈量偏小，若选过盈配合，则过盈量又偏大，都不能满足轴承工作的需要。为此，国家标准 GB/T 307.1—2005 规定：内圈基准孔公差带位于以公称内径 d 为零线的下方。这种特殊的基准孔公差带与 GB/T 1801—2009 中基孔制配合中的各种轴公差带形成的配合，相应地比这些轴公差带的基本偏差代号所表示的配合性质有不同程度的变紧。

轴承外圈因安装在外壳孔中，通常不旋转，考虑到工作时温度升高会使轴热胀，从而产生轴向移动，因此两端轴承中有一端应是游动支承。这样可使外圈与外壳孔的配合稍松一点，使之能补偿轴的热胀伸长量，不然轴产生弯曲会被卡住，就会影响正常运转。因此规定轴承外径公差带位于公称外径 D 为零线的下方，这与基本偏差代号为 h 的公差带相类似，但公差值不同。轴承外径采取这样的基准轴公差带，与 GB/T 1801—2009 中基轴制配合中的各种孔公差带所形成的配合，基本上保持了原有的配合性质。

图 7-26 示出了向心轴承各公差等级中内径和外径的公差带图。图中，内径公差带的上下偏差分别为轴承单一平面平均内径偏差($\varDelta_{dmp}$)的极限偏差，外径公差带的上下偏差分别为轴承单一平面平均外径偏差($\varDelta_{Dmp}$)的极限偏差。

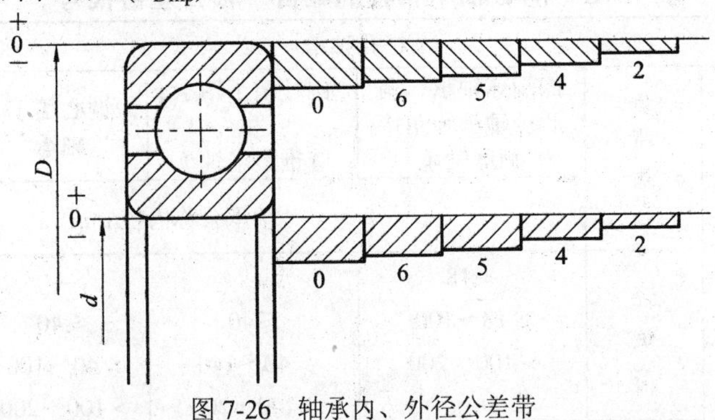

图 7-26　轴承内、外径公差带

7.3.2　内、外径配合的选择

正确地选择与滚动轴承的配合，对保证机器正常运转、充分发挥其承载能力、延长使用寿命，都有很重要的关系。由于滚动轴承是标准部件，在制造时，其内径和外径的公差带已经确定，因此滚动轴承内径与轴颈的配合及外径与外壳孔配合的性质将由轴颈和外壳孔的公差带决定。所以，轴承内、外径配合的选择，实际上就是合理地确定轴颈和外壳孔的公差带。

1. 轴颈和外壳孔公差带的种类

为了满足各种不同的配合需要，GB/T 275—93《滚动轴承与轴和外壳的配合》为与 0 级和 6 级轴承配合的轴颈规定了 17 种公差带，为外壳孔规定了 16 种公差带，如图 7-27 所示。

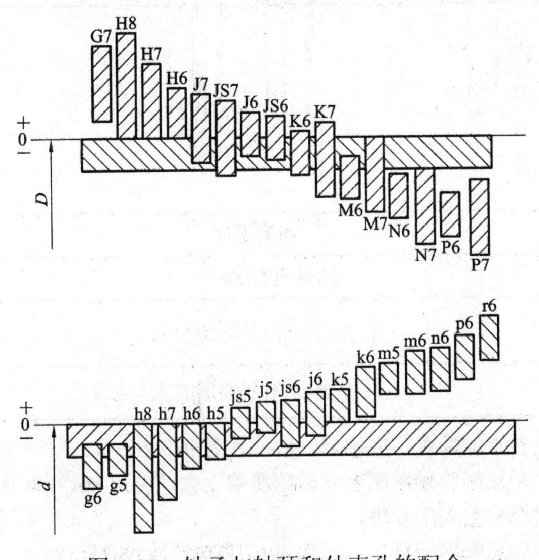

图 7-27　轴承与轴颈和外壳孔的配合

2．轴颈和外壳孔公差带的选择

轴颈和外壳孔公差带的选择一般采用类比法查表选择。表 7-15 列出了与向心轴承配合的轴颈公差带代号，表 7-16 列出了与向心轴承配合的外壳孔公差带代号。在进行类比选择时，应考虑以下因素：轴承的类型和尺寸大小、轴承套圈所受负荷的大小和方向、轴承的精度、游隙及工作条件等。下面仅就查表所需主要信息——负荷类型和大小作一说明。

表 7-15　向心轴承和轴的配合　轴公差带代号

圆柱孔轴承						
运转状态		负荷状态	深沟球轴承、调心球轴承和角接触球轴承	圆柱滚子轴承和圆锥滚子轴承	调心滚子轴承	公差带
说明	举例		轴承公称内径/mm			
旋转的内圈负荷及摆动负荷	一般通用机械、电动机、机床主轴、泵、内燃机、正齿轮传动装置、铁路机车车辆轴箱、破碎机等	轻负荷	≤18 ＞18～100 ＞100～200 —	— ≤40 ＞40～140 ＞140～200	— ≤40 ＞40～100 ＞100～200	h5 j6[1] k6[1] m6[1]
		正常负荷	≤18 ＞18～100 ＞100～140 ＞140～200 ＞200～280 — —	— ≤40 ＞40～100 ＞100～140 ＞140～200 ＞200～400 —	— ≤40 ＞40～65 ＞65～100 ＞100～140 ＞140～280 ＞280～500	j5　js5 k5[2] m5[2] m6 n6 p6 r6
		重负荷		＞50～140 ＞140～200 ＞200 —	＞50～100 ＞100～140 ＞140～200 ＞200	n6 p6[3] r6 r7
固定的内圈负荷	静止轴上的各种轮子，张紧轮绳轮、振动筛、惯性振动器	所有负荷	所有尺寸			f6 g6[1] h6 j6
仅有轴向负荷		所有尺寸				j6 js6
圆锥孔轴承						
所有负荷	铁路机车车辆轴箱	装在退卸套上的所有尺寸				h8(IT6)[5,4]
	一般机械传动	装在紧定套上的所有尺寸				h9(IT7)[5,4]

注：1. 凡对精度有较高要求的场合，应用 j5，k5…代替 j6，k6…。
2. 圆锥滚子轴承、角接触球轴承配合对游隙影响不大，可用 k6、m6 代替 k5、m5。
3. 重负荷下轴承游隙应选大于 0 组。
4. 凡有较高精度或转速要求的场合，应选用 h7(IT5)代替 h8(IT6)等。
5. IT6、IT7 表示圆柱度公差数值。

表 7-16　向心轴承和外壳的配合　孔公差带代号

运转状态		负荷状态	其他状况	公差带[1]	
说明	举例			球轴承	滚子轴承
固定的外圈负荷	一般机械、铁路机车车辆轴箱、电动机、泵、曲轴主轴承	轻、正常、重	轴向易移动，可采用剖分式外壳	H7、G7[2]	
		冲击	轴向能移动，可采用整体或剖分式外壳	J7、JS7	
摆动负荷		轻、正常			
		正常、重	轴向不移动，采用整体式外壳	K7	
		冲击		M7	
旋转的外圈负荷	张紧滑轮、轮毂轴承	轻		J7	K7
		正常		K7、M7	M7、N7
		重		—	N7、P7

注：1. 并列公差带随尺寸的增大从左至右选择，对旋转精度有较高要求时，可相应提高一个公差等级。
　　2. 不适用于剖分式外壳。

1) 负荷类型

(1) 定向负荷。在这种情况下，轴承套圈相对于负荷方向是固定的，即径向负荷始终作用在轴承套圈滚道的局部区域，如图 7-28(a)所示的不旋转的外圈和图 7-28(b)所示的不旋转的内圈均受到一个方向一定的径向负荷 F_0 的作用。

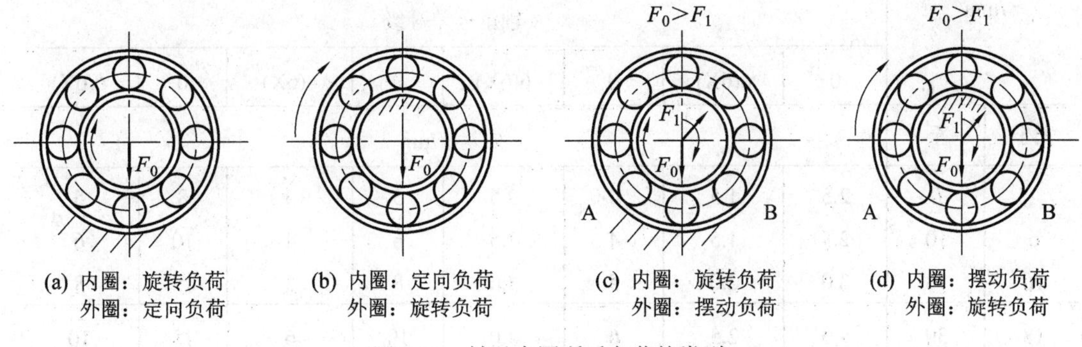

(a) 内圈：旋转负荷　外圈：定向负荷
(b) 内圈：定向负荷　外圈：旋转负荷
(c) 内圈：旋转负荷　外圈：摆动负荷
(d) 内圈：摆动负荷　外圈：旋转负荷

图 7-28　轴承套圈所受负荷的类型

(2) 旋转负荷。在这种情况下，作用于轴承上的合成径向负荷与轴承套圈相对旋转，并依次作用在该轴承套圈的整个圆周滚道上。如图 7-28(a)所示的旋转的内圈和图 7-28(b)所示的旋转的外圈均受到一个作用位置依次改变的径向负荷 F_0 的作用。

(3) 摆动负荷。在这种情况下，轴承上的合成径向负荷作用在轴承套圈的部分滚道上，并且其大小和方向按一定规律变化。如图 7-28(c)所示的不旋转的外圈和图 7-28(d)所示的不旋转的内圈均受到方向一定的负荷 F_0 和方向旋转的负荷 F_1 的共同作用。当 $F_0 > F_1$ 时，二者的合成负荷在 A～B 区域内相对于固定套圈摆动。

以上分析了轴承套圈相对于负荷方向的关系。标准指出：对于负荷类型为旋转或摆动的套圈，为防止结合面间产生爬动而导致结合面破坏，应选择过盈配合或过渡配合；而对于负荷类型为固定的套圈，主要考虑到拆卸方便，应选择间隙配合。

2) 负荷大小

轴承承受的负荷大小分为三种类型——轻负荷、正常负荷和重负荷。当承受重负荷或冲击负荷时，一般应选择比正常、轻负荷时更紧密的配合。对于向心轴承，可用径向当量动负荷 P_r 与径向额定动负荷 C_r 的比值来区分负荷的类型，如表 7-17 所示。

表 7-17　向心轴承的负荷类型

负荷大小	P_r/C_r
轻负荷	≤0.07
正常负荷	＞0.07～0.15
重负荷	＞0.15

3．轴颈和外壳孔的几何公差与表面粗糙度

为了保证轴承正常工作及尽可能地延长其使用寿命，除正确选择轴颈和外壳孔尺寸公差带外，还应对轴颈和外壳孔的直径应用包容要求，并对轴颈和外壳孔及其端面提出几何公差与表面粗糙度的要求，见表 7-18 和表 7-19。

表 7-18　轴和外壳的几何公差

基本尺寸/mm		圆柱度 t/μm				端面圆跳动 t_1/μm			
		轴颈		外壳孔		轴肩		外壳孔肩	
		轴承公差等级							
		0	6(6X)	0	6(6X)	0	6(6X)	0	6(6X)
大于	至	公差值/μm							
	6	2.5	1.5	4	2.5	5	3	8	5
6	10	2.5	1.5	4	2.5	6	4	10	6
10	18	3.0	2.0	5	3.0	8	5	12	8
18	30	4.0	2.5	6	4.0	10	6	15	10
30	50	4.0	2.5	7	4.0	12	8	20	12
50	80	5.0	3.0	8	5.0	15	10	25	15
80	120	6.0	4.0	10	6.0	15	10	25	15
120	180	8.0	5.0	12	8.0	20	12	30	20
180	250	10.0	7.0	14	10.0	20	12	30	20
250	315	12.0	8.0	16	12.0	25	15	40	25
315	400	13.0	9.0	18	13.0	25	15	40	25
400	500	15.0	10.0	20	15.0	25	15	40	25

表 7-19　配合面的表面粗糙度

轴或轴承座直径 /mm		轴或外壳配合表面直径公差等级								
		IT7			IT6			IT5		
		表面粗糙度/μm								
大于	至	R_z	R_a		R_z	R_a		R_z	R_a	
			磨	车		磨	车		磨	车
	80	10	1.6	3.2	6.3	0.8	1.6	4	0.4	0.8
80	500	16	1.6	3.2	10	1.6	3.2	6.3	0.8	1.6
端面		25	3.2	6.3	25	3.2	6.3	10	1.6	3.2

4．内、外径配合选择实例

例 7-1　有一圆柱齿轮减速器，小齿轮要求有较高的旋转精度，装有 0 级单列向心球轴承，轴承尺寸为 50 mm × 110 mm × 27 mm，径向额定动负荷 $C_r = 32000$ N，轴承承受的径向当量动负荷 $P_r = 4000$ N。试用类比法确定轴颈和外壳孔的公差带代号，并确定孔、轴的形位公差值和表面粗糙度参数值，将它们分别标注在装配图和零件图上。

解　(1) 按已知条件，可算得 $P_r/C_r = 0.125$，属于正常负荷。

(2) 按减速器的工作状况可知，内圈为旋转负荷，外圈为定向负荷，内圈与轴的配合应较紧，外圈与外壳孔配合应较松。

(3) 根据以上分析参考表 7-15、表 7-16，本应选用的轴颈公差带为 k5，但考虑到该减速器为一般用途的减速器，5 级公差偏高，可修正为 k6；外壳孔公差带本应为 G7 或 H7，但由于轴的旋转精度要求较高，选用更紧一些的配合更为恰当，故孔公差带为选为 J7。

(4) 按表 7-18 选取形位公差值，圆柱度公差：轴颈为 0.004 mm，外壳孔为 0.010 mm；端面圆跳动公差：轴肩为 0.012 mm。

(5) 按表 7-19 选取表面粗糙度数值，轴颈表面为 R_a 0.8 μm，轴肩端面为 R_a 3.2 μm，外壳孔表面为 R_a 1.6 μm。

(6) 将选择的上述各项公差及表面粗糙度标注在图上，如图 7-29 所示。

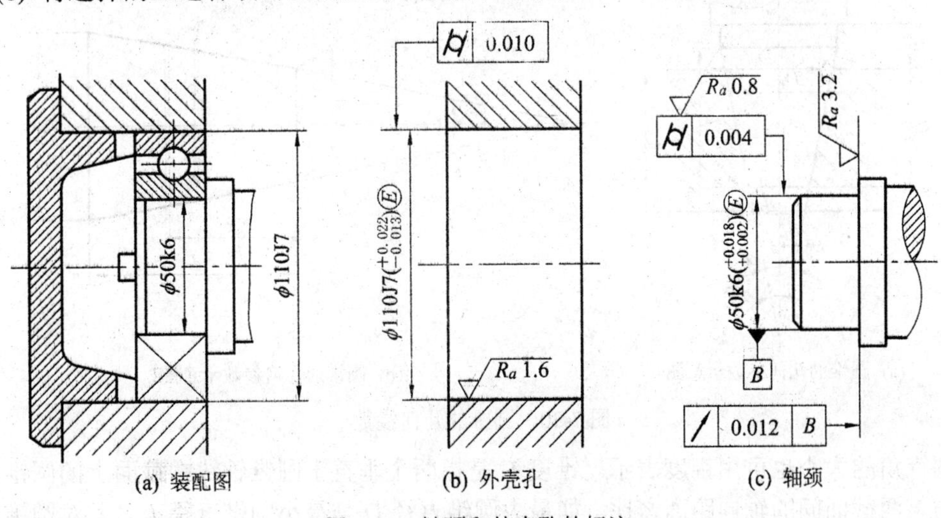

图 7-29　轴颈和外壳孔的标注

由于滚动轴承是标准部件，因此，在装配图上只需注出轴颈和外壳孔公差带代号即可，不必标注滚动轴承的公差带代号，如图7-29(a)所示。外壳孔和轴的标注分别如图7-29(b)、图7-29(c)所示。

7.4　圆锥及角度的公差与检测

7.4.1　概述

1．圆锥配合的特点与应用

圆锥体配合在机械中应用很广泛，由于其直径渐变性的补偿作用，使得圆锥体形成的配合间隙与过盈可以调整、对中性好。间隙配合的圆锥体可在机件磨损后经调整继续投入使用(如机床主轴轴承的配合)；过盈配合的圆锥体拆卸更方便、不损坏零件，可反复使用(如机床主轴锥孔与刀杆或工具尾部的配合)；某些密封性能要求高的配合零件(如液压装置中的锥度阀心与阀体的配合)，也常常采用圆锥配合通过配研的方法达到其要求。相对于圆柱配合而言，圆锥配合在装配调整过程中比较费事，检测也相对麻烦一些。

2．圆锥的几何参数

圆锥分为内圆锥(圆锥孔)和外圆锥(圆锥轴)，其主要的几何参数有圆锥角α(对内圆锥用α_i表示，外圆锥用α_e)、最大圆锥直径D(对内圆锥用D_i表示，外圆锥用D_e表示)、最小圆锥直径d(对内圆锥用d_i表示，外圆锥用d_e表示)、圆锥长度L(对内圆锥用L_i表示，外圆锥用L_e表示)和基面距a。

圆锥角α是指通过圆锥轴线的截面内的两条素线间的夹角。圆锥直径是指在垂直于其轴线的截面上的直径，除过其最大圆锥直径D和最小圆锥直径d外，还有给定截面的直径d_x(对内圆锥用d_{xi}表示，外圆锥用d_{xe}表示)。圆锥长度L是指最大圆锥直径截面与最小圆锥直径截面之间的轴向距离，如图7-30(a)及(b)所示。

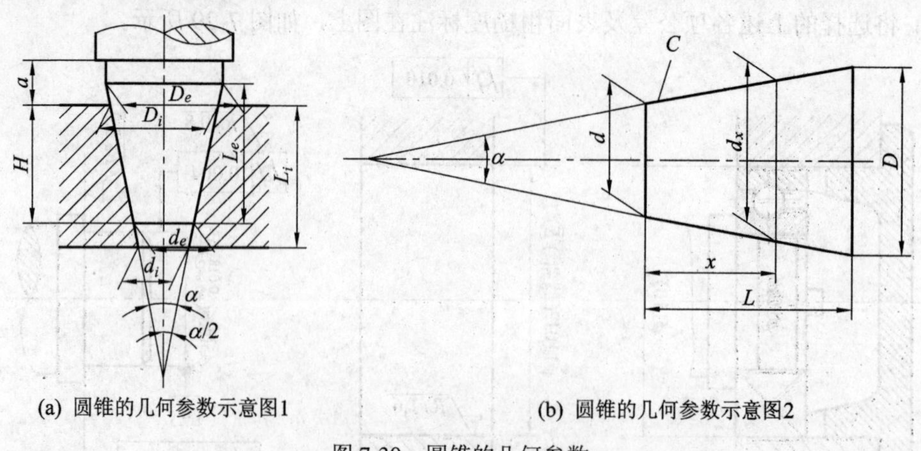

(a) 圆锥的几何参数示意图1　　(b) 圆锥的几何参数示意图2

图7-30　圆锥的几何参数

圆锥角的大小也可用锥度表示。锥度C是指两个垂直于圆锥轴线的截面上的圆锥直径之差与该两截面间的轴向距离之比。如最大圆锥直径D与最小圆锥直径d之差对圆锥长度

之比，即

$$C=\frac{D-d}{L}$$

锥度 C 与圆锥角 α 的关系为

$$C=2\tan\frac{\alpha}{2}=1:\frac{1}{2}\cot\frac{\alpha}{2}$$

锥度一般用比例或分数表示，例如 $C=1:5$ 或 $C=1/5$。光滑圆锥的锥度已标准化(GB/T 157—2001 中规定了一般用途和特殊用途的锥度与圆锥角系列)。

在零件图上，锥度用特定的图形符号和比例(或分数)进行标注，如图 7-31 所示。图形符号配置在平行于圆锥轴线的基准线上，且其方向与圆锥方向一致，然后在基准线上标注锥度的数值，再用指引线将基准线与圆锥素线相连。在图样上标注了锥度，就不必标注锥角。

圆锥结合的基面距 a 是指内、外圆锥结合后，外圆锥基准平面(轴肩或轴端面)与内圆锥端面之间的距离，见图 7-30(a)所示。

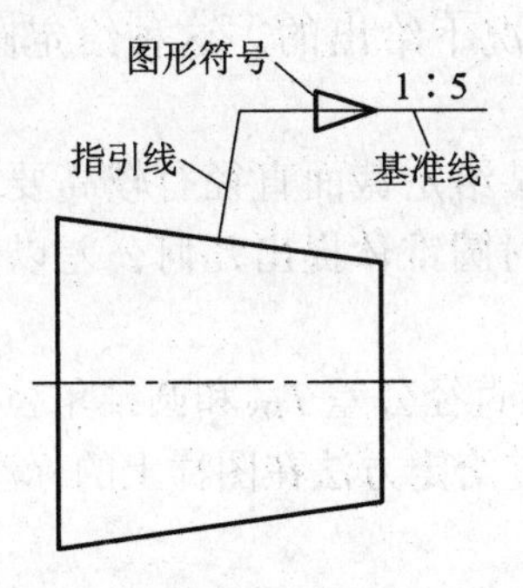

图 7-31　锥度的标注方法

3. 圆锥公差的给定方法及图样标注

圆锥公差的给定有两种方法，分别为

(1) 给出圆锥的公称圆锥角 α (或锥度 C)和圆锥直径公差 T_D: 此时圆锥角误差和圆锥的形状误差均应在 T_D 所确定的极限圆锥范围内，如图 7-32 所示。这种给定圆锥公差的方法

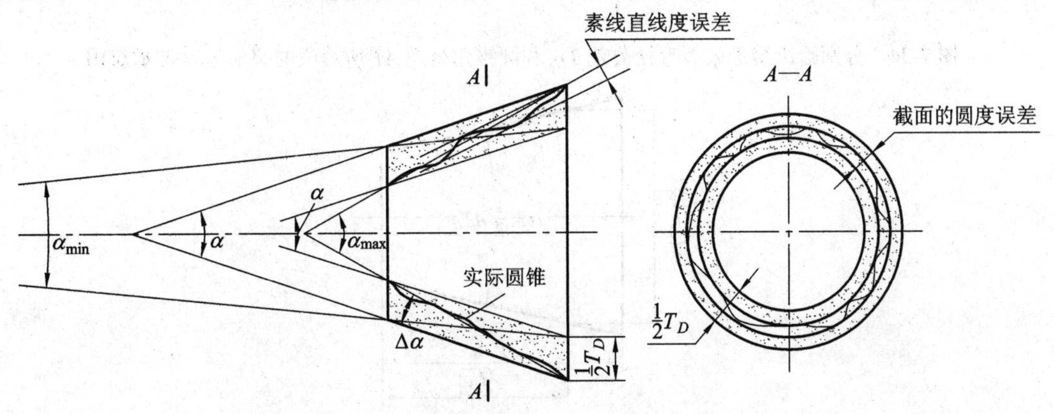

图 7-32　用圆锥直径公差 T_D 控制圆锥误差

也称为基本锥度法，该方法在图样上的标注示例如图 7-33 所示。这种公差的给定方法，通常适于有配合要求的结构型内、外圆锥。

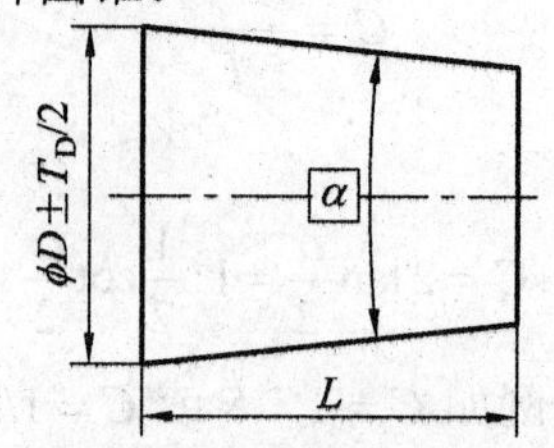

图 7-33　基本锥度法标注示例

当对圆锥角公差、圆锥的形状公差有更高的要求时，可再给出圆锥角公差 AT、圆锥的形状公差 T_F。此种情况下，AT 和 T_F 仅占 T_D 的一部分。

圆锥直径公差 T_D 的值，可按照 GB/T 1800.1—2009 规定的标准公差取值。

(2) 给出给定截面圆锥直径公差 T_{DS} 和圆锥角公差 AT。在此情况下，给定截面圆锥直径和圆锥角应分别满足这两项公差要求，检测时也是分别进行检测。该给定方法是在假定圆锥素线为理想直线的情况下给出的。这种给定圆锥公差的方法也称之为公差锥度法。

该公差给定方法适宜于对某给定截面直径有较高要求的圆锥和有密封要求以及非配合的圆锥。可以根据需要，再对圆锥体提出几何公差以便进一步控制相关的形状或位置误差。

对圆锥体给出给定截面圆锥直径公差 T_{DS} 和圆锥角公差 AT 后，两个公差所叠加形成的公差带如图 7-34 的所示。该公差给定方法在图样上的标注示例如图 7-35 所示。

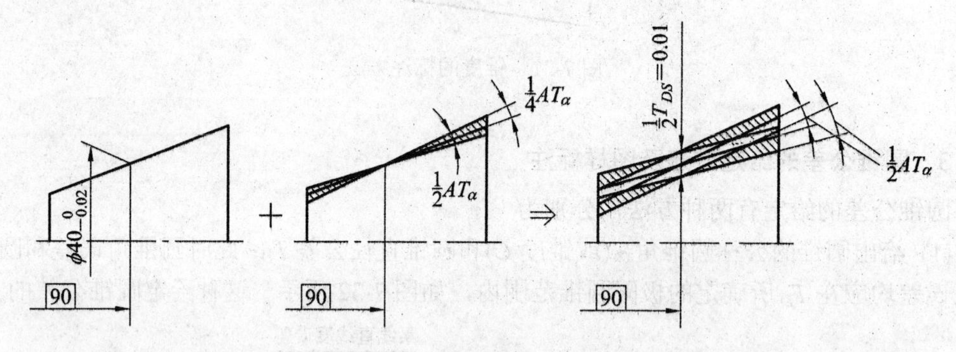

图 7-34　分别给出给定截面直径公差 T_{DS} 和圆锥角公差 AT 所形成的叠加公差带示意图

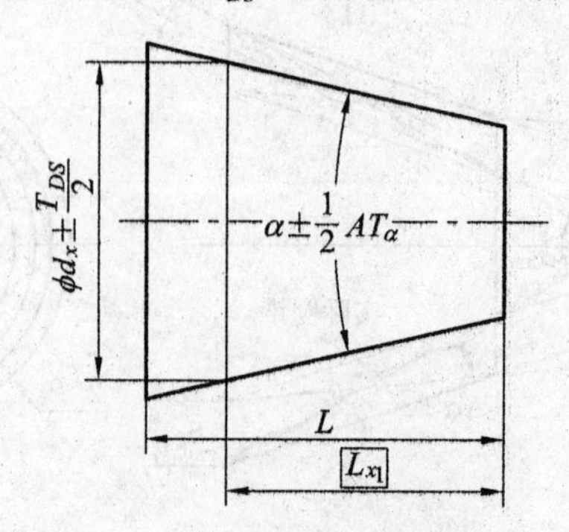

图 7-35　公差锥度法标注示例

给定截面的直径公差 T_{DS} 可按照 GB/T 1800.1—2009 中的标准公差值中选取；圆锥角公差 AT 可按照 GB/T 11334—2005 中规定的公差值选取。常用的 AT5～AT10 级相应的圆锥角公差值如表 7-20 所列。

表 7-20　圆锥角公差(摘自 GB/T 1134—2005)

公称圆锥长度 L/mm	$AT5$			$AT6$			$AT7$		
	AT_α		AT_D	AT_α		AT_D	AT_α		AT_D
	μrad	(′)(″)	μm	μrad	(′)(″)	μm	μrad	(′)(″)	μm
＞25～40	160	33″	＞4.0～6.3	250	52″	＞6.3～10.0	400	1′22″	＞10.0～16
＞40～63	125	26″	＞5.0～8.0	200	41″	＞8.0～12.5	315	1′05″	＞12.5～20
＞63～100	100	21″	＞6.3～10.0	160	33″	＞10.0～16.0	250	52″	＞16.0～25
＞100～160	80	16″	＞8.0～12.5	125	26″	＞12.5～20.0	200	41″	＞20.0～32
＞160～250	63	13″	＞10.0～16.0	100	21″	＞16.0～25.0	160	33″	＞25.0～40
公称圆锥长度 L/mm	$AT8$			$AT9$			$AT10$		
	AT_α		AT_D	AT_α		AT_D	AT_α		AT_D
	μrad	(′)(″)	μm	μrad	(′)(″)	μm	μrad	(′)(″)	μm
＞25～40	630	2′10″	＞16.0～20.5	1000	3′26″	＞25～40	1600	5′30″	＞40～63
＞40～63	500	1′43″	＞20.0～32.0	800	2′45″	＞32～50	1250	4′18″	＞50～80
＞63～100	400	1′22″	＞25.0～40.0	630	2′10″	＞40～63	1000	3′26″	＞63～100
＞100～160	315	1′05″	＞32.0～50.0	500	1′43″	＞50～80	800	2′45″	＞80～125
＞160～250	250	52″	＞40.0～63.0	400	1′22″	＞63～100	630	2′10″	＞100～160

圆锥角公差 AT 共分为 12 个等级，分别为 $AT1$，$AT2$、…、$AT12$。其中 $AT1$ 的精度最高，$AT12$ 精度最低。其中：

$AT1$～$AT6$ 用于角度量块、高精度的角度量规及角度样板；

$AT7$～$AT8$ 用于工具锥体、锥销、传递大扭矩的摩擦锥体；

$AT9$～$AT10$ 用于圆锥套、圆锥齿轮之类的中等精度的圆锥零件；

$AT11$～$AT12$ 用于低精度的圆锥零件。

为了加工和检测的方便，圆锥角公差可用角度值 AT_α 或线性值 AT_D 给定，AT_α 和 AT_D 的对应关系为

$$AT_D = AT_\alpha \cdot L \cdot 10^{-3}$$

式中，AT_α、AT_D 和圆锥长度 L 的单位分别为 μrad(微弧度)、μm 和 mm。

1 μrad 等于半径为 1 m、弧长为 1 μm 所对应的圆心角。5 μrad ≈ 1″，300 μrad ≈ 1′。

AT_α 与 AT_D 的几何关系如图 7-36 所示。

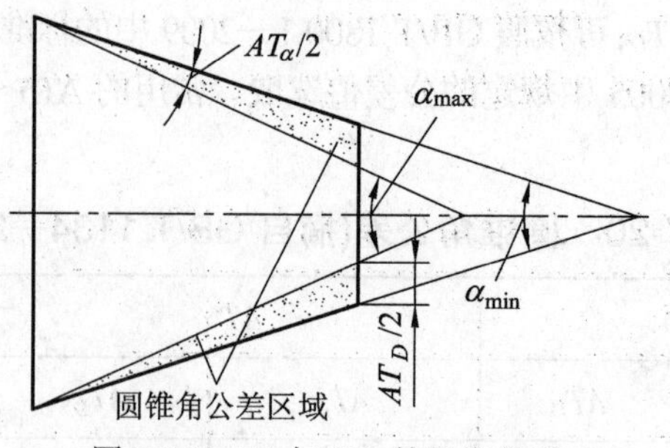

图 7-36　AT_α 与 AT_D 的对应关系

圆锥角的极限偏差可按照单向布置($\alpha^{+AT_\alpha}_{0}$ 或 $\alpha^{0}_{-AT_\alpha}$)或者双向对称布置($\alpha \pm \frac{AT_\alpha}{2}$)。为了保证内、外圆锥接触的均匀性，圆锥角公差带常采用对称于公称圆锥角布置。

圆锥的形状公差要求包括素线直线度公差要求和横截面圆度公差要求。在图样上可以按照需要的项目进行标注，或者标注圆锥的面轮廓度公差综合加以控制。

7.4.2　圆锥配合

圆锥配合是指公称圆锥直径相同的内、外圆锥之间，由于结合的松紧不同所形成的相互关系。圆锥配合也分为间隙配合、过盈配合和过渡配合。间隙配合主要用于有相对转动的场合，如圆锥滑动轴承；过盈配合常借助摩擦力的自锁，用于传递大扭矩；过渡配合常用于对中定心或密封。

无论何种配合，其配合量(间隙或过盈)均可由内、外圆锥体间轴向的相对位置来保证，故内、外圆锥的最终轴向相对位置是圆锥配合的重要特征。按照确定内、外圆锥间最终的轴向相对位置所采用的方式，圆锥配合的形成可以分为下面两种方式。

1) 结构型圆锥配合

结构型圆锥配合是指由内、外圆锥本身的结构或基面距来确定它们之间最终的轴向相对位置，以获得指定配合性质的圆锥配合。这种形成方式可获得间隙配合、过渡配合和过盈配合。

例如图 7-37(a)所示，用内、外圆锥的结构即内圆锥端面 1 与外圆锥台阶 2 接触来确定装配时最终的轴向相对位置，以获得指定的圆锥间隙配合。又如图 7-37(b)所示，用内圆锥大端基准平面 1 与外圆锥大端基准圆平面 2 之间的基面距 a 确定装配时最终的轴向相对位置，以获得指定的圆锥过盈配合。

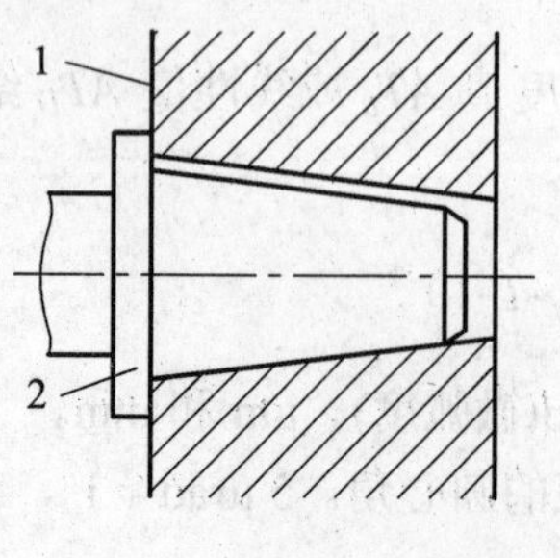

(a) 结构型圆锥配合示例 1

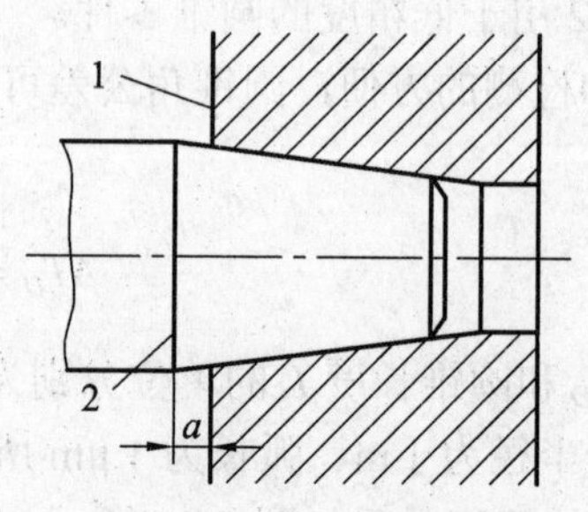

(b) 结构型圆锥配合示例 2

图 7-37　结构型圆锥配合示意图

2) 位移型圆锥配合

位移型圆锥配合是指先由规定内、外圆锥的轴向相对位移或规定施加一定的装配力(轴向力)产生轴向位移，再确定它们之间最终的轴向相对位置，以获得指定配合性质的圆锥配合。前者可获得间隙配合和过盈配合，而后者只能得到过盈配合。

例如，如图 7-38(a)所示，在不受力的情况下内、外圆锥相接触，由实际初始位置 P_a 开始，内圆锥向右作轴向位移 E_a 到达终止位置 P_f，以获得指定的圆锥间隙配合。又如图 7-38(b)所示，在不受力的情况下内、外圆锥相接触，由实际初始位置 P_a 开始，对内圆锥施加一定的装配力 F_s，使内圆锥向左作轴向位移 E_a，达到终止位置 P_f，以获得指定的圆锥过盈配合。

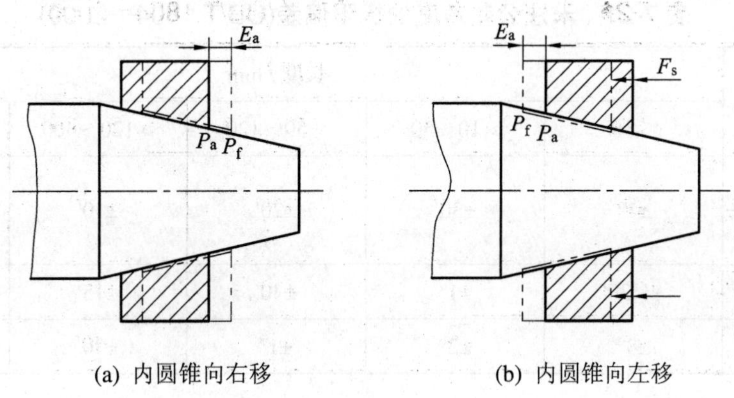

(a) 内圆锥向右移　　(b) 内圆锥向左移

图 7-38　位移型圆锥配合示意图

轴向位移 E_a 与间隙 X(或过盈 Y)的关系为

$$E_a = \frac{X(\text{或}Y)}{C}$$

式中，C 为内、外圆锥的锥度。

7.4.3　角度公差

在常见的机械结构中，常用到含角度的构件，如常见的燕尾槽，V 形架、楔块等，见图 7-39。这些构件的主要几何参数是角度，角度的精度高低决定着其工作精度，故对角度也应提出公差要求。角度公差分两种，一种是角度注出公差；另一种是未注公差角度的极限偏差。

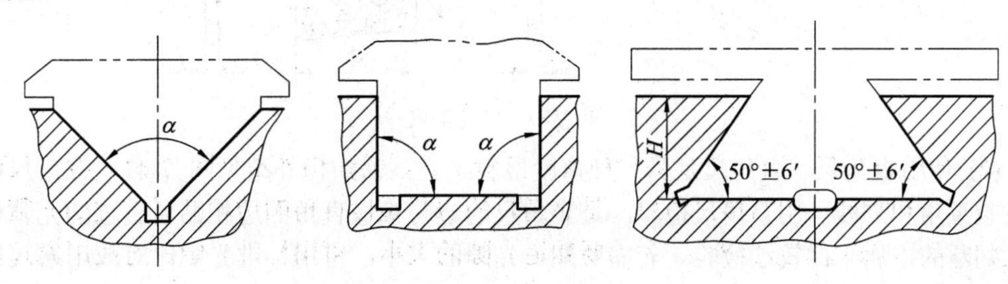

图 7-39　各种角度结构

1. 角度的注出公差

角度的注出公差可以从圆锥角公差表中查取。查取时，以形成角度的两个边的短边长度值为表中的 L 值。

2. 未注公差角度的极限偏差

GB/T 1804—2000 为未注公差的角度规定了极限偏差。国标对角度的极限偏差分为 4 个等级，即精密级(以 f 表示)、中等级(以 m 表示)、粗糙级(以 c 表示)和最粗级(以 v 表示)。每个等级列有不同的极限偏差值，见表 7-21。以角度的短边长度查取。用于圆锥时，以圆锥素线长度查取。

表 7-21 未注公差角度的极限偏差(GB/T 1804—2000)

公差等级	长度 / mm				
	≤10	>10～50	>50～120	>120～400	>400
精密 f 中等 m	±1°	±30′	±20′	±10′	±5′
粗糙 c	±1°30′	±1°	±30′	±15′	±10′
最粗 v	±3°	±2°	±1°	±30′	±20′

7.4.4 圆锥及角度的检测

1. 角度和锥度的检验

(1) 使用角度量块。角度量块代表角度基准，其功能与尺寸量块相同，如图 7-40 所示。角度量块有三角形和四边形两种。四边形量块的每个角均为量块的工作角，三角形量块只有一个工作角。角度量块也具有研合性，既可以单独使用，也可借助研合组成所需要的角度对被检角度进行检验。角度量块的工作范围为 10°～350°。

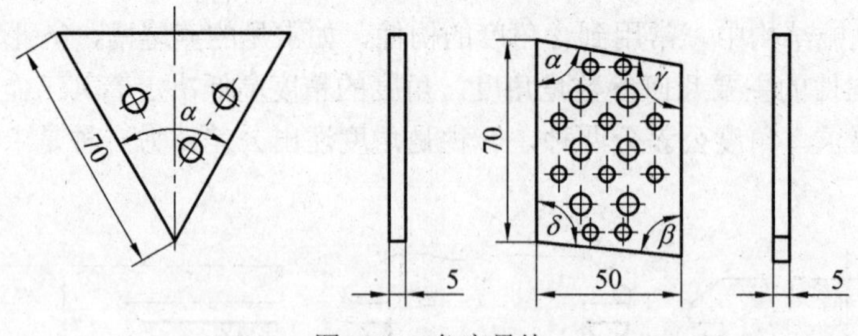

图 7-40 角度量块

(2) 使用直角尺。直角尺是另一种角度检验工具，其结构外型见图 7-41。直角尺可用于检验直角和划线。用直角尺检验，是靠角尺的边与被检直角的边相贴后透过的光隙量来进行判断的，属于比较法检验。若需要知道光隙的大小，可用标准光隙比对或用塞尺进行测量。

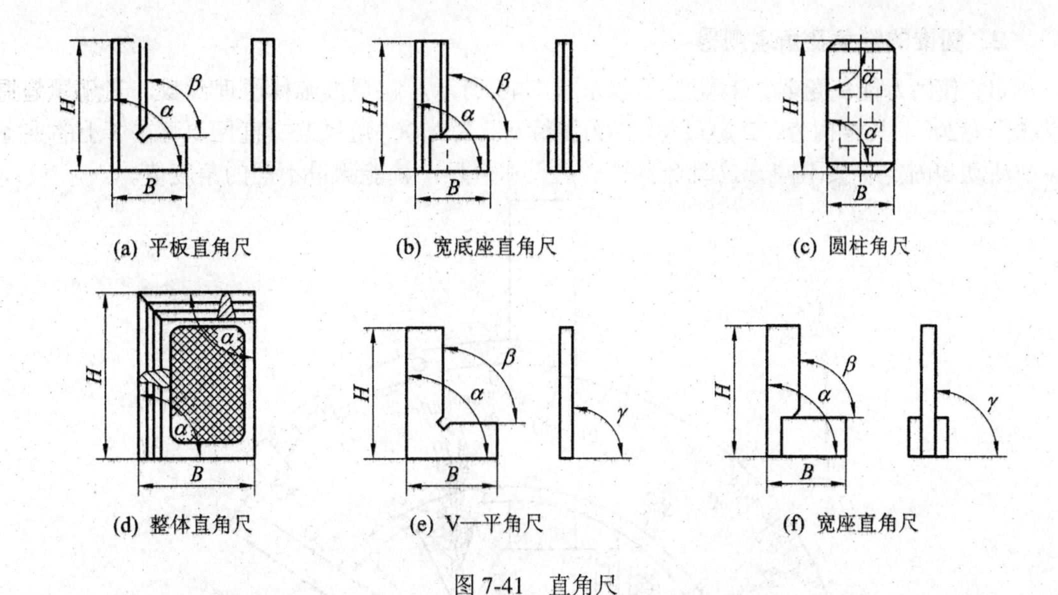

(a) 平板直角尺　(b) 宽底座直角尺　(c) 圆柱角尺

(d) 整体直角尺　(e) V—平角尺　(f) 宽座直角尺

图 7-41　直角尺

(3) 使用圆锥量规。对圆锥体的检验，是检验圆锥角、圆锥直径、圆锥表面形状要求的合格性。检验外圆锥用的圆锥量规称为圆锥套规，检验内圆锥用的量规称为圆锥塞规，其外型如图 7-42(a)所示。在塞规的大端，有两条刻线，距离为 z；在套规的小端，也有一个由端面和一条刻线所代表的距离 z(有的用台阶表示)，该距离值 z 代表被检圆锥的直径公差 T_D 在轴向的量。被检的圆锥件，若直径合格，其端面(外圆锥为小端，内圆锥为大端)应在距离为 Z 的两条刻线之间，如图 7-42(b)所示；然后在圆锥面上均匀地涂上 2～3 条极薄的涂层(红丹或蓝油)，使被检圆锥与量规面接触后转动 1/2～1/3 周，看涂层被擦掉的情况，来判断圆锥角误差与圆锥表面形状误差合格与否。若涂层被均匀地擦掉，表明锥角误差和表面形状误差都较小；反之，则表明存在误差。如用圆锥塞规检验内圆锥时，若塞规小端的涂层被擦掉，则表明被检内圆锥的锥角大了；若塞规的大端涂层被擦掉，则表明被检内圆锥的锥角小了。但不能测具体的误差值。

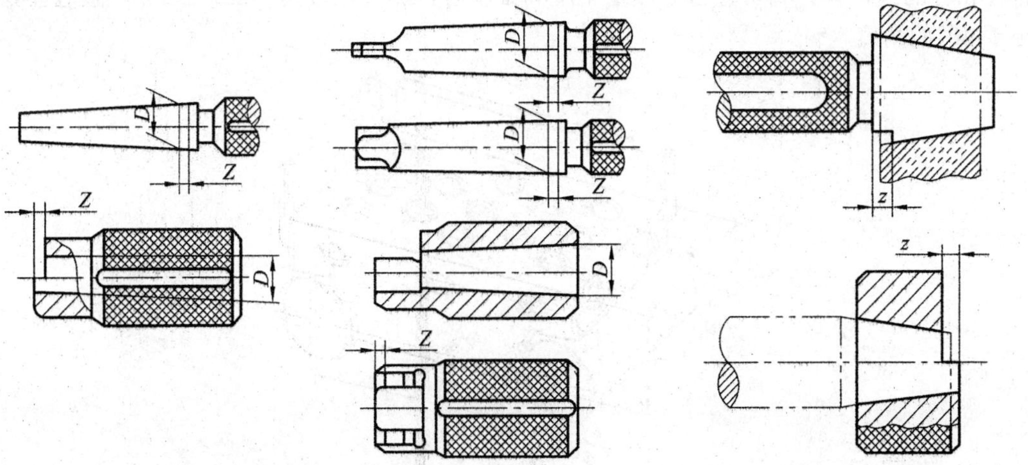

(a) 圆锥塞规和圆锥套规　(b) 圆锥的检验示意图

图 7-42　圆锥量规及检验示意图

2. 圆锥的锥角及角度测量

(1) 使用万能测角器。万能测角器如图 7-43 所示，它是按游标原理读数，其测量范围为 0°～320°。其结构为：2 为尺身，1 为游标尺，3 为 90° 角尺架，直尺 4 可在 3 上的夹子 5 中活动和固定。按不同方式组合基尺、角尺和直尺，就能测量不同的角度值。

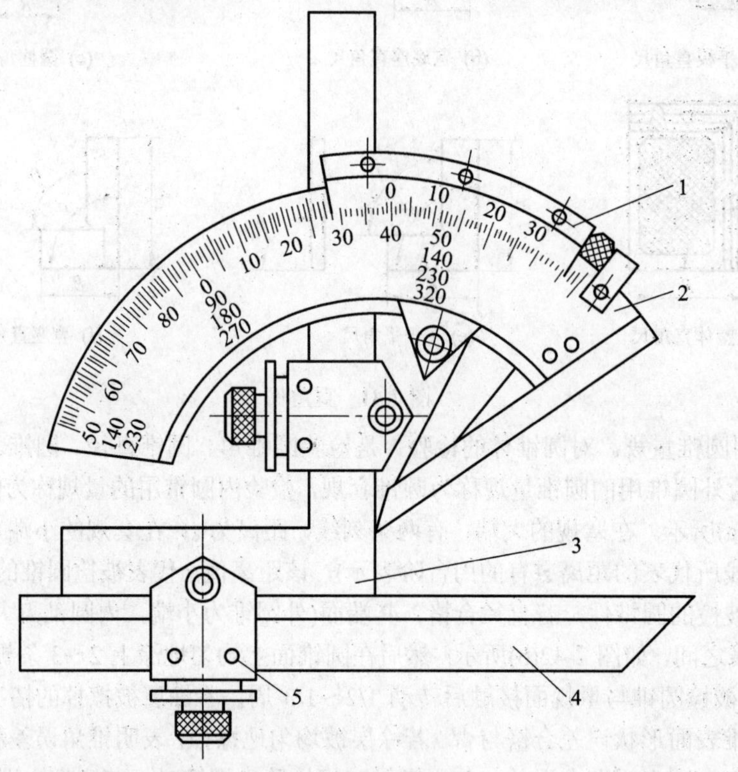

图 7-43　万能测角器

(2) 使用正弦规。正弦规的外型结构如图 7-44 所示，正弦规的主体下两边各安装一个直径相等的圆柱体。利用正弦规测量角度和锥度时，测量精度可达 ±3″～±1″，但适宜测量小于 40° 的角度。

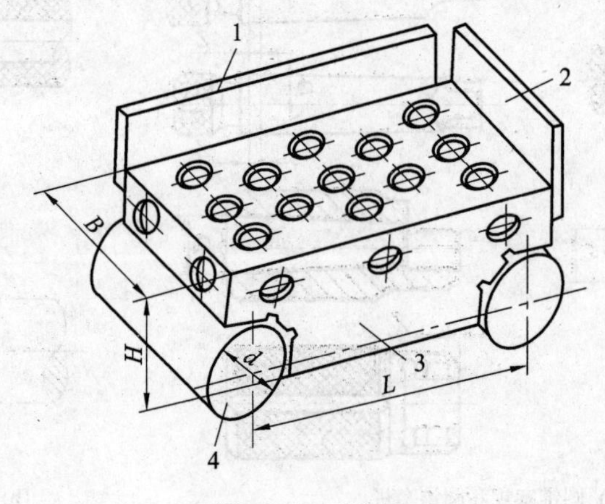

图 7-44　正弦规

用正弦规测量角度和锥度的原理如图 7-45 所示。在图 7-45(a)中按照所测角度的理论值 α 计算出所需的量块尺寸 h(h 与 α 的关系为 $h = L \cdot \sin\alpha$)，然后将组合好的量块和正弦规按图示位置放在平板上，再将被测工件(图示被测件为一圆锥塞规)放在正弦规上。若这时工件的实际角度等于理论值 α 时，工件上端的素线将与平板是平行的。这时若在 a、b 两点用表测值，则表的读数应是相等的。若工件的角度不等于理论值 α，工件上端的素线将与平板不平行，在 a、b 两点用表测值，将得出不同的读数。若两点读数差为 δ，又知 a、b 两点的距离为 l，则被测圆锥的锥度偏差 Δc 为

$$\Delta c = \frac{\delta}{l}$$

相应的锥角偏差为

$$\Delta\alpha = 2 \times \Delta c \times 10^5$$

具体测量时，须注意 a、b 两点测值的大小。若 a 点值大于 b 点值，则实际锥角大于理论锥角 α，算出的 $\Delta\alpha$ 为正；反之，$\Delta\alpha$ 为负。

图 7-45(b)为用正弦规测内锥角的示意图，其原理与测外锥角相类似。

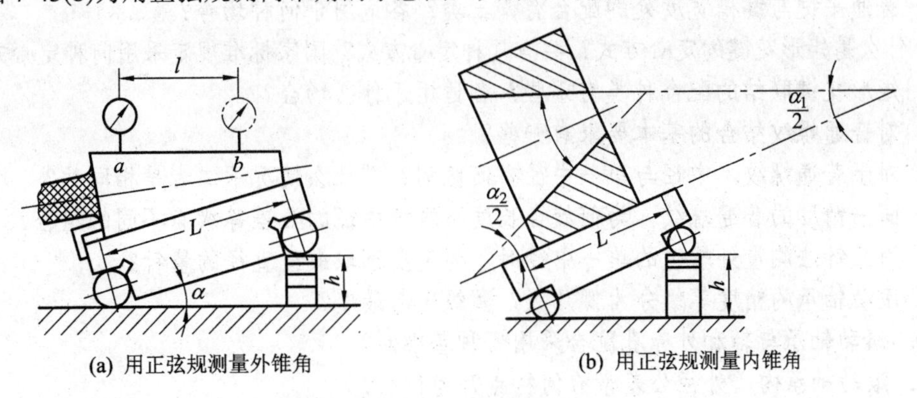

图 7-45　用正弦规测量锥角

(3) 使用钢球和圆柱。用精密钢球和精密量柱(滚柱)也可以间接测量圆锥角度，图 7-46 为用双球测内锥角的示例。已知大、小球的直径分别为 D_0 和 d_0，测量时，先将小球放入，测出 H 值，再将大球放入，测出 h 值，则内锥角 α 值可按下式求得：

$$\sin\frac{\alpha}{2} = \frac{D_0 - d_0}{2(H-h) + d_0 - D_0}$$

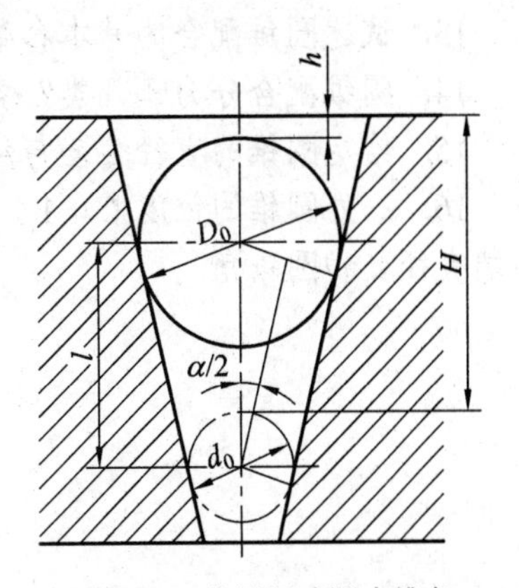

图 7-46　使用钢球测内锥角

图 7-47 为用滚柱和量块组测外圆锥的示例。测量时，先将两尺寸相同的滚柱夹在圆锥的小端处，测得 m 值，再将这两个滚柱放在尺寸相同的组合量块上，如图 7-47 所示，测得 M 值，则外锥角 α 值可按下式算出：

$$\tan\frac{\alpha}{2} = \frac{M - m}{2h}$$

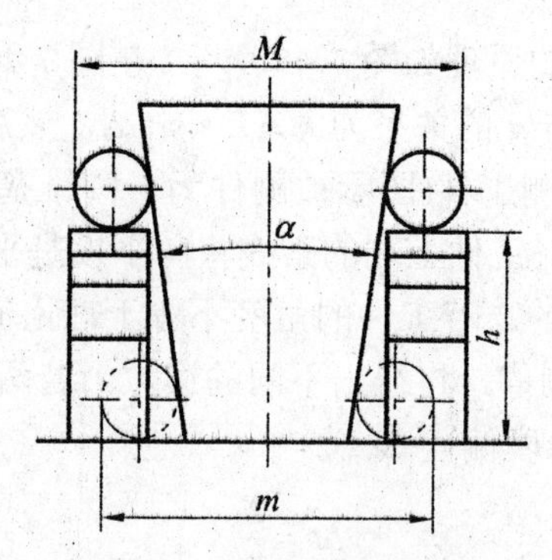

图 7-47 使用圆柱测外锥角

习 题

1. 普通平键与轴键槽与轮毂键槽宽度处的配合为何采用基轴制？

2. 普通平键与键槽宽度处的配合有哪三类？各适用于何种场合？

3. 什么是矩形花键的定心方式？共有几种定心方式？国家标准规定采用何种定心方式？

4. 矩形花键联结的配合种类有哪些？各适用于什么场合？

5. 对普通螺纹结合的基本要求有哪些？

6. 对于普通螺纹，中径与单一中径有何区别？在什么情况下二者是相同的？

7. 同一精度的普通螺纹，为何旋合长度与螺纹中径的公差等级有不同的组合？

8. 用三针法测量外螺纹的单一中径时，为何要选取最佳直径的量针？

9. 滚动轴承的精度等级分为哪几级？哪级应用最广？

10. 滚动轴承与轴和外壳孔配合采用哪种基准制？

11. 滚动轴承内、外径公差带有何特点？为什么？

12. 滚动轴承所承受负荷的类型与配合的选择有何关系？

13. 试述圆锥配合的基本参数；圆锥结合有何特点？

14. 圆锥配合分为哪几类？各适用于什么场合？

15. 给定圆锥的直径公差与给定截面的圆锥直径公差有何不同？

16. 一外圆锥的锥度 $C = 1:20$，大端直径 $D = 20$ mm，圆锥长度 $L = 60$ mm，试确定小端直径 d 和圆锥角。

第8章 圆柱齿轮的公差与检测

8.1 概　　述

8.1.1 对齿轮的工作要求

1. 齿轮传递运动的准确性

由于齿轮在整周范围内存在周期性的误差，故齿轮回转一周，其传动比并不是恒定的，而是按正弦规律变化的，如图 8-1(a)所示。该变化的幅度越大，表明齿轮回转一周的转角误差越大，即齿轮的传递运动的准确性精度越低，所以齿轮传递运动的准确性描述了齿轮在一周回转范围内的传动精度。对于用齿轮来传递角位移的场合，需控制齿轮的传递运动的准确性误差。例如车床主轴与丝杠间的交换齿轮，若它们传递的运动准确性精度低，则会使该车床所加工的螺纹产生较大的螺距偏差。

2. 齿轮的传动平稳性

齿轮在啮合过程中，由于齿间啮合误差的存在，所以每转过一齿，瞬时传动比会产生一次脉动，如图 8-1(b)所示。在齿轮的啮合过程中，由转齿误差造成的高频率的传动比变化会引起机器产生振动和噪音，因此齿轮的转齿误差即齿轮的传动平稳性误差。

齿轮在实际工作过程中，不仅存在转一周的传递运动准确性误差，同时也存在转一齿的运动平稳性误差，所以齿轮在一周范围内，其传动比的变化如图 8-1(c)所示。

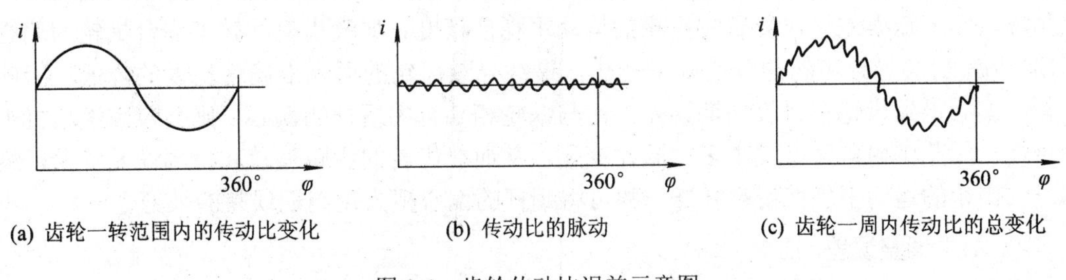

(a) 齿轮一转范围内的传动比变化　　(b) 传动比的脉动　　(c) 齿轮一周内传动比的总变化

图 8-1　齿轮传动比误差示意图

3. 齿轮载荷分布的均匀性

对于传递动力的齿轮，要求两齿轮的齿面接触均匀，使得所传递的载荷沿接触线均匀分布，以避免局部应力集中而造成的齿面破坏与轮齿的断裂，此即齿轮载荷分布均匀性要求。

4．齿轮副侧隙要求

对于传递动力的齿轮，往往是两个齿轮的工作齿面相接触，非工作齿面不会接触，而是留有间隙，该间隙即为齿侧间隙(简称侧隙)。齿轮的侧隙有两个用途：

一是为轮齿的热变形提供伸缩余地，并补偿齿轮的安装与加工误差。二是该侧隙还可以存储一些润滑油，以保证齿轮的润滑。

侧隙应在合理的范围存在，过小的侧隙可能造成齿轮在工作过程中出现卡死或烧伤现象，而过大的侧隙会引起反向空行程，引起换向冲击或产生运动滞后。

8.1.2 齿轮误差的分类

对于齿轮的误差(或偏差)，大致可以分为以下几类：

(1) 切向误差。能从齿轮的基圆切线方向量度的误差称为切向误差。如基圆齿距偏差 f_{pb}、齿轮公法线变化等。

(2) 径向误差。能从齿轮的径向量度的误差称为径向误差。如齿轮的径向综合总偏差 F_i'' 和齿轮径向跳动 F_r。

(3) 轴向误差。存在于齿轮轴线方向的误差称为轴向误差。如斜齿轮的轴向齿距偏差、螺旋线偏差及接触线偏差，这些偏差(或误差)会影响齿轮载荷分布的均匀性。

(4) 啮合误差。两个齿轮在啮合过程中产生的误差称为啮合误差。齿轮安装好后，会由于箱体孔轴线的平行度影响及其他安装误差导致在载荷分布均匀性、侧隙等方面与实际要求产生偏离。另一方面，在安装过程中也可以使某些偏差量得以调整，如通过调整两齿轮的啮齿位置，使得齿轮副的运动准确性精度得到改变，即齿轮副的切向综合偏差 F_{ic}'' 值会小于两齿轮的切向综合偏差值之和。

8.1.3 齿轮误差的来源

1．机床误差

以滚齿加工为例，滚齿机的各项误差会引起加工齿轮存在长周期误差和短周期误差。所谓长周期误差，是指加工齿轮在一转范围内的整周误差，该误差会降低齿轮的运动准确性精度。短周期误差往往会影响齿轮的运动平稳性精度。如滚齿机回转工作台蜗轮的偏心(即运动偏心)会导致齿轮的分齿疏密变化，最终导致齿轮的运动准确性精度的降低，因此蜗轮的偏心可致齿轮存在长周期误差。而与蜗轮相啮合的蜗杆的偏心，则会导致滚齿机工作台在一周范围内角速度发生多次脉动变化，从而使齿轮的齿距偏差和齿廓偏差变大，最终导致齿轮的运动平稳性精度降低，故可将蜗杆的偏心视为短周期误差的来源之一。

2．加工调整误差

加工调整误差有以下几种：

(1) 齿坯轴线是否与滚齿机工作台中心重合，若不重合，则会导致几何偏心的存在。

(2) 刀架是否安装正确，若安装不正确，会使加工出的齿产生轴向歪斜。

(3) 滚刀是否对中，若未对中，则加工出的齿位置不正。

滚刀对中后的正确加工位置如图 8-2(a)所示，此时加工出的正确齿如图 8-2(b)所示；若滚刀未对中，则加工出的齿位如图 8-2(c)所示。

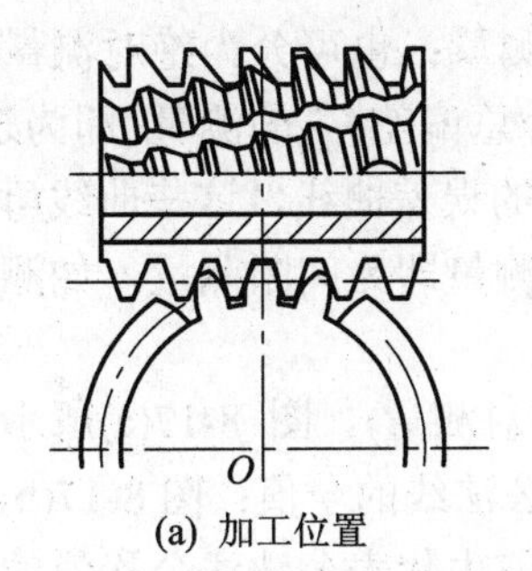

(a) 加工位置

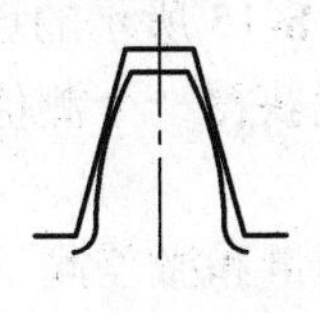

(b) 滚刀对中的加工齿

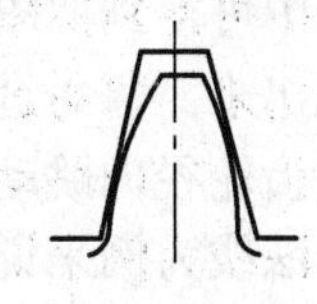

(c) 滚刀未对中的加工齿

图 8-2　滚刀的对中与齿位

3．齿坯精度

齿坯精度的高低直接影响齿轮加工精度。对于盘状齿坯，端面应与齿坯孔轴线垂直(常以端面跳动要求提出)，顶圆应与齿坯孔轴线同轴(常以径向跳动要求提出)，否则便会产生误差。图 8-3(a)表示当齿坯端面与齿坯孔轴线不垂直时的情形，届时加工出的齿轮如图 8-3(b)所示。该齿轮存在有螺旋线偏差，若与正常齿轮啮合，则会出现接触斑点的位置游动的现象。

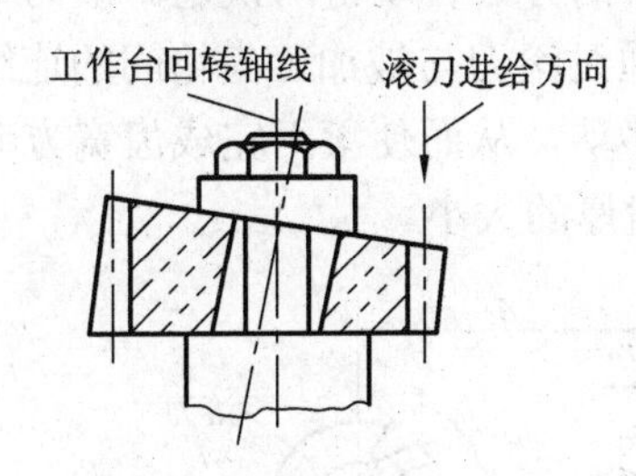

(a) 齿坯端面与齿坯孔轴线不垂直

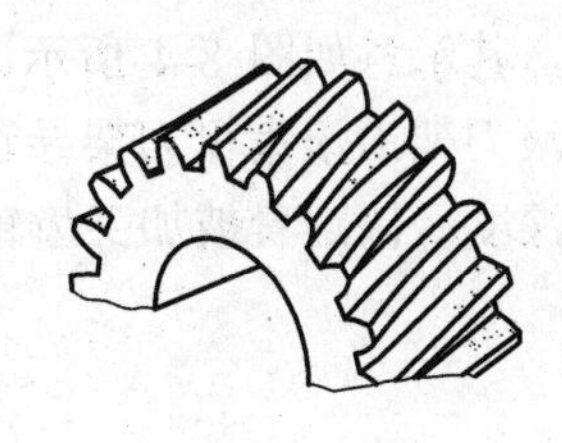

(b) 加工的齿轮

图 8-3　齿坯误差对齿轮加工的影响

4．环境影响

对于精密的磨齿加工，常要求加工环境温度在 20℃。另外，加工机床周边的振动对加工也会产生影响。

5．检测水平

由于检测中不确定度的影响，常会使得齿轮检测存在误差，故对齿轮进行检测时，在一定的要求下，需按照 GB/T 13924—2008《渐开线圆柱齿轮精度　检验细则》计算相应的测量不确定度。

6．装配工艺

齿轮只有经过安装，才能成为可工作的齿轮副。齿轮的安装工艺对齿轮副的精度有一定的影响。安装过程中若调试得当，会使得齿轮副的相关精度得到保证或提高；反之，则不能保证所要求的精度。

8.1.4 齿轮误差测量方法分类

齿轮的误差(或偏差)的测量可分为连续测量和间断测量；也可分为绝对测量和微差测量(相对测量)。如对齿轮的切向综合总偏差 F_i' 和径向综合总偏差 F_i'' 的测量，即为连续测量。在这种测量过程中可得到如图 8-8 及图 8-15 所示的连续的误差曲线，这些曲线可将齿轮各部位的误差展现出来。每跨过一个齿就获得一个测值的测量即为间断测量，如测量单个齿距偏差 f_{pt}、测量齿轮径向跳动 F_r 等。

可用测量公法线为例来说明绝对测量和微差测量(相对测量)。图 8-17(a)所示为绝对法测量公法线的示例，测量时会由公法线千分尺读得实际公法线的全值；图 8-17(b)所示为用公法线卡规采用微差测量方法测量公法线的示例，测量前由代表公法线公称值的量块将公法线卡规的表头校对到零位，此时卡规测头间的距离为公法线的公称值。实际测量时，卡规表头将显示实际公法线相对于其公称值的偏差量。

8.1.5 几何偏心与运动偏心

1. 几何偏心 $e_{几}$ 的概念

齿轮的齿廓加工常使用滚齿机完成。滚齿机上的滚刀与被加工齿轮之间的运动相当于齿条与齿轮的啮合，两者间的运动由滚齿机的分齿传动链所决定。滚刀每转一转，被加工齿轮便转过一齿，其示意如图 8-4 所示。通过滚刀与被加工齿轮间的连续运动，将齿轮的齿廓切出，其中滚刀架沿滚齿机刀架导轨移动，从而使滚刀完成齿宽方向的齿廓加工；而滚刀切入齿坯的深度，决定着被加工齿轮齿厚的大小。

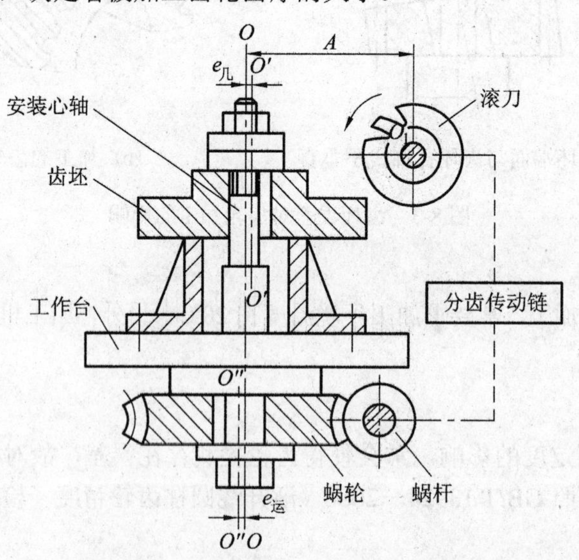

图 8-4 几何偏心与运动偏心示意图

几何偏心是指齿坯在滚齿机安装心轴上的安装偏心。齿坯安装时，由于齿坯孔与安装心轴为间隙配合，故易造成两者轴线的不重合。在图 8-4 中，用 $O'—O'$ 表示齿坯孔的轴线，而滚齿机安装心轴的轴线用 $O—O$ 表示，两者的偏离量即为几何偏心 $e_{几}$。在齿轮加工时，回转中心为安装心轴的轴线，而在齿轮加工完后，齿轮的装配基准或测量基准为齿轮孔的轴线。但由于几何偏心 $e_{几}$的影响，会使得齿轮上包括分度圆在内的诸圆与齿轮孔轴线不同心，产生径向跳动。此外，相对于齿轮孔轴线，齿轮上齿距与齿厚也会产生周期性的变化，如图 8-5 所示。

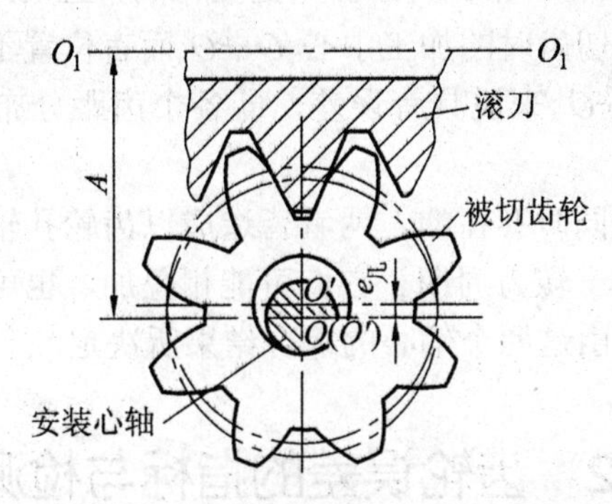

图 8-5　几何偏心对被切齿轮的影响

2．运动偏心 $e_{运}$的概念

运动偏心 $e_{运}$是指滚齿机工作台下方蜗轮的偏心，如图 8-4 所示，工作台的轴线以 $O—O$ 表示，而蜗轮的轴线以 $O''—O''$ 表示，两者的偏离量即为运动偏心 $e_{运}$。当存在运动偏心 $e_{运}$时，即使蜗杆给予蜗轮的线速度 v_0 为常值，蜗轮的角速度 ω 也不为常值(见图 8-6)，而是在一周的回转范围内变化，从而导致滚齿机工作台、安装心轴和被切齿轮的转速也随之变化，且切出的齿轮会出现分度误差，如图 8-7 所示，最终使得齿轮各处的齿距 P_t 发生变化。

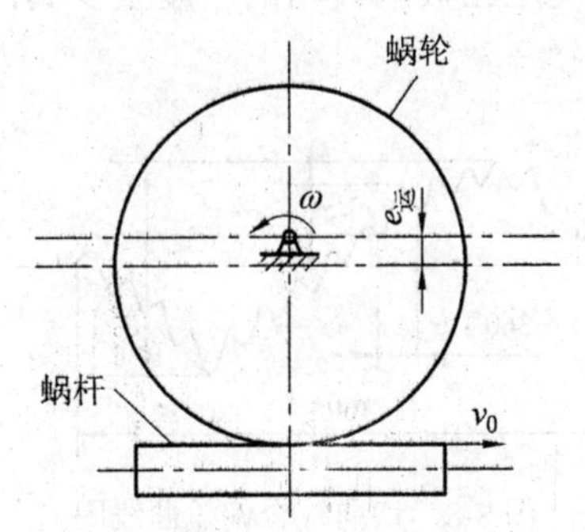

图 8-6　运动偏心对工作台转速的影响

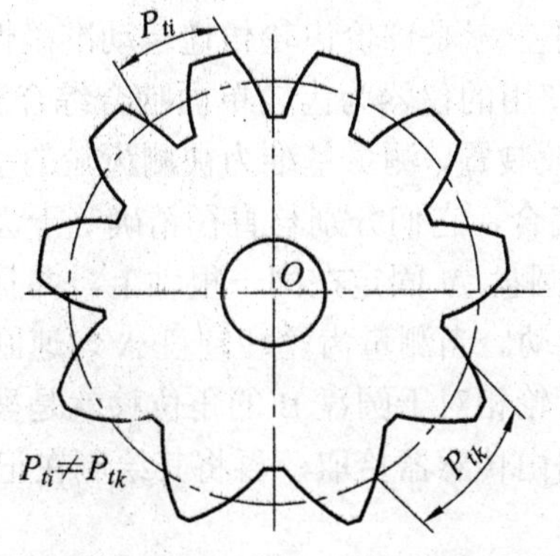

图 8-7　由于运动偏心所形成的轮齿

几何偏心与运动偏心所产生的齿轮误差在性质上有一定的差异。存在几何偏心时，齿轮各齿的形状和位置相对于切齿时的加工中心 $O—O$ 而言，是没有误差的。但对于齿轮孔轴线 $O'—O'$来说，却具有误差，即各齿的齿高是变化的，且齿距不均匀。当存在运动偏心时，虽然滚刀切削刃相对于切齿时的加工中心 $O—O$ 而言位置不变，但是齿轮各齿的形状和位置相对于加工中心 $O—O$ 来说具有误差，即各个齿距分布不均匀，但各齿高却是不变的。

几何偏心和运动偏心是同时存在的，两者皆造成以齿轮孔轴线为圆心的圆周上各个齿距的分布不均匀，且以齿轮一转为周期。它们可能相叠加，也可能相抵消。齿轮传递运动准确性精度在很大程度上是由这两个偏心的综合结果所决定。

8.2 齿轮误差的指标与检测

8.2.1 单个齿轮适用的评定指标及检测

1. 齿轮传递运动准确性精度评定指标及检测

1) 切向综合总偏差 F_i'

切向综合总偏差 F_i' 指被测齿轮与测量齿轮单面啮合后，在被测齿轮的一转内，被测齿轮分度圆上实际圆周位移与理论圆周位移的最大差值。该差值以分度圆的弧长计，如图 8-8 所示。测量时，测量齿轮的精度应比被测齿轮的精度至少高四级，这样测量齿轮的误差可以忽略不计。

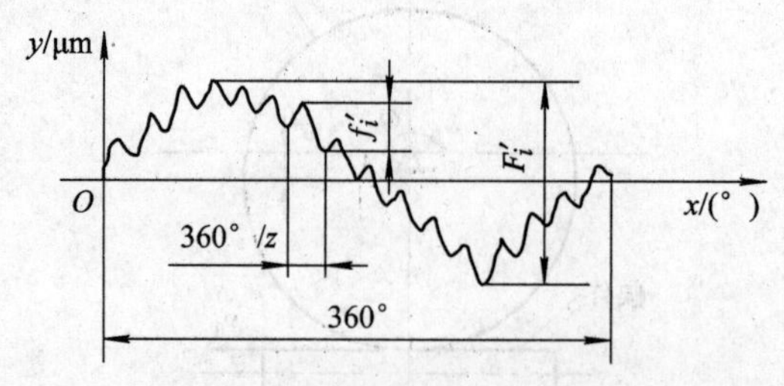

图 8-8　切向综合偏差曲线图

切向综合总偏差 F_i' 是几何偏心、运动偏心和各项短周期误差对齿轮传递运动准确性精度的综合反映。切向综合总偏差 F_i' 是评价齿轮传递运动准确性精度的最佳指标。

测量切向综合总偏差 F_i' 使用的仪器为齿轮单面啮合综合测量仪(简称单啮仪)，其测量原理见图 8-9。单啮仪具有比较装置，测量基准为被测齿轮的基准轴线。被测齿轮与测量齿轮在理论中心距 a 上作单面啮合，它们分别与直径精确等于齿轮分度圆直径的两个摩擦盘(圆盘)同轴安装。测量齿轮和圆盘 A 固定在同一根轴上，并且同步转动；被测齿轮和圆盘 B 可以在同一根轴上作相对转动。当测量齿轮和圆盘 A 匀速回转时，分别带动被测齿轮和圆盘 B 回转，有误差的被测齿轮相对于圆盘 B 的角位移就是被测齿轮实际转角相对于理论转角的偏差。将该偏差的数据由传感器拾取，再将其绘制在记录纸上，即得到图 8-8 所示的曲线。

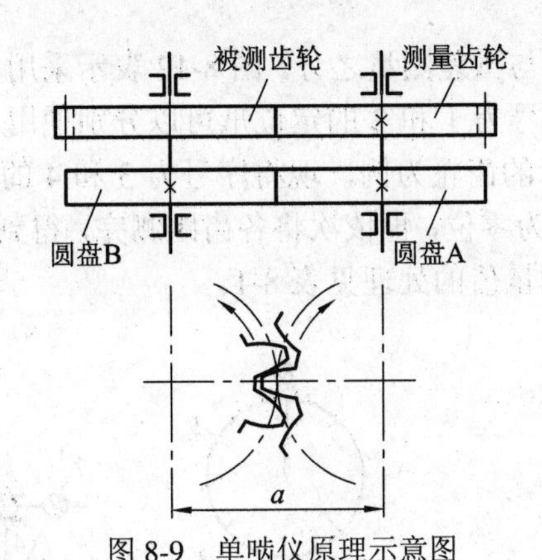

图 8-9　单啮仪原理示意图

2) 齿距累积总偏差 F_p 与 k 个齿距累积偏差 F_{pk}

齿距累积总偏差 F_p 是指在齿轮端平面上接近齿高中部的一个与齿轮基准轴线同心的圆上，任意两个同侧齿面间的实际弧长与理论弧长的代数差中的最大绝对值，如图 8-10 所示。

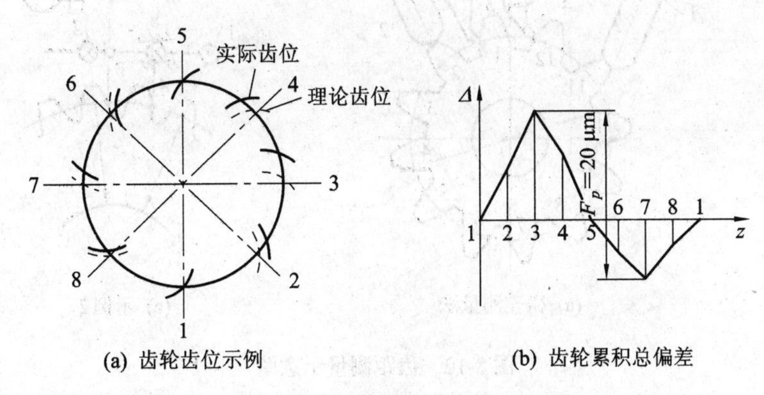

图 8-10　齿轮齿距累积总偏差

对于齿数较多且精度要求高的齿轮或高速齿轮，常要求评定 k 个齿距范围内(常为齿数 $z=2\sim\frac{z}{8}$ 的范围内)的齿距累积偏差 F_{pk}。图 8-11 所示为 $k=3$ 个齿距内的齿距累积偏差，即在任意 $k=3$ 的齿距范围内的实际弧长与理论弧长的代数差的最大值作为评定对象，其值应在规定的范围内。

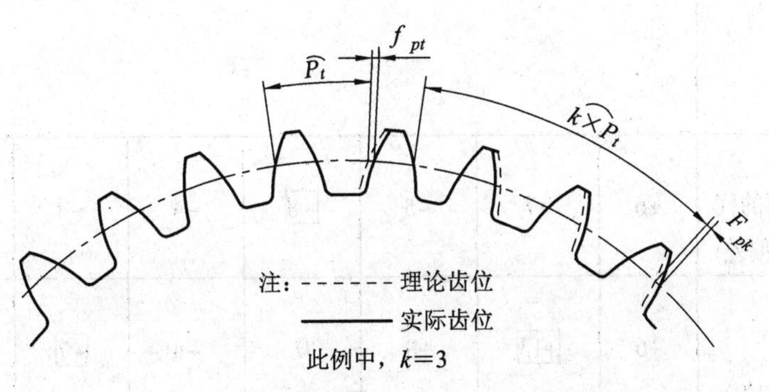

图 8-11　齿距累积偏差 F_{pk} 与单个齿距偏差 f_{pt}

齿距的测量有绝对测量与微差测量之分。图 8-12 表示采用齿距检查仪根据微差测量方法检测齿距的示例，图中序号为 1 和 2 的定位爪可以分别使用齿轮的顶圆、根圆或齿轮孔定位。以测量图 8-10(a)所示的齿轮为例，现将序号为 3 和 4 的测头接触在轮齿 1 和轮齿 2 上，并将序号为 5 的表头调为零位，再依次将各齿距测完，得到测值为：0，+1，−11，−14，−10，−9，−2，−3。对该测量值的处理见表 8-1。

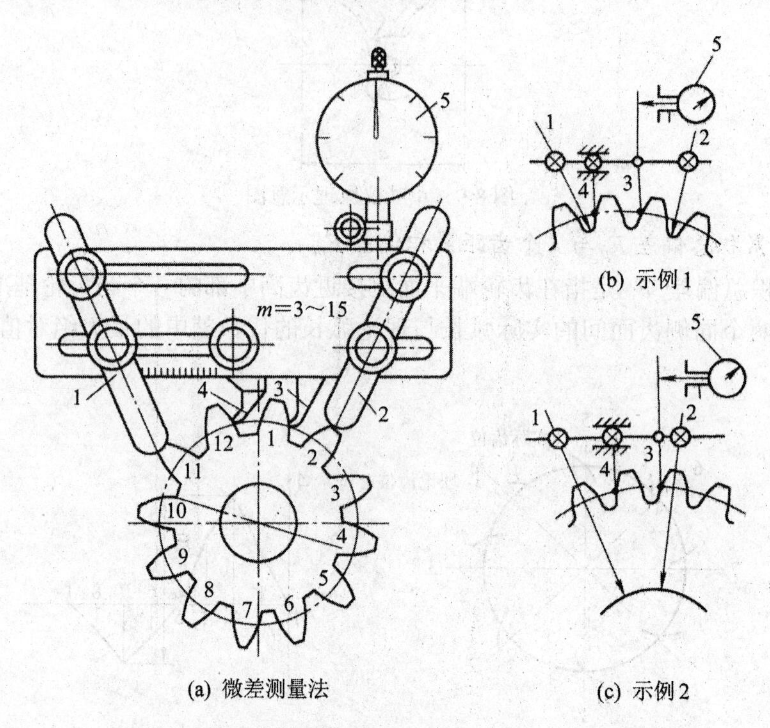

图 8-12　齿距测量示意图

表 8-1　用微差法测量齿距偏差所得测值及处理结果　　μm

轮齿间号	1,2	2,3	3,4	4,5	5,6	6,7	7,8	8,1
齿距序号 p_i	p_1	p_2	p_3	p_4	p_5	p_6	p_7	p_8
测得值	0	+1	−11	−14	−10	−9	−2	−3
各测值的平均值 $p_m=\frac{1}{8}\sum_{i=1}^{8}p_i$	−6							
$p_i-p_m=f_{pti}$ (实测值与平均值的代数差，即各齿距偏差)	+6	+7	−5	[−8]	−4	−3	+4	+3
$p_\Sigma=\sum_{i=1}^{j}(p_i-p_m)$ (齿距偏差的累加值)	+6	[+13]	+8	0	−4	[−7]	−3	0

齿距总偏差 F_p 为被测齿轮任意两个同侧齿面间的实际弧长与理论弧长的代数差中的最大绝对值，即所有齿距偏差的累加值 P_Σ 中正、负极值之差的绝对值：

$$F_p = (+13) - (-7) = 20\,\mu\text{m}$$

3) 齿轮径向跳动 F_r

齿轮径向跳动 F_r 是指在被测齿轮一转的范围内，测头在齿高中部与齿轮的齿双面接触(测头可放置在齿间或轮齿上)，测头相对于齿轮轴线的最大变动量。测头可以是球形或圆锥形，也可以为叉形，如图 8-13 所示。

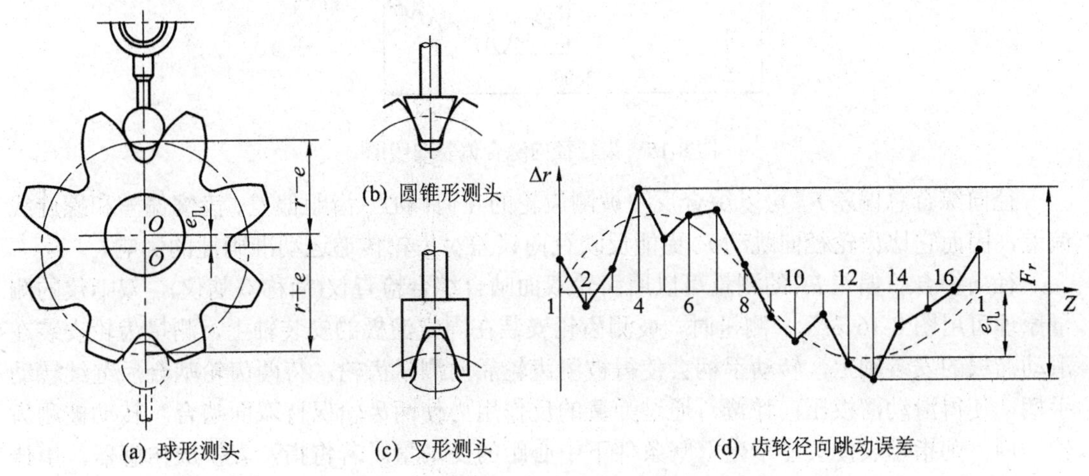

图 8-13　齿轮径向跳动测量原理及误差曲线

齿轮径向跳动 F_r 主要反映几何偏心，齿距变化及齿廓偏差也会在 F_r 中体现，可近似认为 $F_r = 2e_{几}$。

测量齿轮径向跳动 F_r，可以用齿轮径跳检查仪，也可使用偏摆仪。齿轮径跳检查仪的结构与外形如图 8-14 所示。与偏摆仪比较，齿轮径跳检查仪有指示表提升装置，使用操作更方便。

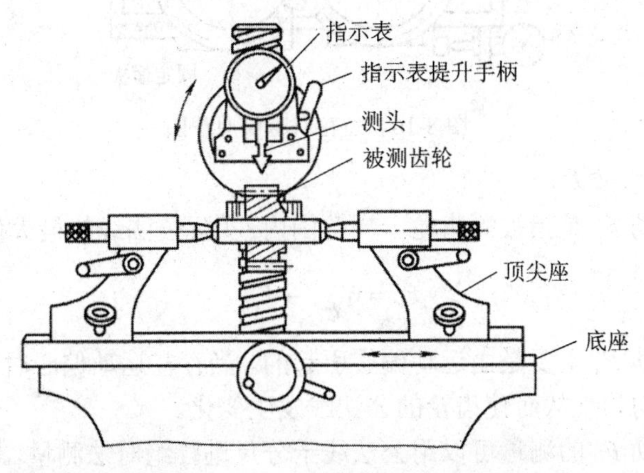

图 8-14　齿轮径跳检查仪结构示意图

4) 径向综合总偏差 F_i''

径向综合总偏差 F_i'' 是指被测齿轮与测量齿轮双面啮合时，被测齿轮一转范围内双啮中心距的最大变动量，其测量曲线如图 8-15 所示。测量时，测量齿轮的精度应比被测齿轮高四级以上，测量齿轮的误差才可以忽略不计。

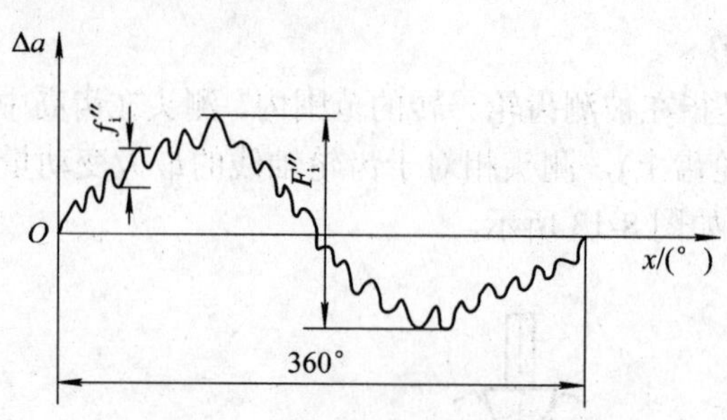

图 8-15　齿轮径向综合偏差曲线图

径向综合总偏差 F_i'' 可以综合反映被测齿轮的几何偏心、齿距偏差、齿廓偏差和螺旋线偏差，因而它比齿轮径向跳动 F_r 更能反映径向误差对齿轮传递运动准确性的影响。

径向综合总偏差 F_i'' 的测量可以用齿轮双面啮合综合检查仪(简称双啮仪)，双啮仪的测量原理可用图 8-16 表示。测量时，被测齿轮安装在固定溜板的安装轴上，测量齿轮安装在滑动溜板的安装轴上，转动手柄会使得被测齿轮靠向测量齿轮，待两齿轮啮合后继续转动手柄，使得滑动溜板压向弹簧，通过弹簧的反作用力使两齿轮保持双面啮合。转动被测齿轮一周，则指示表便会显示出双啮条件下中心距的变动量。若将指示表换成传感器，由传感器拾取中心距的变化信号，再对该信号进行处理，则会自动计算出径向综合总偏差 F_i'' 的值，并可绘制出如图 8-15 所示的测量曲线。

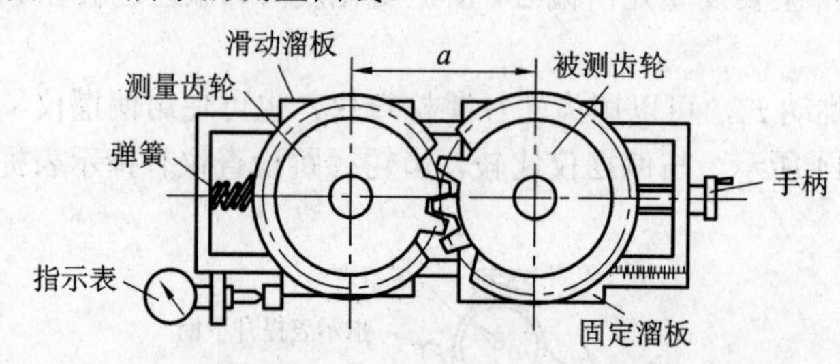

图 8-16　齿轮双啮仪原理图

5) 公法线长度变动 F_w

公法线长度变动 F_w 是指被测齿轮一周范围内，实际公法线的最大值与最小值之差，即：

$$F_w = W'_{\max} - W'_{\min} \tag{8-1}$$

公法线长度变动 F_w 主要是由运动偏心引起的。当存在运动偏心时，会使被加工齿轮在一周范围内分齿不均匀，从而使齿轮的公法线发生变化。

公法线长度变动 F_w 的测量可以用公法线千分尺进行绝对法测量，也可以用公法线卡规进行微差测量。用公法线千分尺测量公法线的示意如图 8-17(a)所示，用公法线卡规测量公法线的示意如图 8-17(b)所示。

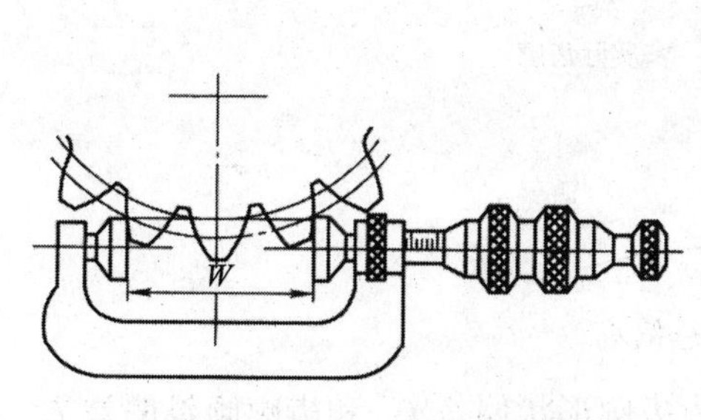

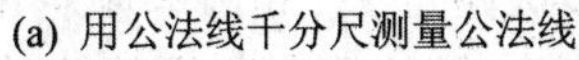

(a) 用公法线千分尺测量公法线

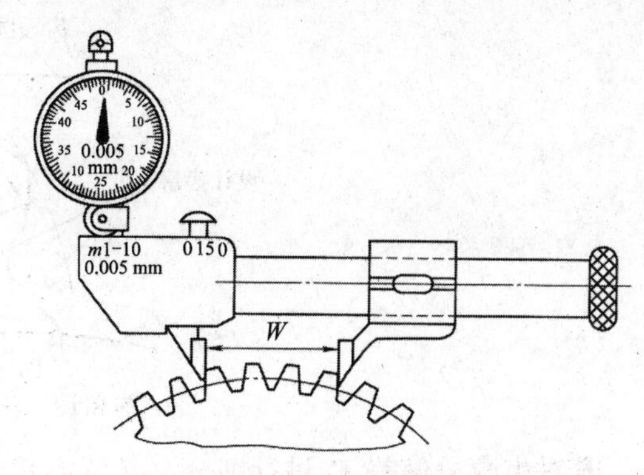

(b) 用公法线卡规测量公法线

图 8-17　公法线的测量示意图

2．齿轮的传动平稳性评定指标及检测

1) *一齿切向综合偏差* f_i'

一齿切向综合偏差 f_i' 是指被测齿轮一转内，对应一个齿距范围内的实际圆周位移与理论圆周位移的最大差值，亦即在齿轮切向综合总偏差曲线图(图 8-8)上的小波纹的最大幅度值。一齿切向综合偏差 f_i' 反映加工刀具的制造和安装误差、机床传动链短周期误差对齿轮的传动平稳性的综合影响，它是评定齿轮的传动平稳性的最佳指标。

2) *一齿径向综合偏差* f_i''

一齿径向综合偏差 f_i'' 是指在被测齿轮一转内，对应一个齿距角范围内的双啮中心距最大变动量，亦即在齿轮径向综合总偏差曲线图(图 8-15)上的小波纹的最大幅度值。f_i'' 主要反映由刀具的制造和安装误差引起的径向误差，但不能反映机床传动链短周期误差引起的切向误差，故用 f_i'' 评定齿轮的传动平稳性不如一齿切向综合偏差 f_i'。但一齿径向综合偏差 f_i'' 具有操作简便、所用仪器简单价廉的优点。

3) *齿廓总偏差* F_α

实际齿廓相对于设计齿廓的偏离量叫做齿廓偏差，它在齿轮端平面垂直于设计齿廓的方向上计值。凡符合设计规定的齿廓均叫设计齿廓，一般指端面齿廓，渐开线为常见的设计齿廓。考虑到制造误差和轮齿受力后的弹性变形，为了降低噪声和减小动载荷的影响，也可以采用以渐开线为基础的修形齿廓，如凸齿廓、修缘齿廓等。

在图 8-18 的示例中，包容实际齿廓工作部分且距离为最小的两条设计齿廓间的法向距离为齿廓总偏差 F_α。对图 8-18 的图例做以下说明：

A—*B* 段：为倒棱部分，该部分不参加轮齿的啮合；

B—*C* 段：为轮齿的工作部分(为齿廓计值范围 L_α)；

C—*D* 段：为齿根部分，该部分不参加齿轮的啮合；

A—*C* 段：为齿廓的有效长度。

若将渐开线齿廓展开为直线，则图 8-18 所示的齿廓总偏差则为图 8-19(a)所示的情形；图 8-19(d)所示的设计齿廓则可表示诸如凸齿廓的修形设计齿廓。

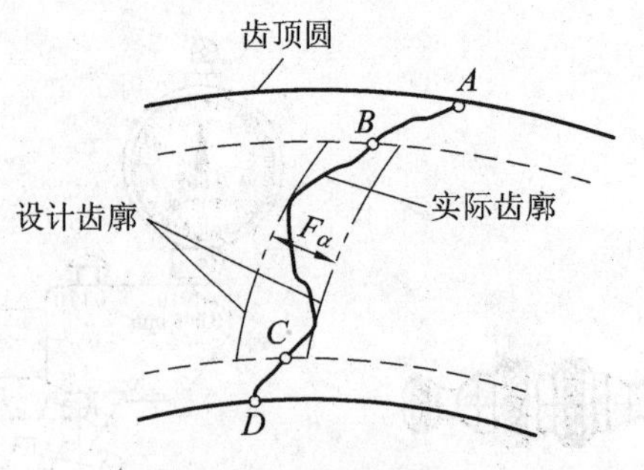

图 8-18　齿廓总偏差

若对齿廓总偏差 F_α 进行细分，又可将其分为齿廓形状偏差 $f_{f\alpha}$ 和齿廓倾斜偏差 $f_{H\alpha}$。齿廓形状偏差 $f_{f\alpha}$ 是指在齿廓计值范围内，包容实际齿廓迹线的两条与平均齿廓迹线完全相同的曲线之间的距离，如图 8-19(b)和图 8-19(e)所示。所谓平均齿廓迹线，是指在齿廓计值范围内，存在某条线，若轮齿的实际齿廓迹线距该线偏差的平方和为最小，则该线即为齿廓的平均迹线，因此平均齿廓迹线的位置和倾斜程度可用最小二乘方法确定。

齿廓倾斜偏差 $f_{H\alpha}$ 是指在齿廓计值范围内，两端与平均齿廓迹线相交的两条设计齿廓迹线之间的距离，如图 8-19(c)和图 8-19(f)所示。

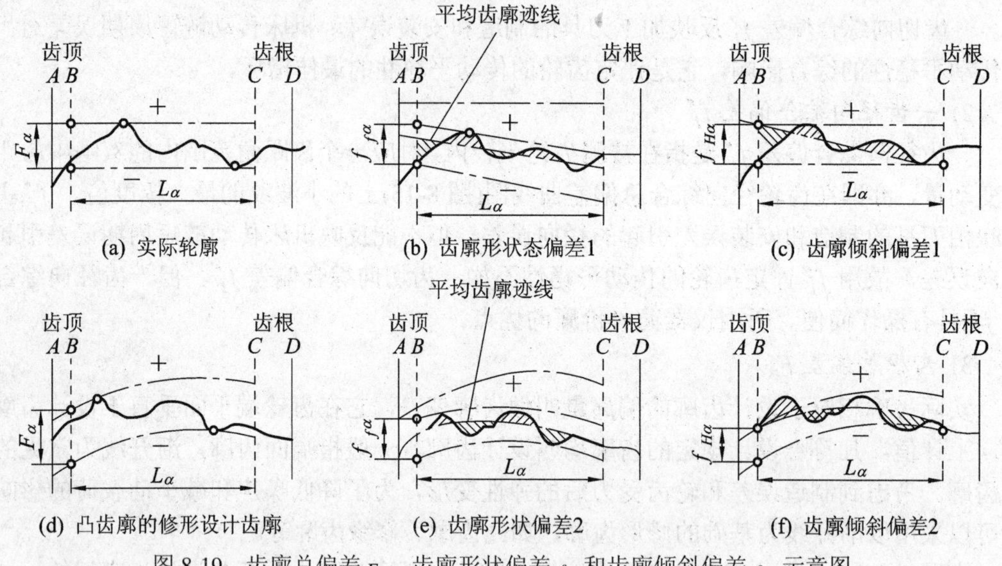

图 8-19　齿廓总偏差 F_α、齿廓形状偏差 $f_{f\alpha}$ 和齿廓倾斜偏差 $f_{H\alpha}$ 示意图

在齿轮传动中，由于齿廓偏差的存在会使两齿轮在啮合线上的接触点发生改变，从而引起瞬时传动比的变化，这种接触点偏离啮合线的现象在一对齿轮啮合转齿过程中要多次发生。其结果使齿轮一转内的传动比发生了高频率、小幅度的变化，从而产生振动和噪音，最终影响齿轮传动的平稳性。齿廓偏差是由于刀具的制造误差(如齿形角误差)和安装误差(如滚刀在刀杆上的安装偏心及倾斜)以及机床传动链短周期误差所造成。

齿廓偏差可用渐开线检查仪进行测量，渐开线检查仪分为万能式和单盘式。所谓单盘，是指不同直径的齿轮须有对应的基圆盘。图 8-20 为单盘式渐开线检查仪的外观及结构示意图，该仪器运用渐开线的生成原理来测量渐开线齿面的齿廓。渐开线的生成原理是：当基圆切线绕基圆作纯滚动时，基圆切线上任一点在空间的轨迹即为渐开线。在图 8-20 的结构图中，基圆盘 1 模拟基圆，直尺 7 模拟基圆切线，通过摩擦使两者作纯滚动。

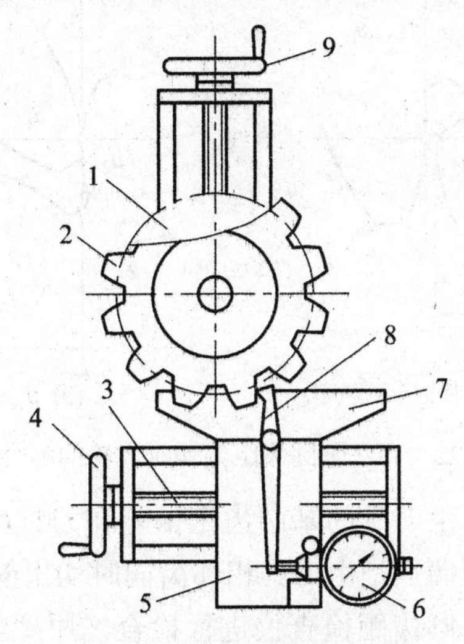

图 8-20　单盘式渐开线检查仪

测量时，将基圆盘 1 和被测齿轮 2 安装在横滑板的安装轴上，并使两者同步转动；指示表 6 安装在杠杆 8 的一端，通过调整，使杠杆 8 另一端的测量头与直尺 7 的尺边对齐；转动手轮 9，使横滑板移动，以使得基圆盘 1 与直尺 7 接触，并在弹簧的压力下使两者保持摩擦接触，再使杠杆 8 的测头接触在被测齿面上；当用手轮 4 移动纵滑板时，由于摩擦力的作用，直尺 7 会带动基圆盘 1 和被测齿轮 2 转动，当被测齿面为理想的渐开线时，指示表不摆动；若存在齿廓偏差，则指示表的摆动量即为齿廓偏差的值。

4) *基圆齿距偏差* f_{pb}

基圆齿距偏差 f_{pb} 是指实际基圆齿距与理论基圆齿距之差，如图 8-21 所示。在齿轮一周内，取其中绝对值最大的数值 $f_{pb\max}$ 作为评定值。基圆齿距偏差对齿轮传动平稳性的影响，可用图 8-22 来说明，设齿轮 1 为主动轮，其实际基圆齿距为 p_{b1}；齿轮 2 为从动轮，其实际基圆齿距为 p_{b2}。在图 8-22(a)中，$p_{b1} > p_{b2}$，当轮齿 a_1 和 a_2 正常啮合结束时，后一对轮齿 b_1 和 b_2 还不能及时啮合，从而使得从动轮的转速突降，直至 b_1 齿撞击 b_2 齿，从动轮的转速又突增，造成运动的冲击。在图 8-22(b)中，$p_{b1} < p_{b2}$，则轮齿 a_1 和 a_2 尚在正常啮合时，后一对轮齿 b_1 和 b_2 便提早进入啮合状态，这样也会造成运动冲击。因此在齿轮啮合过程中，基圆齿距偏差会对齿轮传动平稳性产生影响。

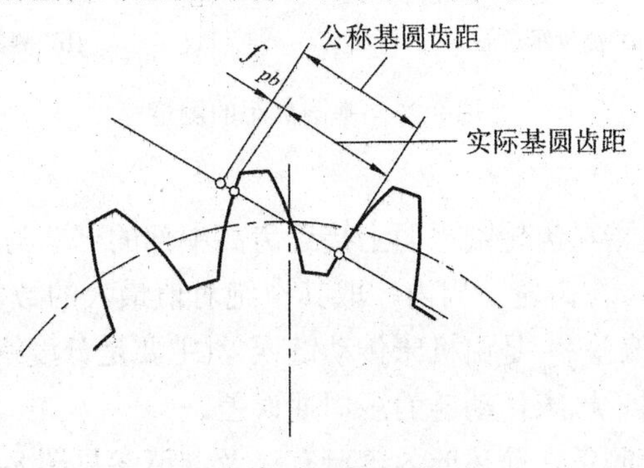

图 8-21　基圆齿距偏差

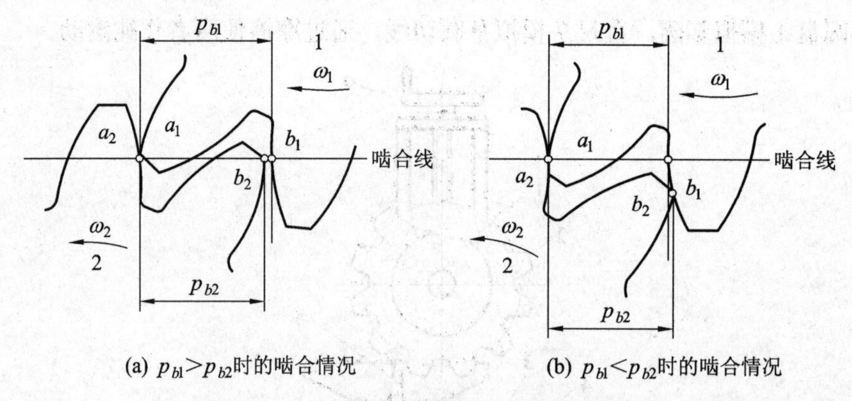

(a) $p_{b1}>p_{b2}$时的啮合情况　　(b) $p_{b1}<p_{b2}$时的啮合情况

图 8-22　存在基圆齿距偏差时齿轮的啮合状况

基圆齿距偏差 f_{pb} 主要是由刀具的基圆齿距偏差和刀具齿形角偏差造成的。在滚齿与插齿加工中，因为基圆齿距两端点是由刀具相邻齿同时切出的，故与机床传动链误差无关。

基圆齿距偏差 f_{pb} 可用基圆齿距检查仪进行检查，原理如图 8-23 所示。首先按照图 8-23(b)所示的方法用序号为 6 的校对块或量块将活动量爪 2 和固定量爪 5 之间的距离调整为公称基圆齿距，并将序号为 4 的指示表调零；再将检查仪移至被测齿轮，将支脚 3 靠在轮齿上，使得量爪 2 与量爪 5 在基圆切线位置与两相邻同侧齿面接触，指示表的读数即为实际基圆齿距与其公称值之差。

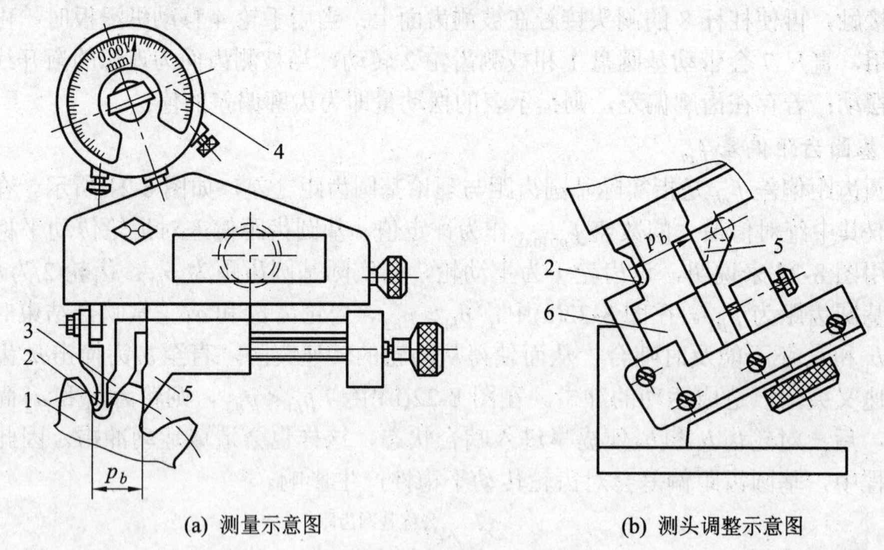

(a) 测量示意图　　(b) 测头调整示意图

图 8-23　基圆齿距的测量

5) 单个齿距偏差 f_{pt}

单个齿距偏差 f_{pt} 是指在齿轮端平面上接近齿高中部的一个与齿轮轴线同心的圆上，实际齿距与公称齿距之差。在齿轮一周内，取其中绝对值最大的数值 $f_{pt\max}$ 作为评定值。在滚齿加工中，单个齿距偏差 f_{pt} 是由机床传动链误差(主要是分度蜗杆跳动)引起的，所以单个齿距偏差 f_{pt} 常用来揭示机床传动链的短周期误差。

单个齿距偏差 f_{pt} 的测量在前述的内容已有述及，请参见图 8-12 的文字描述。

3. 齿轮载荷分布均匀性评定指标及检测

1) *螺旋线总偏差* F_β

在端面基圆切线方向上测得的实际螺旋线对设计螺旋线的偏离量叫做螺旋线总偏差。螺旋线总偏差 F_β 是指在计值范围内(在齿宽上从轮齿两端各扣除倒角或修缘部分)，包容实际螺旋线迹线的两条设计螺旋线迹线间的距离。

对于直齿轮，因其螺旋角为 0°，故其螺旋线为在基圆柱的切平面内一条平行于齿轮轴线的直线，此时设计螺旋线亦为一直线。为了弥补齿轮的制造和安装误差对齿轮载荷分布均匀性的影响，以及补偿轮齿在受载下的变形和提高轮齿的承载能力，常将轮齿做成鼓形齿。此时的螺旋线迹线为弧形，且设计螺旋线也为弧形而非直线。鼓形齿的螺旋线是修形螺旋线的一种。

图 8-24(a)和图 8-24(d)分别表示非修形螺旋线和修形螺旋线的总偏差，其中非修形螺旋线的设计螺旋线用直的点划线表示，修形的设计螺旋线用弧形点划线表示。螺旋线的计值范围用 L_β 表示，齿宽用 b 表示。

螺旋线总偏差 F_β 还可细分为螺旋线形状偏差 $f_{f\beta}$ 和螺旋线倾斜偏差 $f_{H\beta}$。

螺旋线形状偏差 $f_{f\beta}$ 是指在计值范围 L_β 内，包容实际螺旋线、与平均螺旋线完全相同的两条曲线间的距离。所谓平均螺旋线，是指在计值范围内，存在一条线，使得实际螺旋线对该线偏差的平方和为最小，因此，平均螺旋线的位置和倾斜程度可用“最小二乘法”确定。螺旋线形状偏差 $f_{f\beta}$ 的概念如图 8-24(b)和图 8-24(e)所示。

螺旋线倾斜偏差 $f_{H\beta}$ 是指在计值范围 L_β 的两端，与平均螺旋线相交的两条设计螺旋线间的距离，如图 8-24(c)和 8-23(f)所示。

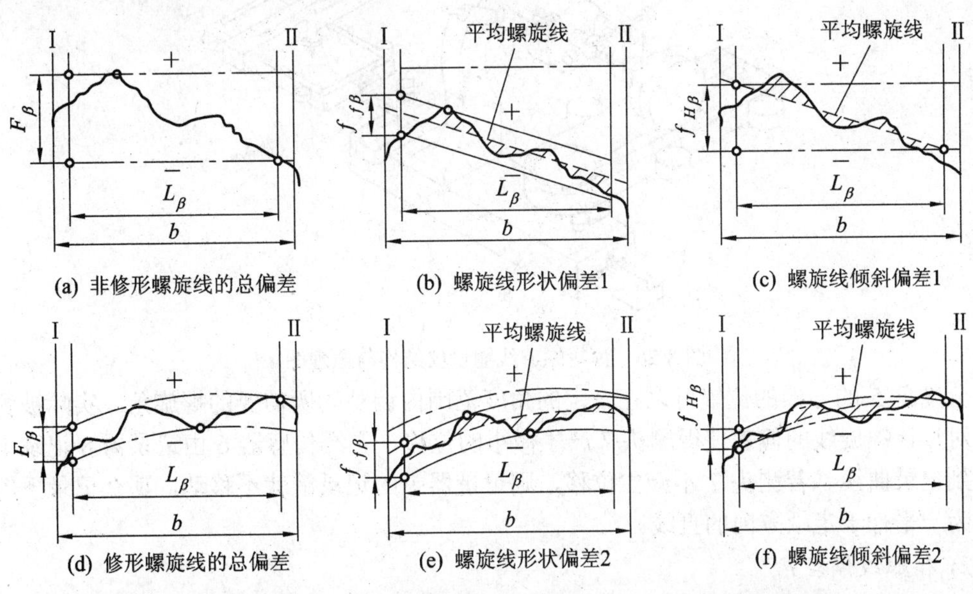

图 8-24 螺旋线偏差 F_β、螺旋线形状偏差 $f_{f\beta}$、螺旋线倾斜偏差 $f_{H\beta}$

对于圆柱直齿轮，可按照图 8-25 所示的简便方法进行测量。将齿轮安装在心轴上，再将两者安装在与测量平面平行的两顶尖间，在被测齿轮的齿间放置一测棒，分别在垂直位置 c 和水平位置 a 对测棒的两端进行打表测值，取两次测量中差值较大者作为评定对象 δ，则螺旋线总偏差为

$$F_{\beta} = \delta \cdot \frac{b}{L} \tag{8-2}$$

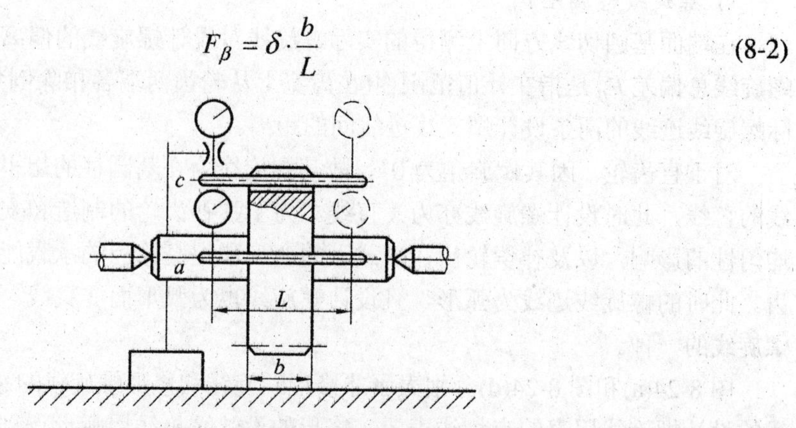

图 8-25　直齿轮螺旋线偏差的测量

对于斜齿轮，可用图 8-26 所示的螺旋线偏差测量仪测量其螺旋线偏差。测量时，被测齿轮 1 安装在测量仪主轴与尾座顶尖间；纵向滑台 4 上安装着传感器 6，它一端的测头 7 与被测齿轮齿面在接近齿高中部的位置接触，它的另一端与记录器 8 相接。当纵向滑台 4 平行于齿轮轴线移动时，测头 7 和记录器 8 上的记录纸随其作轴向移动；同时它的滑柱在横向滑台 3 上的分度盘 5 的导槽内移动，使横向滑台 3 在垂直于齿轮轴线的方向移动；相应地使主轴滚轮 2 带动被测齿轮 1 绕其轴线回转，以实现被测齿面相对于测头作螺旋线运动。

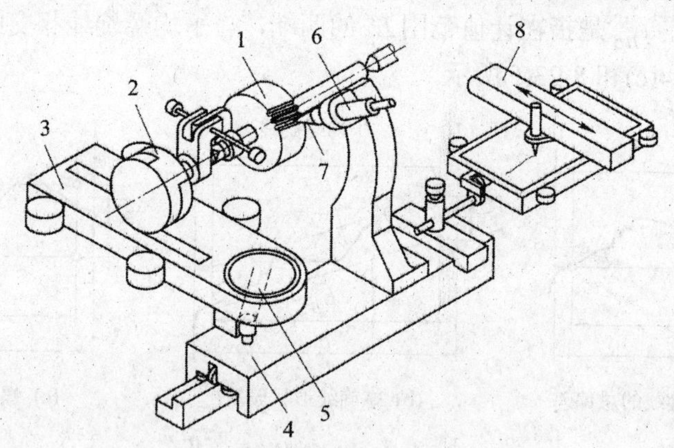

图 8-26　齿轮螺旋线测量仪结构与原理图

分度盘 5 的导槽的位置可以在一定的角度范围内调整到所需要的螺旋角。实际被测螺旋线对设计螺旋线的偏差使得测头 7 产生微小的位移，它经传感器 6 由记录器 8 记录下来而得到记录曲线。若测头 7 不产生位移，则记录器中的记录笔就不移动，那么记录下的曲线则为一平行于走纸方向的直线。

2) 接触线偏差 F_b

基圆柱切平面与齿面的交线即为接触线。斜齿轮的理论接触线为一根与基圆柱母线夹角为 β_b 的直线，如图 8-27(a)所示。实际的接触线可能会存在方向偏差和形状偏差。

接触线偏差是指在基圆柱切平面内，平行于理论接触线并包容实际接触线的两条最近的直线间的法向距离，如图 8-27(b)所示。

在滚齿加工中，接触线偏差主要来源于滚刀误差。滚刀的安装误差(径向跳动、轴线倾斜)会引起接触线的形状偏差，此项误差在端面上表现为齿廓偏差；滚刀齿形角偏差会引起接触线方向偏差，此项齿形角偏差也是产生基圆齿距偏差的原因。

齿轮接触线的测量如图 8-28 所示。测量时，以被测齿轮回转轴线为基准，而齿轮固定不转，使传感器测头在齿轮基圆柱的切平面上沿与基圆柱母线成基圆螺旋角的斜直线移动，以形成接触轨迹(即理论接触线)。将实际接触线与理论接触线进行比较，其最大差值即为接触线偏差 F_b。也可使测头沿齿面接触线逐点与齿面接触，测量点的实际坐标位置与理论坐标位置的最大差值即为 F_b。

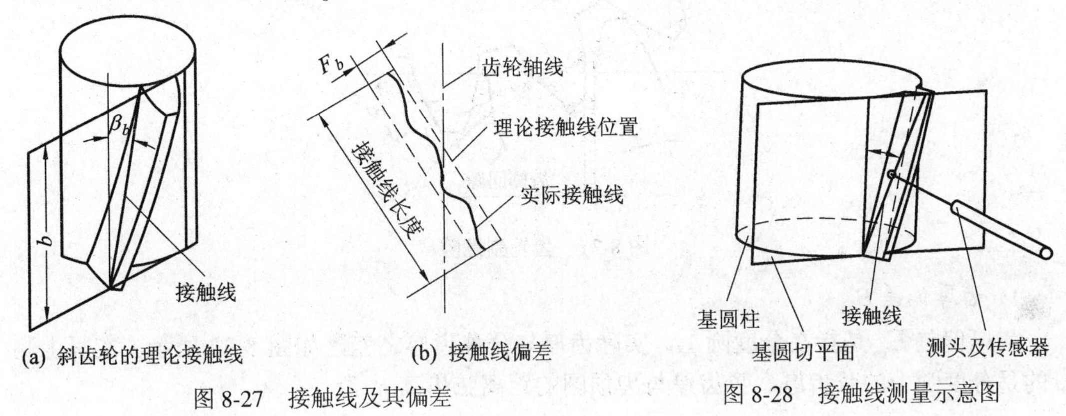

(a) 斜齿轮的理论接触线　(b) 接触线偏差

图 8-27　接触线及其偏差　　图 8-28　接触线测量示意图

3) 轴向齿距偏差 F_{px}

轴向齿距偏差 F_{px} 是指在与齿轮基准轴线平行且大约在分度圆附近的一条直线上，任意两个同侧齿面间的实际距离与理论距离之差，如图 8-29 所示。F_{px} 沿齿面的法线方向计值。

轴向齿距偏差主要反映斜齿轮的螺旋角误差。在滚齿中，它是由滚齿机差动传动链的调整误差、刀架托板的倾斜、齿坯端面跳动等因素引起。此项误差影响斜齿轮齿宽方向上的接触长度，并使宽斜齿轮有效接触齿数减少，从而影响齿轮的承载能力，故宽斜齿轮应控制此项偏差。

图 8-30 为用微差测量方法测量轴向齿距偏差的示意图。图中，以被测齿轮轴线为基准，两测球中心连线与被测齿轮的顶尖连线平行。测量前，先用具有理论轴向齿距的基准块(或量块)对两个测球之间的距离进行校准，并使传感器的指示表调零；测量时两个测球同时靠向被测齿轮的同侧齿面，并在分度圆附近接触；然后从指示表直接读出示值，取示值最大绝对值作为轴向齿距偏差 F_{px}。

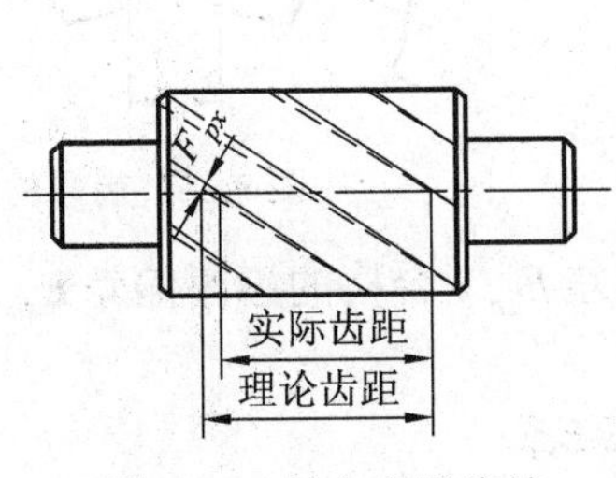

图 8-29　轴向齿距偏差

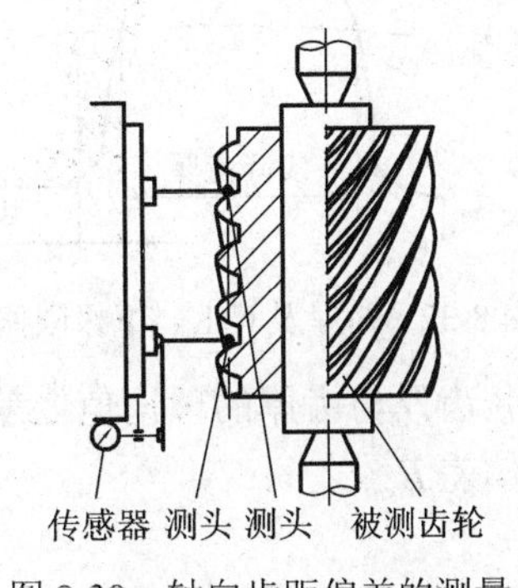

图 8-30　轴向齿距偏差的测量

4. 单个齿轮适用的评定侧隙的指标及检测

齿轮副侧隙是齿轮装配后自然形成的，见图 8-31 所示。获得侧隙的方法有两种，一种是齿轮副中心距不变，靠减薄齿厚来形成侧隙；另一种是齿厚不改变，而是在装配时调整中心距以得到侧隙。国家标准采用的是第一种方法，即"基中心距制"。因此，通过评定单个齿轮的齿厚减薄量便可判断齿轮副装配好的侧隙量是否合适。单个齿轮评定齿厚减薄量的指标有齿厚偏差 E_{sn} 及公法线平均长度偏差 E_{wm}。

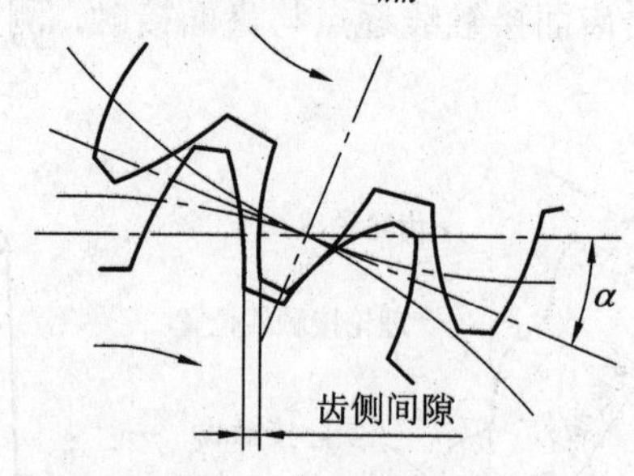

图 8-31 齿轮副侧隙

1) 齿厚偏差 E_{sn}

齿厚偏差 E_{sn} 是指在分度圆上，实际齿厚与公称齿厚之差，如图 8-32 所示。实际上测量的是分度圆上的弦齿厚，弦齿厚与齿顶圆的距离弦齿高 h_c 为

$$h_c = r_a - \frac{mz}{2}\cos\left(\frac{\pi}{2z} + \frac{2x}{z}\tan\alpha\right) \tag{8-3}$$

式中，r_a 为齿顶圆半径的公称值；m、z、α、x 为齿轮的模数、齿数、标准压力角、变位系数。

弦齿厚可用齿厚卡尺进行测量，见图 8-33。当弦齿高 h_c 计算出后，将齿厚卡尺的竖直部分调整至该尺寸，并以齿顶圆定位，此时水平尺即可测得弦齿厚。

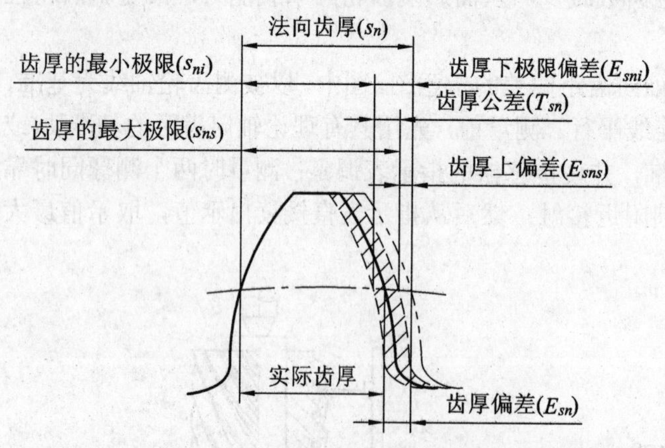

图 8-32 齿厚及其上、下极限偏差

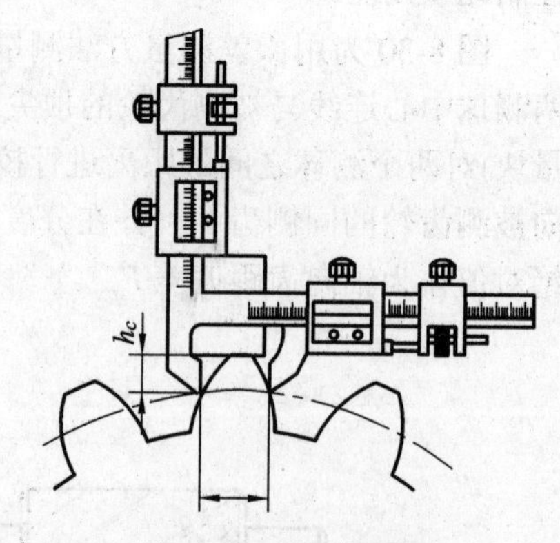

图 8-33 齿厚的测量

测得的弦齿厚与齿厚的理论值之差即为齿厚偏差 E_{sn}。合格的齿厚偏差 E_{sn} 应在其上偏差 E_{sns} 与下偏差 E_{sni} 之间：

$$E_{sni} \leqslant E_{sn} \leqslant E_{sns}$$

由于用卡尺测量齿厚的精度不高，所以常用测量公法线平均长度偏差E_{wm}的方法来评定齿厚。

2) 公法线平均长度偏差E_{wm}

公法线平均长度偏差E_{wm}是指实际公法线的平均值$\overline{W}$与公法线的公称值W之差：

$$E_{wm}=\overline{W}-W=\frac{1}{n}\sum_{1}^{n}W_{\mathrm{i}}'-W \tag{8-4}$$

式中，W_i'为测得的各实际公法线值。

对于标准直齿圆柱齿轮，公法线的公称值与跨齿数k的公式如下：

公法线：
$$W=m[1.476(2k-1)+0.014z] \tag{8-5}$$

跨齿数：
$$k=\frac{z}{9}+0.5 \tag{8-6}$$

式中，m、z为直齿轮的模数、齿数。

对于标准斜齿圆柱齿轮，需在法向测量公法线，故法向公法线及跨齿数的公式如下：

公法线：
$$W_n\approx m_n\cos\alpha_n\left[\pi(k-0.5)+z\cdot inv\alpha_t\right]+2x_nm_n\sin\alpha_n \tag{8-7}$$

跨齿数：
$$k\approx\frac{z}{9}+0.5 \tag{8-8}$$

式中，m_n、α_n、z、α_t、x_n分别为斜齿轮的法向模数、标准压力角、齿数、端面压力角和法向变位系数。

对于端面压力角的计算，可按照下式进行(其中β为斜齿轮的螺旋角)：

$$\alpha_t=\arctan\left(\frac{\tan\alpha_n}{\cos\beta}\right)$$

将公法线的平均长度偏差求得后，其值应在其上、下偏差之间内，即：

$$E_{wmi}\leqslant E_{wm}\leqslant E_{wms}$$

公法线平均长度偏差的上偏差E_{wms}、下偏差E_{wmi}与齿厚的上偏差E_{sns}、下偏差E_{sni}之间的关系为

$$\begin{cases}E_{wms}=E_{sns}\cos\alpha-0.72F_r\sin\alpha\\E_{wmi}=E_{sni}\cos\alpha+0.72F_r\sin\alpha\end{cases} \tag{8-9}$$

公法线的测量在前面的内容中已有述及，如图8-17所示。

8.2.2 齿轮副的评定指标及检测

1. 齿轮副切向综合总偏差F_{ic}'和一齿切向综合偏差f_{ic}'

齿轮副在安装好后，在啮合足够多的转数内，一个齿轮相对于另一个齿轮的实际转角与理论转角之差的总幅度值为齿轮副的切向综合偏差F_{ic}'，如图8-34所示。在F_{ic}'曲线图上，

小波纹的最大幅度值为一齿切向综合偏差 f'_{ic} 。

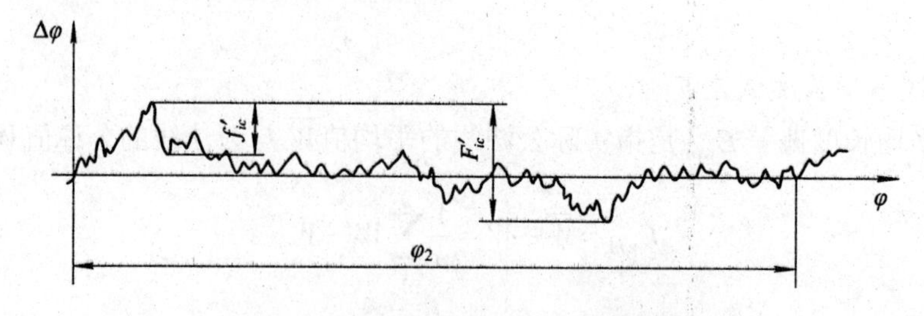

图 8-34 齿轮副切向综合偏差曲线图

啮合足够多的转数，目的在于使齿轮副的传递运动准确性及传动平稳性的误差充分展示出来。足够多的转数通常是以小齿轮为基准，而按照大齿轮的转数 n_2 计算的，计算公式为

$$n_2 = \frac{z_1}{u} \tag{8-10}$$

式中，u 为大、小齿轮齿数 z_1 和 z_2 的公因数，换算成大齿轮转角为

$$\varphi_2 = 2\pi \frac{z_1}{u} \tag{8-11}$$

例如，$z_1 = 25$，$z_2 = 105$，则公因数 $u = 5$，因此 $n_2 = 25/5 = 5$ 转。对于质数齿轮，可认为公因数 $u = 1$，故 $n_2 = z_1$。

F'_{ic} 和 f'_{ic} 分别是评定齿轮副传递运动准确性和传动平稳性的最佳指标，而且通过调整齿轮副的齿间的相对位置，可使齿轮副的 F'_{ic} 小于两齿轮各自的切向综合偏差之和。若设大齿轮的切向综合总偏差为 F'_{i1}，小齿轮的切向综合总偏差为 F'_{i2}，则合适的对啮调整可使 F'_{ic}、F'_{i1} 和 F'_{i2} 满足下列关系：

$$F'_{ic} \leqslant F'_{i1} + F'_{i2}$$

这对于精密传动用齿轮副、或高速传动用齿轮副尤为重要。

F'_{ic} 和 f'_{ic} 应在装配后用传动精度检查仪实测，也可以在齿轮型单啮仪上测量。

2．齿轮副接触斑点

接触斑点是指装配好的齿轮副在轻微制动下，经运转后在齿面上分布的接触擦亮痕迹，如图 8-35 所示。接触痕迹的大小在齿面展开图上用百分数计算。

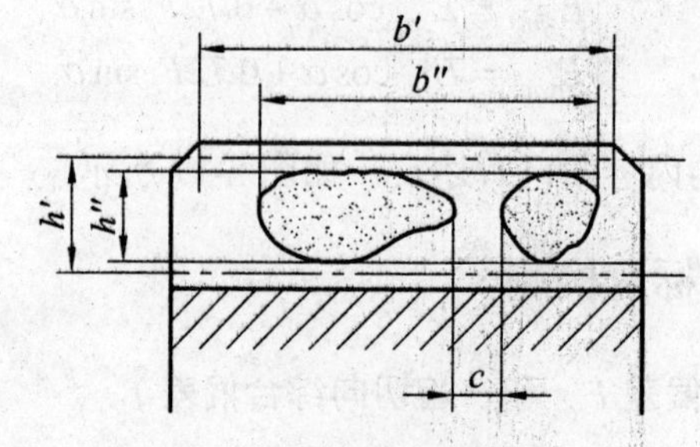

图 8-35 齿轮的接触斑点

沿齿宽方向接触痕迹的长度 b''(扣除超过模数值的断开部分 c)与设计工作长度 b'之比

的百分数，即：

$$\frac{b''-c}{b'}\times 100\% \tag{8-12}$$

沿齿高方向为接触痕迹的长度 h'' 与设计高度 h' 之比的百分数，即：

$$\frac{h''}{h'}\times 100\% \tag{8-13}$$

必须指出，检验接触斑点应在机器装配后或出厂前。检验时，在轻微制动下使齿轮副运转后进行，以使齿面上出现擦痕，并保证齿轮副中的一个齿轮的某齿与相配的许多齿啮合过。所谓轻微制动，是指所加制动扭矩应以不使啮合齿面脱离、而又不至于使任何零部件(包括齿轮)产生可以觉察的弹性变形为限度。最后应以接触斑点占有面积最小的轮齿作为齿轮副接触斑点的检验结果。检验接触斑点不应使用涂料，除非必要时才用规定的薄膜涂料。

3．齿轮副轴线平行度 $f_{\Sigma\delta}$、 $f_{\Sigma\beta}$

齿轮副轴线平行度偏差会影响齿轮的载荷分布均匀性，因此应对齿轮副轴线的平行度偏差规定公差。

测量齿轮副两条轴线之间的平行度偏差时，应根据两对轴承的跨距 L 选取跨距较大的那条轴线作为基准轴线。若两对轴承的跨距相同，则可取其中任何一条轴线作为基准轴线。被测轴线相对于基准轴线的平行度偏差应在相互垂直的两个平面内测量，一个平面为两轴线的公共平面[H]内，另一个平面则是与公共平面相垂直的平面[V]内，如图 8-36 所示。

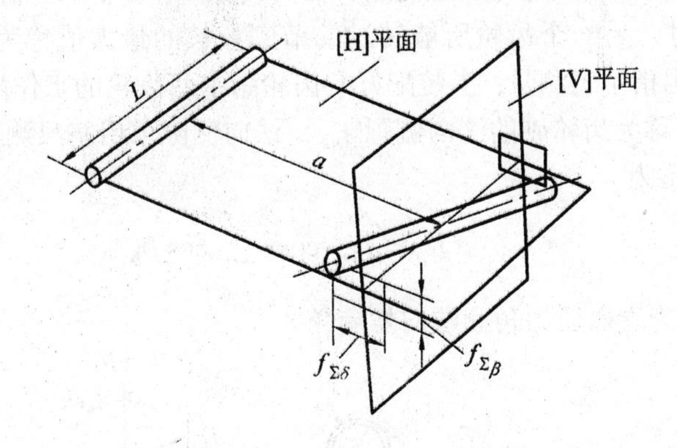

图 8-36　齿轮副轴线平行度

轴线平面[H]上的平行度偏差 $f_{\Sigma\delta}$ 是指实际被测轴线在[H]平面上的投影对于基准轴线的平行度偏差；垂直平面[V]上的平行度偏差 $f_{\Sigma\beta}$ 是指实际被测轴线在[V]平面上的投影对于基准轴线的平行度偏差。 $f_{\Sigma\delta}$ 和 $f_{\Sigma\beta}$ 的公差值按照轮齿载荷分布均匀性的精度等级分别给出：

$$f_{\Sigma\delta}=\frac{L}{b}\times F_{\beta} \tag{8-14}$$

$$f_{\Sigma\beta}=0.5\times f_{\Sigma\delta} \tag{8-15}$$

式中，L、b 和 F_{β} 分别为箱体上轴承跨距、齿轮齿宽和齿轮螺旋线总偏差允许值。

4．齿轮副中心距偏差 f_a

齿轮副中心距偏差是指在箱体两侧轴承跨距 L 的范围内，齿轮副的两条轴线之间的实际距离(实际中心距)与设计中心距 a 之差。当齿轮副的实际中心距与设计中心距有偏离时，会影响齿轮副的侧隙量。当在图样上标注齿轮副中心距要求时，应按照 $a \pm f_a$ 的形式给出。表 8-2 是摘自 GB/T 10095—1988 标准的齿轮副的中心距极限偏差 $\pm f_a$ 的数值。

表 8-2　齿轮副中心距极限偏差 $\pm f_a$ 值(摘自 GB/T 10095—1988)　μm

齿轮精度等级		1～2	3～4	5～6	7～8	9～10	11～12
f_a		$\frac{1}{2}$IT4	$\frac{1}{2}$IT6	$\frac{1}{2}$IT7	$\frac{1}{2}$IT8	$\frac{1}{2}$IT9	$\frac{1}{2}$IT10
齿轮副的中心距 /mm	＞80～120	5	11	17.5	27	43.5	110
	＞120～180	6	12.5	20	31.5	50	125
	＞180～250	7	14.5	23	36	57.5	145
	＞250～315	8	16	26	40.5	65	160
	＞315～400	9	18	28.5	44.5	70	180

5．齿轮副侧隙及其确定

1) 齿轮副侧隙的分类

齿轮副的侧隙分为圆周侧隙、法向侧隙和径向侧隙，如图 8-37 所示。当装配好的齿轮副中一个齿轮固定时，另一个齿轮所能转过的节圆弧长的最大值称为齿轮副的圆周侧隙 j_{wt}，圆周侧隙可以用指示表测量；当装配好的齿轮副中两齿轮的工作齿面接触时，非工作齿面之间的最小距离称为齿轮副的法向侧隙 j_{bn}，法向侧隙可用塞尺测量。法向侧隙 j_{bn} 与圆周侧隙 j_{wt} 间的关系为

$$j_{bn} = j_{wt} \cdot \cos\alpha_{wt} \cdot \cos\beta_b \tag{8-16}$$

式中，α_{wt}、β_b 分别为端面压力角和法向螺旋角。

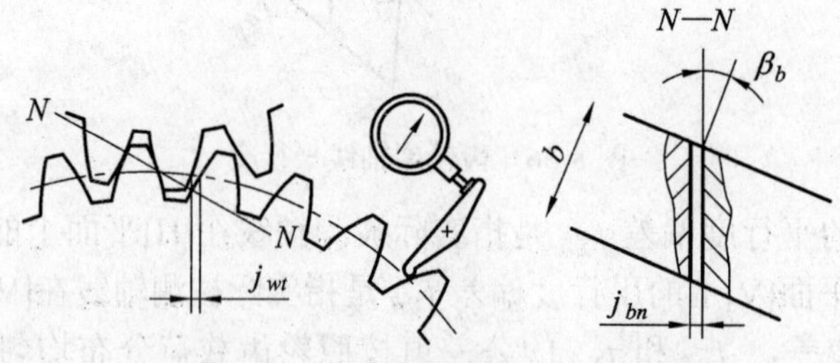

图 8-37　齿轮副的圆周侧隙与法向侧隙

径向侧隙 j_r 是指将两个相配齿轮的中心距缩小，直到两齿轮的左、右齿面都接触时，中心距的缩小量即为径向侧隙。它与圆周侧隙 j_{wt} 的关系为

$$j_r = \frac{j_{wt}}{2 \times \tan\alpha_{wt}} \tag{8-17}$$

2) 齿轮副最小侧隙与齿厚上偏差的确定

齿轮副最小侧隙在此指最小法向侧隙 $j_{bn\min}$，它是指当一个齿轮的齿以最大允许实效

齿厚与一个也具有最大允许实效齿厚的相配齿在最紧的允许中心距相啮合时，在静态条件下存在的最小允许侧隙，用于对以下情况进行防备：

① 箱体、轴和轴承的偏斜。

② 由于箱体的偏差和轴承的间隙导致齿轮轴线的不对准及歪斜。

③ 安装误差，如轴的偏心。

④ 轴承径向跳动。

⑤ 箱体与齿轮零件的温度差、中心距和材料差异所致的温度影响。

⑥ 旋转零件的离心胀大。

⑦ 其他因素，如润滑剂的允许污染及非金属齿轮材料的溶胀。

对于黑色金属制造的齿轮副及箱体，齿轮副的最小侧隙 $j_{bn\min}$ 可按照下式求得：

$$j_{bn\min}=\frac{2}{3}\times(0.06+0.0005\,a+0.03m_n) \tag{8-18}$$

式中，a_i、m_n 分别为齿轮副中心距及齿轮的法向压力角。

当齿轮副中两齿轮的齿厚上偏差取相同值时，齿轮齿厚的上偏差 E_{sns} 由下式近似求得：

$$E_{sns}=\frac{j_{bn\min}}{2\cos\alpha_n} \tag{8-19}$$

3) *齿厚下偏差的确定*

由最小侧隙确定齿厚上偏差后，齿厚的下偏差由下式确定：

$$E_{\mathrm{sni}}=E_{sns}-T_{sn} \tag{8-20}$$

式中，T_{sn} 为齿厚公差，其大小主要取决于切齿进刀公差 b_r 和齿轮径向跳动 F_r (因几何偏心的影响，会使被切齿轮的各个齿的齿厚不同)。其关系为

$$T_{sn}=2\tan\alpha_n\times\sqrt{b_r^2+F_r^2} \tag{8-21}$$

其中，b_r 的数值按照表 8-3 选取，F_r 值由表 8-10 选取。

表 8-3　切齿时径向进刀公差 b_r

齿轮传递运动准确性精度等级	4	5	6	7	8	9
b_r	1.26IT7	IT8	1.26IT8	IT9	1.26IT9	IT10

注：标准公差值 IT 按齿轮分度圆直径从表 2-1 查取。

8.3　齿轮的精度

8.3.1　齿轮精度等级及其选用

GB/T 10095.1—2008 和 GB/T 10095.2—2008 为除径向综合总偏差 F_i'' 和一齿径向综合偏差 f_i'' 之外的检测指标的公差规定了 13 个精度等级，分别用 0，1，2，…，12 表示。其中 0～2 级属于有待发展的精度等级；3～5 级为高精度等级；5 级为各级精度的基础级；6～

9 级为中等精度等级；10～12 级为低精度等级。

GB/T 10095.2—2008 对径向综合总偏差 F_i'' 和一齿径向综合偏差 f_i'' 的公差规定了 9 个精度等级，分别为 4，5，…，12 级。其中 4 级精度最高，12 级精度最低。

同一齿轮的三项精度(传递运动准确性精度、传动平稳性精度和载荷分布均匀性精度)，既可以为相同的精度等级，也可以为不同的精度等级的组合。

精度等级的选择恰当与否，不仅影响齿轮传动的质量，而且影响制造成本。选择各项精度等级的主要依据是齿轮的用途和工作条件，如应考虑齿轮的圆周速度、传递的功率、工作持续时间、传递运动准确性的要求、振动和噪声、承载能力、寿命等。选择精度等级的方法有类比法和计算法。

类比法指按齿轮的用途和工作条件等进行对比选择。表 8-4 列出某些机器中的齿轮所采用的精度等级；表 8-5 列出齿轮某些精度等级的应用范围。

计算法主要用于精密齿轮传动系统。当精度要求很高时，可按使用要求计算出所允许的回转角误差，以确定齿轮传递运动准确性的精度等级，例如对于读数齿轮传动链就应该进行这方面的分析和计算。对于高速动力齿轮，可按其工作时最高转速计算出的圆周速度，或按允许的噪声大小来确定齿轮传动平稳性的精度等级；对于重载齿轮，可在强度计算或寿命计算的基础上确定轮齿载荷分布均匀性的精度等级。

表 8-4　常用机器中的齿轮所采用的精度等级

应用范围	精度等级	应用范围	精度等级
单啮仪、双啮仪用测量齿轮	2～5	载重汽车	6～9
涡轮机减速器	3～5	通用减速器	6～8
金属切削机床	3～8	轧钢机	5～10
航空发动机	4～7	矿用绞车	6～10
内燃及电力机车	5～8	起重机	6～9
轿车	5～8	拖拉机	6～10

表 8-5　齿轮某些精度等级的应用范围

精度等级		4 级	5 级	6 级	7 级	8 级	9 级
应用范围		极精密分度机构的齿轮，非常高速并要求平稳、无噪声的齿轮，高速涡轮机齿轮	精密分度机构的齿轮，高速并要求平稳、无噪声的齿轮，高速涡轮机齿轮	高速、平稳、无噪声、高效率齿轮，航空、汽车、机床中的重要齿轮，分度机构齿轮，读数机构齿轮	高速、动力小而需逆转的齿轮，机床中的进给齿轮，航空齿轮，读数机构齿轮，具有一定速度的减速器齿轮	一般机器中的普通齿轮，汽车、拖拉机、减速器中的一般齿轮，航空器中的不重要齿轮，农机中的重要齿轮	精度要求低的齿轮
齿轮圆周速度/(m/s)	直齿	<35	<20	<15	<10	<6	<2
	斜齿	<70	<40	<30	<15	<10	<4

8.3.2 齿轮检验项目公差值的确定及选用

GB/T 10095.1—2008 和 GB/T 10095.2—2008 中分别规定：诸如齿距累积总偏差 F_p、切向综合总偏差 F_i' 等轮齿同侧齿面偏差、径向综合总偏差 F_i''、齿轮径向跳动 F_r 的公差或极限偏差值都是按 5 级精度由公式计算得到后，再将 5 级的值乘以级间公比计算出其它级的值。两相邻精度等级的级间公比为 $\sqrt{2}$，本级的数值除以(或乘以) $\sqrt{2}$ 即可得到相邻较高(或较低)等级的数值。5 级精度的未圆整的计算值乘以 $2^{0.5(Q-5)}$ 即可得到任一精度等级的待求值，式中 Q 为待求值的精度等级数。

若以 m_n、d、b、k 分别表示齿轮的法向模数、分度圆直径、齿宽(单位为 mm)和测量 F_{pk} 时的齿距数，以 ε_γ 表示齿轮的总重合度，则 5 级精度的齿轮偏差允许值的计算式如表 8-6 所示。

表 8-6　5 级精度的齿轮偏差允许值的计算式

(摘自 GB/T 10095.1—2008 及 GB/T 10095.2—2008)

项　目　代　号	允　许　值　计　算　公　式
单个齿距偏差 $\pm f_{pt}$	$f_{pt}=0.3(m_n+0.4\sqrt{d})+4$
k 个齿距累积偏差 $\pm F_{pk}$	$F_{pk}=f_{pt}+1.6\sqrt{(k-1)m_n}$
齿距累积总偏差 F_p	$F_p=0.3m_n+1.25\sqrt{d}+7$
齿廓总偏差 F_α	$F_\alpha=3.2\sqrt{m_n}+0.22\sqrt{d}+0.7$
螺旋线总偏差 F_β	$F_\beta=0.1\sqrt{d}+0.63+\sqrt{b}+4.2$
螺旋线形状偏差 $f_{f\beta}$	$f_{f\beta}=0.07\sqrt{d}+0.45\sqrt{b}+3$
螺旋线倾斜偏差 $f_{H\beta}$	$f_{H\beta}=0.07\sqrt{d}+0.45\sqrt{b}+3$
齿廓形状偏差 $f_{f\alpha}$	$f_{f\alpha}=2.5\sqrt{m_n}+0.17\sqrt{d}+0.5$
齿廓倾斜偏差 $f_{H\alpha}$	$f_{H\alpha}=2\sqrt{m_n}+0.14\sqrt{d}+0.5$
切向综合总偏差 F_i'	$F_i''=F_p+f_i'$
一齿切向综合偏差 f_i'	$f_i'=K(9+0.3m_n+3.2\sqrt{m_n}+0.34\sqrt{d})$ 式中，当 $\varepsilon_\gamma<4$ 时，$K=0.2\times\dfrac{\varepsilon_\gamma+4}{\varepsilon_\gamma}$；当 $\varepsilon_\gamma\geqslant 4$ 时，$K=0.4$

续表

项 目 代 号	允 许 值 计 算 公 式
一齿径向综合偏差 f_i''	$f_i'' = 2.96m_n + 0.01\sqrt{d} + 0.8$
径向综合总偏差 F_i''	$F_i'' = 3.2m_n + 1.01\sqrt{d} + 6.4$
径向跳动 F_r	$F_r = 0.8F_p = 0.24m_n + 1.0\sqrt{d} + 5.6$

需要指出的是，表 8-6 所列的检测项目并非都必须用到。有些是标准规定的强制性检测指标，有些是非强制性检测指标。强制性指标包括：单个齿距偏差 f_{pt}、k 个齿距累积偏差 F_{pk}、齿距累积总偏差 F_p、齿廓总偏差 F_α 和螺旋线总偏差 F_β。此外，还有齿厚的测量。

当供需双方同意时，可以用切向综合总偏差 F_i' 和一齿切向综合偏差 f_i' 替代齿距偏差的 f_{pt}、F_{pk}、F_p 的测量。

指导性文件 GB/Z 18620.2—2008 中指出：径向综合总偏差和径向跳动是包含右侧和左侧齿面综合偏差的成分，故而想确定同侧齿面的单项偏差是不可能的，但可以迅速提供关于生产用的机床、工具或产品齿轮装夹而导致质量缺陷方面的信息。当批量生产齿轮时，对于用某一种方法生产出来的第一批齿轮，为了掌握它们是否符合所规定的精度等级，需按照 GB/T 10095.1—2008 规定的项目进行详细检验。之后，按此法生产出来的齿轮有什么变化，就可用测量径向综合偏差的方法来发现，而不必重复进行详细检验。当已经测量径向综合总偏差时，就不必再检查径向跳动。

表 8-7～表 8-10 为 GB/T 10095.1—2008 及 GB/T 10095.2—2008 中所列的部分检测指标对应的允许值及偏差的摘录。其中，表 8-7 为 f_i'/K 的比值，f_i' 的数值可由此表给出的数值乘以表 8-6 中的系数 K 求得。

表 8-7　圆柱齿轮 f_i'/K 的比值(摘自 GB/T 10095.1—2008)

分度圆直径 d /mm	法向模数 m_n /mm	精度等级												
		0	1	2	3	4	5	6	7	8	9	10	11	12
$50 < d \leqslant 125$	$2 < m_n \leqslant 3.5$	3.2	4.5	6.5	9	13	18	25	36	51	72	102	144	204
	$3.5 < m_n \leqslant 6$	3.6	5	7	10	14	20	29	40	57	81	115	162	229
$125 < d \leqslant 280$	$2 < m_n \leqslant 3.5$	3.5	4.9	7	10	14	20	28	39	56	79	111	157	222
	$3.5 < m_n \leqslant 6$	3.9	5.5	7.5	11	15	22	31	44	62	88	124	175	247

表 8-8　圆柱齿轮双啮精度指标的允许值(摘自 GB/T 10095.2—2008)

分度圆直径 d/mm	法向模数 m_n /mm	精度等级 4	5	6	7	8	9	10	11	12
齿轮径向综合总偏差允许值 F_i''　μm										
$50 < d \leqslant 125$	$1.5 < m_n \leqslant 2.5$	15	22	31	43	61	86	122	173	244
	$2.5 < m_n \leqslant 4.0$	18	25	36	51	72	102	144	204	288
	$4.0 < m_n \leqslant 6.0$	22	31	44	62	88	124	176	248	351
$125 < d \leqslant 280$	$1.5 < m_n \leqslant 2.5$	19	26	37	53	75	106	149	211	299
	$2.5 < m_n \leqslant 4.0$	21	30	43	61	86	121	172	243	343
	$4.0 < m_n \leqslant 6.0$	25	36	51	72	102	144	203	287	406
齿轮一齿径向综合偏差允许值 f_i''　μm										
$50 < d \leqslant 125$	$1.5 < m_n \leqslant 2.5$	4.5	6.5	9.5	13	19	26	37	53	75
	$2.5 < m_n \leqslant 4.0$	7.0	10	14	20	29	41	58	82	116
	$4.0 < m_n \leqslant 6.0$	11	15	22	31	44	62	87	123	174
$125 < d \leqslant 280$	$1.5 < m_n \leqslant 2.5$	4.5	6.5	9.5	13	19	27	38	53	75
	$2.5 < m_n \leqslant 4.0$	7.5	10	15	21	29	41	58	82	116
	$4.0 < m_n \leqslant 6.0$	11	15	22	31	44	62	87	124	175

表 8-9　F_p、$\pm f_{pt}$、F_α、F_β 的允许值

分度圆直径 d/mm	法向模数 m_n 或齿宽 b /mm	精度等级 0	1	2	3	4	5	6	7	8	9	10	11	12
齿轮齿距累积总偏差允许值 F_p　μm														
$50 < d \leqslant 125$	$2< m_n \leqslant 3.5$	3.3	4.7	6.5	9.5	13	19	27	38	53	76	107	151	241
	$3.5< m_n \leqslant 6$	3.4	4.9	7	9.5	14	19	28	39	55	78	110	156	220
$125 < d \leqslant 280$	$2< m_n \leqslant 3.5$	4.4	6.0	9	12	18	25	35	50	70	100	141	199	282
	$3.5< m_n \leqslant 6$	4.5	6.5	9	13	18	25	36	51	72	102	144	204	288
齿轮单个齿距偏差允许值 $\pm f_{pt}$　μm														
$50 < d \leqslant 125$	$2< m_n \leqslant 3.5$	1.0	1.5	2.1	2.9	4.1	6	8.5	12	17	23	33	47	66
	$3.5< m_n \leqslant 6$	1.1	1.6	2.3	3.2	4.6	6.5	9	13	18	26	36	52	73
$125 < d \leqslant 280$	$2< m_n \leqslant 3.5$	1.1	1.6	2.3	3.2	4.6	6.5	9	13	18	26	36	51	73
	$3.5< m_n \leqslant 6$	1.2	1.8	2.5	3.5	5	7	10	14	20	28	40	56	79

续表

分度圆直径 d/mm	法向模数 m_n 或齿宽 b /mm	精度等级												
		0	1	2	3	4	5	6	7	8	9	10	11	12
齿轮齿廓总偏差允许值 F_α μm														
$50 < d \leqslant 125$	$2 < m_n \leqslant 3.5$	1.4	2	2.8	3.9	5.5	8	11	16	22	31	44	63	89
	$3.5 < m_n \leqslant 6$	1.7	2.4	3.4	4.8	6.5	9.5	13	19	27	38	54	76	108
$125 < d \leqslant 280$	$2 < m_n \leqslant 3.5$	1.6	2.2	3.2	4.5	6.5	9	13	18	25	36	50	71	101
	$3.5 < m_n \leqslant 6$	1.9	2.6	3.7	5.5	7.5	11	15	21	30	42	60	84	119
齿轮螺旋线总偏差允许值 F_β μm														
$50 < d \leqslant 125$	$20 < b \leqslant 40$	1.5	2.1	3	4.2	6	8.5	12	17	24	34	48	68	95
	$40 < b \leqslant 80$	1.7	2.5	3.5	4.9	7	10	14	20	28	39	56	79	111
$125 < d \leqslant 280$	$20 < b \leqslant 40$	1.6	2.2	3.2	4.5	6.5	9	13	18	25	36	50	71	101
	$40 < b \leqslant 80$	1.8	2.6	3.6	5	7.5	10	15	21	29	41	58	82	117

表 8-10　圆柱齿轮径向跳动 F_r 允许值(摘自 GB/T 10095.2—2008)　μm

分度圆直径 d /mm	法向模数 m_n /mm	精度等级												
		0	1	2	3	4	5	6	7	8	9	10	11	12
$50 < d \leqslant 125$	$2.0 < m_n \leqslant 3.5$	2.5	4	5.5	7.5	11	15	21	30	43	61	86	121	171
	$3.5 < m_n \leqslant 6.0$	3.0	4	5.5	8	11	16	22	31	44	62	88	125	176
$125 < d \leqslant 280$	$2.0 < m_n \leqslant 3.5$	3.5	5	7	10	14	20	28	40	56	80	113	159	225
	$3.5 < m_n \leqslant 6.0$	3.5	5	7	10	14	20	29	41	58	82	115	163	231

8.3.3 图样上齿轮精度等级的标注

当齿轮精度指标的公差或偏差允许值为同一个精度等级时，图样上可标注该精度的等级和标准号。如若同为 7 级时，图样上的标注可为

7　GB/T 10095.1—2008

当齿轮各个精度指标的公差或偏差允许值的等级不相同时，图样上可按照齿轮传递运动准确性、齿轮传动平稳性和载荷分布均匀性的顺序标注它们的精度等级及写在括号内的偏差允许值的符号和标准号，或分别标注它们的精度等级和标准号。例如，齿轮齿距累积总偏差 F_p 和单个齿距偏差允许值 f_{pt} 、齿廓总偏差 F_α 同为 8 级，而螺旋线总偏差 F_β 允许值为 7 级时，可标注为

$$8(F_p、f_{pt}、F_\alpha)、7(F_\beta)\quad \text{GB/T 10095.1—2008}$$

或标注为

8—8—7　GB/T 10095.1—2008

8.3.4 齿坯公差要求的确定

对于盘状齿轮坯，其形状的构成包括齿坯孔、齿顶圆和两个端面。齿坯孔不仅是切齿的安装基准，也是齿轮加工好后的装配基准及测量基准，故其精度的高低对齿轮的影响很大，需按照齿轮的加工精度对其提出相应的尺寸及形状要求，具体见表 8-11，且齿坯孔应遵守包容要求，如图 8-38 所示。

齿轮坯的两个端面的任一面在滚齿加工中需作为安装定位基准，故需对其提出相对于齿坯孔轴线的端面跳动要求。该要求由该端面的直径 D_d、齿宽 b 和齿轮螺旋线总偏差的允许值 F_β 按照下式确定：

$$t_t = 0.2 \times \frac{D_d}{b} \times F_\beta \tag{8-22}$$

对于齿顶圆，若切齿时用于找正基准(即在切齿机床上借助齿顶圆将齿坯孔轴线与工作台回转中心调整至重合)，或者以齿顶圆作测量齿厚的基准，则需规定齿顶圆相对于齿坯孔轴线的径向跳动，其值由下式确定：

$$t_r = 0.3 \times F_p \tag{8-23}$$

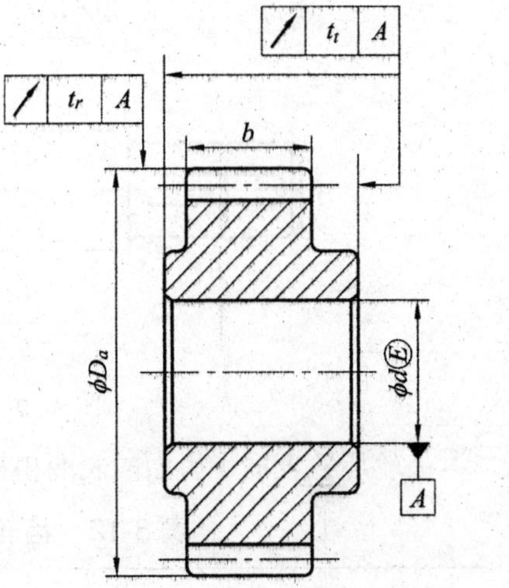

图 8-38 盘状齿轮坯的尺寸要求与几何要求

此外，对齿顶圆还需提出相应的尺寸要求，见表 8-11。

表 8-11 齿轮坯公差(摘自 GB/T 10095—1988)

齿轮精度等级	1	2	3	4	5	6	7	8	9	10	11	12
盘状齿轮基准孔的直径尺寸公差	IT4				IT5	IT6	IT7		IT8		IT9	
齿轮轴轴颈的直径尺寸公差和形状公差	通常按照滚动轴承的要求确定											
齿顶圆的直径尺寸公差	IT6		IT7			IT8			IT9		IT11	
基准端面对齿轮基准轴线的端面圆跳动公差 t_t	$t_t = 0.2 \times \frac{D_d}{b} \times F_\beta$											
基准圆柱面对齿轮基准轴线的径向圆跳动公差 t_r	$t_r = 0.3 \times F_p$											

注：1. 齿轮的三项精度等级不同时，齿轮基准孔的直径尺寸公差按最高的精度等级确定。

2. 齿顶圆柱面不作为测量齿厚的基准面时，其直径尺寸公差按 IT11 给定，但不得大于 0.1 m_n。

3. 公式中，D_d、b、F_β、F_p 分别为基准端面的直径、齿宽、螺旋线总偏差允许值和齿距累积总偏差允许值。

4. 齿顶圆柱面不作为基准面时，图样上不必给出 t_r。

对于图 8-39 所示的齿轮轴，其基准表面为安装轴承的两处轴颈表面与齿顶圆表面。对于安装轴承的轴颈，应采用包容要求，且轴颈的尺寸要求和形状要求通常按照轴承的要求给定。两个轴颈对其公共轴线的径向圆跳动的要求与图 8-38 所示的给定方法相同。

当用齿顶圆作测量齿厚的基准时，需给定齿顶圆对两个轴颈的公共轴线的径向圆跳动公差，这与图 8-38 所示的给定方法相同。

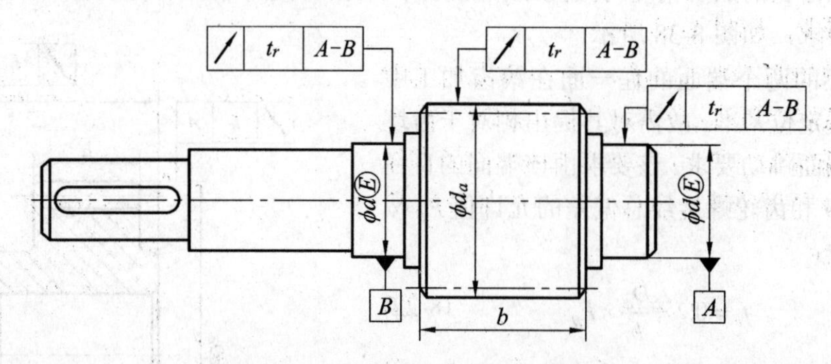

图 8-39　齿轮轴的尺寸要求与几何要求

齿轮坯各表面、齿面的表面粗糙度 R_a 的值按表 8-12 确定。

表 8-12　齿轮各表面的表面粗糙度 R_a 的上限值　μm

齿轮精度等级	3	4	5	6	7	8	9	10
齿面	≤0.63	≤0.63	≤0.63	≤0.63	≤1.25	≤5	≤10	≤10
盘形齿轮的基准孔	≤0.2	≤0.2	0.4～0.2	≤0.8	1.6～0.8	≤1.6	≤3.2	≤3.2
齿轮轴的轴颈	≤0.1	0.2～0.1	≤0.2	≤0.4	≤0.8	≤1.6	≤1.6	≤1.6
端面、齿顶圆柱面	0.2～0.1	0.4～0.2	0.8～0.4	0.8～0.4	1.6～0.8	3.2～1.6	≤3.2	≤3.2

8.3.5　圆柱齿轮精度设计

圆柱齿轮精度设计的内容及步骤如下：

(1) 确定齿轮的精度等级；

(2) 确定齿轮各项精度的检测指标及其允许值；

(3) 确定齿轮的侧隙指标及其极限偏差；

(4) 确定齿坯公差及齿轮各表面的表面粗糙度要求；

(5) 确定齿轮副中心距极限偏差和齿轮副轴线的平行度公差。

下面以具体示例进行说明。

例 8-1　某钢制圆柱斜齿轮副，传动功率为 5 kW，高速轴(齿轮轴)的转速 $n_1 = 327$ r/min，主、从动齿轮均为标准斜齿轮，斜齿轮的螺旋角 $\beta = 8°6'34''$，齿轮的法向模数 $m_n = 3$ mm，标准压力角 $\alpha_n = 20°$，大、小齿轮的齿数分别为 $z_1 = 20$ 和 $z_2 = 79$，齿宽分别为 $b_1 = 65$ mm，$b_2 = 60$ mm。大齿轮的齿坯孔直径为$\phi 58$ mm。两齿轮的轴承支撑跨度均为 105 mm。试对大齿轮进行精度设计，并确定齿轮副中心距的极限偏差和两轴线的平行度公差，并将设计所确定的各项技术要求标注在齿轮零件图上。

解 (1) 确定齿轮的各项精度等级。

小齿轮的分度圆直径：

$$d_1=\frac{m_n\cdot z_1}{\cos\beta}=\frac{3\times 20}{\cos 8^\circ 6' 34''}=60.606\ \text{mm}$$

大齿轮的分度圆直径：

$$d_2=\frac{m_n\cdot z_2}{\cos\beta}=\frac{3\times 79}{\cos 8^\circ 6' 34''}=239.394\ \text{mm}$$

设计中心距：

$$a=\frac{d_1+d_2}{2}=\frac{60.606+239.394}{2}=150\ \text{mm}$$

齿轮的圆周速度：

$$v=\pi d_1 n_1=\frac{3.14\times 60.606\times 327}{1000}=62.23\ \text{m/min}=1.04\ \text{m/s}$$

根据表 8-4 及表 8-5 的说明，再结合本例中齿轮的圆周速度及应用情况，综合考虑齿轮的各项精度，确定齿轮传递运动准确性、传动平稳性、载荷分布均匀性的精度分别为 8 级、8 级、7 级。

(2) 确定齿轮各精度的检验指标及其许用值。

对于检验齿轮传递运动准确性的指标，选用齿距累积总偏差 F_p，其值由表 8-9 查得为 $F_p=70\ \mu\text{m}$；检验齿轮传动平稳性的指标，选用单个齿距偏差 f_{pt} 和齿廓总偏差 F_α，其值由表 8-9 查得为 $\pm f_{pt}=\pm 18\ \mu\text{m}$ 和 $F_\alpha=25\ \mu\text{m}$；轮齿载荷分布均匀性的指标为螺旋线总偏差 F_β，由表 8-9 查得其值为 $F_\beta=21\ \mu\text{m}$。

本例中的齿轮副为一般用途，故不需加检 k 个齿距的累积偏差 F_{pk}。

(3) 齿厚检验指标的确定。

该齿轮副为钢制，故最小侧隙 $j_{bn\min}$ 可按照式(8-18)求得：

$$j_{bn\min}=\frac{2}{3}\times(0.06+0.0005\,a+0.03m_n)=\frac{2}{3}\times(0.06+0.0005\times 150+0.03\times 3)=0.15\ \text{mm}$$

该最小侧隙所对应的齿厚上偏差(设大、小齿轮的齿厚相等)可由式(8-19)确定：

$$E_{sns}=-\frac{j_{bn\min}}{2\cos\alpha_n}=-\frac{0.15}{2\cos 20^\circ}\approx -0.08\ \text{mm}$$

则齿厚的下偏差 E_{sni} 由公式(8-20)为

$$E_{sni}=E_{sns}-T_{sn}$$

其中，齿厚公差由公式(8-21)得：

$$T_{sn}=2\tan\alpha_n\times\sqrt{b_r^2+F_r^2}$$

查表 8-3，切齿径向进刀公差为

$$b_r=1.26\text{IT9}=1.26\times 115=145\ \mu\text{m}$$

查表 8-10，齿轮径向跳动 $F_r = 56\,\mu\text{m}$，故齿厚公差值为

$$T_{sn} = 2\tan\alpha_n \times \sqrt{b_r^2 + F_r^2} = 2\times\tan 20^\circ \times \sqrt{145^2 + 56^2} = 113\ \mu\text{m}$$

则齿厚的下偏差为

$$E_{sni} = E_{sns} - T_{sn} = -0.08 - 0.113 = -0.193\ \text{mm}$$

按公式(8-9)，由齿厚偏差得出的公法线上、下偏差为

$$E_{wms} = E_{sns}\cos\alpha - 0.72F_r\sin\alpha = -0.08\times\cos 20^\circ - 0.72\times 0.056\times\sin 20^\circ = -0.089\ \text{mm}$$

$$E_{wmi} = E_{sni}\cos\alpha + 0.72F_r\sin\alpha = -0.193\cos 20^\circ + 0.72\times 0.056\times\sin 20^\circ = -0.168\ \text{mm}$$

跨齿数及公法线的计算如下：

由公式(8-8)得跨齿数 k 为

$$k \approx \frac{z_2}{9} + 0.5 \approx 9$$

因该齿轮的变位系数为 0，故公法线的算式及计算结果可由公式(8-7)得：

$$W_n = m_n\cos\alpha_n[\pi(k-0.5) + z_2\cdot\text{inv}\,\alpha_t] \approx 3\times\cos 20^\circ[3.14(9-0.5) + 79\times 0.01533] \approx 78.695\ \text{mm}$$

式中，α_t 为端面压力角，其计算公式及计算结果为

$$\alpha_t = \arctan\frac{\tan\alpha_n}{\cos\beta} = \arctan\frac{\tan 20^\circ}{\cos 8^\circ 6' 34''} = 20.186^\circ$$

因此，在图样上标注公法线及其偏差时的样式为 $78.695_{-0.168}^{-0.089}\ \text{mm}$。

(4) 确定齿坯公差要求及相关表面的表面粗糙度要求。

按照表 8-11，齿坯孔的尺寸公差为 IT7，并采用包容要求Ⓔ。

齿顶圆不作为测量齿厚的基准，也不作为加工时的找正基准，故按照表 8-11 的注解可知给定齿顶圆的尺寸公差为 IT11。

对于齿坯各基准面的几何精度要求，可依其功用，按照表 8-11 的公式计算。

齿轮各处的表面粗糙度要求依表 8-12 给定，如图 8-40 所示。

(5) 确定齿轮副中心距偏差及齿轮副轴线平行度公差。

查表 8-2 可得该齿轮副的中心距偏差 $\pm f_a = \pm 31.5\ \mu\text{m}$，取 $\pm 32\ \mu\text{m}$。故在齿轮副所在装配图上标注中心距时，标注样式应为 $150 \pm 0.032\ \text{mm}$。

由公式(8-14)及(8-15)可知齿轮副轴线的平行度公差值为

水平方向：
$$f_{\Sigma\delta} = \frac{L}{b}\times F_\beta = \frac{105}{60}\times 0.021 = 0.037\ \text{mm}$$

垂直方向：
$$f_{\Sigma\beta} = 0.5\times f_{\Sigma\delta} = 0.018\ \text{mm}$$

平行度公差要求应标注在箱体的零件图上。

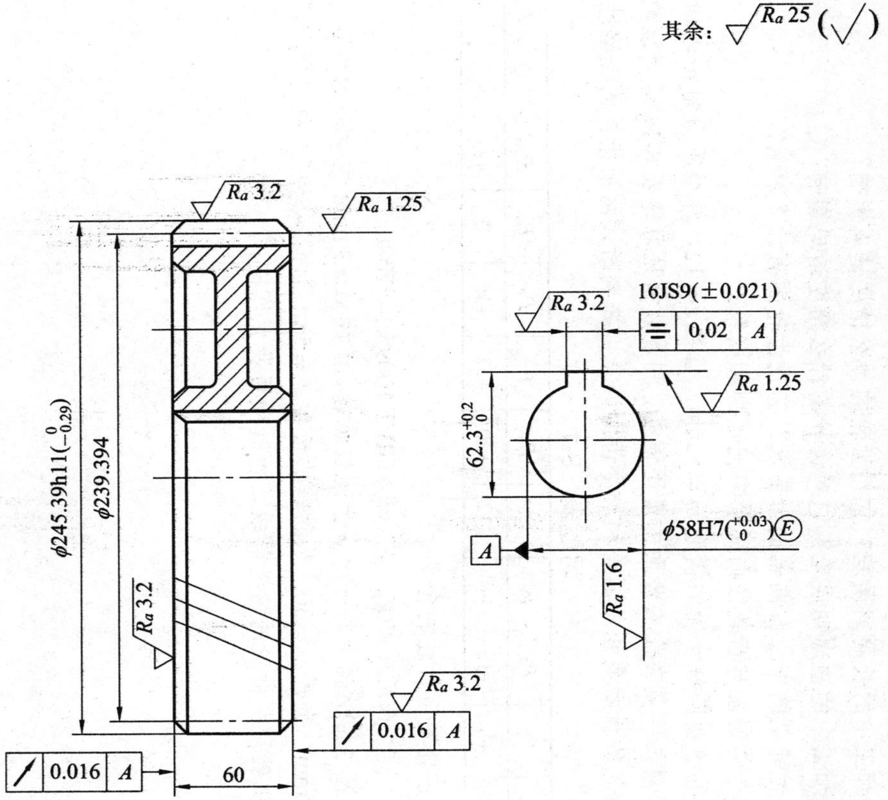

其余：$\sqrt{Ra\ 25}$ ($\sqrt{}$)

Ra 3.2

Ra 1.25

ϕ245.39h11($^{0}_{-0.29}$)

ϕ239.394

Ra 3.2

Ra 3.2

0.016 A

0.016 A

60

Ra 3.2

16JS9(±0.021)

0.02 A

Ra 1.25

62.3$^{+0.2}_{0}$

ϕ58H7($^{+0.03}_{0}$)Ⓔ

A

Ra 1.6

法向模数m_n		3
齿数z_2		79
标准压力角α_n(GB/T 1356—2001)		20°
变位系数x_2		0
螺旋角及方向β		8°6′34″(右旋)
相啮合齿轮齿数z_1		20
中心距及其极限偏差($a \pm f_a$)		150±0.032
精度等级(GB/T 10095.1—2008)		8—8—7
齿轮累积总偏差F_p允许值		0.070
单个齿距偏差f_{pt}允许值		±0.018
齿廓总偏差F_α允许值		0.025
螺旋线总偏差F_β允许值		0.021
齿厚	跨齿数k	9
	法向公法线长度及其偏差	78.695$^{-0.089}_{-0.168}$

技术要求：

1. 未注公差尺寸按GB/T 1804—m；
2. 公差原则按GB/T 4229；
3. 未注几何公差按GB/T 1184—K。

图 8-40　大齿轮零件图

习　题

1. 对圆柱齿轮的工作提出了哪几方面的要求？具体是什么？

2. 测量齿轮的公法线有何用途？试举例说明之。

3. 什么是齿轮的齿距累积总偏差？什么是齿轮单个齿距偏差？什么是齿轮的 k 个齿距的累积偏差？它们各自的作用是什么？它们各自的代号是什么？

4. 齿轮精度在图样上如何标注？

5. 如何确定圆柱齿轮的精度？

6. 什么是齿轮副的侧隙？齿轮在工作时为什么必须要有侧隙？

7. 国家标准规定获得侧隙的方法是什么？对侧隙可从哪几方面来评定？

8. 可用于评定齿厚减薄量的指标有哪些？

9. 盘状齿轮坯的各表面都可能用作什么基准？应提出哪些相应的精度要求？

10. 什么是几何偏心？它对齿轮的什么精度有影响？

11. 什么是运动偏心？它对齿轮的什么精度有影响？

12. 什么是齿轮加工中的长周期误差？它对齿轮的什么精度造成影响？

13. 什么是齿轮加工中的短周期误差？它对齿轮的什么精度造成影响？

14. 为什么要对齿轮副的中心距偏差提出要求？它对齿轮副有什么影响？

15. 齿轮径向综合总偏差与齿轮径向跳动有何区别和联系？

16. 某 8 级精度的直齿圆柱齿轮的模数 $m = 5$ mm，齿数 $z = 12$，标准压力角 $\alpha = 20°$。该齿轮加工后采用相对法测量各个右齿面的齿距偏差，测量数据见习题表 8-1。试对该数据进行处理，求出该齿轮的齿距累积总偏差和单个齿距偏差，并判断该两项指标的合格性。

习题表　8-1

齿距序号	P_1	P_2	P_3	P_4	P_5	P_6	P_7	P_8	P_9	P_{10}	P_{11}	P_{12}
测量值/μm	0	+8	+12	−4	−12	+20	+12	+16	0	+12	+12	−4

17. 试解释下列齿轮精度标注的含义：

$$6(F_\alpha)、7(F_p、F_\beta、f_{pt})\ \text{GB/T 10095.1—2008}$$

18. 某机床主轴箱内传动轴上的一对直齿圆柱齿轮，模数 $m = 3$ mm；主动轮的齿数 $z_1 = 26$，转速 $n_1 = 1000$ r/min，齿宽 $b_1 = 30$；从动轮的齿数 $z_2 = 56$，齿宽 $b_2 = 25$；中批量生产，齿轮材料为 45 钢，试确定两齿轮的精度等级、检验项目及允许值。

第9章 尺寸链

9.1 基本概念

9.1.1 尺寸链的概念及定义

图 9-1 所示的孔、轴配合中，当孔的尺寸 D 和轴的尺寸 d 确定后，配合量(间隙)X 也就确定了。间隙量在这里也被当做一个尺寸看待(其公称尺寸为零)。因此，D、d、X 三个尺寸就构成了一个封闭的尺寸系统，即配合尺寸链。

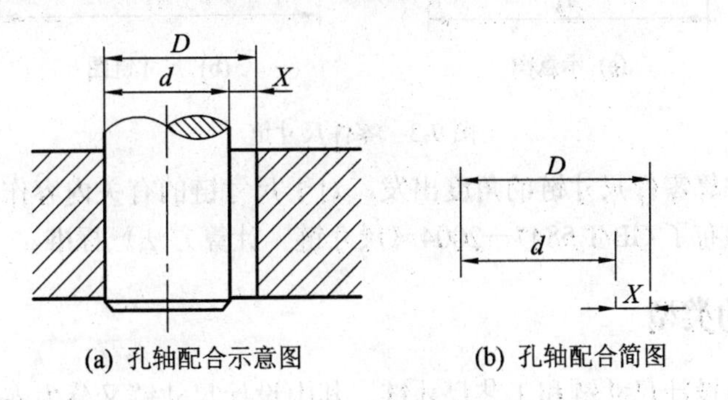

(a) 孔轴配合示意图　　(b) 孔轴配合简图

图 9-1　配合中的尺寸链

又如图 9-2(a)为一装配图的局部示意图，当各零件的结构尺寸 A_1～A_5 确定后，轴与轴套端面的间隙量 A_0(回转轴的轴向游动量)也就确定了。A_1～A_5 这几个尺寸不在同一个零件上，故由这些尺寸组成的尺寸链，也称为装配尺寸链，见图 9-2(b)。在本书已介绍过的内容中，也有许多尺寸链的例子。如螺纹连接中，内、外螺纹的中径尺寸与间隙量的关系及圆锥配合中内、外圆锥直径与配合间隙或过盈的关系，圆柱齿轮分度圆直径和齿轮中心距及齿轮副侧隙间的关系等，均可用尺寸链概念对其进行讨论。又如图 9-3 所示的零件，其轴向尺寸 A_0、A_1、A_2、A_3 之间也具有封闭性，它们所组成的尺寸链叫零件尺寸链，见图 9-3(b)。当尺寸 A_1～A_3 一旦确定了，尺寸 A_0 也就得到了，即尺寸 A_0 的大小受尺寸 A_1～A_3 大小的影响。

由上面的例子可以得出尺寸链的定义，即尺寸链是由相互连接的尺寸构成的一个封闭的尺寸组。尺寸链有两个特征，一是它的封闭性；二是其相关性，即尺寸链中，有一个尺寸是最后形成的，其大小要受到其他尺寸大小的影响。

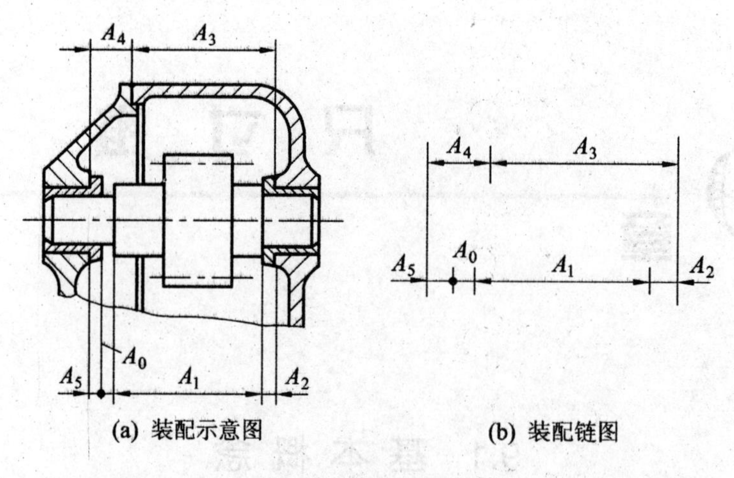

图 9-2　装配尺寸链

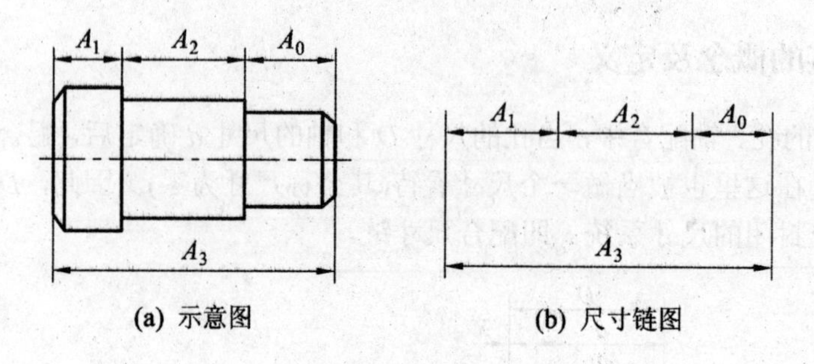

图 9-3　零件尺寸链

本章主要从解算零件尺寸链的角度出发，对于尺寸链的有关内容作一介绍。对于尺寸链的解算，国家颁布了 GB/T 5847—2004《尺寸链　计算方法》标准。

9.1.2　尺寸链的类型

尺寸链可分为设计尺寸链和工艺尺寸链，其中设计尺寸链又分为零件类设计尺寸链和装配类设计尺寸链。此外，尺寸链又可分为直线尺寸链、平面尺寸链和空间尺寸链，如图 9-1、图 9-2、图 9-3 所示均为直线尺寸链；图 9-6 为平面尺寸链。尺寸链还可按几何量特征的不同分为长度尺寸链和角度尺寸链。

9.1.3　尺寸链的组成与各环的判别

尺寸链中的所有尺寸均称为尺寸链的环。尺寸链的环又分封闭环、增环、减环，其中增环和减环统称为组成环。现以图 9-3 为例，对各环加以说明。

(1) 封闭环。在图 9-3 中，若尺寸 A_1～A_3 确定后，尺寸 A_0 也就得到了，即尺寸 A_0 是最后形成的尺寸，故称尺寸 A_0 为封闭环尺寸，简称封闭环。像 A_0 这样的尺寸，一般在图样上不标出。从加工或装配角度讲，凡是最后形成的尺寸，即为封闭环；从设计角度讲，需要靠其他尺寸间接保证的尺寸，便是封闭环。一般来讲，图样上标注的尺寸不同，封闭环也不同。因此，在解算尽寸链时，应正确地判断封闭环，才能得出正确的解算结果。

(2) 增环。封闭环确定后，若尺寸链中有一环增大，封闭环尺寸也随之增大，该尺寸环便为增环尺寸，简称增环。如图 9-3 所示，当尺寸 A_1、A_2 不变，尺寸 A_3 增大时，封闭环尺寸 A_0 也增大，则尺寸 A_3 即为该尺寸链的增环。

(3) 减环。在尺寸链中，若有一环增大，封闭环尺寸反而减小，则该环尺寸便是减环尺寸，简称减环。图 9-3 中，当尺寸 A_1 或 A_2 增大时，尺寸 A_0 反而减小，则尺寸 A_1、A_2 为减环。

有时增减环的判别不是很容易，如图 9-4 所示的尺寸链，当 A_0 为封闭环时，增、减环的判别就较困难，这时可用回路法进行判别。方法是从封闭环 A_0 开始顺着一定的路线标箭头，凡是箭头方向与封闭环的箭头方向相反的环，便是增环；箭头方向与封闭环的箭头方向相同的环，便为减环。如图 9-4 所示，A_1、A_3、A_5、A_7 为增环；A_2、A_4、A_6 为减环。

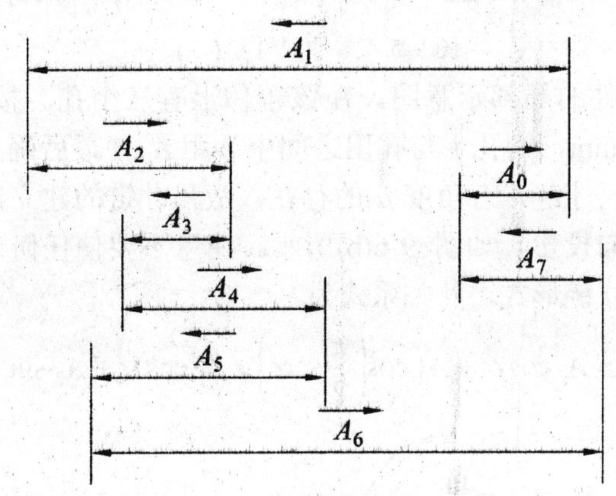

图 9-4　回路法判别增减环

对长度尺寸链中各环的标记，可用大写英文字母加下标表示，封闭环的下标为 0，其余各组成环的下标按顺序分别写成 1，2，3，…。如图 9-1 中的尺寸链，孔尺寸 D、轴尺寸 d、间隙量 X 可分别写成 A_1，A_2，A_0。

9.1.4　零件设计尺寸链的建立与尺寸链图

从设计角度建立尺寸链，封闭环为需要间接保证的尺寸或几何精度要求，而这些要求常因为测量不便或其他原因，在图样上不注出；然后找出与之有关联的尺寸作为组成环，形成尺寸链。解算尺寸链时，由封闭环的公差确定各组成环的公差。当封闭环的公差值一定时，组成环的数目越多，分配给各组成环的公差就越少，各组成环的加工难度就会加大。因此在建立尺寸链时，应遵循“尺寸链最短原则”，使组成环数目为最少。

从校核角度建立尺寸链，是将设计过程中最后形成的尺寸作为封闭环，然后找出相应的组成环。解算尺寸链时，由各组成环的公称尺寸及极限偏差校验封闭环的公称尺寸及极限偏差，以确定封闭环的合格性。

下面以具体例子介绍尺寸链的建立及如何画尺寸链图。

图 9-5(a)为一套类零件示意图。从设计角度要求，需保证 $A_0 = 40 \pm 0.08$ mm 的尺寸，但尺寸 A_0 不便测量，所以要由相关的尺寸间接予以保证，故应从设计角度建立尺寸链。尺寸 A_0 为封闭环，找出相关的尺寸后，便能画出如图 9-5(b)所示的尺寸链图。为了达到由尺寸

A_1～A_3间接保证尺寸A_0的目的，应由A_0的极限偏差及公差求出组成环A_1～A_3的极限偏差及公差。这样，尺寸A_1～A_3加工合格，尺寸A_0也就得到了保证。

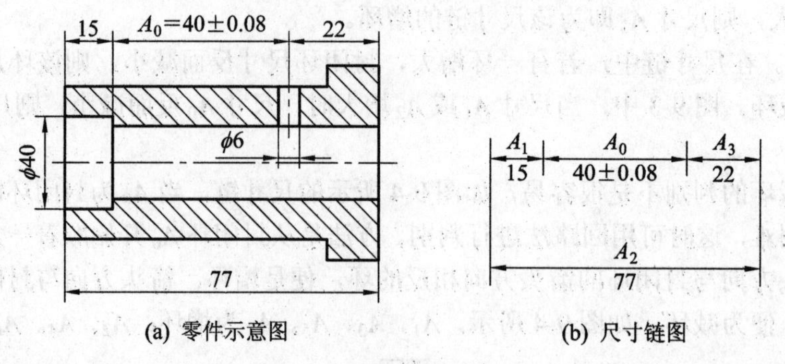

(a) 零件示意图　　(b) 尺寸链图

图 9-5　零件尺寸链(一)

图 9-6(a)为箱体零件的局部示意图，在该箱体上有三个孔。按设计要求，$A_1=300\pm0.1$ mm，$A_2=160\pm0.09$ mm，则孔Ⅰ与孔Ⅲ之间中心距A_0便最后确定了，故A_0为封闭环。由于该尺寸链为一平面尺寸链，有角度α的存在，故尺寸链的建立比较困难，但我们可以将这三个尺寸向某一方向投影，如图 9-6(b)所示。注意不要使任何一个尺寸的投影为零，这样便可得出其直线尺寸链形式，其关系式为

$$A_0=A_1\cos\alpha+A_2\cos\left(\frac{\pi}{2}-\alpha\right)=A_1\cos\alpha+A_2\sin\alpha$$

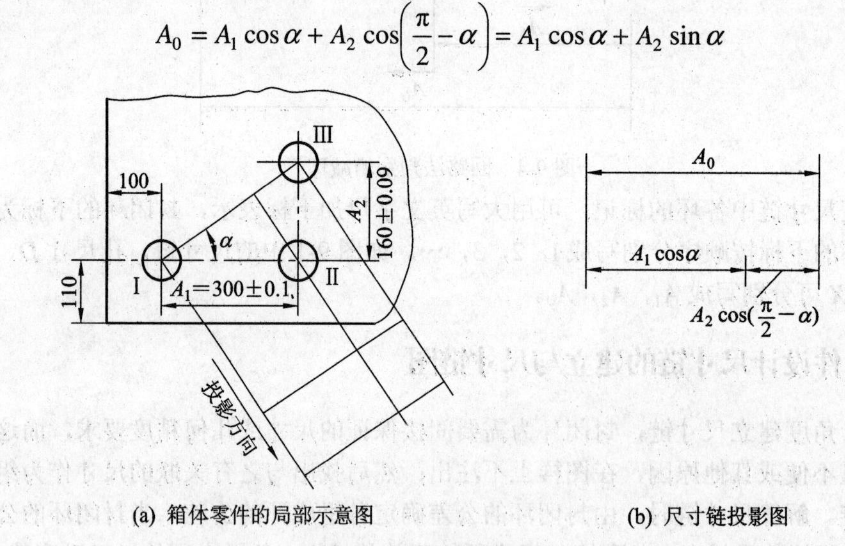

(a) 箱体零件的局部示意图　　(b) 尺寸链投影图

图 9-6　零件尺寸链(二)

在这里，除了A_1、A_2与A_0有关外，尺寸A_1项多了一个系数$\cos\alpha$，尺寸A_2项多了一个系数$\sin\alpha$，它们分别代表着尺寸A_1、A_2对封闭环A_0影响的程度，这与一般的直线尺寸链不同。

图 9-7(a)为一零件的标注示意图，给定的外圆尺寸为$\phi80\text{f}9(^{-0.030}_{-0.104})$ mm，内孔的尺寸为$\phi60\text{H}8(^{+0.046}_{0})$ mm，又已知内、外圆轴线的同轴度误差最大为$\phi0.02$ mm，若需知道该零件壁厚的尺寸变化范围，可通过求解尺寸链获得。画尺寸链图时，首先应确定出封闭环。对该

零件而言，内、外圆的尺寸确定后，内、外圆的同轴度允差(偏心量)又已知，则零件的壁厚尺寸就形成了，因此，零件的壁厚尺寸为封闭环。

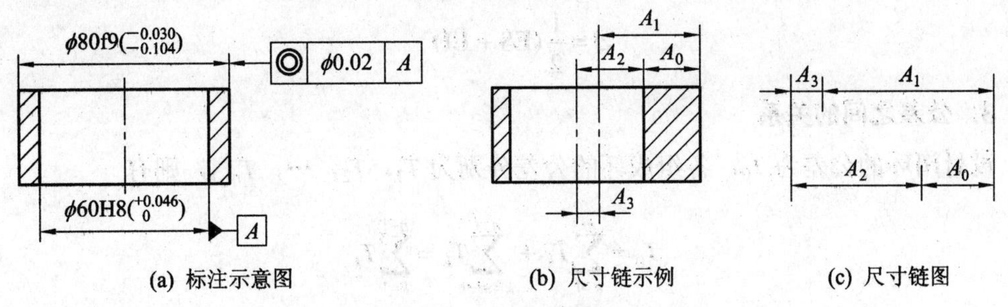

(a) 标注示意图 (b) 尺寸链示例 (c) 尺寸链图

图 9-7 零件尺寸链(三)

建立该零件的尺寸链，可用图 9-7(b)的示例加以说明。该图将内、外圆的同轴度误差放大表示，以便于理解并画出尺寸链图。画出的零件尺寸链图如图 9-7(c)所示。各组成环分别为：A_1为外圆的半径尺寸，A_2为内孔的半径尺寸，A_3为内、外圆的同轴度允差，其公称尺寸为零。A_3在这里被当作增环看待，它也可以被当作减环看待，其计算结果是相同的。A_3的上下偏差值取为公差值的一半，相对零线采取对称分布，即 $A_3 = 0 \pm \frac{1}{2} \times$ 同轴度公差，即 0 ± 0.01。

由以上几例可知，在建立尺寸链时，应注意其封闭性，同时要对零件的图样标注进行分析；然后在此基础上，找出封闭环、组成环；最后按照“尺寸链最短原则”建立尺寸链。

9.2 尺寸链解算的基本公式

1. 公称尺寸之间的关系

若尺寸链的环数为 n，除去封闭环外，则组成环的环数为 $n-1$。设在 $n-1$ 的组成环中，增环的环数为 $\sum_{k=1}^{m} L_k$，减环的环数为 $\sum_{k=m+1}^{n-1} L_k$。令封闭环的公称尺寸为 L_0，各组成环的公称尺寸分别为 L_1，L_2，…，L_{n-1}，则有

$$L_0 = \sum_{k=1}^{m} L_k - \sum_{k=m+1}^{n-1} L_k \tag{9-1}$$

上式表明，封闭环的公称尺寸等于增环的公称尺寸之和减去减环的公称尺寸之和。

2. 中间偏差之间的关系

设封闭环的中间偏差为 Δ_0，各组成环的中间偏差为 Δ_1，Δ_2，…，Δ_{n-1}，则有

$$\Delta_0 = \sum_{k=1}^{m} \Delta_k - \sum_{k=m+1}^{n-1} \Delta_k \tag{9-2}$$

上式表明封闭环的中间偏差等于增环的中间偏差之和减去减环的中间偏差之和。

中间偏差为尺寸的上、下偏差的平均值，令上偏差为 ES，下偏差为 EI，则有

$$\varDelta=\frac{1}{2}(\mathrm{ES}+\mathrm{EI}) \tag{9-3}$$

3．公差之间的关系

设封闭环的公差为 T_0，各组成环的公差分别为 T_1，T_2，…，T_{n-1}，则有

$$T_0=\sum_{k=1}^{m}T_k+\sum_{k=m+1}^{n-1}T_k=\sum_{k=1}^{n-1}T_k \tag{9-4}$$

上式表明，封闭环的公差等于所有组成环的公差之和。由此可知，在整个尺寸链的尺寸环中，封闭环的公差最大，即封闭环的尺寸精度是所有尺寸环中最低的。

4．封闭环的极限偏差

设封闭环的上、下偏差为 ES_0、EI_0，则有

$$\mathrm{ES}_0=\varDelta_0+\frac{1}{2}T_0 \tag{9-5}$$

$$\mathrm{EI}_0=\varDelta_0-\frac{1}{2}T_0 \tag{9-6}$$

5．封闭环的极限尺寸

设封闭环的上、下极限尺寸分别为 $L_{0\max}$、$L_{0\min}$，则有

$$L_{0\max}=L_0+\mathrm{ES}_0 \tag{9-7}$$

$$L_{0\min}=L_0+\mathrm{EI}_0 \tag{9-8}$$

9.3 用完全互换法解算尺寸链

1．计算类型

尺寸链的计算类型有两种，一种是公差设计计算；另一种是公差校核计算。现分别做介绍。

2．公差设计计算

公差设计计算是指已知封闭环的公差及极限偏差，要求解算出各组成环的公差及极限偏差(各组成环公称尺寸已知)，这属于公差分配问题。如图 9-5 所示，为了保证尺寸 A_0，须由封闭环 A_0 的公差及上、下偏差来确定各组成环的公差及上、下偏差。只要各组成环尺寸在各自给定的范围内，就可以保证尺寸 A_0 的精度。将一个封闭环的公差分配给多个组成环，可用两种方法，一种称为等公差法，即假设各组成环的公差值大小是相等的，当各组成环公差分别为 T_1，T_2，…，T_{n-1} 时，且各组成环的个数为 $n-1$，可假设

$$T_1 = T_2 = \cdots = T_{n-1} = T$$

代入公式(9-4)，则有

$$T_0 = \sum_{k=1}^{n-1} T_k = (n-1)T$$

或
$$T = \frac{T_0}{n-1} \tag{9-9}$$

这里的 T 即为各组成环的平均公差，将各组成环的平均公差 T 求出后，再在 T 的基础上根据各组成环的尺寸大小、加工的难易程度，对各组成环公差进行调整，使之满足组成环公差之和等于封闭环公差的关系。

另一种方法称为等公差等级法，它假定各组成环的公差等级相等。对于尺寸小于 500 mm，公差等级在 IT5～ITl8 范围内的公差值的计算公式为

$$\mathrm{IT} = a \cdot i$$

式中，a 为公差等级数；i 为公差单位(μm)，$i = 0.45\sqrt[3]{D} + 0.001D$，其中 D 为尺寸(mm)。

若各组成环的公差值为 T_k，上式又可写成：

$$T_k = a_k \cdot i_k$$

所谓等公差等级，就是假定各组成环的上式中 a_k 值是相等的，即

$$a_1 = a_2 = \cdots = a_{n-1} = a$$

代入公式(9-4)，则有

$$T_0 = \sum_{k=1}^{n-1} T_k = \sum_{k=1}^{n-1} a_k \cdot i_k = a\sum_{k=1}^{n-1} i_k$$

当各组成环尺寸已知时，各组成环的 i_k 值便可算出。这样，上式可写成：

$$a = \frac{T_0}{\sum_{k=1}^{n-1} i_k} \tag{9-10}$$

求出 a 值后，将其与表 2-3 中 IT5～ITl8 范围内的公差计算式中的公差等级数相比较，得出最接近的公差等级后，可按该等级查标准公差表，求出组成环的公差值，从而进一步确定出各组成环的极限偏差，最后也应满足组成环公差之和等于封闭环公差的关系。

现以零件设计尺寸链为例，对公差设计计算方法作一介绍。

例 9-1 图 9-5(a)所示的零件的尺寸链如图 9-5(b)所示。为了保证设计尺寸 $A_0 = 40 \pm 0.08$ mm，试确定尺寸链中其余各组成环的公差及极限偏差。

解 由前所述，A_0 为封闭环，应由 A_0 的公差及极限偏差确定各组成环的公差及极限偏差。此题属于公差分配问题，故该题的计算为公差设计计算。在此对该题用等公差法和等公差等级法分别进行计算。

(1) 判断增、减环：A_1、A_3 为减环，A_2 为增环。

(2) 求封闭环的有关量：

封闭环公差 $T_0 = ES_0 - EI_0 = [0.08 - (-0.08)]\ mm = 0.16\ mm$

封闭环中间偏差 $\Delta_0 = \frac{1}{2} \times [0.08 + (-0.08)] = 0$

(3) 用等公差法计算。

① 确定各组成环的公差。设各组成环的平均公差为 T，且组成环的个数为 3，依公式(9-9)得

$$T = \frac{T_0}{n-1} = \frac{0.16\ mm}{3} \approx 0.053\ mm$$

在此平均公差 T 的基础上对各组成环的公差依尺寸大小及加工的难易程度进行分配。在此过程中，各组成环与封闭环的公差须满足式(9-4)，即 A_1、A_2、A_3 三个组成环中，应有一个作为调整环，以平衡组成环与封闭环的关系，此题选 A_3 为调整环。因此，对组成环 A_1、A_2 的公差值分配为

$$T_1 = 0.03\ mm,\ T_2 = 0.09\ mm$$

则由式(9-4)可得组成环 A_3 的公差值 T_3 应为

$$T_3 = T_0 - (T_1 + T_2) = 0.04\ mm$$

② 确定各组成环的极限偏差。组成环的极限偏差的确定可按“入体原则”进行，即当组成环的尺寸为孔尺寸时，其极限偏差按基本偏差 H 对待；为轴尺寸时，其极限偏差按基本偏差 h 对待；为长度时，按基本偏差 JS(js)对待。因此，A_1、A_2 的极限偏差及尺寸标注为

$$A_1 = 15 \pm 0.015\ mm,\ A_2 = 77_{-0.09}^{\ \ 0}\ mm$$

由式(9-3)可求出组成环 A_1、A_2 的中间偏差为

$$\Delta_1 = 0\ mm,\ \Delta_2 = -0.045\ mm$$

若组成环 A_3 作为调整环，则其中间偏差 Δ_3 可由式(9-2)计算：

$$\Delta_3 = \Delta_2 - \Delta_1 - \Delta_0 = -0.045\ mm$$

因此组成环 A_3 的上、下偏差分别为

$$ES_3 = \Delta_3 + \frac{1}{2}T_3 = (-0.045 + \frac{1}{2} \times 0.04)\ mm = -0.025\ mm$$

$$EI_3 = \Delta_3 - \frac{1}{2}T_3 = (-0.045 - \frac{1}{2} \times 0.04)\ mm = -0.065\ mm$$

即组成环 A_3 为

$$A_3 = 22_{-0.065}^{-0.025}\ mm$$

(4) 用等公差等级法计算。

① 确定各组成环的公差等级并求出其公差值。设各组成环的公差等级数均为 a，则由式(9-10)可将 a 值算出。将各组成环尺寸分别代入公式 $i = 0.45\sqrt[3]{D} + 0.001D$ 中，可算出相应

的 i 值，计算结果为

$$i_1 \approx 1.12\ \mu\text{m},\ \ i_2 \approx 1.99\ \mu\text{m},\ \ i_3 \approx 1.28\ \mu\text{m}$$

故 $\sum_{k=1}^{4-1} i_k \approx 4.39\ \mu\text{m}$，代入式(9-10)得

$$a = \frac{T_0}{\sum_{k=1}^{4-1} i_k} = \frac{160\ \mu\text{m}}{4.39\ \mu\text{m}} \approx 36$$

查表 2-3 可知其等级接近 IT9，则各组成环公差按照 IT9 级从标准公差表(表 2-1)中查取：

$$T_1 = 0.043\ \text{mm},\ T_2 = 0.074\ \text{mm}$$

若组成环 A_3 在此仍为调整环，则其公差值 T_3 则按照式(9-4)计算得

$$T_3 = T_0 - (T_1 + T_2) = 0.043\ \text{mm}$$

② 确定各组成环的极限偏差。组成环 A_1、A_2 的极限偏差按照“入体原则”确定，即 A_1、A_2 的尺寸为

$$A_1 = 15 \pm 0.021\ \text{mm},\ A_2 = 77_{-0.074}^{\ 0}\ \text{mm}$$

由式(9-3)可求得组成环 A_1、A_2 的中间偏差为

$$\Delta_1 = 0\ \text{mm},\ \Delta_2 = -0.037\ \text{mm}$$

则组成环 A_3 的中间偏差 Δ_3 依式(9-2)为

$$\Delta_3 = \Delta_2 - \Delta_1 - \Delta_0 = -0.037\ \text{mm}$$

因此，组成环 A_3 的上、下偏差为

$$\text{ES}_3 = \Delta_3 + \frac{1}{2}T_3 = \left(-0.037 + \frac{1}{2} \times 0.043\right)\text{mm} = -0.0155\ \text{mm}$$

$$\text{EI}_3 = \Delta_3 - \frac{1}{2} \times T_3 = \left(-0.037 - \frac{1}{2} \times 0.043\right)\text{mm} = -0.0585\ \text{mm}$$

故组成环 A_3 的尺寸为

$$A_3 = 22_{-0.0585}^{-0.0155}\ \text{mm}$$

对于该尺寸，没有必要精确到 0.5 μm 位，故可将 A_3 改写为 $A_3 = 22_{-0.059}^{-0.016}$ mm。

3．公差校核计算

公差校核计算是指已知各组成环的公称尺寸及极限偏差，要求验证封闭环的公称尺寸及极限偏差是否在规定的范围内，其属于公差校验问题。

例 9-2 在例 9-1 中用等公差法求得各组成环的尺寸分别为 $A_1 = 15 \pm 0.015$ mm、$A_2 = 77_{-0.09}^{\ 0}$ mm 和 $A_3 = 22_{-0.065}^{-0.025}$ mm。试验算这些尺寸能否保证封闭环尺寸 $A_0 = 40 \pm 0.08$ mm。

解 (1) 进行公称尺寸校验，由式(9-1)得：

$$A_0 = A_2 - (A_1 + A_3) = 40\ \text{mm}$$

(2) 进行公差校验，由式(9-4)可知封闭环的公差应为

$$T_0 = T_1 + T_2 + T_3 = 0.16\ \text{mm}$$

(3) 进行极限偏差校验：由题可知$\Delta_1 = 0$ mm、$\Delta_2 = -0.045$ mm、$\Delta_3 = -0.045$ mm，则由式(9-2)计算封闭环的中间偏差Δ_0为

$$\Delta_0 = \Delta_2 - (\Delta_1 + \Delta_3) = 0\ \text{mm}$$

故封闭环的上、下偏差为

$$\text{ES}_0 = \Delta_0 + \frac{1}{2} \times T_0 = 0 + \frac{1}{2} \times 0.16 = +0.08\ \text{mm}$$

$$\text{EI}_0 = \Delta_0 - \frac{1}{2} \times T_0 = 0 - \frac{1}{2} \times 0.16 = -0.08\ \text{mm}$$

因此，校验得出的封闭环为

$$A_0 = 40 \pm 0.08\ \text{mm}$$

该结果与给定的尺寸A_0要求相符，故各组成环的尺寸都能满足封闭环的要求。

例 9-3 图 9-8(a)为一个零件的标注示意图，试校验该图的尺寸公差与位置公差要求能否使得 *BC* 两点处在 9.7 mm～10.05 mm 范围内。

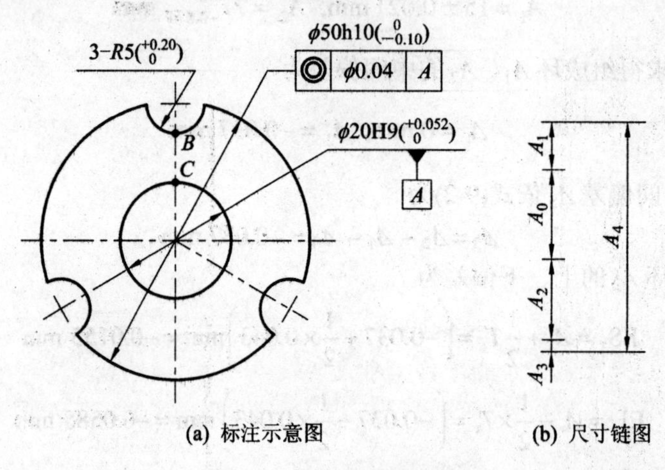

图 9-8 零件尺寸链(四)

解 (1) 该零件尺寸的尺寸链图如图 9-8(b)所示，壁厚尺寸为封闭环A_0，组成环A_1为圆弧槽的半径，A_2为内孔ϕ20H9 的半径，A_3为内孔ϕ20H9 与外圆ϕ50h10 的同轴度公差，其尺寸为0 ± 0.02 mm，A_4为外圆ϕ50h10 的半径。

(2) 判断增、减环。由图 9-8(b)可知A_4为增环，A_1、A_2、A_3为减环。

(3) 校核计算。

① 校验封闭环的公称尺寸。由式(9-1)得：

$$A_0 = A_4 - (A_1 + A_2 + A_3) = 25 - (5 + 10 + 0) = 10\ \text{mm}$$

② 校验封闭环公差。已知各组成环的公差分别为：$T_1 = 0.2$ mm，$T_2 = 0.026$ mm，$T_3 = 0.04$ mm，$T_4 = 0.05$ mm，由式(9-4)得

$$T_0 = \sum_{k=1}^{4} T_k = 0.316\ \text{mm}$$

③ 校验封闭环的中间偏差。各组成环的中间偏差分别为：$\Delta_1=+0.1$ mm，$\Delta_2=+0.013$ mm，$\Delta_3=0$ mm，$\Delta_4=-0.025$ mm。由式(9-2)得

$$\Delta_0=\Delta_4-(\Delta_1+\Delta_2+\Delta_3)=-0.138 \text{ mm}$$

④ 校验封闭环的上、下偏差。由式(9-5)、式(9-6)得

$$\mathrm{ES}_0=\Delta_0+\frac{1}{2}T_0=\left(-0.138+\frac{1}{2}\times 0.316\right) \text{ mm}=+0.020 \text{ mm}$$

$$\mathrm{EI}_0=\Delta_0-\frac{1}{2}T_0=\left(-0.138-\frac{1}{2}\times 0.316\right) \text{ mm}=-0.296 \text{ mm}$$

故封闭环(壁厚)的尺寸为

$$A_0=10^{+0.020}_{-0.296} \text{ mm}$$

对应的尺寸范围为 9.704 mm～10.02 mm，在所要求的 9.7 mm～10.05 mm 的范围内，故图 9-8(a)所示的图样标注能满足壁厚尺寸的变动要求。

9.4 用大数互换法解算尺寸链

完全互换法是按尺寸链中各环的极限尺寸来计算公差的。但是，由概率论原理和生产实践可知，在成批生产和大量生产中，如果零件的加工尺寸在尺寸公差带内呈正态分布，那么靠近极限值的是少数，且在成批产品装配中，尺寸链的各组成环恰好是两极限尺寸相结合的情况就更少了。因此，可以利用这一规律将组成环公差放大，这样不但使零件易于加工，而且又不改变技术条件规定的封闭环公差，从而获得更大的技术经济效果，此即大数互换法(亦称概率法)解算尺寸链的思路。

若各组成环的实际尺寸的分布都服从正态分布，则封闭环的实际尺寸的分布也服从正态分布。设各组成环的尺寸分布中心与其公差带中心重合，取置信概率为 $P=99.73\%$，分布范围与公差范围相同，则各组成环公差 T_k 与封闭环公差 T_0 存在下列关系：

$$T_0=\sqrt{\sum_{k=1}^{n-1}T_k^2} \tag{9-11}$$

上式表明封闭环的公差等于各组成环公差的平方之和再开方。该公式为一个统计公差公式。

用大数互换法解算尺寸链也分为公差设计计算与公差校核计算。

1．公差设计计算

现以例 9-1 中图 9-5(a)的零件尺寸链解算为例，介绍用大数互换法进行公差设计计算。其中增、减环的判定与例 9-1 题中相同。

在已知封闭环的公差 $T_0=0.16$ mm 时，设各组成环的平均公差为 T，则按照公式(9-11)，有下列关系：

$$0.16=\sqrt{3T^2}$$

则各组成环的平均公差值为$T = 0.16/\sqrt{3} \approx 0.092$ mm。

此值比完全互换法中的等公差法所得出的平均公差增大了约 70%，这表明按照大数互换法解算尺寸链时，各组成环将会获得较大的公差值，即各组成环的制造将变得容易。

仍以尺寸A_3为调整环，在平均公差的基础上，按各组成环尺寸的加工难易程度分配各组成环的公差值，A_1、A_2尺寸的公差值为

$$T_1 = 0.06 \text{ mm}，T_2 = 0.12 \text{ mm}$$

则A_3尺寸的公差值T_3为

$$T_3 = \sqrt{T_0^2 - T_1^2 - T_2^2} \approx 0.087 \text{ mm}$$

按照"入体原则"，A_1、A_2尺寸的标注为

$$A_1 = 15 \pm 0.03 \text{ mm}, \ A_2 = 77_{-0.12}^{\ 0} \text{ mm}$$

A_0、A_1、A_2尺寸的中间偏差为

$$\varDelta_0 = 0 \text{ mm}，\varDelta_1 = 0 \text{ mm}，\varDelta_2 = -0.06 \text{ mm}$$

由式(9-2)计算尺寸 A3 的中间偏差为

$$\varDelta_3 = \varDelta_2 - \varDelta_1 - \varDelta_0 = -0.06 \text{ mm}$$

尺寸A_3的上、下偏差为

$$\text{ES}_3 = \varDelta_3 + \frac{1}{2}T_3 = -0.06 + \frac{1}{2} \times 0.087 = -0.016 \text{ mm}$$

$$\text{EI}_3 = \varDelta_3 - \frac{1}{2}T_3 = -0.06 - \frac{1}{2} \times 0.087 = -0.104 \text{ mm}$$

故尺寸A_3的标注为$A_3 = 22_{-0.104}^{-0.016}$ mm。

2．公差校核计算

对例 9-3 中的图 9-8(a)的图样标注，用大数互换法对其进行校核计算，结果如下：

① 按照公式(9-11)计算封闭环的公差值为

$$T_0 = \sqrt{\sum_{k=1}^{n-1} T_k} = \sqrt{T_1^2 + T_2^2 + T_3^2 + T_4^2} = \sqrt{0.2^2 + 0.026^2 + 0.04^2 + 0.05^2} = 0.212 \text{ mm}$$

② 各组成环的中间偏差分别为

$$\varDelta_1 = +0.1 \text{ mm}，\varDelta_2 = +0.013 \text{ mm}，\varDelta_3 = 0 \text{ mm}，\varDelta_4 = -0.025 \text{ mm}$$

③ 由公式(9-2)可得出封闭环的中间偏差为

$$\varDelta_0 = \varDelta_4 - (\varDelta_1 - \varDelta_2 - \varDelta_3) = -0.138 \text{ mm}$$

则封闭环的上、下偏差为

$$\text{ES}_0 = \varDelta_3 + \frac{1}{2}T_0 = -0.138 + \frac{1}{2} \times 0.212 = -0.032 \text{ mm}$$

$$\text{EI}_0 = \varDelta_0 - \frac{1}{2}T_0 = -0.138 - \frac{1}{2} \times 0.212 = -0.244 \text{ mm}$$

④ 封闭环 A_0 的尺寸标注为

$$A_0 = 10_{-0.244}^{-0.032}\ \text{mm}$$

此即表明零件的壁厚变化范围为 9.756 mm～9.968 mm，满足 9.7 mm～10.05 mm 范围的变动要求。

习　题

1. 什么是尺寸链？它有什么特征？
2. 尺寸链中的增环、减环如何判别？
3. 设计尺寸链中，如何判别封闭环？

4. 习题图 9-1 中所示的套类零件，有两种不同的尺寸标注方法，其中 $A_0 = 8_{0}^{+0.2}$ mm 为封闭环。试从尺寸链角度考虑，哪一种标注方法更合理。

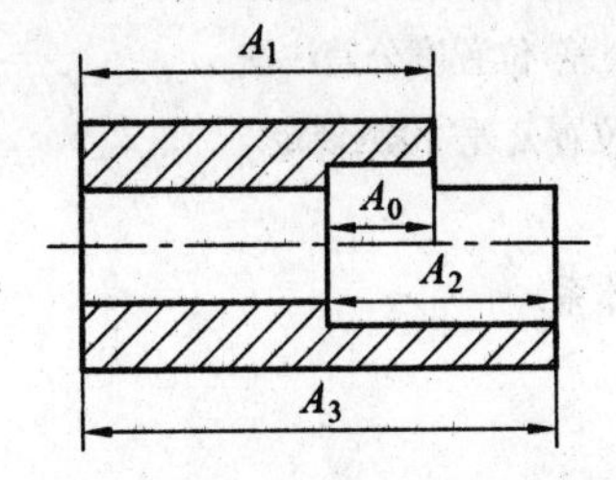

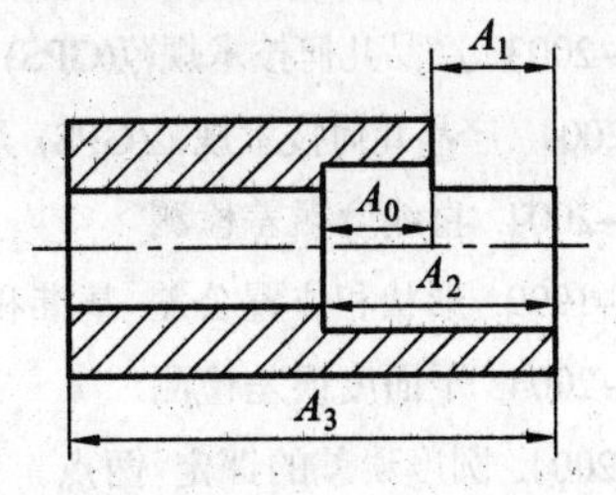

习题图 9-1

5. 习题图 9-2 所示的零件的封闭环为 A_0，其尺寸变动范围应在 11.9 mm ~ 12.1 mm 内。试判断图中的尺寸标注能否满足尺寸 A_0 的要求。

6. 习题图 9-3 所示的零件，按照设计要求需保证尺寸 $S_0 = 140 \pm 0.10$ mm，尺寸标注如图所示，则 S_1、S_2 尺寸应为多少才能保证 S_0 的要求？

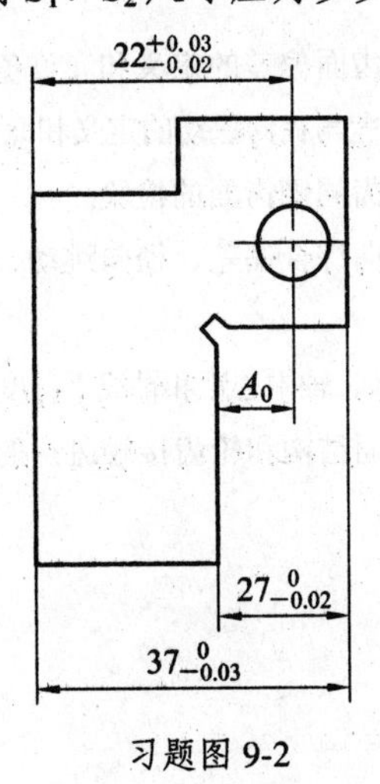

习题图 9-2

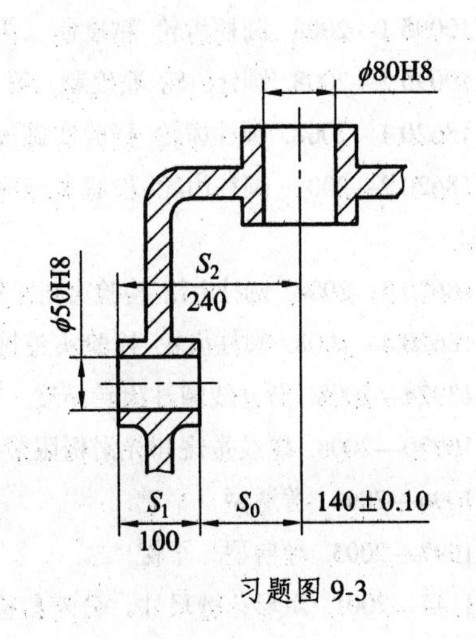

习题图 9-3

参 考 文 献

[1] GB/T 1800.1—2009. 产品几何技术规范(GPS) 极限与配合 第1部分：公差、偏差和配合的基础.

[2] GB/T 1800.2—2009. 产品几何技术规范(GPS) 极限与配合 第2部分：标准公差等级和孔、轴极限偏差表.

[3] GB/T 1801—2009. 产品几何技术规范(GPS) 极限与配合 公差带和配合的选择.

[4] GB/T 1804—2000. 一般公差 未注公差的线性和角度尺寸的公差.

[5] GB/T 6093—2001. 产品几何技术规范(GPS) 长度标准 量块.

[6] GB/T 3177—2009. 产品几何技术规范(GPS) 光滑工件尺寸的检验.

[7] GB/T 1184—1996. 形状和位置公差 未注公差值.

[8] GB/T 1182—2008. 产品几何技术规范(GPS) 几何公差 形状、方向、位置和跳动公差标注.

[9] GB/T 4249—2009. 产品几何技术规范(GPS) 公差原则.

[10] GB/T 16671—2009. 产品几何技术规范(GPS) 几何公差 最大实体要求、最小实体要求和可逆要求.

[11] GB/T 13319—2003. 产品几何技术规范(GPS) 几何公差 位置度公差注法.

[12] GB/T1958—2004. 产品几何技术规范(GPS) 形状和位置公差 检测规定.

[13] GB/T 11336—2004. 直线度误差检测.

[14] GB/T 17851—1999. 形状和位置公差 基准和基准体系.

[15] GB/T 11337—2004. 平面度误差检测.

[16] GB/T 4380—2004. 圆度误差的评定 两点、三点法.

[17] GB/T 3505—2009. 产品几何技术规范(GPS) 表面结构 轮廓法 术语、定义及表面结构参数.

[18] GB/T 131—2006. 产品几何技术规范(GPS) 技术产品文件中表面结构的表示法.

[19] GB/T 1031—2009. 产品几何技术规范(GPS) 表面结构 轮廓法 表面粗糙度参数及其数值.

[20] GB/T 1957—2006. 光滑极限量规 技术条件.

[21] GB/T 8069—1998. 功能量规.

[22] GB/T 10095.1—2008. 圆柱齿轮 精度制 第1部分：轮齿同侧齿面偏差的定义和允许值.

[23] GB/T 10095.2—2008. 圆柱齿轮 精度制 第2部分：径向综合偏差与径向跳动的定义和允许值.

[24] GB/Z 18620.1—2008. 圆柱齿轮 检验实施规范 第1部分：轮齿同侧齿面的检验.

[25] GB/T 18620.2—2008. 圆柱齿轮 检验实施规范 第2部分：径向综合偏差、径向跳动、齿厚和侧隙的检验.

[26] GB/T 18620.3—2008. 圆柱齿轮 检验实施规范 第3部分：齿轮坯、轴中心距和轴线平行度检验.

[27] GB/T 18620.4—2008. 圆柱齿轮 检验实施规范 第4部分：表面结构和轮齿接触斑点的检验.

[28] GB/T 13924—2008. 渐开线圆柱齿轮精度 检验细则.

[29] GB/T 10920—2008. 螺纹量规和光滑极限量规 形式与尺寸.

[30] GB/T 1096—2003. 普通型 平键.

[31] GB/T 1097—2003. 导向型 平键.

[32] GB/T 1144—2001. 矩形花键尺寸、公差和检验.

[33] GB/T 1568—2008. 键　技术条件.
[34] GB/T 10919—2006. 矩形花键量规.
[35] GB/T 192—2003. 普通螺纹　基本牙型.
[36] GB/T 197—2003. 普通螺纹　公差.
[37] GB/T 2516—2003. 普通螺纹　极限偏差.
[38] GB/T 275—93. 滚动轴承与轴和外壳的配合.
[39] GB/T 307.3—2005. 滚动轴承 通用技术规则.
[40] GB/T 307.1—2005. 滚动轴承 向心轴承 公差.
[41] GB/T 307.4—2002. 滚动轴承 推力轴承 公差.
[42] GB/T 4199—2003. 滚动轴承 公差 定义.
[43] GB/T 1134—2005. 产品几何量技术规范(GPS)　圆锥公差.
[44] GB/T 12360—2005. 产品几何量技术规范(GPS)　圆锥配合.
[45] GB/T 5847—2004. 尺寸链　计算方法.
[46] 廖念钊. 互换性与技术测量. 北京：中国计量出版社，1985.06
[47] 甘永立. 几何量公差与检测. 上海：上海科学技术出版社，2010.
[48] 黄云清. 公差配合与测量技术. 北京：机械工业出版社，2007.
[49] 张文革. 公差配合与技术测量. 北京：北京理工大学出版社，2010.
[50] 任晓莉. 公差配合与量测实训. 北京：北京理工大学出版社，2007.
[51] 朱超. 互换性与零件几何量检测. 北京：清华大学出版社，2009.
[52] 李柱. 互换性与测量技术基础. 北京：中国计量出版社，1984.
[53] 吕天玉. 差配合与测量技术. 大连：大连理工大学出版社，2008.
[54] 南秀蓉，马素玲. 公差配合与测量技术. 北京：北京大学出版社，2007.
[55] 上海市职业技术教育课程改革与教材建设委员会. 公差配合与技术测量. 北京：机械工业出版社，2005.